图形图像处理（Photoshop平台）

Photoshop CS5 试题解答

（高级图像制作员级）

肖松岭　豆玉杰　编写

北京希望电子出版社
Beijing Hope Electronic Press
www.bhp.com.cn

内容简介

本书是图形图像处理（Photoshop 平台）Photoshop CS5 高级图像制作员级试题库全部试题的解答，所有解答图文并茂，操作步骤清晰正确，突出关键，使读者易读易懂，通过解答步骤的学习掌握常用的操作技巧。

本书供考评员和培训教师在组织培训、操作练习和学员自学提高等方面使用，还可供广大读者学习图形图像处理技能使用，也可作为大中专院校、技校、中高职、职高、高校和社会相关领域培训班进行 Photoshop 图形图像处理技能培训与测评的首选教材。

为方便考生练习，全部的题库素材将在北京希望电子出版社微信公众号、微博，以及北京希望电子出版社网站（www.bhp.com.cn）上提供。

需要本书或技术支持的读者，请与北京市海淀区中关村大街 22 号中科大厦 A 座 10 层（邮编：100190）发行部联系，电话：010-82620818（总机），传真：010-62543892，E-mail：bhpjc@bhp.com.cn。

图书在版编目（CIP）数据

图形图像处理（Photoshop 平台）Photoshop CS5 试题解答 ：高级图像制作员级 / 肖松岭，豆玉杰编写. 一北京 ：北京希望电子出版社，2013.5

ISBN 978-7-83002-084-2

Ⅰ. ①图… Ⅱ. ①肖… ②豆… Ⅲ. ①图象处理软件一技术培训一题解 Ⅳ. ①TP391.41-44

中国版本图书馆 CIP 数据核字(2012)第 276604 号

出版：北京希望电子出版社
地址：北京市海淀区中关村大街 22 号
中科大厦 A 座 10 层
邮编：100190
网址：www.bhp.com.cn
电话：010-82620818（总机）转发行部
010-82626237（邮购）
传真：010-62543892
经销：各地新华书店

封面：张　洁
编辑：石文涛　刘　霞
校对：全　卫
开本：787mm×1092mm　1/16
印张：20.75
字数：545 千字
印刷：北京市密东印刷有限公司
版次：2025 年 1 月 1 版 15 次印刷

定价：49.80 元

国家职业技能鉴定专家委员会
计算机专业委员会名单

主 任 委 员：路甬祥

副主任委员：张亚男　周明陶

委　　　员：（按姓氏笔画排序）

丁建民　王　林　王　鹏　尤晋元　石　峰

冯登国　刘　旸　刘永澎　孙武钢　杨守君

李　华　李一凡　李京申　李建刚　李明树

求伯君　肖　睿　何新华　张训军　陈　钟

陈　禹　陈　敏　陈　蕾　陈孟锋　季　平

金志农　金茂忠　郑人杰　胡昆山　赵宏利

赵曙秋　钟玉琢　姚春生　袁莉娅　顾　明

徐广懋　高　文　高晓红　唐　群　唐韶华

桑桂玉　葛恒双　谢小庆　雷　毅

秘　书　长：赵伯雄

副 秘 书 长：刘永澎　陈　彤　何文莉　陈　敏

出 版 说 明

本书是图形图像处理（Photoshop 平台）Photoshop CS5 高级图像制作员级试题库全部试题的解答，所有解答图文并茂，操作步骤清晰正确，突出关键，使读者易读易懂，通过解答步骤的学习掌握常用的操作技巧。

本书供考评员和培训教师在组织培训、操作练习和学员自学提高等方面使用。还可供广大读者学习图形图像处理技能使用，也是各级各类大中专院校、技校、职高作为图形图像处理技能培训与测评的参考书。

本书执笔人为肖松岭、豆玉杰。

关于本书的不足之处，敬请批评指正。

目　录

第一单元　鼠绘模拟……1
1.1　第 1 题解答……1
1.2　第 2 题解答……3
1.3　第 3 题解答……6
1.4　第 4 题解答……8
1.5　第 5 题解答……11
1.6　第 6 题解答……12
1.7　第 7 题解答……14
1.8　第 8 题解答……16
1.9　第 9 题解答……18
1.10　第 10 题解答……20
1.11　第 11 题解答……22
1.12　第 12 题解答……24
1.13　第 13 题解答……26
1.14　第 14 题解答……29
1.15　第 15 题解答……30
1.16　第 16 题解答……31
1.17　第 17 题解答……33
1.18　第 18 题解答……35
1.19　第 19 题解答……36
1.20　第 20 题解答……38
第二单元　手工绘画……40
2.1　第 1 题解答……40
2.2　第 2 题解答……41
2.3　第 3 题解答……42
2.4　第 4 题解答……45
2.5　第 5 题解答……48
2.6　第 6 题解答……49
2.7　第 7 题解答……50
2.8　第 8 题解答……52
2.9　第 9 题解答……53
2.10　第 10 题解答……56
2.11　第 11 题解答……58
2.12　第 12 题解答……60
2.13　第 13 题解答……62
2.14　第 14 题解答……65
2.15　第 15 题解答……67
2.16　第 16 题解答……70
2.17　第 17 题解答……72
2.18　第 18 题解答……75
2.19　第 19 题解答……78
2.20　第 20 题解答……80
第三单元　平面设计……83
3.1　第 1 题解答……83
3.2　第 2 题解答……85
3.3　第 3 题解答……89
3.4　第 4 题解答……94
3.5　第 5 题解答……95
3.6　第 6 题解答……97
3.7　第 7 题解答……99
3.8　第 8 题解答……103
3.9　第 9 题解答……104
3.10　第 10 题解答……107
3.11　第 11 题解答……109
3.12　第 12 题解答……110
3.13　第 13 题解答……111
3.14　第 14 题解答……112
3.15　第 15 题解答……114
3.16　第 16 题解答……117
3.17　第 17 题解答……119
3.18　第 18 题解答……121
3.19　第 19 题解答……122
3.20　第 20 题解答……125
第四单元　艺术文字……128
4.1　第 1 题解答……128
4.2　第 2 题解答……129
4.3　第 3 题解答……131
4.4　第 4 题解答……132
4.5　第 5 题解答……134
4.6　第 6 题解答……135
4.7　第 7 题解答……137
4.8　第 8 题解答……139
4.9　第 9 题解答……141
4.10　第 10 题解答……142
4.11　第 11 题解答……145
4.12　第 12 题解答……146
4.13　第 13 题解答……148
4.14　第 14 题解答……149
4.15　第 15 题解答……150
4.16　第 16 题解答……151

4.17　第 17 题解答……153
4.18　第 18 题解答……154
4.19　第 19 题解答……155
4.20　第 20 题解答……157
第五单元　摄影技术……160
5.1　第 1 题解答……160
5.2　第 2 题解答……161
5.3　第 3 题解答……164
5.4　第 4 题解答……165
5.5　第 5 题解答……168
5.6　第 6 题解答……172
5.7　第 7 题解答……173
5.8　第 8 题解答……175
5.9　第 9 题解答……176
5.10　第 10 题解答……178
5.11　第 11 题解答……180
5.12　第 12 题解答……181
5.13　第 13 题解答……183
5.14　第 14 题解答……185
5.15　第 15 题解答……186
5.16　第 16 题解答……188
5.17　第 17 题解答……189
5.18　第 18 题解答……190
5.19　第 19 题解答……192
5.20　第 20 题解答……195
第六单元　网页元素……197
6.1　第 1 题解答……197
6.2　第 2 题解答……198
6.3　第 3 题解答……199
6.4　第 4 题解答……201
6.5　第 5 题解答……202
6.6　第 6 题解答……204
6.7　第 7 题解答……206
6.8　第 8 题解答……209
6.9　第 9 题解答……210
6.10　第 10 题解答……212
6.11　第 11 题解答……215
6.12　第 12 题解答……218
6.13　第 13 题解答……222
6.14　第 14 题解答……224
6.15　第 15 题解答……225
6.16　第 16 题解答……228
6.17　第 17 题解答……231
6.18　第 18 题解答……234
6.19　第 19 题解答……236
6.20　第 20 题解答……237
第七单元　特效创意……242
7.1　第 1 题解答……242
7.2　第 2 题解答……243
7.3　第 3 题解答……244
7.4　第 4 题解答……245
7.5　第 5 题解答……247
7.6　第 6 题解答……248
7.7　第 7 题解答……250
7.8　第 8 题解答……252
7.9　第 9 题解答……254
7.10　第 10 题解答……256
7.11　第 11 题解答……257
7.12　第 12 题解答……259
7.13　第 13 题解答……260
7.14　第 14 题解答……261
7.15　第 15 题解答……262
7.16　第 16 题解答……264
7.17　第 17 题解答……266
7.18　第 18 题解答……268
7.19　第 19 题解答……271
7.20　第 20 题解答……273
第八单元　海报包装……274
8.1　第 1 题解答……274
8.2　第 2 题解答……276
8.3　第 3 题解答……279
8.4　第 4 题解答……281
8.5　第 5 题解答……286
8.6　第 6 题解答……290
8.7　第 7 题解答……294
8.8　第 8 题解答……296
8.9　第 9 题解答……299
8.10　第 10 题解答……303
8.11　第 11 题解答……308
8.12　第 12 题解答……309
8.13　第 13 题解答……311
8.14　第 14 题解答……312
8.15　第 15 题解答……313
8.16　第 16 题解答……315
8.17　第 17 题解答……317
8.18　第 18 题解答……318
8.19　第 19 题解答……319
8.20　第 20 题解答……321

第一单元　鼠绘模拟

1.1　第 1 题解答

（1）新建一个宽高均为 450 像素、RGB 模式的文件。

（2）新建“图层 1”，建立一个圆形选区，填充颜色为#8e070c，使用加深工具涂抹四周，使用减淡工具涂抹中心处，形成物体的明暗区域，效果如图 1-1-1 所示。

（3）载入“图层 1”选区，新建“图层 2”，打开皮革纹理素材图（C:\2012PSCS5\Unit1\texture.jpg），执行“编辑”→“定义图案”命令，定义纹理图案。选择油漆桶工具，在属性栏中选择定义的图案填充，效果如图 1-1-2 所示。

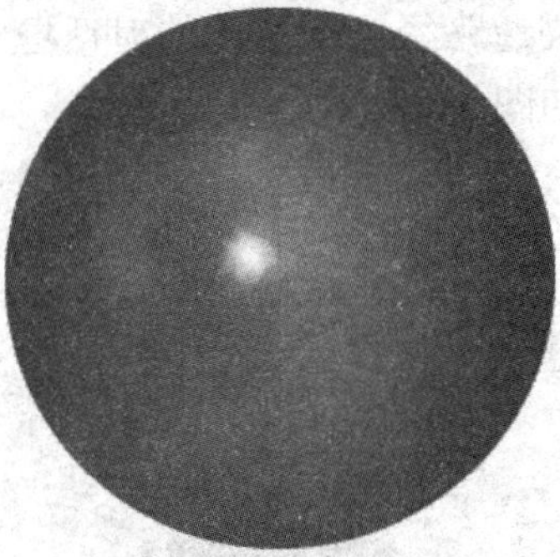

图 1-1-1

图 1-1-2

（4）设置“图层 2”的混合模式为“柔光”，不透明度为 66%，效果如图 1-1-3 所示。

（5）选择画笔工具，画笔笔刷设置如图 1-1-4 所示。

图 1-1-3

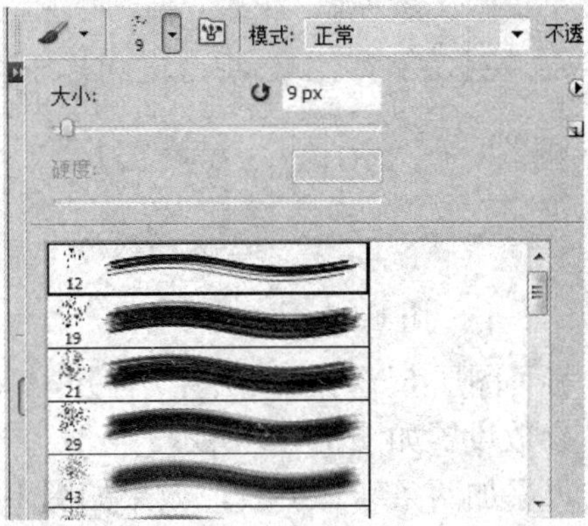

图 1-1-4

（6）新建“图层 3”，使用钢笔工具绘制下面的曲线，选择描边路径，在打开的对话框中，选择画笔，效果如图 1-1-5 所示。

（7）选择橡皮擦工具，将顶部多余的线擦除，如图 1-1-6 所示。

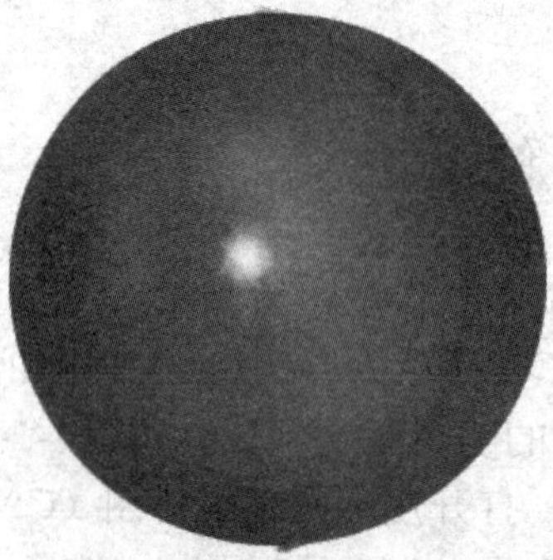
图 1-1-5

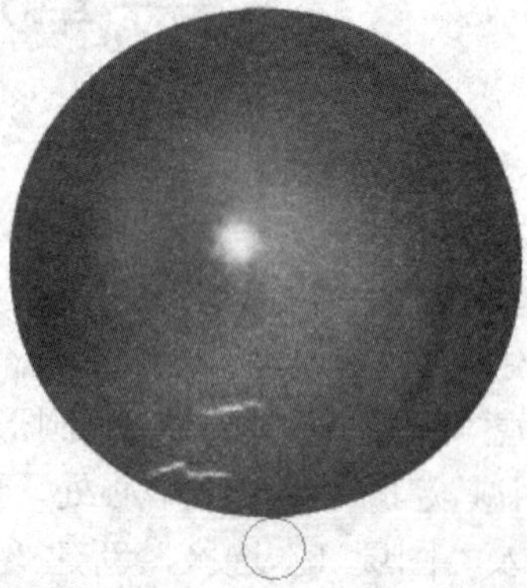
图 1-1-6

（8）选择画笔工具，画笔设置如图 1-1-7 所示。

（9）新建“图层 4”，使用钢笔绘制路径，描边路径，在打开的对话框中，选择画笔。复制“图层 4”为“图层 5”，调整后的效果如图 1-1-8 所示。

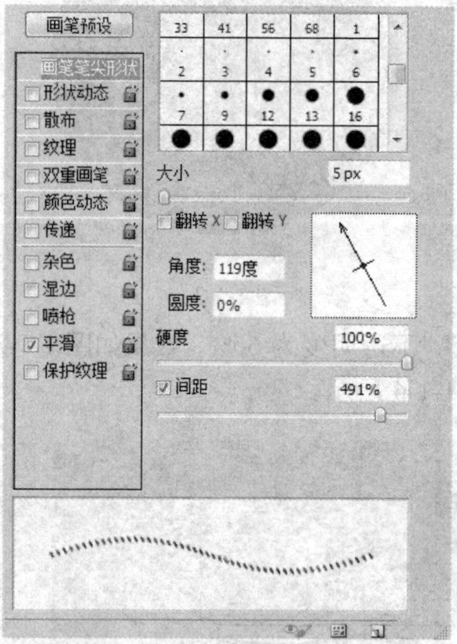

图 1-1-7

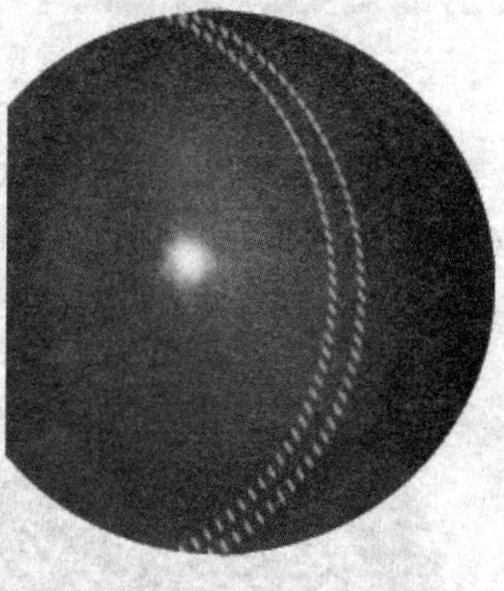
图 1-1-8

（10）将“图层 5”与“图层 4”合并，双击该图层，打开图层样式面板，选择“投影”效果，参数设置如图 1-1-9 所示。

（11）再添加两条球体缝线，效果如图 1-1-10 所示。

（12）输入文字，设置大小，设置文字图层的混合模式为“柔光”，不透明度为 50%。添加球体的阴影效果，最终效果如图 1-1-11 所示。

（13）将最终效果以 X1-1.psd 为文件名保存在考生文件夹中。

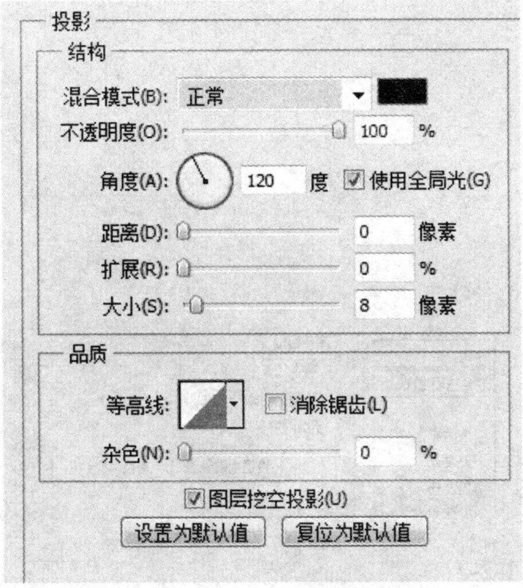

图 1-1-9

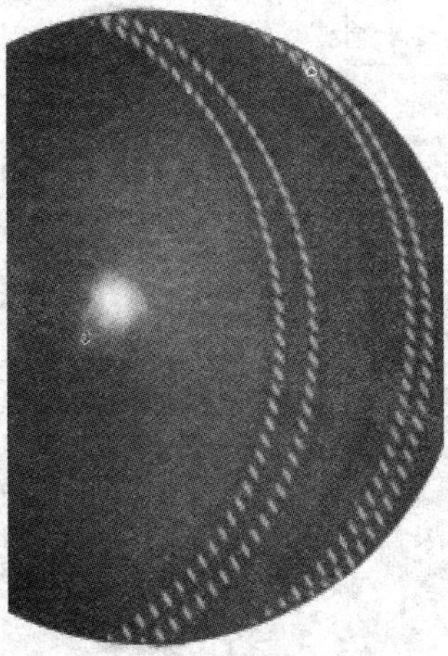

图 1-1-10

图 1-1-11

1.2　第 2 题解答

（1）新建一个宽高均为 280 像素、RGB 模式的文件。使用椭圆工具创建一个圆，如图 1-2-1 所示。

图 1-2-1

（2）双击该图层，打开图层样式面板，选中“内发光”复选框，颜色值为#79b134；选中“颜色叠加”复选框，颜色值为#e1f10a，参数设置如图 1-2-2 所示，效果如图 1-2-3 所示。

（3）新建“图层 1”，按 Ctrl 键，在图层面板单击圆形形状，得到选区，填充颜色为#daf417，执行“滤镜”→“杂色”→“添加杂色”命令，参数设置如图 1-2-4 所示。

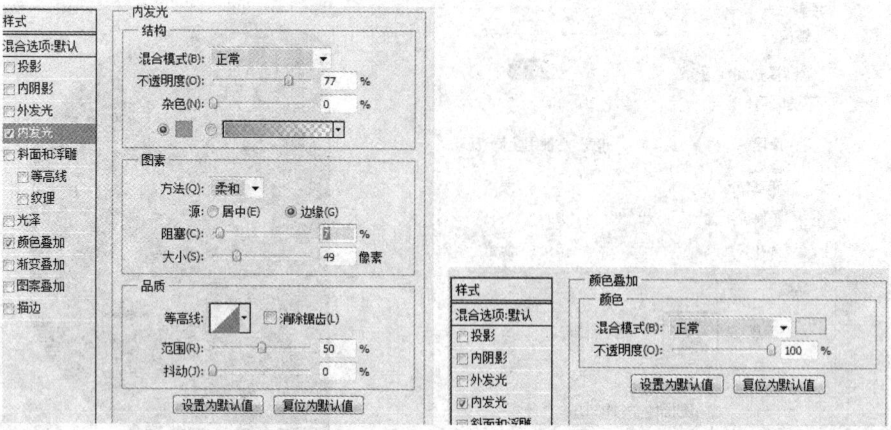

图 1-2-2

图 1-2-3

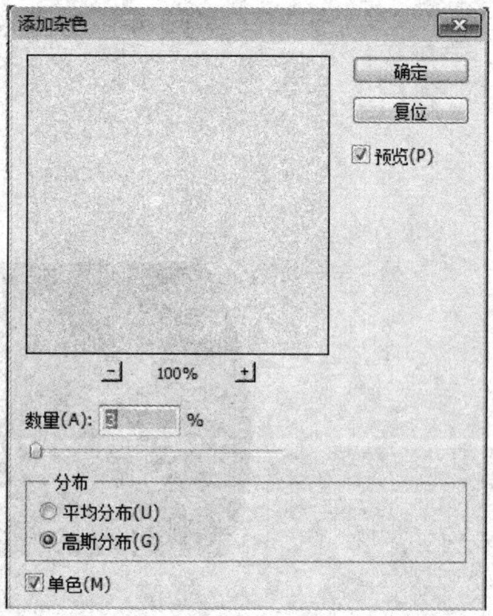

图 1-2-4

（4）双击该图层，打开图层样式面板，参数设置和效果如图 1-2-5 所示。

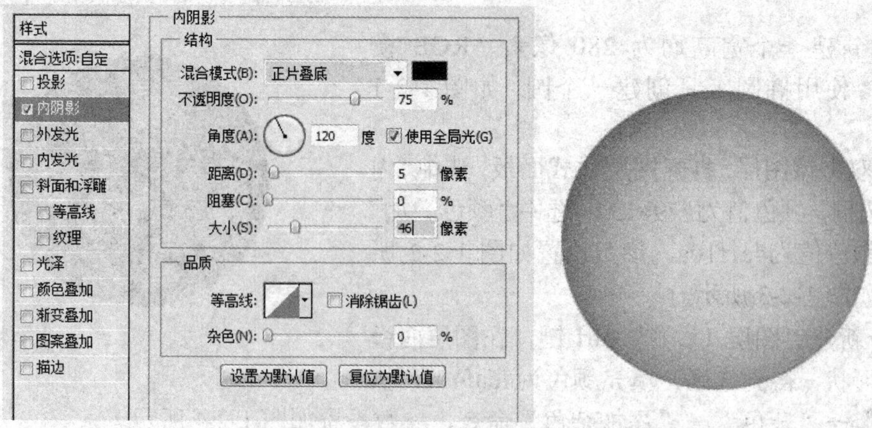

图 1-2-5

（5）使用钢笔工具绘制如图 1-2-6 所示的球体曲线，选择画笔工具属性（如图 1-2-7

所示），使用画笔对路径进行描边，处理后的效果如图 1-2-8 所示。

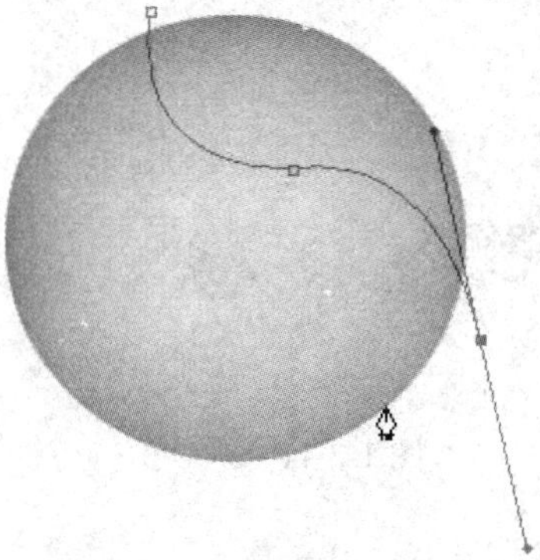

图 1-2-6

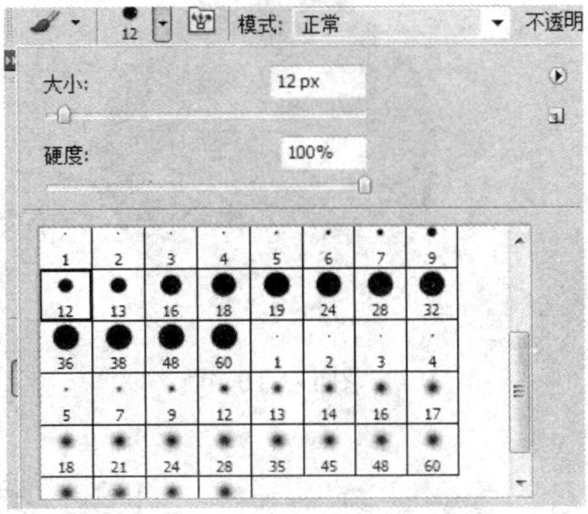

图 1-2-7

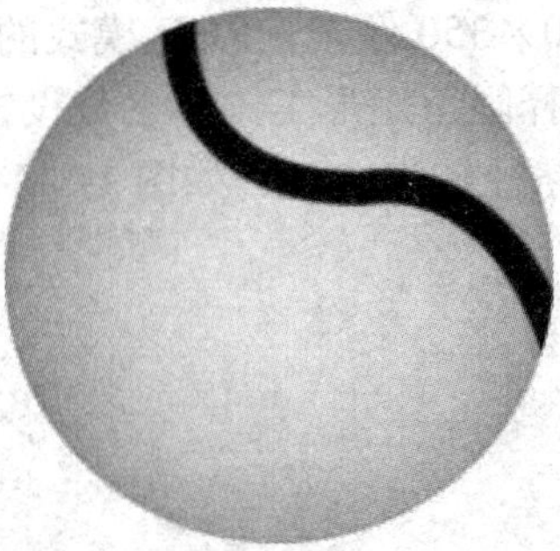

图 1-2-8

（6）双击该图层，打开图层样式面板，选中“渐变叠加”复选框，颜色选择灰色至白色，参数设置和效果如图 1-2-9 所示。

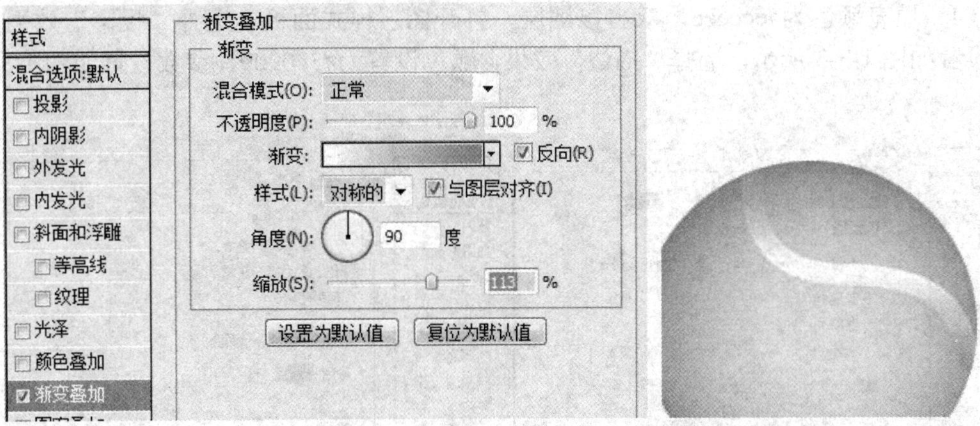

图 1-2-9

（7）复制该图层，变换并调整位置，效果如图 1-2-10 所示。最后添加球体的阴影，效果如图 1-2-11 所示。

（8）将最终效果以 X1-2.psd 为文件名保存在考生文件夹中。

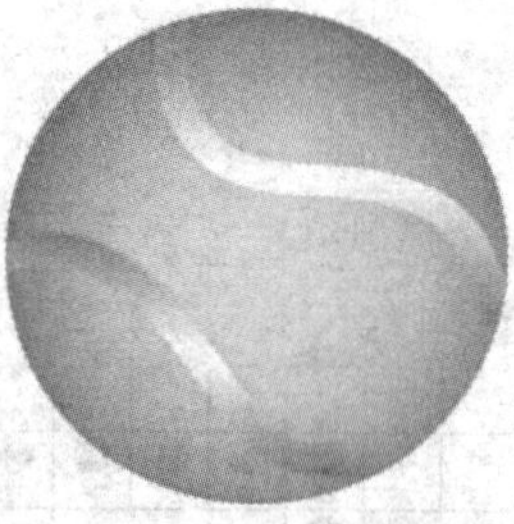

图 1-2-10

图 1-2-11

1.3 第 3 题解答

（1）新建一个宽高为 260×350 像素、RGB 模式的文件。

（2）新建“图层 1”，选择圆角矩形工具，参数设置如图 1-3-1 所示。

（3）创建圆角矩形，将路径转为选区，如图 1-3-2 所示。

图 1-3-1

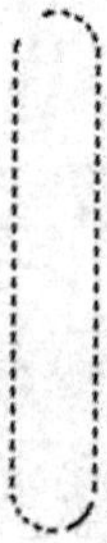

图 1-3-2

（4）填充颜色为#ececec，双击该图层，打开图层样式面板，选择“投影”效果，参数设置如图 1-3-3 所示，选择“描边”效果，颜色设置为#3c0909，参数设置如图 1-3-4 所示。

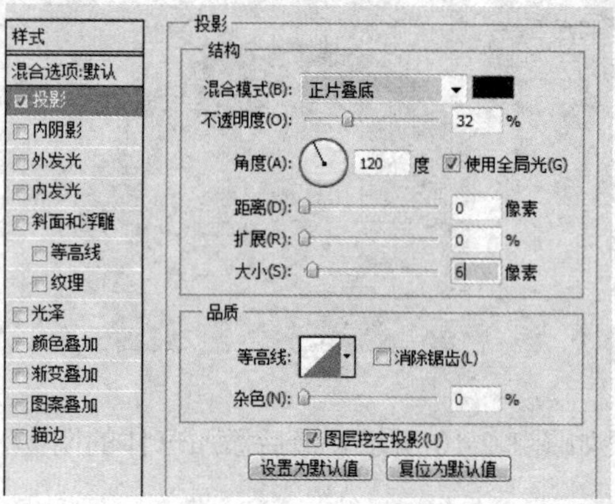

图 1-3-3

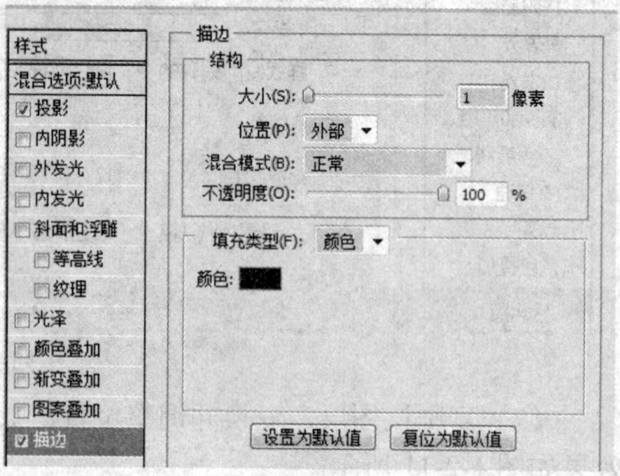

图 1-3-4

（5）新建“图层 2”，创建如图 1-3-5 左图所示形状，将路径转为选区，如图 1-3-5

右图所示，填充颜色为#b50000。

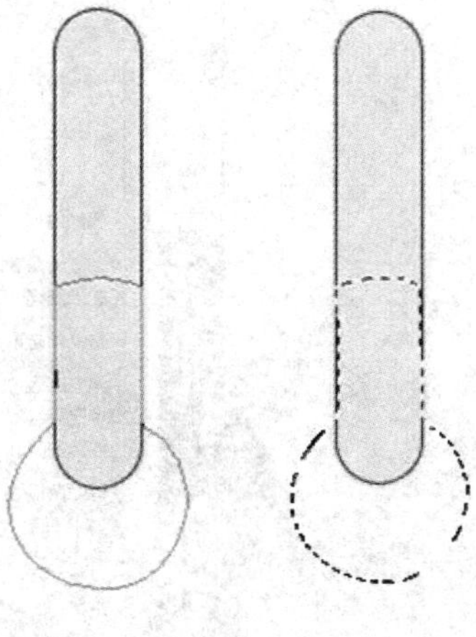

图 1-3-5

（6）双击该图层，打开图层样式面板，选择“投影”效果，参数设置如图 1-3-6 所示，选择“描边”效果，颜色设置为#3c0909，参数设置如图 1-3-7 所示，效果如图 1-3-8 所示。

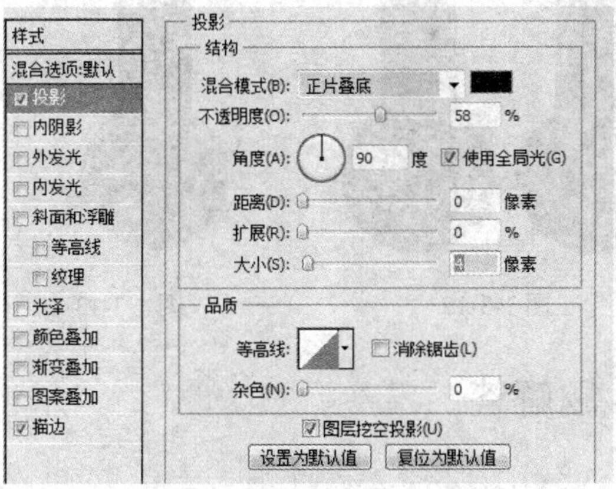

图 1-3-6

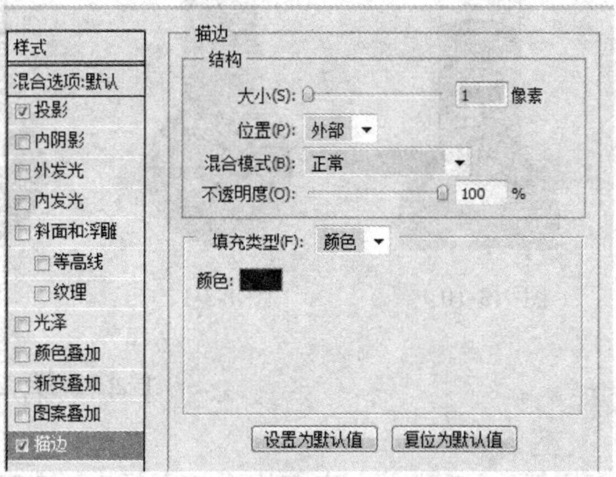

图 1-3-7

（7）选择画笔工具，设置画笔为 5 像素，颜色为#fcfcfa，新建图层，使用钢笔工具绘制如图 1-3-9 左图所示的形状，右击并选择“描边路径”选项，使用设置的画笔进行描边，效果如图 1-3-9 右图所示。

（8）设置该图层的混合模式为“颜色叠加”，降低不透明度为 80%，使用橡皮擦将顶部的线条进行修饰，效果如图 1-3-10 所示。

（9）用同样的方法制作如图 1-3-11 所示的其他高光区域。

（10）设置画笔工具为 2 个像素，颜色为#a5a5a5，绘制如图 1-3-12 左图所示的路径，右击并选择“描边路径”选项，在打开的对话框中，选择画笔工具，用同样的方法，做下部的立体阴影效果，如图 1-3-12 右图所示。

（11）制作刻度和数字，最终效果如图 1-3-13 所示。

（12）将最终效果以 X1-3.psd 为文件名保存在考生文件夹中。

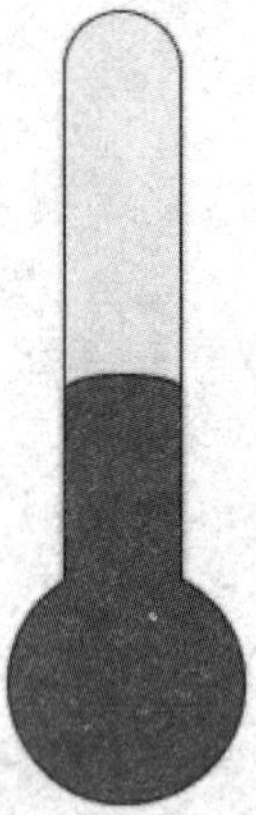

图 1-3-8

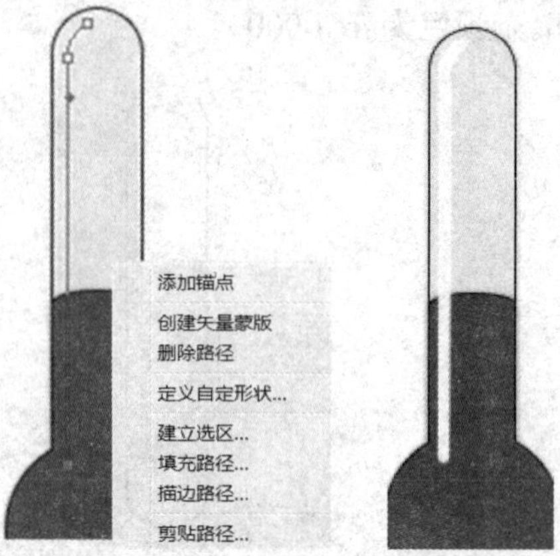

图 1-3-9

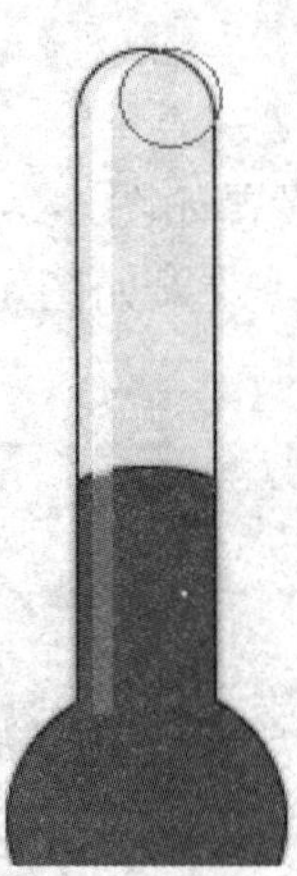

图 1-3-10

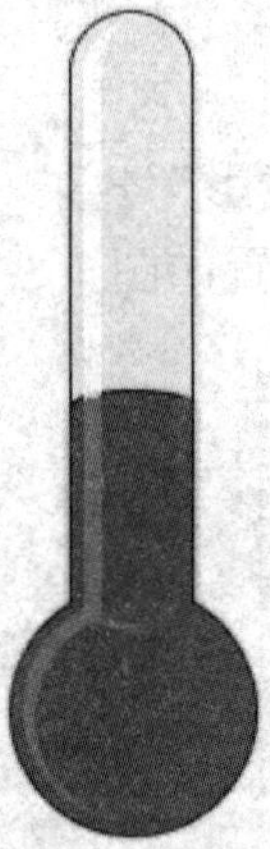

图 1-3-11

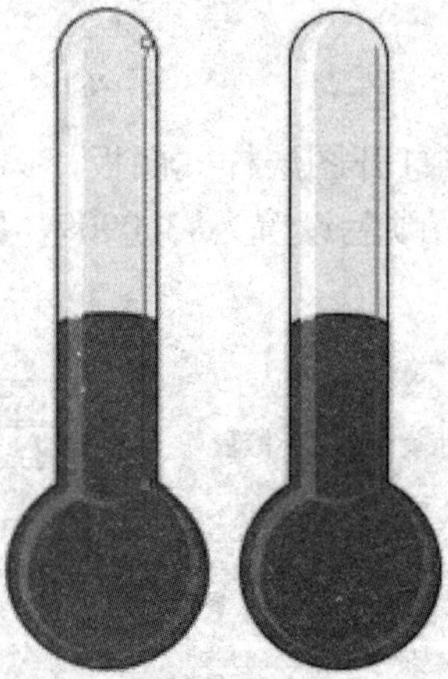

图 1-3-12

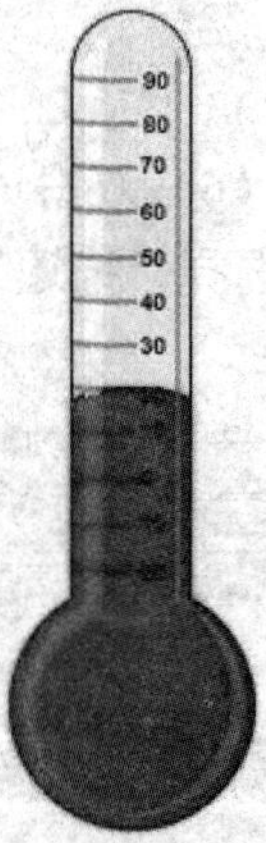

图 1-3-13

1.4 第 4 题解答

（1）新建一个宽高均为 480 像素、RGB 模式的文件。

（2）新建“图层 1”，使用钢笔工具绘制如图 1-4-1 左图所示的路径。将路径转为选区，如图 1-4-1 右图所示。

（3）设置前景色为#dad6d6，填充选区，选择加深工具，对选区进行阴影处理，如图 1-4-2 所示。

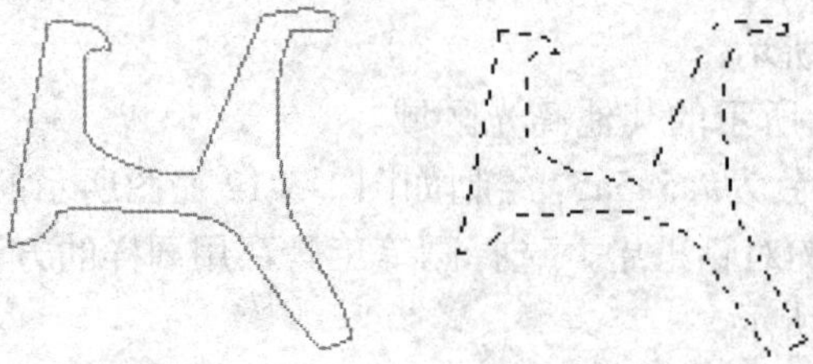

图 1-4-1

图 1-4-2

（4）双击该图层，打开图层样式面板，选择“描边”效果，颜色为#595757，其余参数设置如图 1-4-3 所示。

（5）新建“图层 2”，使用钢笔工具绘制图形，并转为选区，如图 1-4-4 所示。

（6）设置前景色为#aea49e，填充选区，选择减淡工具，对选区进行高光处理，如图 1-4-5 左图所示。用上面同样的方法进行描边处理，效果如图 1-4-5 右图所示。

（7）新建“图层 3”，使用钢笔工具绘制图形，并将路径转为选区，如图 1-4-6 所示。

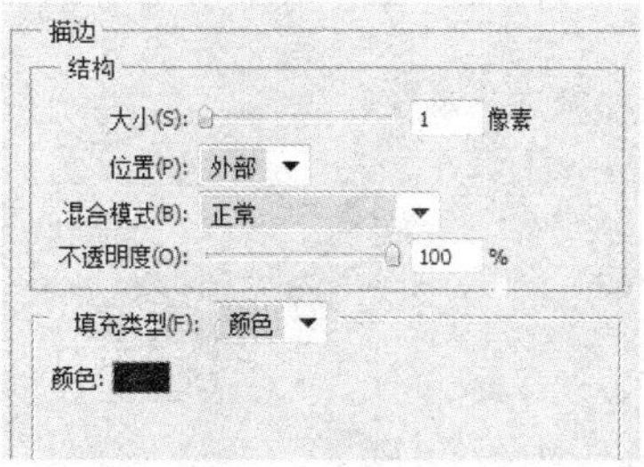

图 1-4-3

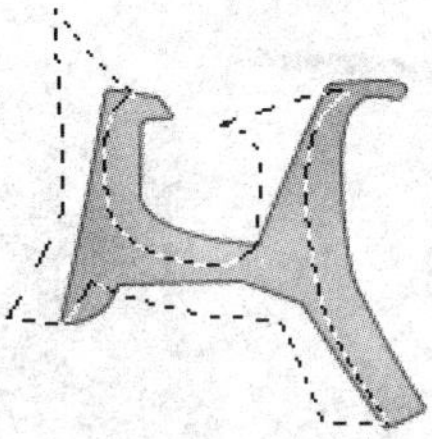

图 1-4-4

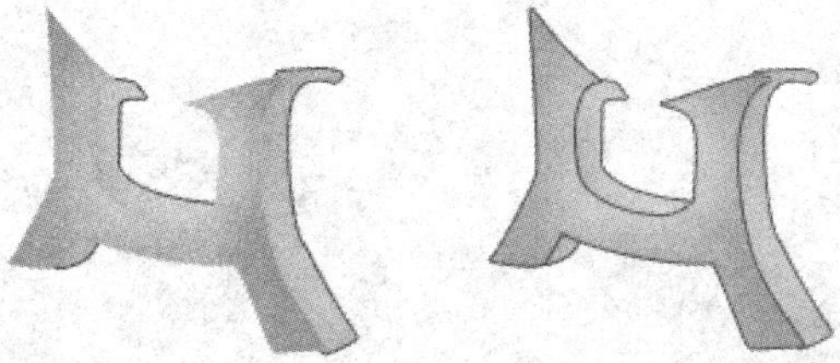

图 1-4-5

（8）设置前景色为#dad6d6，填充选区，用同样的方法对选区进行减淡处理并描边，效果如图 1-4-7 所示。

（9）新建“图层 4”，使用钢笔工具绘制图形，并将路径转为选区，如图 1-4-8 左图所示。设置前景色为#aea49e，填充选区，用同样的方法对选区进行加深处理并描边，如图 1-4-8 右图所示。

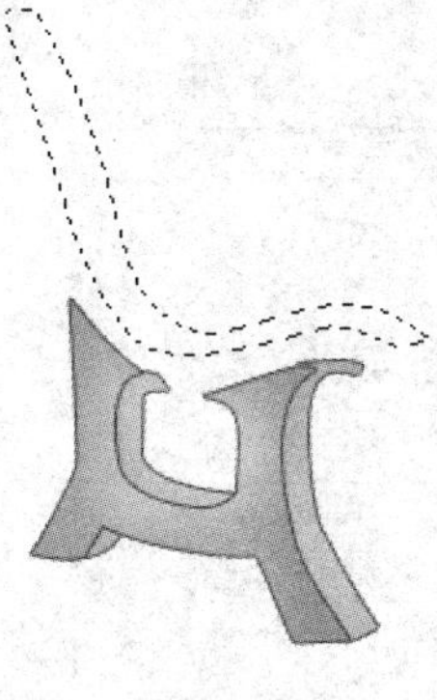

图 1-4-6

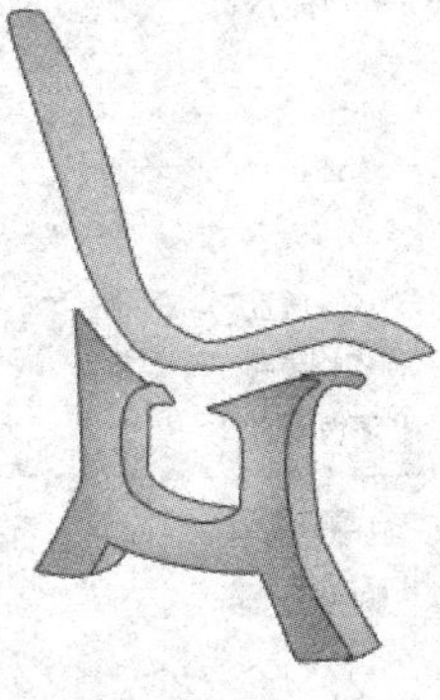

图 1-4-7

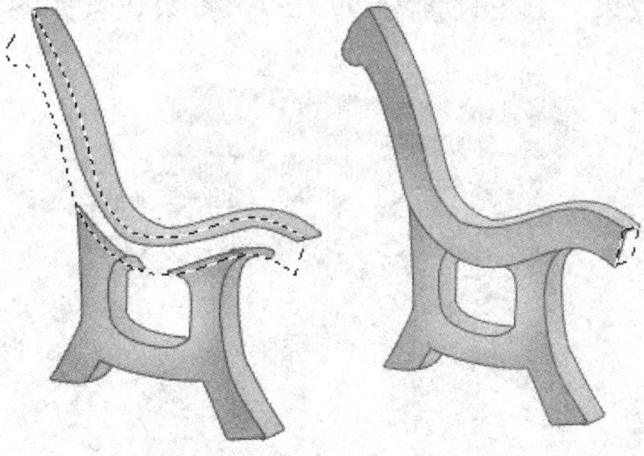

图 1-4-8

（10）新建“图层 5”，用同样的方法制作如图 1-4-9 所示的端口效果。

（11）合并除背景图层以外的所有图层，然后按 Ctrl+J 快捷键复制该图层，按 Ctrl+T 快捷键进行缩放，效果如图 1-4-10 所示。

（12）新建一个图层，使用钢笔工具绘制木条图形，将路径转为选区，如图 1-4-11 所示。

（13）对选区填充颜色为#c1803c，如图 1-4-12 所示。

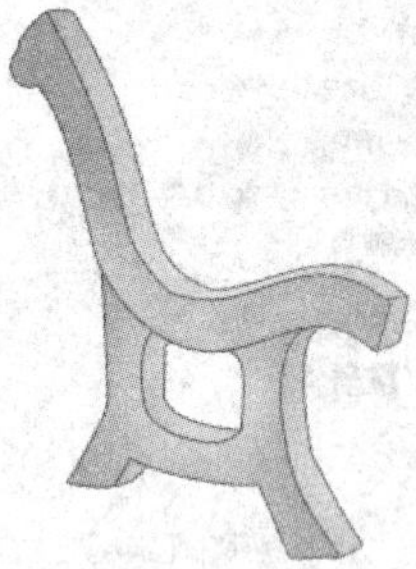

图 1-4-9

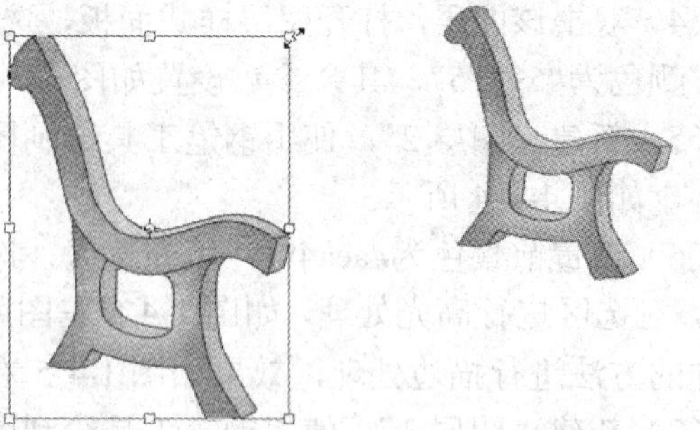

图 1-4-10

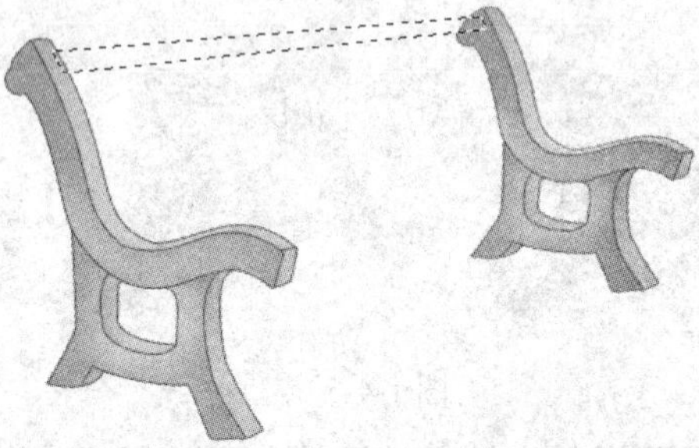

图 1-4-11

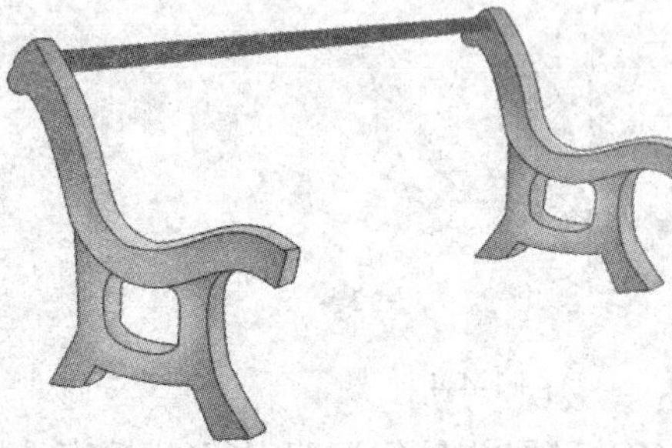

图 1-4-12

（14）用同样的方法绘制多个木条，并使用加深和减淡工具进行处理，效果如图 1-4-13 所示。

（15）将多个木条图层进行合并，双击该图层，打开图层样式面板，选择“描边”效果，颜色设置为#595757，参数设置如图 1-4-14 所示。

图 1-4-13

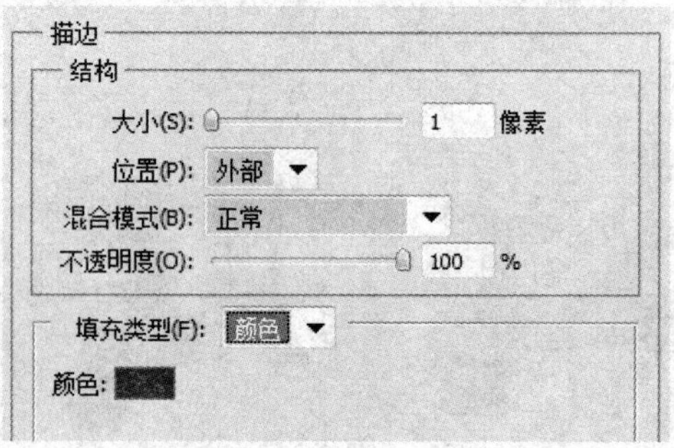

图 1-4-14

（16）新建一个图层，使用钢笔工具勾绘木条侧面，将路径转为选区，如图 1-4-15 左图所示，填充选区（#aa5624），使用加深和减淡工具处理，形成明暗区域，如图 1-4-15 右图所示。

（17）新建一个图层，添加白色铆钉，最终效果如图 1-4-16 所示。

（18）将最终效果以 X1-4.psd 为文件名保存在考生文件夹中。

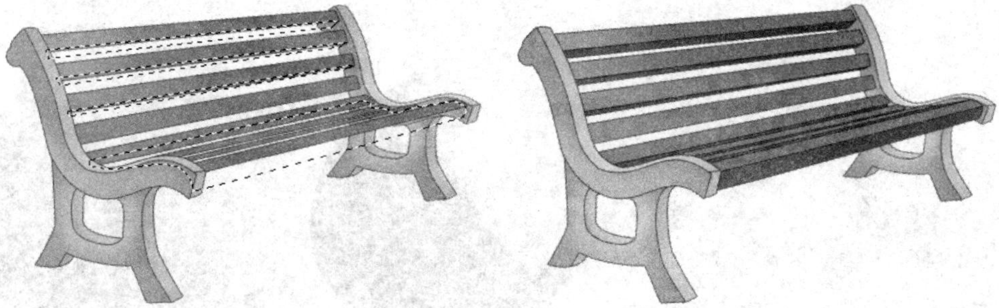

图 1-4-15

图 1-4-16

1.5 第 5 题解答

（1）新建一个宽高均为 480 像素、RGB 模式的文件。

（2）新建“图层 1”，使用钢笔工具绘制如图 1-5-1 所示的图形，并将路径转化为选区。

（3）使用颜色#d4d1cc 填充选区，使用减淡工具涂抹形成明暗区域，如图 1-5-2 所示。

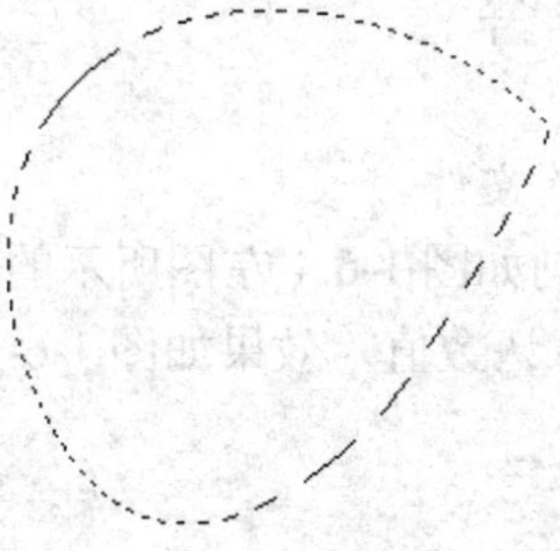

图 1-5-1

图 1-5-2

（4）新建“图层 2”，使用钢笔工具绘制如图 1-5-3 所示的图形，并将路径转为选区。

（5）使用颜色#b05b22 填充选区，使用加深工具处理，效果如图 1-5-4 左图所示。选择接口部分，然后按 Ctrl+Shift+I 快捷键，使用减淡工具处理，效果如图 1-5-4 右图所示。

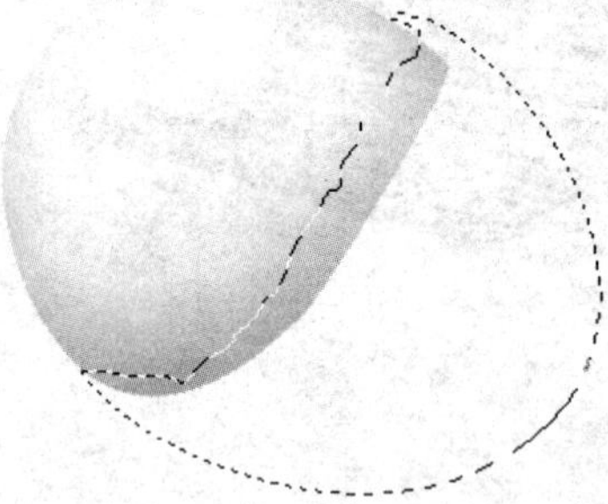

图 1-5-3

图 1-5-4

（6）执行“滤镜”→“艺术效果”→“胶片颗粒”命令，打开其面板，参数设置如图 1-5-5 所示。

（7）新建一个图层，建立如图 1-5-6 所示的选区，填充颜色为#6f3b2a。

（8）添加蛋体的阴影，最终效果如图 1-5-7 所示。

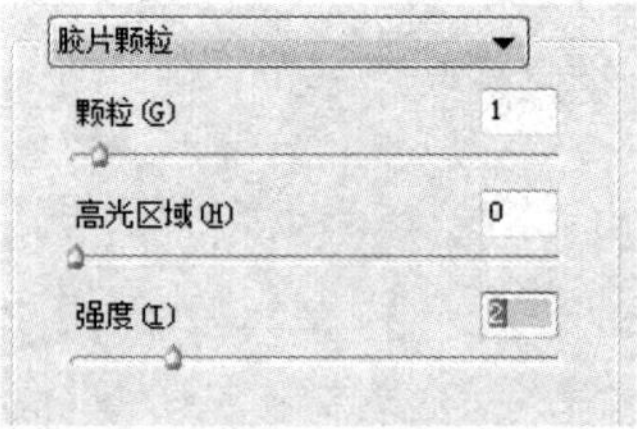

图 1-5-5

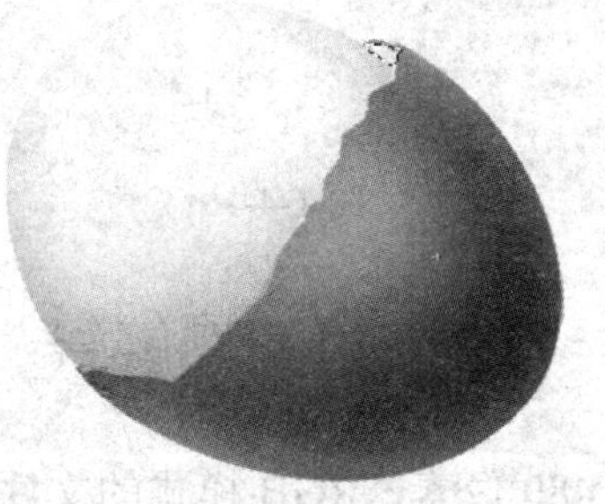

图 1-5-6

图 1-5-7

（9）将最终效果以 X1-5.psd 为文件名保存在考生文件夹中。

1.6　第 6 题解答

（1）新建一个宽高均为 480 像素、RGB 模式的文件。

（2）创建漆刷毛端图形轮廓：使用钢笔工具绘制如图 1-6-1 左图所示的图形，在图形上右击，选择“建立选区”选项，打开其对话框，默认数值，效果如图 1-6-1 右图所示。

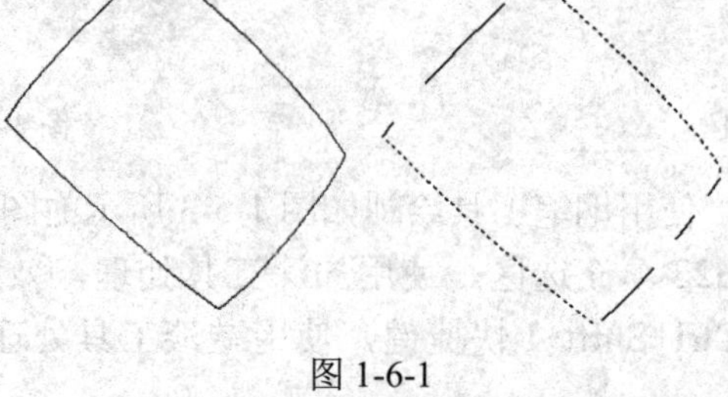

图 1-6-1

（3）新建一个图层，填充颜色为#262626，再使用钢笔工具绘制如图 1-6-2 左图所示路径，转变为选区，填充颜色为#434242，如图 1-6-2 右图所示。

（4）新建一个图层，再使用钢笔工具绘制路径，转变为选区，填充颜色为#000000，如图 1-6-3 所示。

（5）创建木手柄轮廓：新建一个图层，使用钢笔工具绘制如图 1-6-4 左图所示路径，转变为选区。填充颜色为#c69121，用同样的方法创建如图 1-6-4 右图所示的选区，填充颜色为#e2ab47。

图 1-6-2

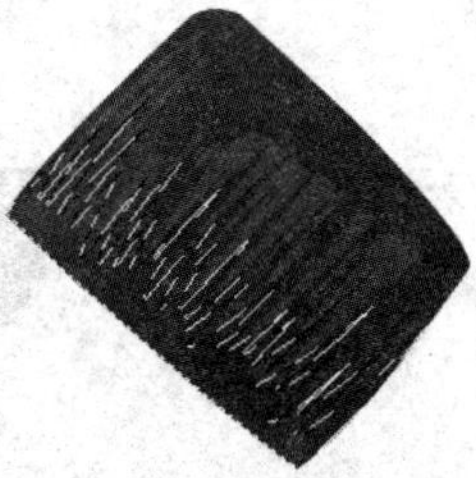

图 1-6-3

图 1-6-4

（6）依此方法，建立选区，分别填充颜色（#fbd16f、#fffffa、#cb9121、#85440d、#703703），如图 1-6-5 所示。

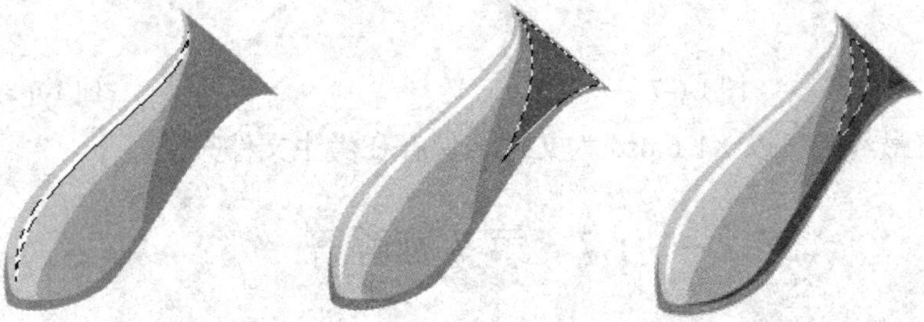

图 1-6-5

（7）创建木柄与刷毛连接的金属部分形状：使用钢笔工具分别创建路径，转为选区，分别填充颜色（#c7c7c7、#e8e8e8、#b2b2b2、#fffffa），如图 1-6-6 所示。

（8）创建油漆形状：依照上面的方法，再创建不同明暗区域并分别填充颜色（#0177ff、#a6d0ff、#004eaf、#fffbff），表现明暗区域，如图 1-6-7 所示。

（9）最终效果如图 1-6-8 所示。

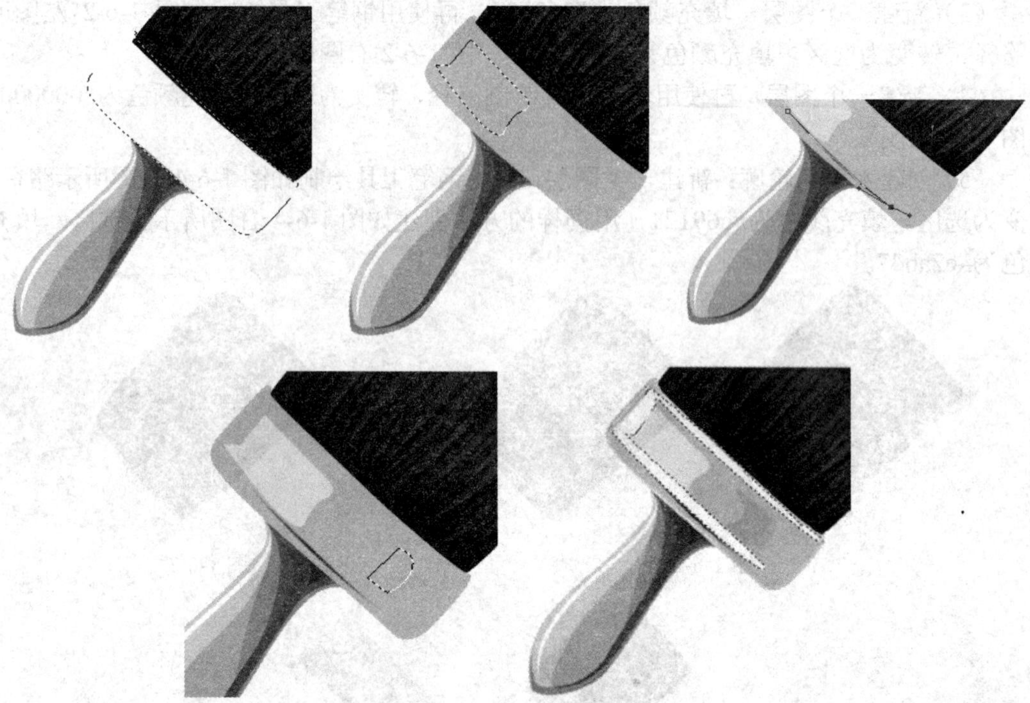

图 1-6-6

图 1-6-7

图 1-6-8

（10）将最终效果以 X1-6.psd 为文件名保存在考生文件夹中。

1.7 第 7 题解答

（1）新建一个宽高为 300×450 像素、RGB 模式的文件。

（2）新建一个图层，使用钢笔工具绘制瓶子的形状，路径转为选区，如图 1-7-1 左图所示。填充绿色（#6bb445），使用加深工具涂抹，表现物体的明暗区域，如图 1-7-1 右图所示。

（3）新建一个图层，使用钢笔工具绘制瓶嘴的形状，路径转为选区，如图 1-7-2 左图所示。填充绿色（#6bb445），使用加深工具涂抹，表现物体的立体效果，如图 1-7-2 右图所示。

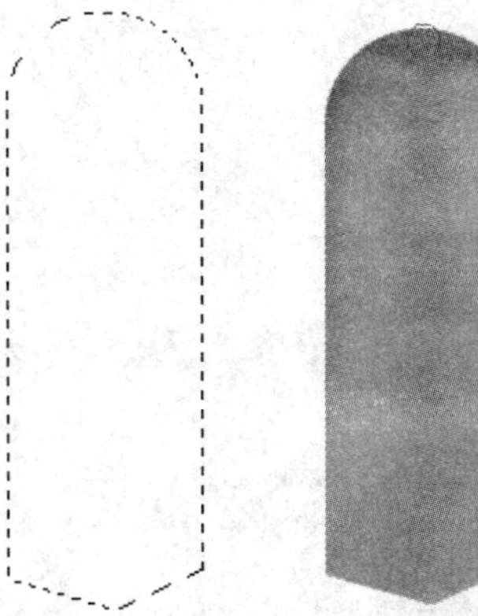

图 1-7-1

图 1-7-2

（4）创建叶子和梗部分形状：使用钢笔工具分别绘制叶梗和叶子形状，填充绿色（#6bb445），使用加深工具涂抹，绘制叶脉，表现物体的明暗区域，如图 1-7-3 所示。

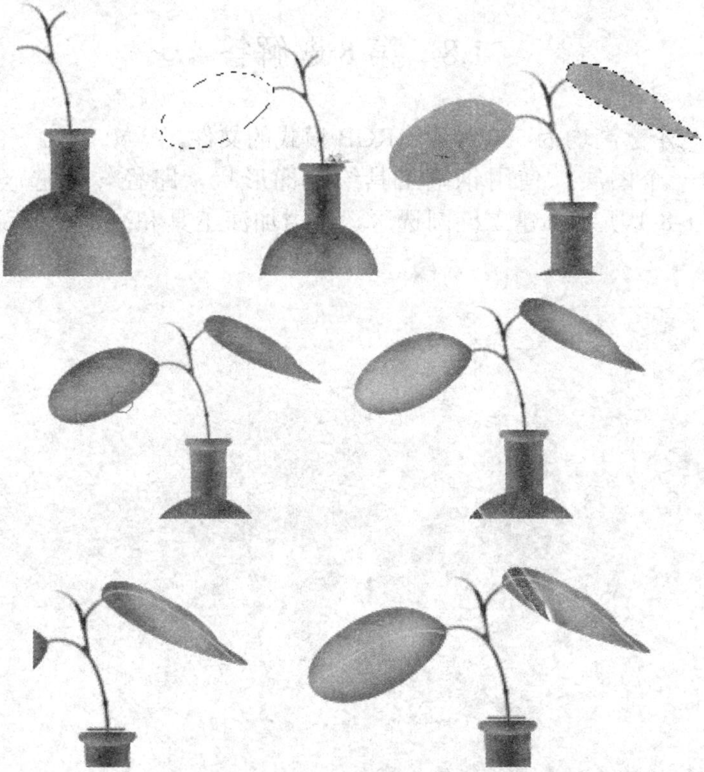

图 1-7-3

（5）现在瓶子和绿枝叶的效果如图 1-7-4 所示。新建一个图层，建立一个椭圆选区，填充颜色为#363636，执行“滤镜” →“模糊”→“高斯模糊”命令，在其对话框中，设置参数为 3，形成投影。

（6）绘制中心线棱形，使用 2 个像素画笔描边，最终效果如图 1-7-5 所示。

图 1-7-4

图 1-7-5

（7）将最终效果以 X1-7.psd 为文件名保存在考生文件夹中。

1.8　第 8 题解答

（1）新建一个宽高均为 500 像素、RGB 模式的文件。

（2）新建一个图层，使用钢笔工具绘制桶形状，路径转为选区，填充颜色为#e2e9e7，如图 1-8-1 所示，建立椭圆选区，使用加深工具和减淡工具涂抹，形成桶口壁的明暗区域。

图 1-8-1

（3）按 Ctrl+Shift+I 快捷键，使用加深工具进行涂抹，表现桶外面的明暗区域。绘制一条直线，使用加深工具描边路径，立体效果如图 1-8-2 所示。

（4）新建一个图层，使用矩形选区创建色条，依次填充颜色（#00aef0、#00a651、#fff200、#f26522、#92278f），效果如图 1-8-3 所示。

图 1-8-2

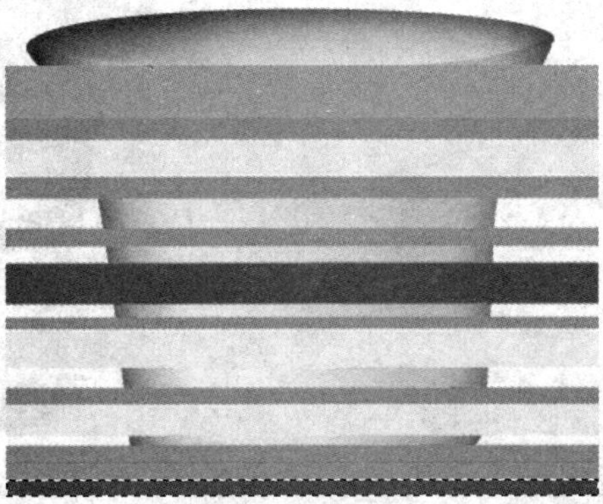

图 1-8-3

（5）按 Ctrl+T 快捷键，右击并选择“变形”选项，在工具栏中选择“拱形”选项，变形效果如图 1-8-4 左图所示。再按 Ctrl+T 快捷键，右击并选择“透视”选项，变形效果如图 1-8-4 右图所示。

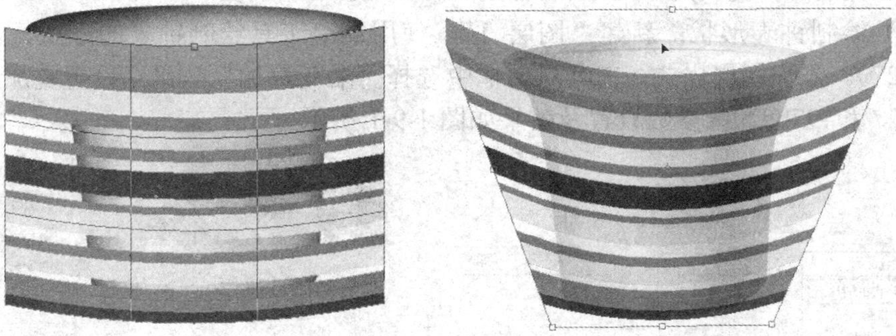

图 1-8-4

（6）按 Ctrl 键，单击圆桶图层，再按 Ctrl+Shift+I 快捷键反选，再按 Delete 键，效果如图 1-8-5 左图所示。改变图层的混合模式为“正片叠底”，效果如图 1-8-5 右图所示。

图 1-8-5

（7）创建桶体高光和投影，表现物体的立体效果，最终效果如图 1-8-6 所示。

图 1-8-6

（8）将最终效果以 X1-8.psd 为文件名保存在考生文件夹中。

1.9　第 9 题解答[i]

（1）新建一个宽高为 550×400 像素、RGB 模式的文件。

（2）绘制钟表形状：新建“图层 1”，使用钢笔工具绘制钟表的形状，填充颜色（#3b9327）。添加图层样式，在其对话框中选择“渐变叠加”效果，设置叠加的渐变色为#3b9327 和#97bd20，参数设置及效果如图 1-9-1 所示。

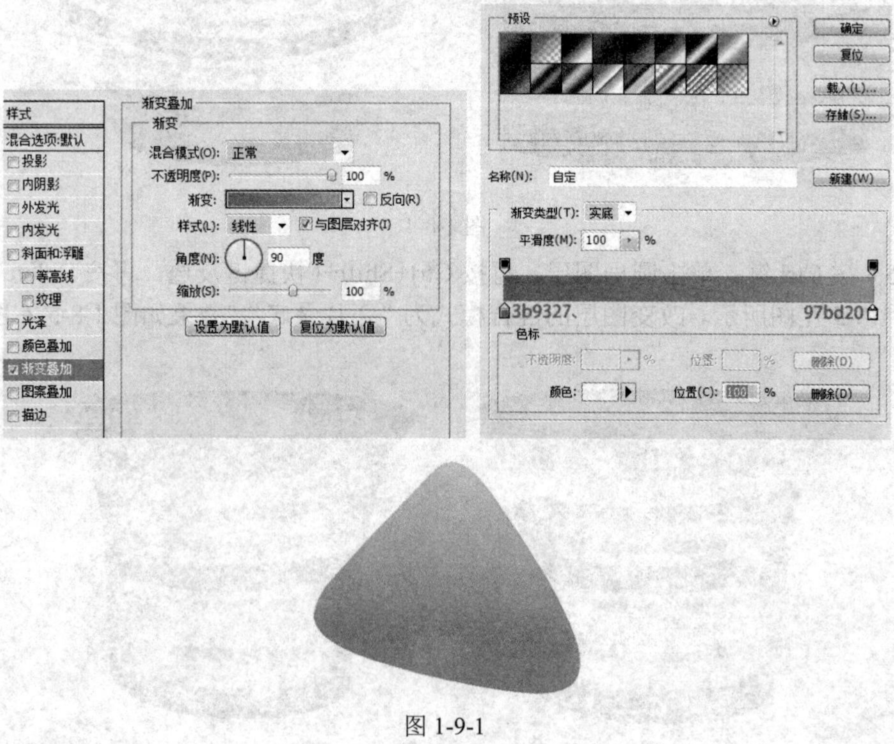

图 1-9-1

[i]本题的视频解答请访问高新考试教材服务网站（www.citt.org.cn）教材专区中的“图形图像处理模块网络服务”栏目。

（3）复制“图层 1”为“图层 2”，将“图层 2”形状缩小 95%，参照图 1-9-2 左图所示修改渐变叠加参数，填充渐变色（#45a127、#bee741），效果如图 1-9-2 右图所示。

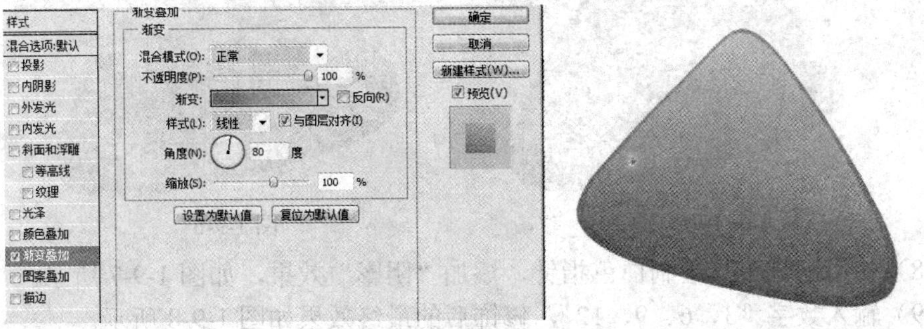

图 1-9-2

（4）新建“图层 3”，使用喷枪工具在顶部点绘出高光区域的反光点效果，如图 1-9-3 所示。

图 1-9-3

（5）新建“图层 4”，使用椭圆工具在中心创建一个椭圆，添加图层样式，选择“渐变叠加”效果，参数设置如图 1-9-4 左图所示，填充渐变色（#63b22d、#98d139），效果如图 1-9-4 右图所示。

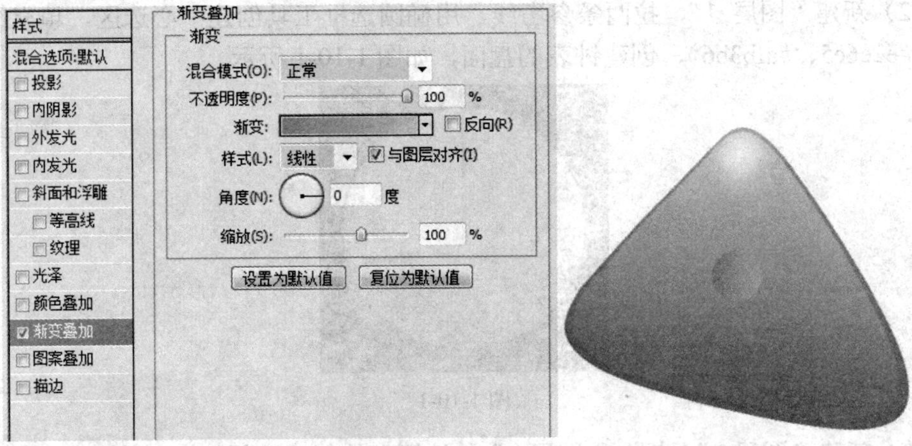

图 1-9-4

（6）使用喷枪工具在下部绘制白色高光，如图 1-9-5 所示。

（7）使用椭圆工具绘制 8 个白色的刻度，添加“阴影”效果，如图 1-9-6 所示。

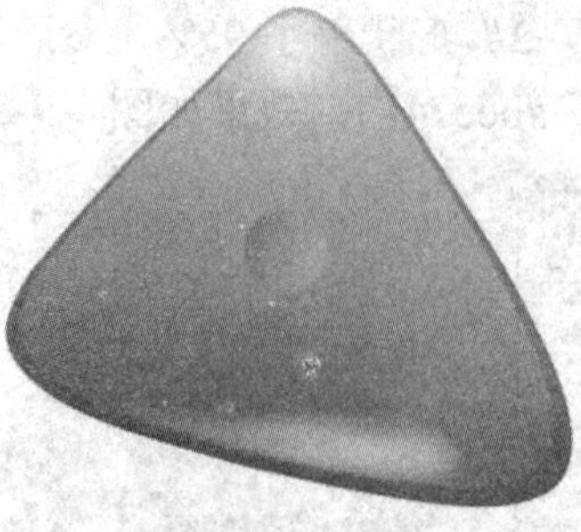

图 1-9-5

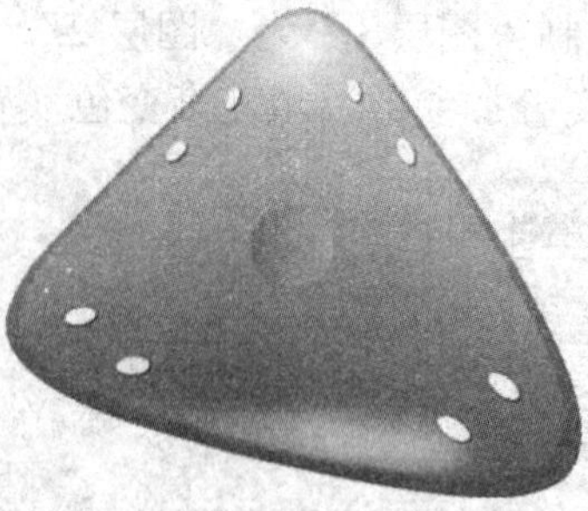

图 1-9-6

（8）使用钢笔工具绘制白色指针，添加“阴影”效果，如图 1-9-7 所示。

（9）输入数字“3、6、9、12”，修饰后的最终效果如图 1-9-8 所示。

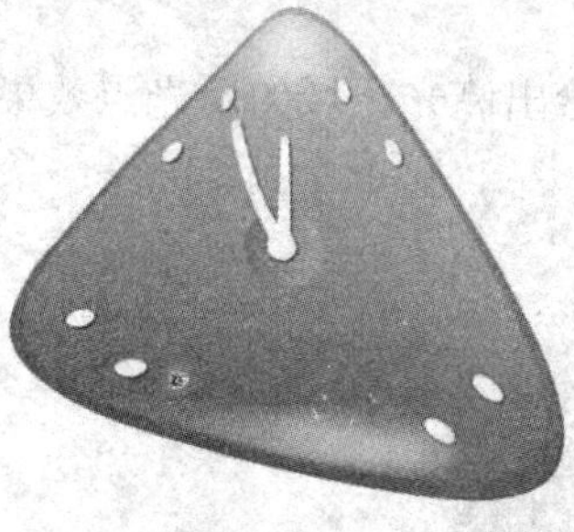

图 1-9-7

图 1-9-8

（10）将最终效果以 X1-9.psd 为文件名保存在考生文件夹中。

1.10　第 10 题解答

（1）新建一个宽高均为 200 像素、RGB 模式的文件。设置前景色为#494d56，填充背景图层。

（2）新建“图层 1”，拉两条参考线，用椭圆选框工具创建中心选区，填充线性渐变色（#e2e6e5、#afb3b6），创建钟表的盘面，如图 1-10-1 所示。

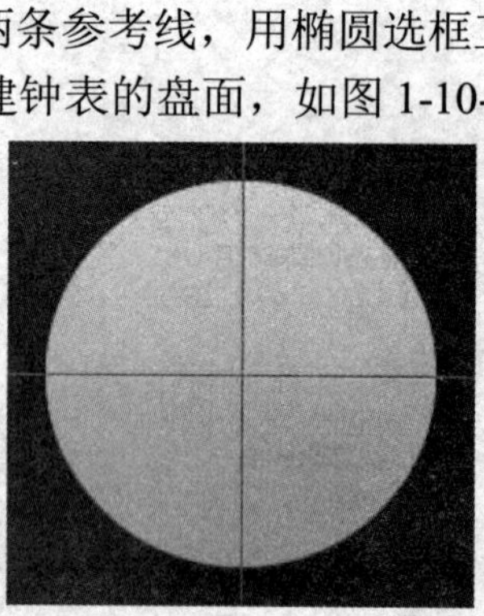

图 1-10-1

（3）新建“图层 2”，载入“图层 1”的选区，执行“选择”→“修改”→“扩展”命令，在其对话框中，设置参数值为 3。填充颜色为#95999a，按 Ctrl 键，单击“图层 1”，载入“图层 1”的选区，按 Delete 键，做成钟表的外边框形状。

（4）双击“图层 1”，打开图层样式面板，选择“内发光”效果，参数设置如图 1-10-2 左图所示，选择“光泽”效果，参数设置如图 1-10-2 右图所示。

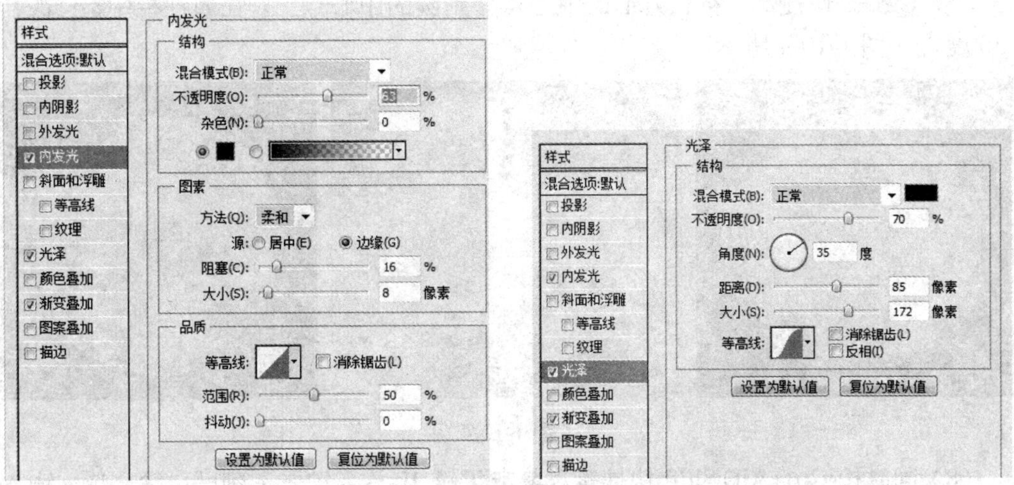

图 1-10-2

（5）双击“图层 2”，打开图层样式面板，选择“内发光”效果，参数设置如图 1-10-3 左图所示，选择“斜面和浮雕”效果，参数设置如图 1-10-3 右图所示，效果如图 1-10-3 下图所示。

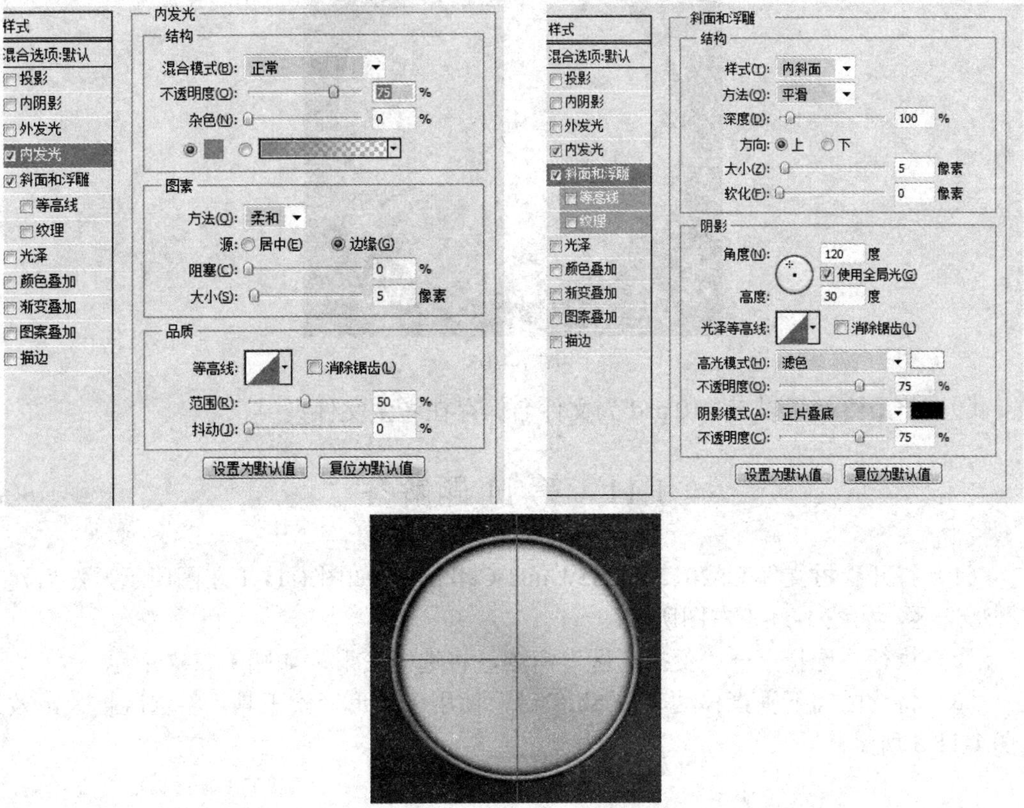

图 1-10-3

（6）新建“图层 3”，在大圆中心建立一个小圆选区，填充颜色为黑色。

（7）新建“图层 4”，创建一个矩形选区，填充颜色为黑色，复制“图层 4”为“图层 5”，按 Ctrl+T 快捷键，将长方形的中心点移到圆的中心点上，在属性栏中，修改角度为 30 度，如图 1-10-4 所示。

图 1-10-4

（8）同时按 Ctrl+Alt+Shift 快捷键，单击 T 键 10 次，钟表上刻度已经完成，输入黑色数字 12、3、6、9，代替钟表上相应位置的长方形刻度。最后直接绘制指针，其中秒针的填充颜色为#a4b3bb，最终效果如图 1-10-5 所示。

图 1-10-5

（9）将最终效果以 X1-10.psd 为文件名保存在考生文件夹中。

1.11　第 11 题解答

（1）打开素材文件 C:\2012PSCS5\Unit1\Cell.psd，如图 1-11-1 左图所示，然后建立椭圆形选区，如图 1-11-1 右图所示。

（2）执行“选择”→“变换选区”命令，将选区变形，如图 1-11-2 所示。

（3）将选区向下垂直移动，按 Shift 键，使用多边形套索工具，将选区扩大，效果如图 1-11-3 所示。

图 1-11-1

图 1-11-2

图 1-11-3

（4）将选区内的图像剪切并粘贴到一个新的图层，把这个图层与底部的图层对齐，并将当前图层作为选区载入，如图 1-11-4 所示。将选区位置向上移动一些，如图 1-11-5 所示。

（5）返回电池图层，重复步骤（4），直到将这个电池切成多段，分别放在多个图层中，把图层拼接对齐，选择几个图层删除，就是删除电池身上已经切好了的一些段，效果如图 1-11-6 所示。

（6）选择一个中段图层作为选区载入，如图 1-11-7 所示。

图 1-11-4

图 1-11-5

图 1-11-6

图 1-11-7

（7）新建图层并命名为“后背”，然后用黑色将该图层内选区填充，并将此图层隐藏。合并当前文件中所有没隐藏的图层，合并后的图层命名为“前面”，将其拖拽到图层面板的最上方。取消图层“后背”的隐藏状态，并将其垂直翻转，如图 1-11-8 所示。

（8）将图层“后背”内的图像复制几份，粘贴到当前图层，然后合并粘贴后的图层，如图 1-11-9 所示。

（9）将图层“前面”设为当前图层，并将其作为选区载入，将选区向下移动 2 个像素的距离。反选选区，将选区内的图像亮度调到最大，如图 1-11-10 所示。

（10）将图层“后背”设为当前图层，并将其作为选区载入，在选区内从左到右水平拖拽出从黑到白的直线渐变，如图 1-11-11 所示。

（11）取消选区，执行“图像”→“调整”→“曲线”命令，参数设置如图 1-11-12 所示。

（12）执行“图像”→“调整”→“色相/饱和度”命令，将图层“后背”中的图像填充为金属渐变色（#5a3d2b、#b99645），然后将图层“后背”作为选区载入，将选区向下移动 1 个像素的距离。反选选区，将选区内的图像亮度调到最大，剥皮电池效果如图 1-11-13 所示。有兴趣的话也可以为电池加上阴影、背景等装饰效果。

图 1-11-8

图 1-11-9

图 1-11-10

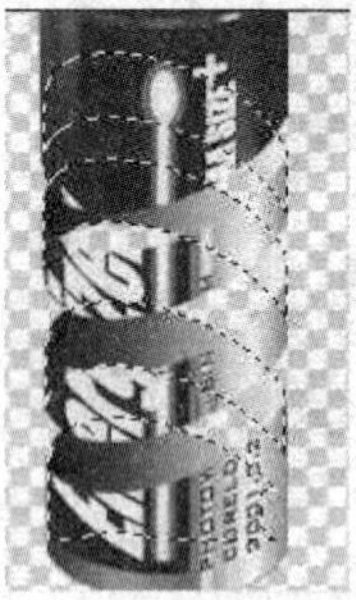
图 1-11-11

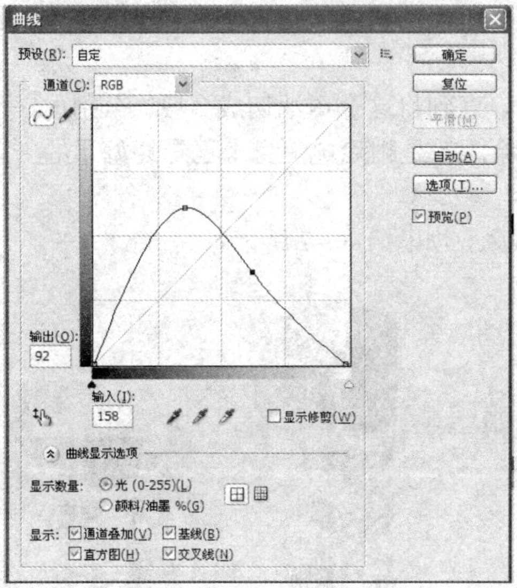

图 1-11-12

图 1-11-13

（13）将最终效果以 X1-11.psd 为文件名保存在考生文件夹中。

1.12 第 12 题解答

（1）新建一个宽高均为 360 像素、RGB 模式的文件。

（2）使用矩形选框工具按 Shift 键建立正方形选区，并移到中心位置。进入快速蒙版模式，使用多边形套索工具，在正方形区域的右上角建立小三角形的选区，设置前景色为黑色，用前景色填充选区。这样，小三角形的选区也成了蒙版区。取消选区，形成如图 1-12-1 所示的正方形倒切角效果。

（3）用同样的方法为正方形的其他三个角倒切圆角。这三个角倒切的是圆角，也比第一个角小得多，效果如图 1-12-2 左图所示。按 Q 键退出快速蒙版模式，选区如图 1-12-2 右图所示。

图 1-12-1

图 1-12-2

（4）新建“图层 1”，用蓝色（#6ea0fd）填充选区，然后取消选区。新建“图层 2”，建立矩形选区，执行“编辑”→“描边”命令，用 1 像素的任意颜色中间描边。按 Ctrl 键单击“图层 2”，载入选区（该选区实际上是一个宽度仅为 1 像素的框）。选择线性渐变工具，然后从左上到右下填充一条从黑到白的渐变，取消选区，效果如图 1-12-3 所示。这步操作的目的是使矩形区域看起来像是凹进去的。

（5）新建“图层 3”。按步骤（4）所述的方法，再制作如图 1-12-4 所示的凹进区域效果。

（6）建立矩形选区，按 Q 键进入快速蒙版模式，使用多边形套索工具对矩形的左下角和右下角进行倒切角。再按 Q 键退出快速蒙版模式，新建“图层 4”。选择线性渐变工具从左向右填充一条“深灰—浅灰（位置为 65%左右）—灰”的渐变，效果如图 1-12-5 所示。

（7）建立矩形选区，按 Delete 键清除选区，然后取消选区。双击“图层 4”，打开图层样式面板，选择“斜面和浮雕”效果，参数设置：样式为“浮雕效果”，方法为“平滑”，大小为 0，角度为 120 度。如果效果不够理想，可适当调整这些参数，使软盘读写孔盖出现较明显的立体效果，如图 1-12-6 所示。

图 1-12-3

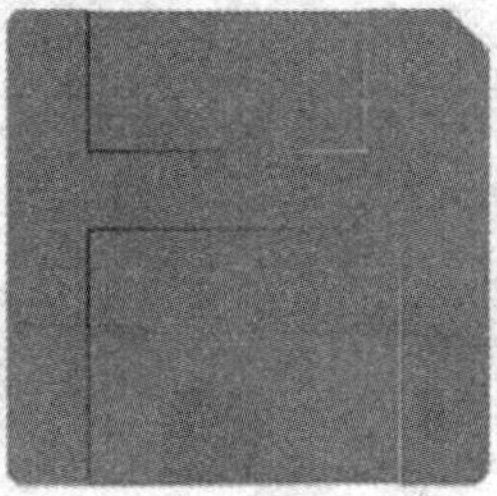

图 1-12-4

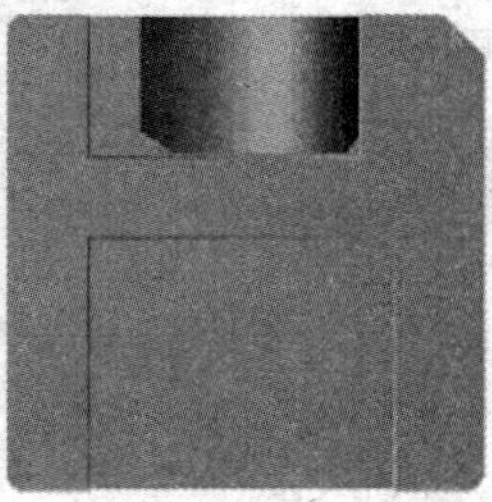

图 1-12-5

图 1-12-6

（8）新建“图层 5”，建立矩形选区（写保护孔），黑色填充选区，双击“图层 5”，打开图层样式面板，选择“斜面和浮雕”效果，参数设置：样式为“枕状浮雕”，深度为 41%，大小为 0，角度为 135 度，阴影模式下面的不透明度为 0%。如果效果不够理想，可适当调整这些参数，直至使软盘写保护孔盖出现较明显的凹进效果。然后按 Ctrl+J 快捷键，将当前“图层 5”复制为“图层 6”。将“图层 6”中的图像水平移动到图 1-12-7 所示的位置。

（9）新建“图层 7”，然后制作如图 1-12-8 所示的标签。创建标签的过程并不复杂，这里不再细述。使用文本工具创建右上角的商标 HD 和左上角的箭头。

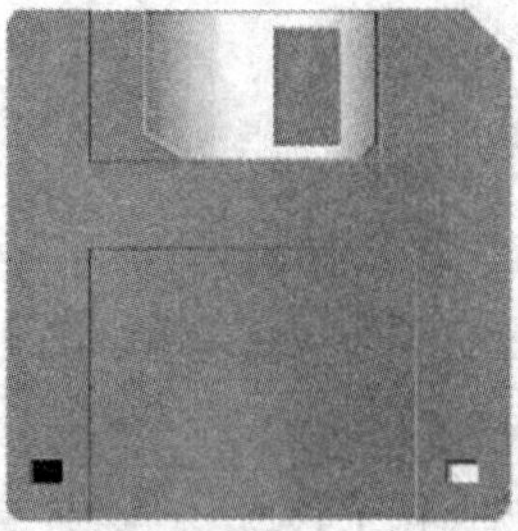

图 1-12-7

图 1-12-8

（10）将除背景图层以外的所有层合并成新的“图层 1”。按 Ctrl 键单击“图层 1”，载入软盘形状的选区，用移动工具按 Alt 键，交替按键盘向下、向左方向键多次，使软盘逐渐呈现立体化，反选选区，执行“滤镜”→“渲染”→“光照效果”命令，参数设置如图 1-12-9 所示。如果效果不够理想，可适当调整这些参数，软盘效果如图 1-12-10 所示。

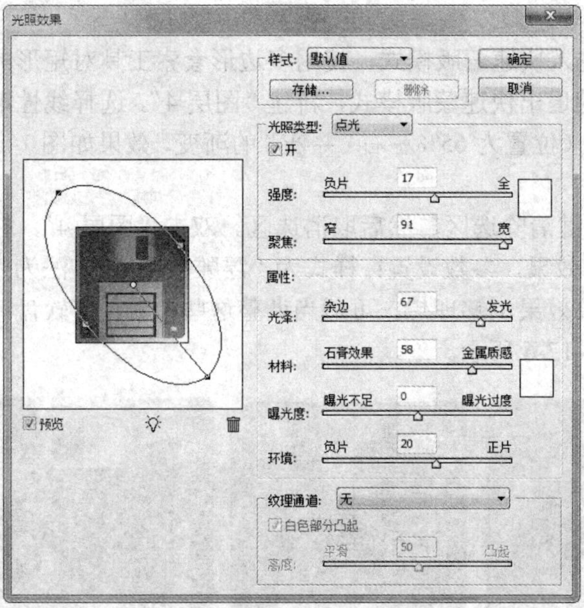

图 1-12-9

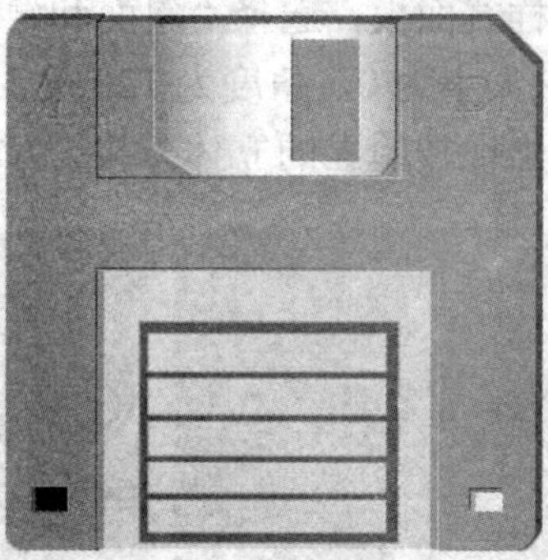

图 1-12-10

（11）将最终效果以 X1-12.psd 为文件名保存在考生文件夹中。

1.13　第 13 题解答

（1）新建一个宽高为 400×200 像素、RGB 模式的文件。

（2）在通道面板中，新建通道为 Alpha1。用钢笔工具勾画出如图 1-13-1 所示形状。

（3）把前景色设置为白色。使用钢笔工具，在路径面板中右击，在下拉菜单中选择填充路径。再次右击，选择删除路径。按 Ctrl 键单击通道使选区浮动，按 Alt+Ctrl+Shift

快捷键拖拽复制形状，如图 1-13-2 所示。

（4）把复制品水平翻转，用移动工具移动对齐，形成手柄形状，如图 1-13-3 所示。

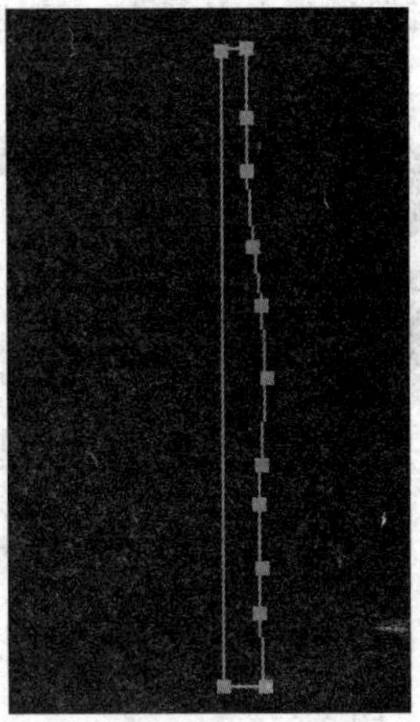

图 1-13-1

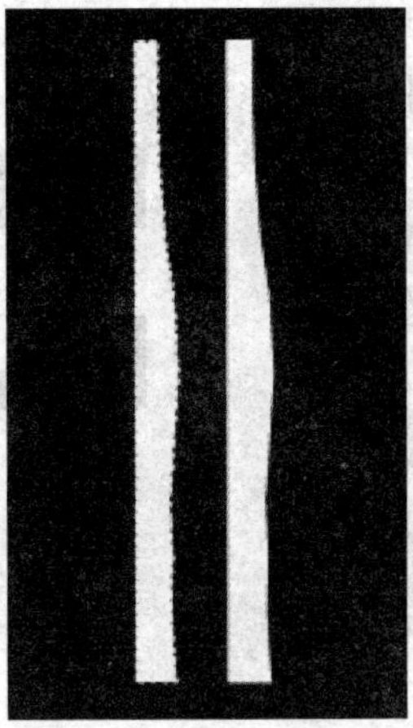

图 1-13-2

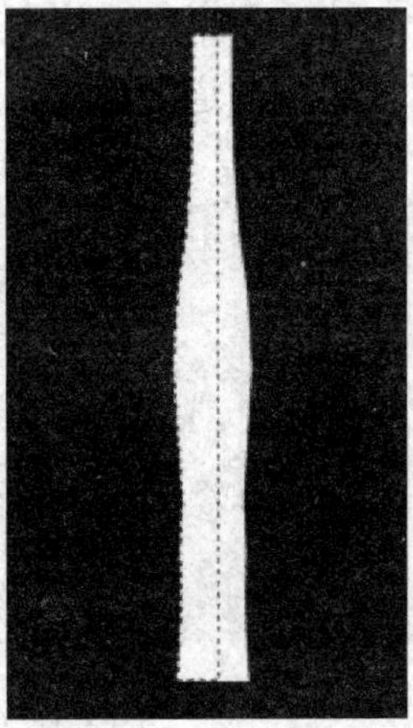

图 1-13-3

（5）执行“滤镜”→“模糊”→“高斯模糊”命令，模糊值为 8 个像素左右。执行“图像”→“调整”→“色阶”命令，参数设置：当前通道，输入色阶为（93、0.63、110）。经过色阶调整，使形状更加圆滑。

（6）制作木纹理作为手柄的表面材质：回到图层面板，新建“图层 1”，然后填充亮棕色（#f0c78a）。执行“滤镜”→“杂色”→“添加杂色”命令，参数设置：数量为 10，其他为默认；接着执行“滤镜”→“模糊”→“动感模糊”命令，参数设置：角度为-90，距离为 45；然后执行“滤镜”→“锐化”→“USM 锐化”命令，参数设置：数量为 500，半径为 0.5，阈值为 0，效果如图 1-13-4 所示。

（7）载入通道 Alpha1 选区，执行反选，然后删除，效果如图 1-13-5 所示。

（8）保持选区，新建“图层 2”，执行“编辑”→“描边”命令，描边颜色为#996633，中心描边。保持选区，选择 35 像素的柔角画笔，前景色为#9d6b31，在选区内拖动笔刷，为手柄增添立体感，如图 1-13-6 所示。

图 1-13-4

图 1-13-5

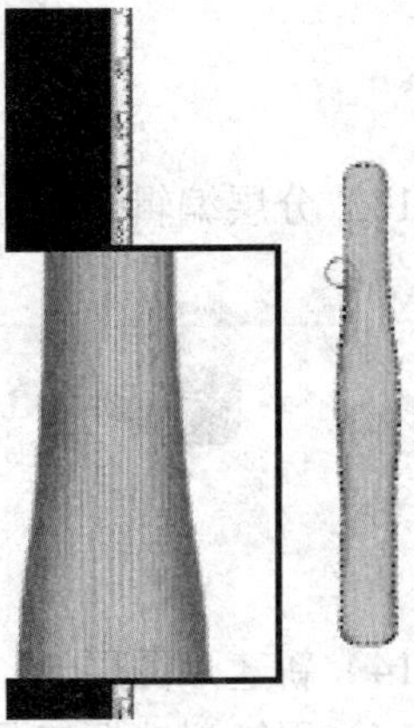

图 1-13-6

（9）回到通道面板，新建通道为 Alpha2，用钢笔工具勾画出榔头形状，如图 1-13-7 所示。

（10）在路径面板中，右击并选择“填充路径”选项。再次右击并选择“删除路径”选项。回到通道面板中，用橡皮擦工具修饰成圆角，如图 1-13-8 所示。

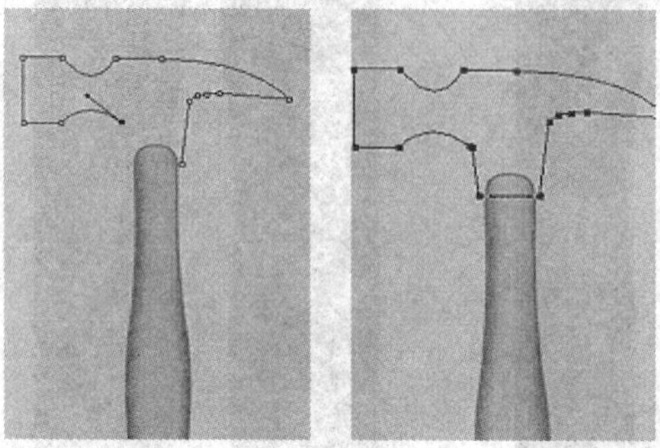

图 1-13-7

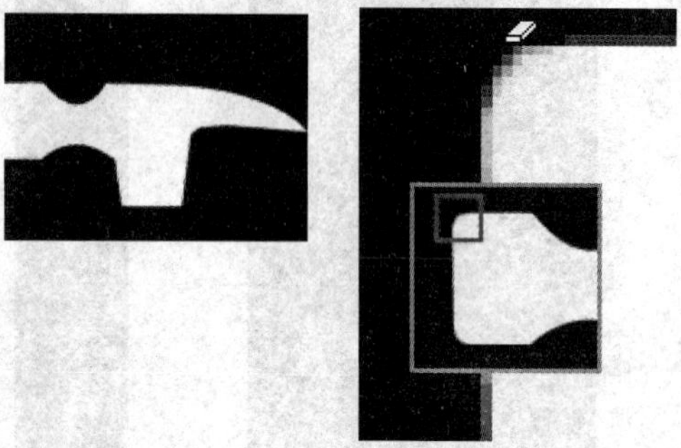

图 1-13-8

（11）在图层面板，新建“图层 3”，载入通道 Alpha2 选区，用矩形选框工具，按 Alt 键减选得到如图 1-13-9 所示的选区，然后填充渐变色。

（12）新建“图层 4”，显示标尺，拉出如图 1-13-10 所示的辅助线。再次载入通道 Alpha2 的选区，用矩形选框工具按 Alt 键减选至如图 1-13-10 所示的选区。

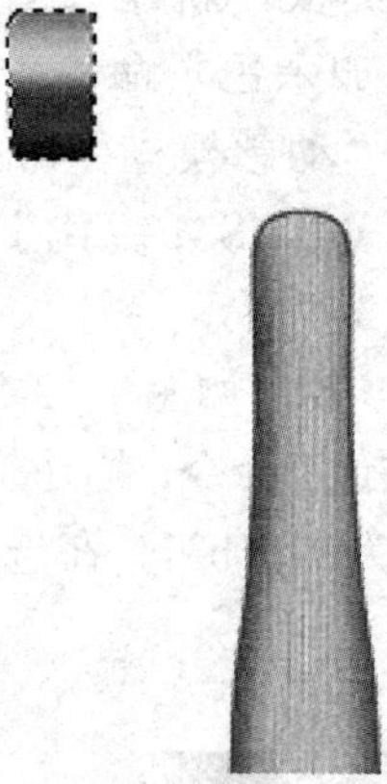

图 1-13-9

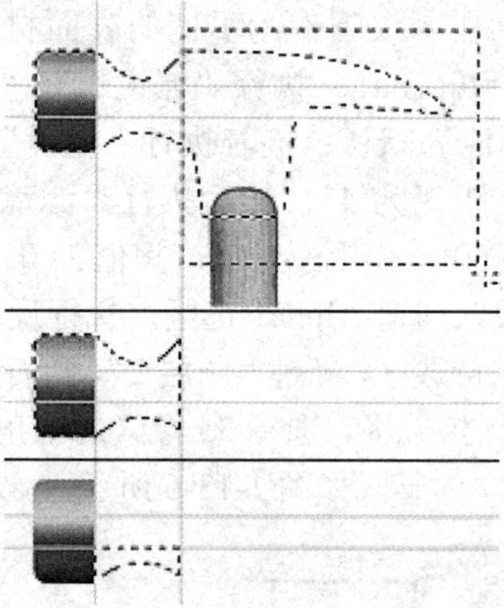

图 1-13-10

（13）分层编辑选区并分别填充渐变色，直到出现如图 1-13-11 所示的效果。

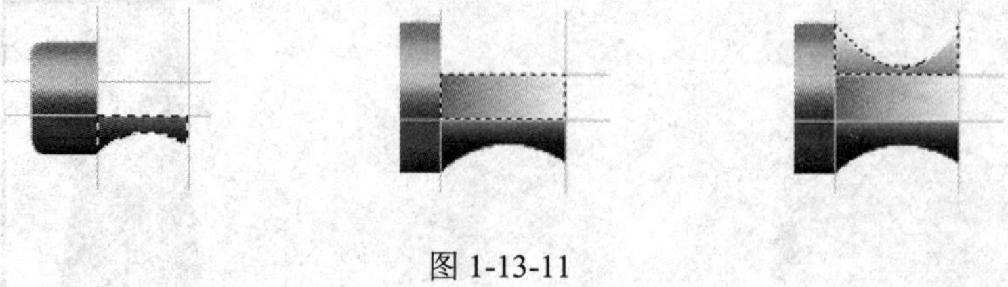

图 1-13-11

（14）新建“图层 5”，用减选的方法做出如图 1-13-12 所示的选区，填充灰色。

（15）用矩形选框工具建立矩形选区，按 Ctrl+J 快捷键复制图层，水平向右移动副本，如图 1-13-13 所示。

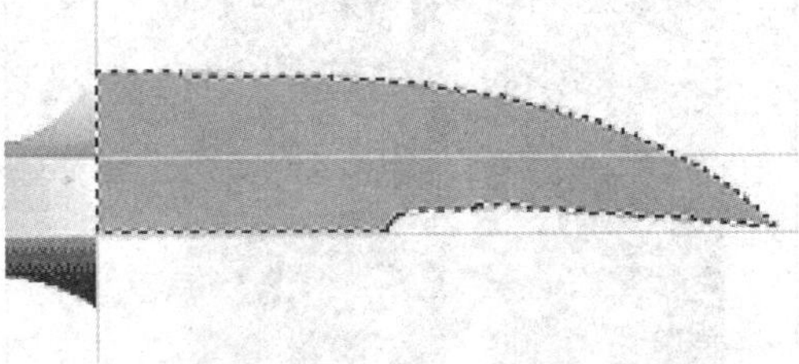

图 1-13-12

图 1-13-13

（16）依据辅助线，用椭圆选框工具配合 Delete 键修饰细节，如图 1-13-14 所示。

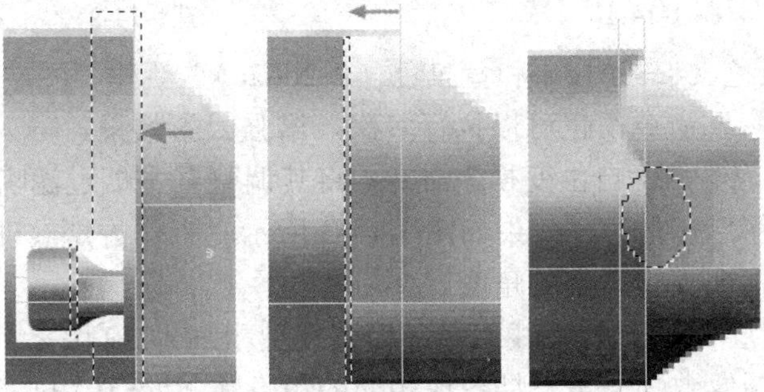

图 1-13-14

（17）填充背景，添加文字和阴影。最终效果如图 1-13-15 所示。

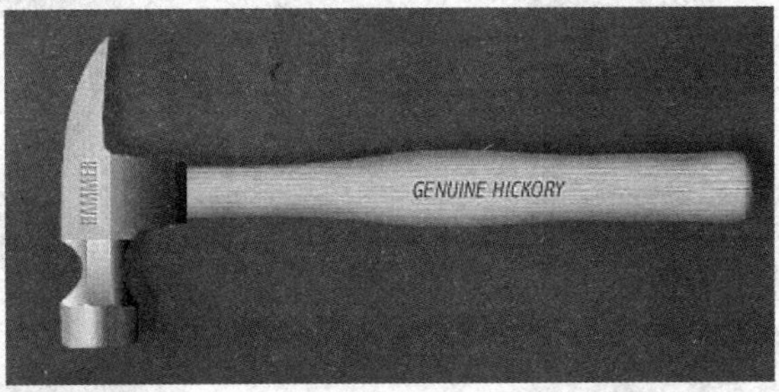

图 1-13-15

（18）将最终效果以 X1-13.psd 为文件名保存在考生文件夹中。

1.14　第 14 题解答

（1）新建一个宽高为 400×370 像素、RGB 模式的文件。

（2）背景用灰色填充，新建“图层 1”，前景色设置为#c81019，建立正圆形选区，填充前景色，执行“选择”→“修改”→“收缩”命令，参数设置为 30 像素，按 Delete 键删除选区内容，效果如图 1-14-1 所示。

（3）隐藏“图层 1”，新建“图层 2”，建立长方形选区，使用渐变工具从左到右拉出渐变色（#ca8f05、#dcdcdb、#595146）。

（4）香烟不是很光滑，执行“滤镜”→“模糊”→“高斯模糊”命令，半径为 1 像素，效果如图 1-14-2 所示。

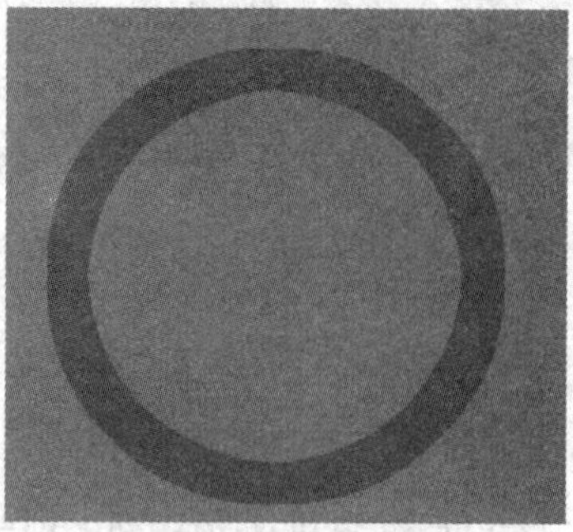

图 1-14-1

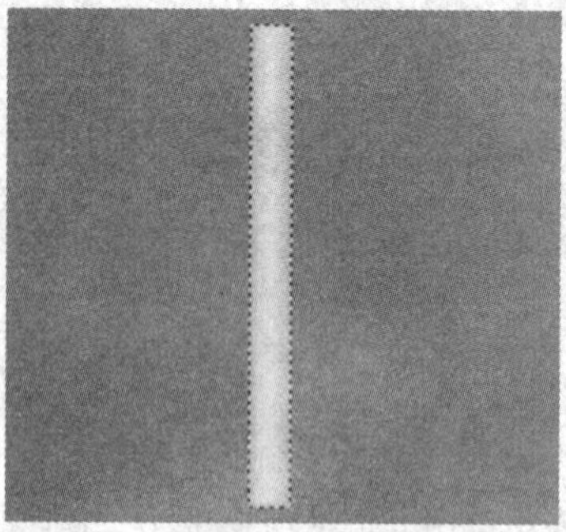

图 1-14-2

（5）设置前景色（#c8941c）和背景色（#e2d62a），新建“图层 3”，执行“滤镜”→“渲染”→“云彩”命令，也可以执行多次，增强云彩效果。

（6）执行“编辑”→“自由变换”命令，将其调整至香烟过滤嘴大小，将“图层 2”与“图层 3”合并为“图层 2”，效果如图 1-14-3 所示。制作香烟纹理明暗、立体感和烟丝（#8d6014），将香烟旋转一定的角度。

（7）新建“图层 3”，选择直线工具，设置线型粗细为 30 像素。从圆环左上边缘拖拽到右下边缘，在图像中画一条与烟图像相交的粗直线（#c81019），显示“图层 1”，背景层填充白色，禁烟效果如图 1-14-4 所示。

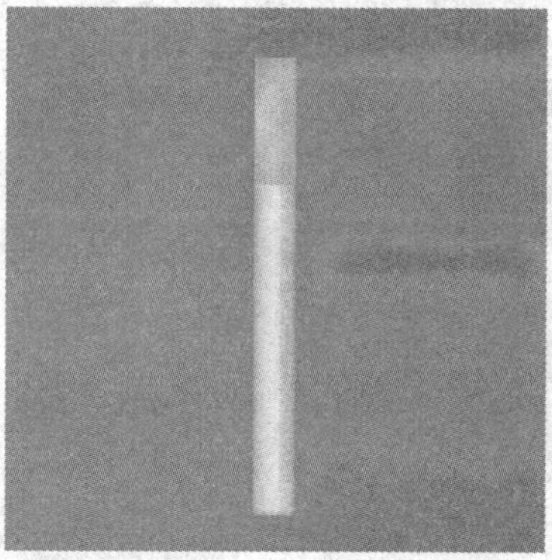

图 1-14-3

图 1-14-4

（8）将最终效果以 X1-14.psd 为文件名保存在考生文件夹中。

1.15 第 15 题解答

（1）新建一个宽高为 510×72 像素、RGB 模式的文件。

（2）新建文件，新建图层并命名为“笔尖”，建立矩形选区，选择线性渐变工具，在选区内填充渐变（#ffffff、#4f4d4b），如图 1-15-1 所示。

（3）执行“编辑”→“变换”→“斜切”命令，把图像变形为如图 1-15-2 所示的形状。

（4）取消选区，新建图层并命名为“Wood”，建立矩形选区，如图 1-15-3 所示。

（5）在选区内填充线性渐变（#ffffff、#a35814）。按 Ctrl 键单击图层“笔尖”，载入选区，反选，然后删除选区，效果如图 1-15-4 所示。

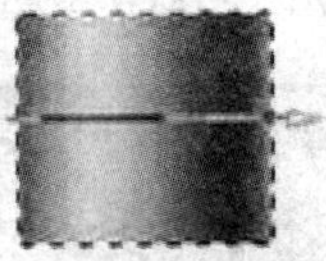

图 1-15-1

图 1-15-2

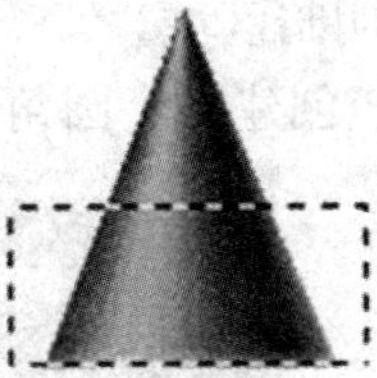

图 1-15-3

图 1-15-4

（6）新建图层并命名为“笔杆”，建立与图层“Wood”相同宽度的矩形选区，填充颜色（#1f3096）。按 Shift 键移动选区到合适位置，调节选区的亮度与对比度，如此操作两次（注：最左边的亮度对比度要大一点，最右边要暗一些），效果如图 1-15-5 所示。

（7）新建图层并命名为“金属”。设置前景色为白色，背景色为#414d4b，建立与笔杆相同宽度的矩形选区，用线性渐变工具按 Shift 键从左到右做前景色到背景色渐变。执行“图像”→“调整糊”→“曲线”命令，调节光泽度，效果如图 1-15-6 所示。

图 1-15-5

图 1-15-6

（8）有了光泽还要有纹，新建图层并命名为“纹”。建立高为 3 像素的矩形选区，用线形渐变工具从上到下渐变，如此操作，做 3 个纹，从上到下排列（注：为了体现效果，给横了过来），橡皮金属套效果如图 1-15-7 所示。

（9）新建图层并命名为“橡皮”。再建立比笔杆窄一点的矩形选区。设前景色为粉红色（#e72647），背景色为白色，用线性渐变工具从上到下做前景色到背景色渐变。

（10）从左到右做渐变，调整大小，用橡皮抹去角。用文字工具给铅笔添加标志，铅笔效果如图 1-15-7 所示。勾画木纹与笔杆、木纹与笔芯之间的锯齿效果。

图 1-15-7

（11）将最终效果以 X1-15.psd 为文件名保存在考生文件夹中。

1.16　第 16 题解答

（1）新建一个宽高均为 300 像素、RGB 模式的文件。

（2）新建“图层 1”，填充背景色（#e9e8e8），用钢笔工具绘制键盘位置正方形，将路径转为选区，如图 1-16-1 左图所示，将选区填充颜色（#7f7f7f），如图 1-16-1 右图所示，使用加深工具处理明暗区域。

（3）新建“图层 2”，创建一个圆角矩形，路径转为选区，如图 1-16-2 所示。

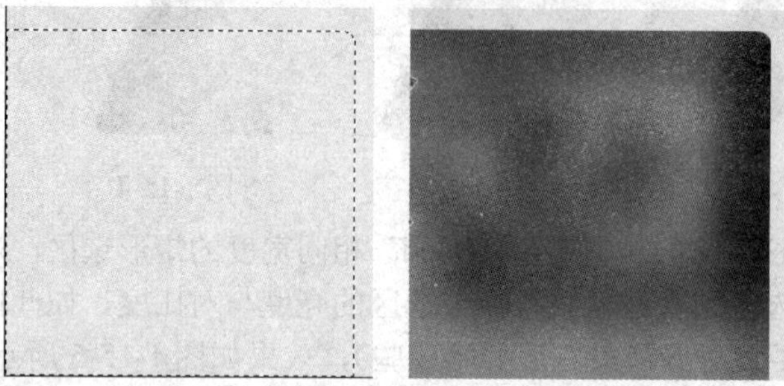

图 1-16-1

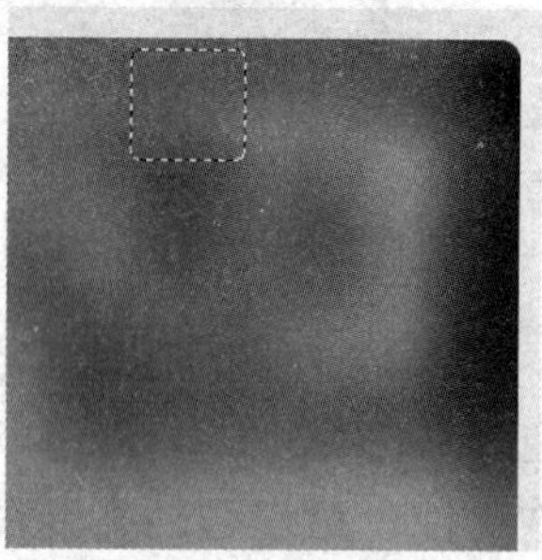

图 1-16-2

（4）用颜色#cacaca 填充选区，用加深工具处理明暗区域。新建“图层 3”，再创建稍小些选区并填充颜色（#6c6c6c），使用减淡工具涂抹形成明暗区域，如图 1-16-3 所示。

图 1-16-3

（5）将除背景以外的图层进行合并，并按 Ctrl+J 快捷键，复制多个键盘按钮，用移动工具进行合理的排列，效果如图 1-16-4 所示。

（6）相同方法制作其他形状和颜色（#eec03d）按钮，如图 1-16-5 所示。

图 1-16-4

图 1-16-5

（7）添加键盘标识的白色字母和符号，最终效果如图 1-16-6 所示。

图 1-16-6

（8）将最终效果以 X1-16.psd 为文件名保存在考生文件夹中。

1.17　第 17 题解答

（1）新建一个宽高均为 480 像素、RGB 模式的文件。

（2）新建“图层 1”，用钢笔工具绘制如图 1-17-1 左图所示的路径。将路径转变为选区，填充颜色为#46a0d2，如图 1-17-1 右图所示。

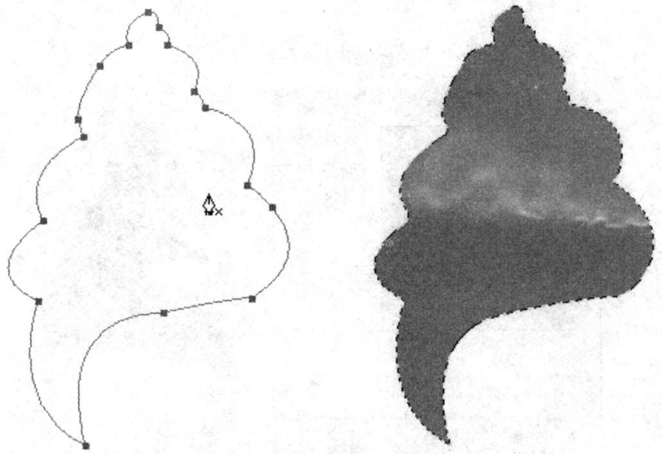

图 1-17-1

（3）用钢笔工具绘制路径，并转变为选区，执行“选择”→“修改”→“羽化”命令，打开其对话框，设置羽化半径为 2。使用减淡工具涂抹形成明亮区域，如图 1-17-2 所示。

（4）按 Ctrl+Shift+I 快捷键，使用减淡工具涂抹形成另一部分反光区域，如图 1-17-3 所示，取消选区。

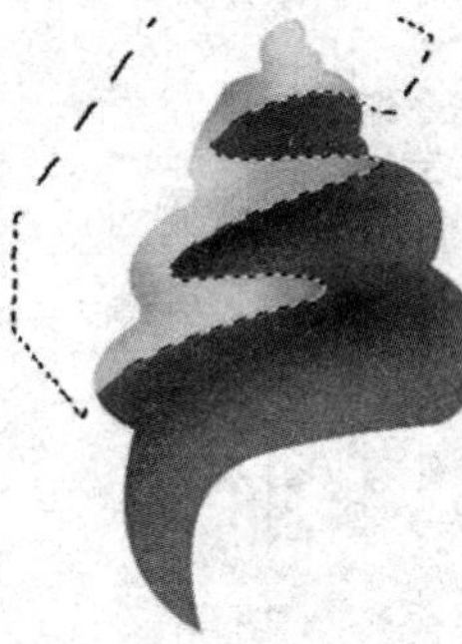

图 1-17-2

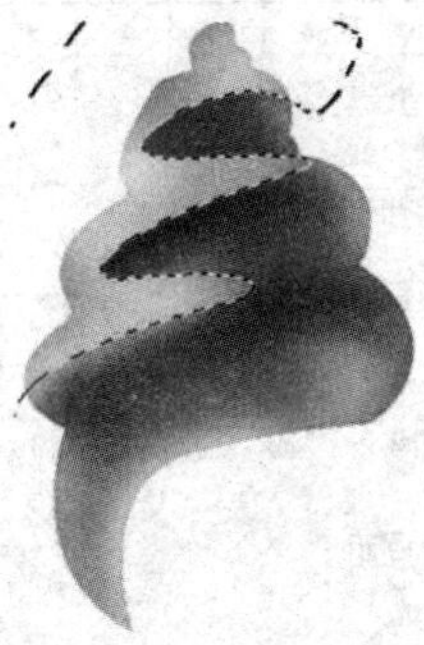

图 1-17-3

（5）执行“滤镜”→“艺术效果”→“塑料包装”命令，打开其面板，参数设置和效果如图 1-17-4 所示。

（6）执行“滤镜”→“杂色”→“添加杂色”命令，打开其对话框，参数设置和效果如图 1-17-5 所示。

（7）选择画笔工具，参照图 1-17-6 所示设置画笔的参数。

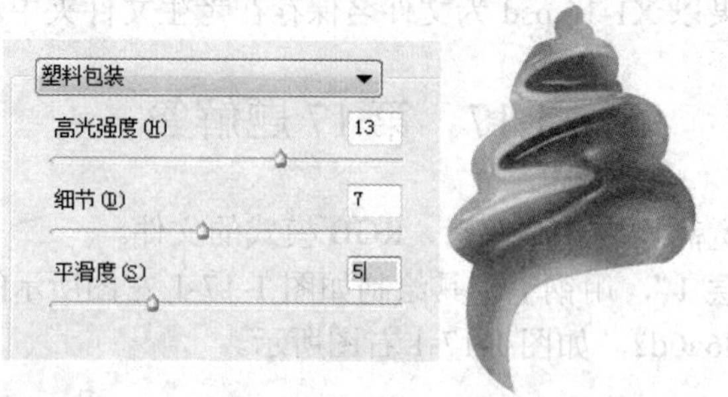

图 1-17-4

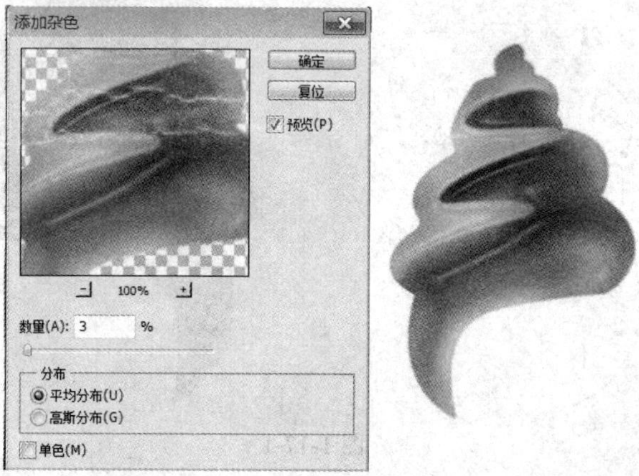

图 1-17-5

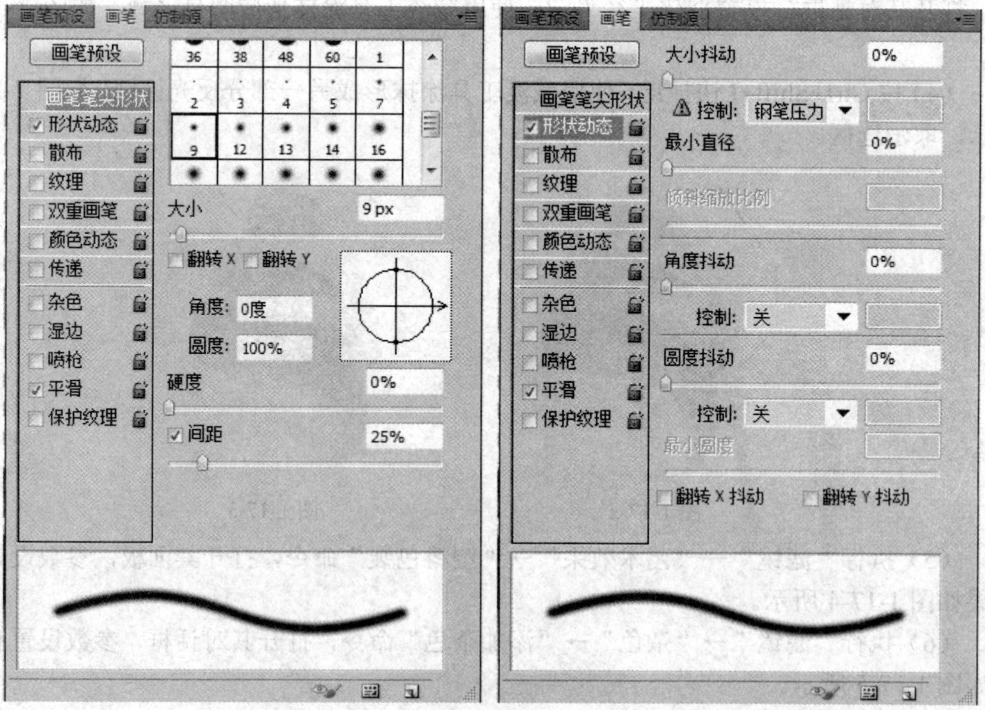

图 1-17-6

（8）新建“图层 2”，用钢笔工具绘制路径，右击并选择“描边路径”选项，打开其对话框中，选择画笔，如图 1-17-7 左图所示，效果如图 1-17-7 右图所示。

（9）执行“滤镜”→“模糊”→“高斯模糊”命令，打开其对话框，参数设置为 3，效果如图 1-17-8 所示。

图 1-17-7

图 1-17-8

（10）用同样的方法制作图 1-17-9 中键头指示的高光反光区域。

（11）载入图像 C:\2012PSCS5\Unit1\toothbrush.jpg 并组合，最终效果如图 1-17-10 所示。

（12）将最终效果以 X1-17.psd 为文件名保存在考生文件夹中。

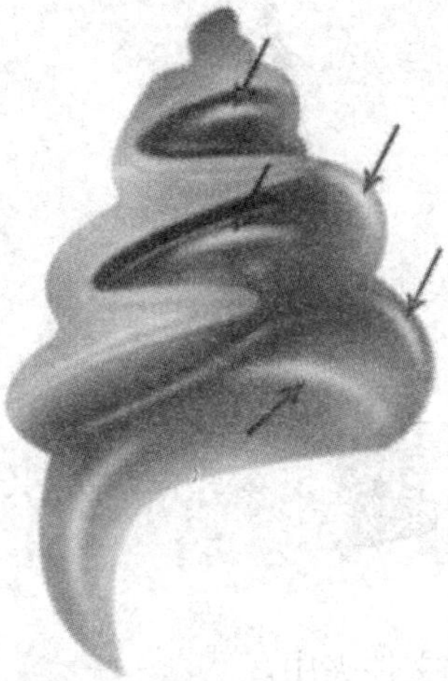

图 1-17-9

图 1-17-10

1.18 第 18 题解答

（1）新建一个宽高为 200×460 像素、RGB 模式的文件。

（2）新建“图层 1”，用钢笔工具绘制木船桨的形状，将路径转变为选区，如图 1-18-1 所示。设置前景色为#ca9029，并填充选区。

（3）新建“图层 2”，设置前景色为#bb791d，打开画笔工具，设置画笔工具的参数为 2 像素。用钢笔工具勾画几根线条，选择“描边路径”选项，在打开的对话框中，选择画笔，效果如图 1-18-2 所示。

（4）将“图层 1”与“图层 2”合并，选择减淡工具，涂抹高光区域，如图 1-18-3 左图所示。选择加深工具涂抹形成明暗区域，如图 1-18-3 右图所示。

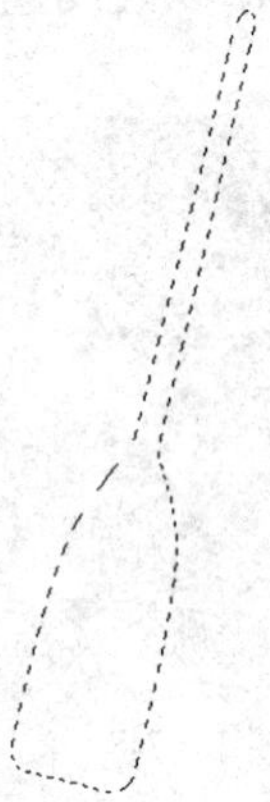

图 1-18-1

图 1-18-2

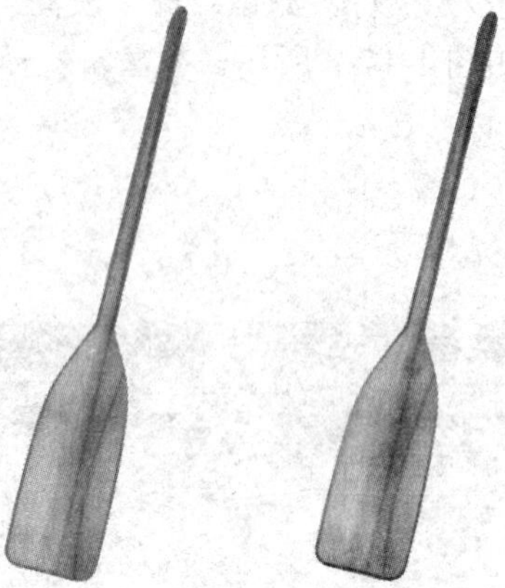

图 1-18-3

（5）执行“滤镜”→“艺术效果”→“干画笔”命令，打开其面板，参数设置如图 1-18-4 左图所示。最终效果如图 1-18-4 右图所示。

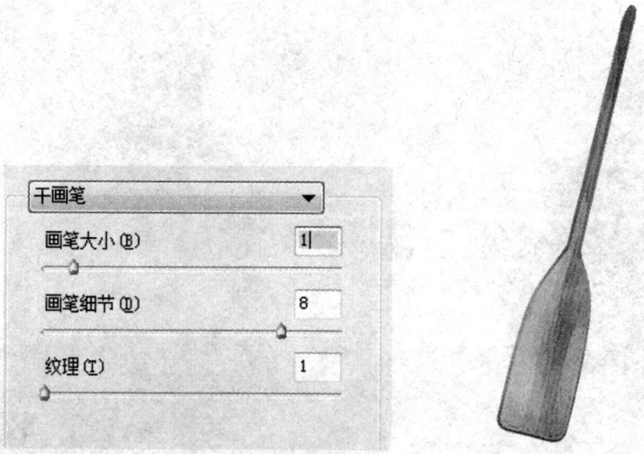

图 1-18-4

（6）将最终效果以 X1-18.psd 为文件名保存在考生文件夹中。

1.19　第 19 题解答

（1）新建一个宽高为 400×300 像素、RGB 模式的文件。

（2）新建“图层 1”，用钢笔工具绘制图形，并将路径转为选区，用颜色#499514 填充选区，如图 1-19-1 所示。

（3）使用减淡工具涂抹形成明亮区域，如图 1-19-2 所示。

（4）新建“图层 2”，用同样方法创建一个选区，并填充颜色为#499514，如图 1-19-3 所示。

（5）使用加深工具涂抹形成阴暗区域，如图 1-19-4 所示。

图 1-19-1

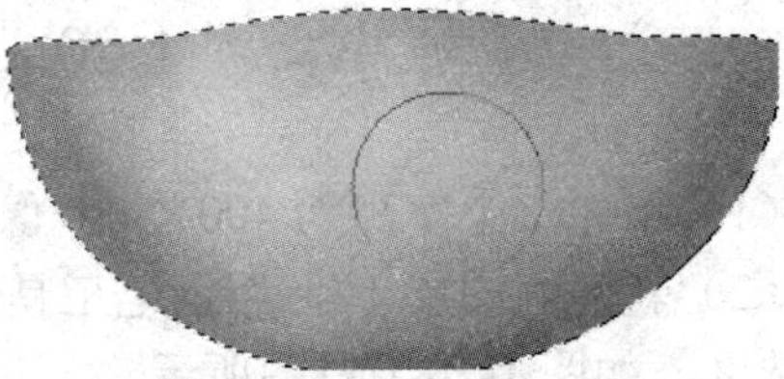

图 1-19-2

图 1-19-3

图 1-19-4

（6）新建“图层 3”，选择画笔工具，设置画笔的大小为柔边 8，用钢笔工具勾画碗边缘高光线条，白色描边，如图 1-19-5 所示。

图 1-19-5

（7）新建“图层 4”，创建如图 1-19-6 左图所示的选区，填充颜色为#d0d1c8。使用减淡工具涂抹形成明亮区域，如图 1-19-6 右图所示。

图 1-19-6

（8）最终效果如图 1-19-7 所示。

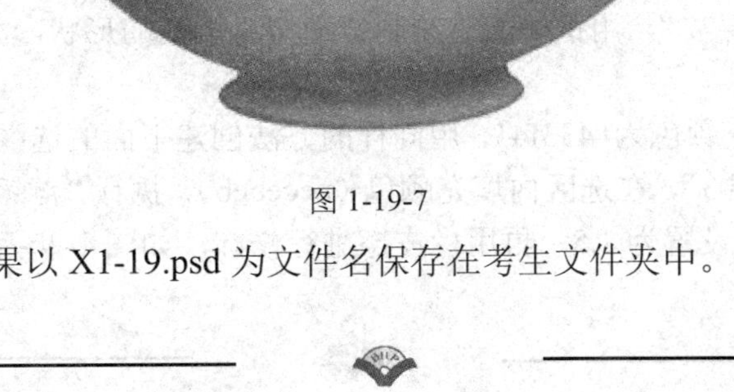

图 1-19-7

（9）将最终效果以 X1-19.psd 为文件名保存在考生文件夹中。

1.20　第 20 题解答

（1）新建一个宽高为 400×480 像素、RGB 模式的文件。

（2）新建“图层 1”，用钢笔工具绘制煎铲的形状，如图 1-20-1 左图所示，将路径转为选区，如图 1-20-1 右图所示。

（3）用颜色#cdc4c7 填充选区，用钢笔工具绘制路径，并转为选区，按 Delete 键，效果如图 1-20-2 所示。

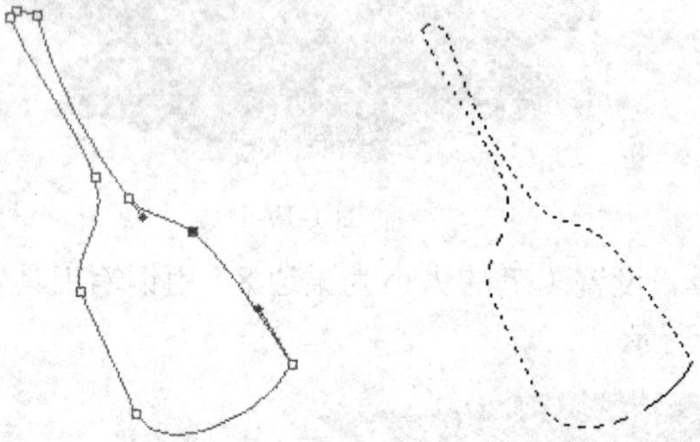

图 1-20-1

图 1-20-2

（4）使用加深工具涂抹形成阴暗区域，使用减淡工具涂抹形成明亮区域，如图 1-20-3 所示。

（5）双击该图层，打开图层样式面板，选择“投影”效果，并参照图 1-20-4 所示设置参数。

图 1-20-3

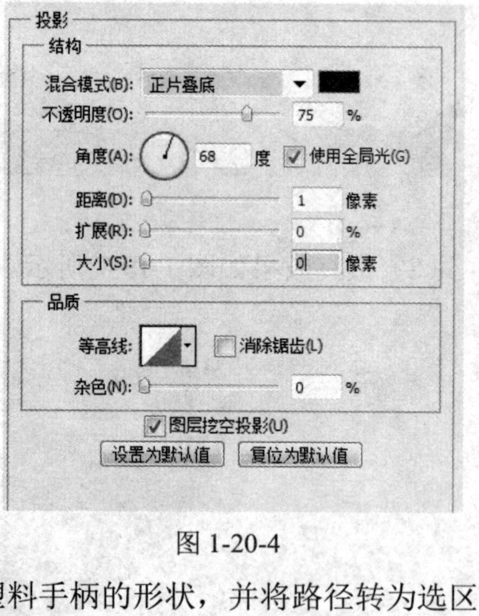

图 1-20-4

（6）新建“图层 2”，用钢笔工具绘制铲把塑料手柄的形状，并将路径转为选区，如图 1-20-5 所示。

（7）选区内填充颜色为#433f41，用同样的方法创建下面的选区，如图 1-20-6 所示。

（8）新建“图层 3”，在选区内填充颜色（#ecebeb），执行“滤镜”→“模糊”→“高斯模糊”命令，参数设置为 1.5，再用橡皮擦进行修饰，如图 1-20-7 所示。

（9）新建“图层 4”，用椭圆选框工具建立一个选区，用白色填充选区。

（10）设置画笔大小为 1 像素，用钢笔工具创建一个线条，将路径用画笔描边，如图 1-20-8 所示。

图 1-20-5

图 1-20-6

图 1-20-7

（11）将除背景（#c0b6b4）图层以外的图层合并，打开图层样式，添加“阴影”效果，最终效果如图 1-20-9 所示。

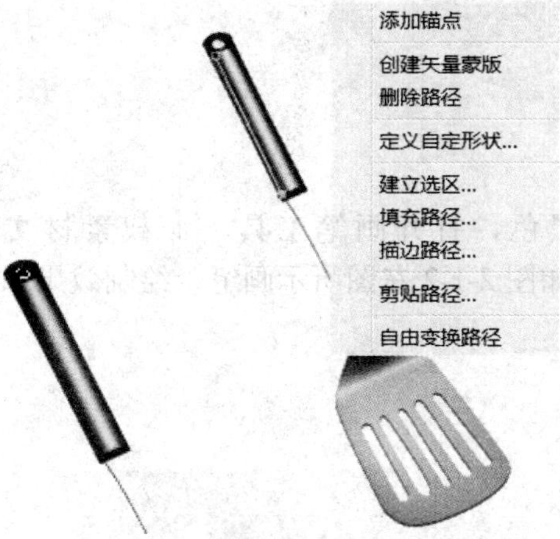

图 1-20-8

图 1-20-9

（12）将最终效果以 X1-20.psd 为文件名保存在考生文件夹中。

第二单元　手工绘画

2.1　第 1 题解答

（1）新建一个宽高为 488×384 像素、RGB 模式的文件。

（2）选择渐变工具，在渐变编辑器中，预设中载入“协调色 2”，选择“橙色—黄色”渐变色，如图 2-1-1 所示。

（3）新建“图层 1”，填充从左上角至右下角的径向渐变。

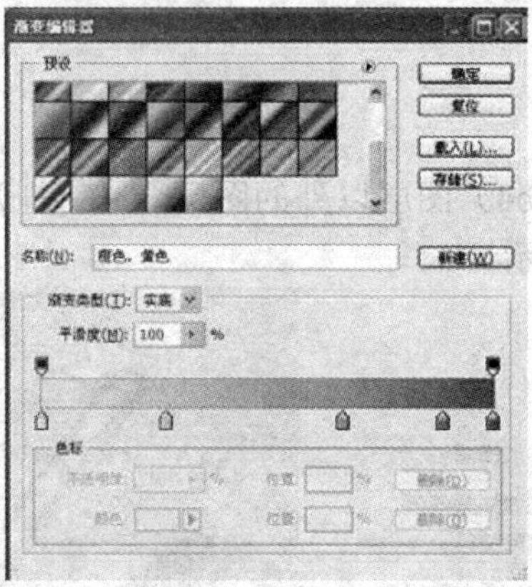

图 2-1-1

（4）新建“图层 2”，设置前景色为黑色，打开画笔工具，加载素材文件 C:\2012PSCS5\Unit2\Brush Land.abr 画笔，选择如图 2-1-2 左图所示画笔，绘制效果如图 2-1-2 右图所示。

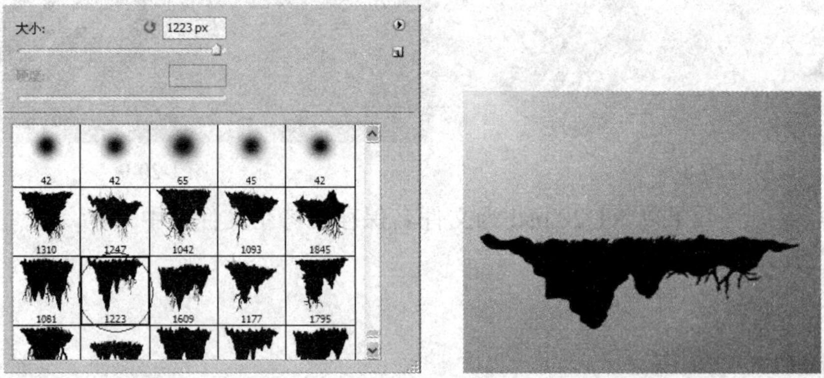

图 2-1-2

（5）新建“图层 3”，放置在“图层 2”下面，使用椭圆工具分别绘制颜色为#fe4c1e、#ff9a04、#fef02d、#72d20c、#12a80d 的彩虹效果，如图 2-1-3 所示。

（6）新建“图层 4”，设置前景色为黑色，选择画笔工具，加载 C:\2012PSCS5\Unit2\

Brush Tree.abr 和 C:\2012PSCS5\Unit2\Brush People.abr 画笔，绘制树和人物，如图 2-1-4 所示。

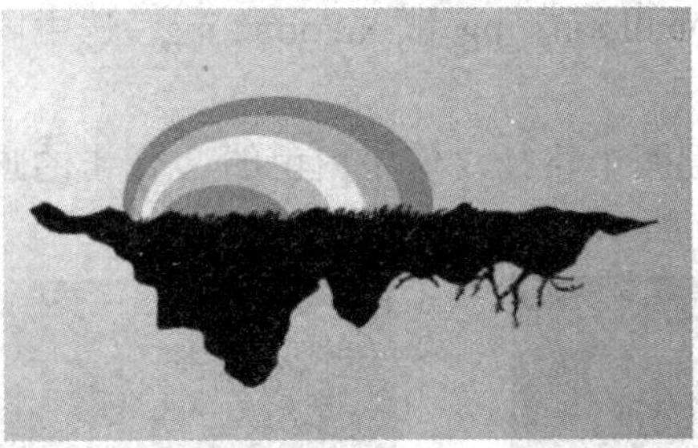

图 2-1-3

图 2-1-4

（7）新建“图层 5”，放在背景图层之上，打开画笔工具，载入 C:\2012PSCS5\Unit2\Brush Cloud.abr 画笔，绘制云效果，最终效果如图 2-1-5 所示。

图 2-1-5

（8）将最终效果以 X2-1.psd 为文件名保存在考生文件夹中。

2.2　第 2 题解答

（1）打开素材文件 C:\2012PSCS5\Unit2\snowboard.jpg，如图 2-2-1 所示。

（2）新建“图层 1”，选择画笔工具，加载 C:\2012PSCS5\Unit2\circles.abr 画笔，使用画笔绘制红色（#ff015b）圈圈，如图 2-2-2 所示。

图 2-2-1

图 2-2-2

（3）新建“图层 2”，加载 C:\2012PSCS5\Unit2\splatter.abr 画笔，使用画笔绘制蓝色（#4276bf）喷溅效果，如图 2-2-3 所示。

（4）打开素材文件 C:\2012PSCS5\Unit2\balloon1.jpg 和 balloon2.jpg，选中图像中的气球，移动到当前文件中，如图 2-2-4 所示。

（5）新建“图层 3”，使用钢笔工具绘制两个路径，使用白色的 2 像素的画笔描边路径，为气球添加白色拉线，效果如图 2-2-5 所示。

图 2-2-3

图 2-2-4

图 2-2-5

（6）调整图层的排列关系，并用橡皮擦工具进行擦除，嵌套效果如图 2-2-6 所示。

（7）新建“图层 4”，选择不同大小的画笔，分别在滑雪板与气球后面添加白色拖拽和喷溅效果，最终效果如图 2-2-7 所示。

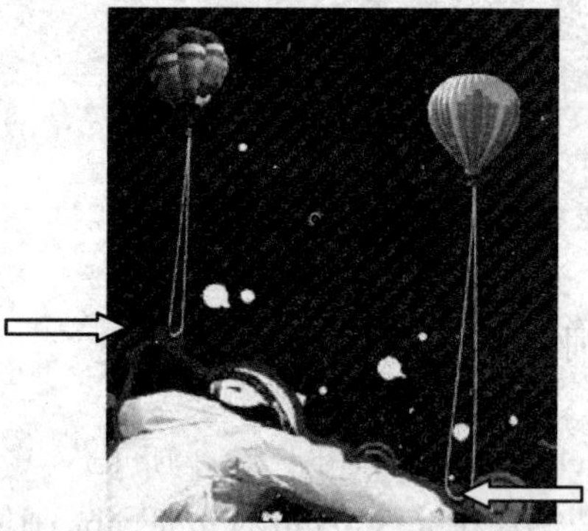

图 2-2-6

图 2-2-7

（8）将最终效果以 X2-2.psd 为文件名保存在考生文件夹中。

2.3　第 3 题解答

（1）新建一个宽高为 1920×1200 像素、RGB 模式的文件。设置前景色为#262626，填充背景图层。

（2）使用椭圆工具创建一个圆形，填充颜色为黑色，双击该图层，打开图层样式面板，在混合选区中将透明度设置为 50%；选择“描边”选项，参数设置和效果如图 2-3-1 所示。

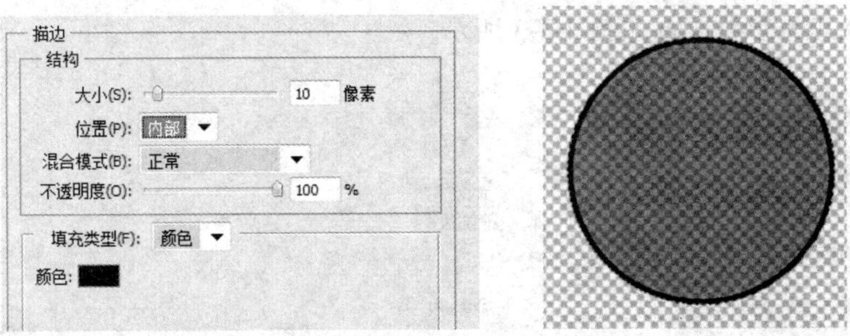

图 2-3-1

（3）选择形状图层，右击，选择“栅格化图层”选项，选择这个圆形，执行“编辑”→“定义画笔预设”命令，打开画笔工具，各项参数设置如图 2-3-2 所示。

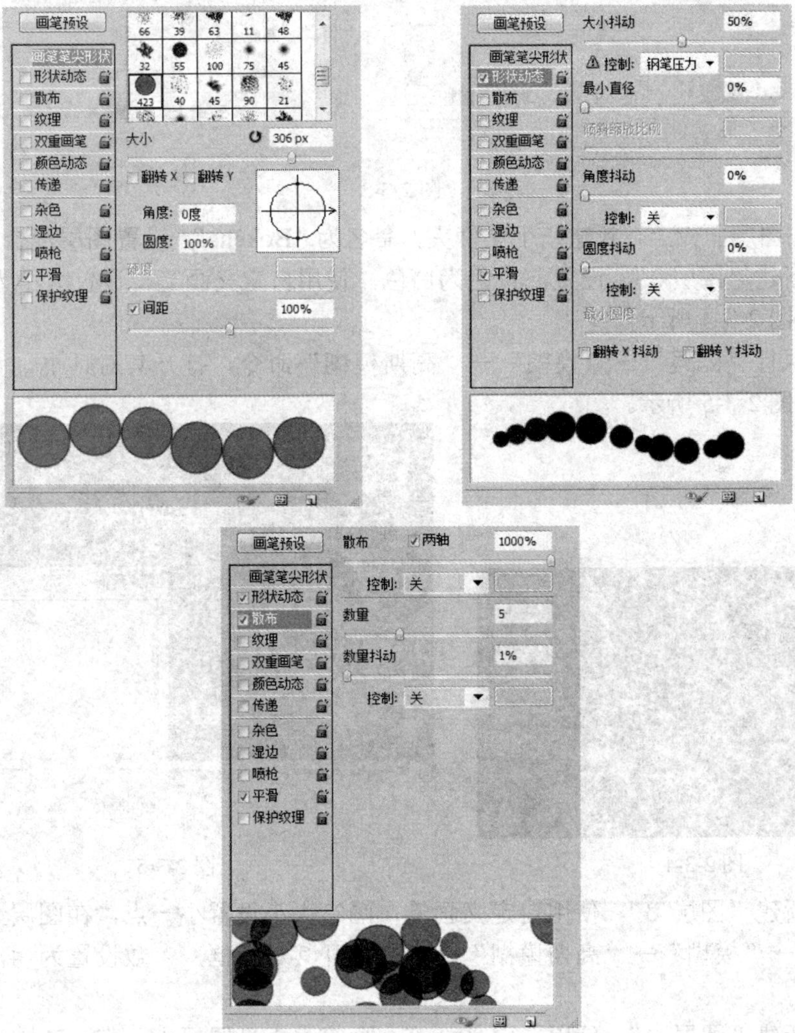

图 2-3-2

（4）新建“图层 1”，任意填充，双击该图层，打开图层样式面板，选择“渐变叠加”选项，渐变颜色设置为黄色（#797344）、青色（#1bdaeb）、紫色（#9b3b81）、橙色

（#d27e34），其他参数设置如图 2-3-3 所示。

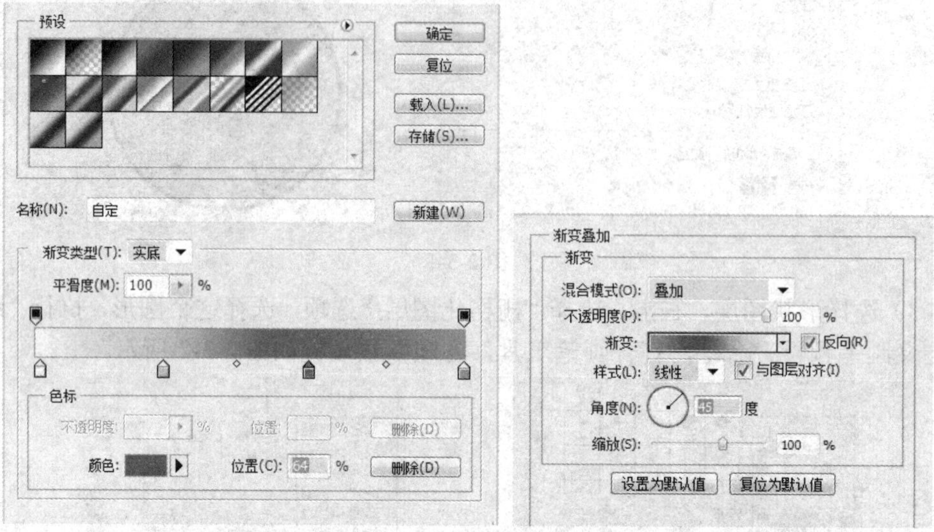

图 2-3-3

（5）在图层面板上，新建一个文件夹，命名为“Bokehs”，设置图层混合模式为“颜色加深”，新建“图层 2”，设置前景色为白色，使用自定义画笔，设置大小为 500~600，绘制效果如图 2-3-4 所示。

（6）执行“滤镜”→“模糊”→“高斯模糊”命令，打开其对话框，参数设置为 20，效果如图 2-3-5 所示。

图 2-3-4

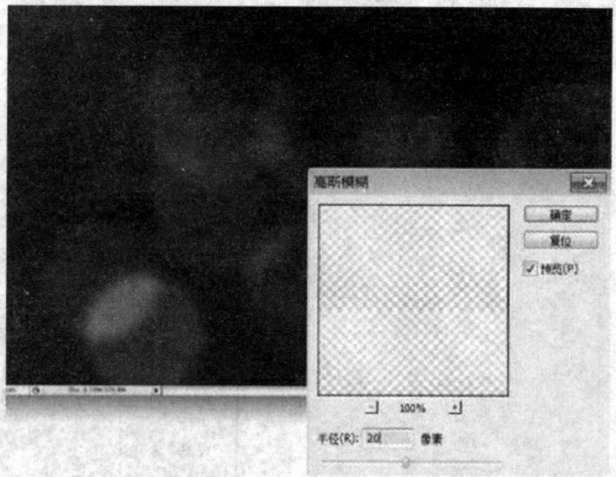

图 2-3-5

（7）新建“图层 3”，使用自定义画笔，画笔大小设置小一点，在图层上绘制。执行“滤镜”→“模糊”→“高斯模糊”命令，打开其对话框，参数设置为 4，效果如图 2-3-6 所示。

（8）新建“图层 4”，使用自定义画笔，画笔大小设置更小一点，在图层上绘制。执行“滤镜”→“模糊”→“高斯模糊”命令，打开其对话框，参数设置为 1，效果如图 2-3-7 所示。

（9）最终效果如图 2-3-8 所示。

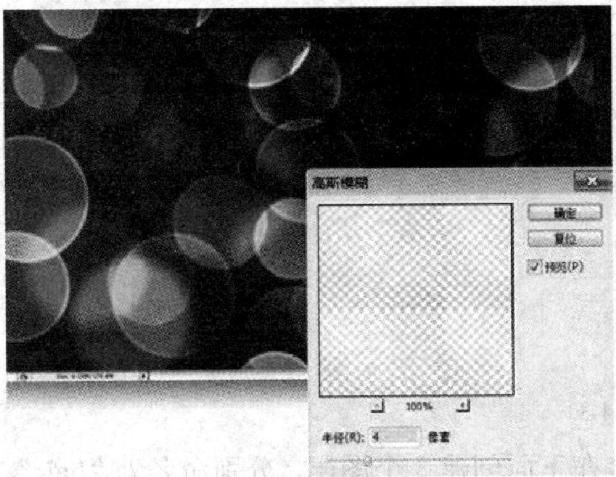

图 2-3-6

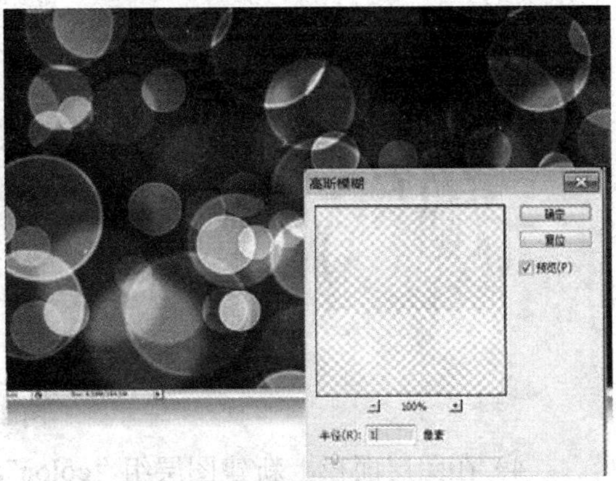

图 2-3-7

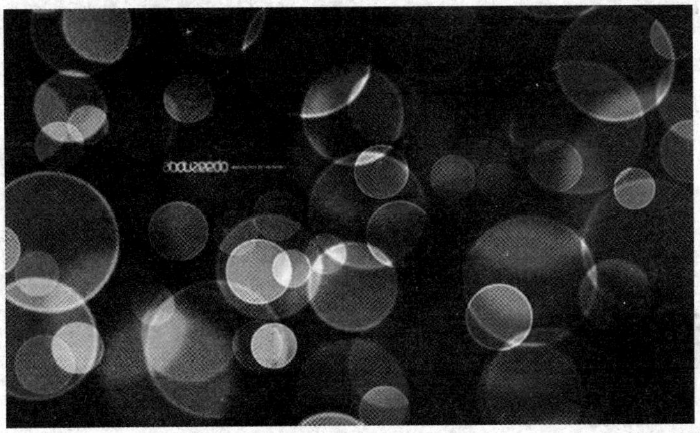

图 2-3-8

（10）将最终效果以 X2-3.psd 为文件名保存在考生文件夹中。

2.4　第 4 题解答

（1）打开素材文件 C:\2012PSCS5\Unit2\girl.jpg，如图 2-4-1 所示。

（2）在图层上创建新图层组为 line，在下面创建 3 个图层，分别命名为“hair”、“body”、“dress”，如图 2-4-2 所示。

图 2-4-1

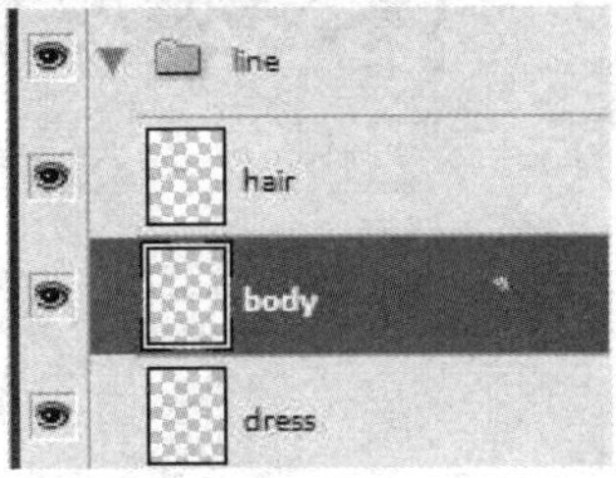

图 2-4-2

（3）使用铅笔分别在不同的图层中，描绘头发、身体和裙子的轮廓，如图 2-4-3 所示。

图 2-4-3

（4）在图层面板上新建图层组“color”，在下面创建 3 个图层，分别命名为“hair”、“skin”、“dress”，如图 2-4-4 所示。

（5）回到“body”图层上，使用魔棒工具选择空白部分，然后反选，返回到“skin”图层上，填充皮肤的颜色（#ffdfd0），如图 2-4-5 所示。

（6）使用加深工具绘制光影区域，如图 2-4-6 所示。

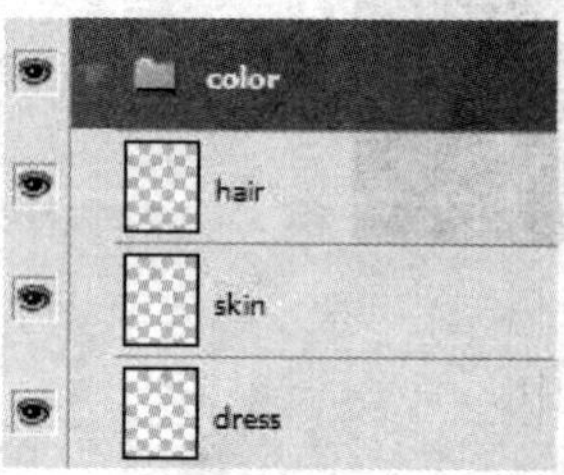

图 2-4-4

图 2-4-5

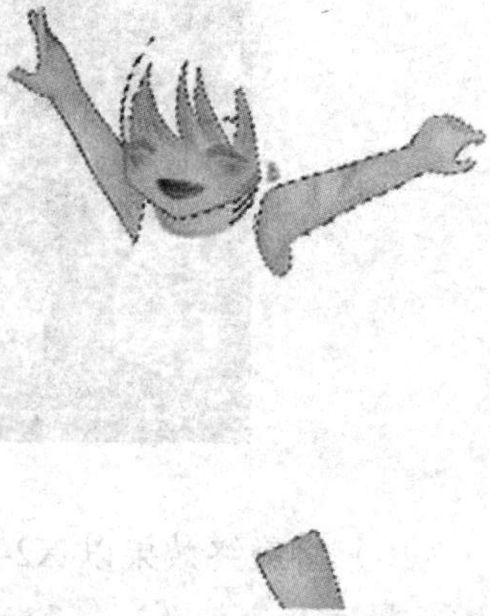

图 2-4-6

（7）用相同的方法，选择“line”组中的“hair”图层，然后返回“color”组中的“hair”图层。为头发部分上色（#a3c3ae），使用加深工具绘制光影区域，如图 2-4-7 所示。

图 2-4-7

（8）使用同样方法为衣服上色（#f7fle4），如图 2-4-8 所示。

（9）设置前景色为白色，设置画笔的形状（如图 2-4-9 左图所示），在衣服上绘制闪光图案，效果如图 2-4-9 右图所示。

图 2-4-8

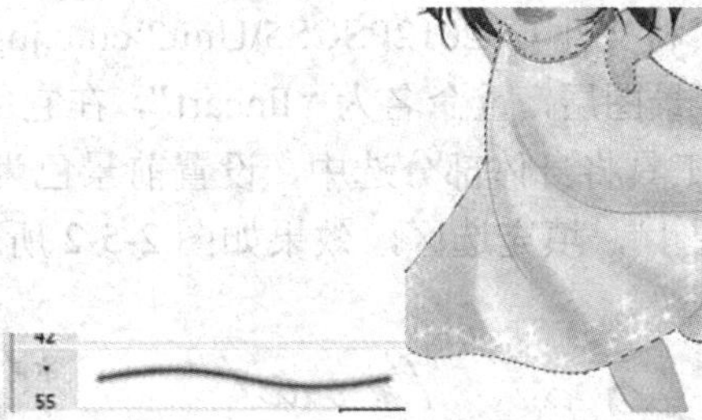

图 2-4-9

（10）新建图层并命名为“light”，绘制各个部分的亮光区域，效果如图 2-4-10 所示。

（11）改变“color”图层组下的混合模式为“叠加”，不透明度设置为 90%。分别将“color”组和“line”组下的图层合并，并新建图层为“BG”，图层面板如图 2-4-11 所示。

图 2-4-10

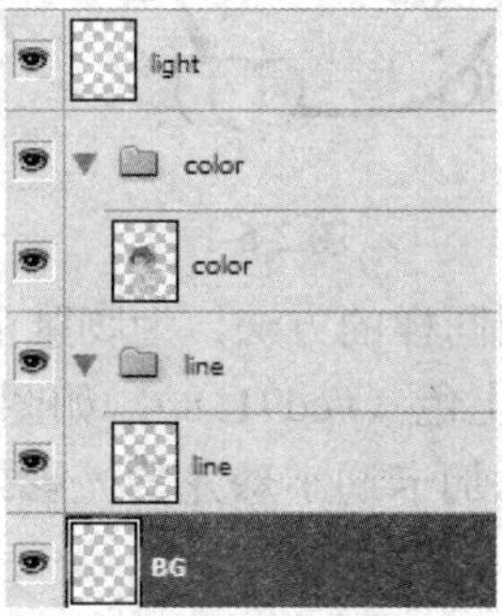

图 2-4-11

（12）在“BG”图层上，填充（蓝#86a3cb 到白）线性渐变，并使用不同的画笔大小，绘制白云，最终效果如图 2-4-12 所示。

图 2-4-12

（13）将最终效果以 X2-4.psd 为文件名保存在考生文件夹中。

2.5　第 5 题解答

（1）打开素材文件 C:\2012PSCS5\Unit2\cute.jpg，如图 2-5-1 所示。

（2）双击背景图层，重命名为“lineart”，在它的下面新建“图层 1”，单击“lineart”图层，使用魔棒工具将身体部分选中，设置前景色为#97d52a，图层混合模式设置为“叠加”，单击“图层 1”，填充选区，效果如图 2-5-2 所示。

图 2-5-1

图 2-5-2

（3）用同样的方法，为脚趾上色（#94c007），为背齿部分上色（#dddc39），为翅膀和尾尖部分上色（#ed9118），如图 2-5-3 所示。

（4）添加卡通小恐龙的光影效果，如图 2-5-4 所示。

图 2-5-3

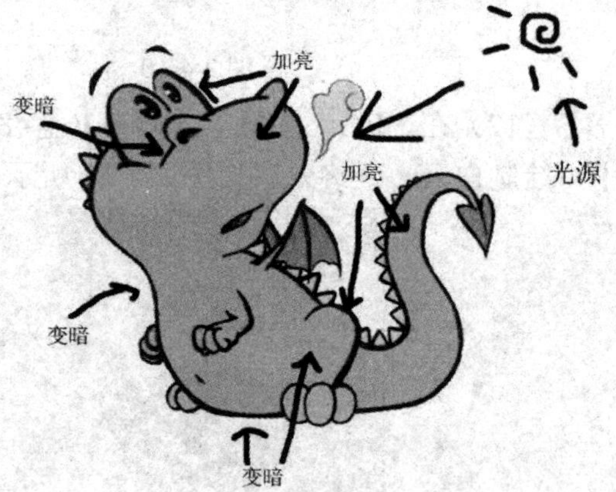

图 2-5-4

（5）使用加深工具，选择大一点的画笔，在恐龙身体的阴暗区域进行涂抹，如图 2-5-5 所示。

（6）使用减淡工具，选择小一点的画笔，在恐龙身体的明亮区域进行涂抹，如图 2-5-6 所示。

（7）在所有图层的下面新建一个图层，建立椭圆选区，填充为黑色，添加阴影效果，再添加背景色（#d9e7c3），最终效果如图 2-5-7 所示。

图 2-5-5

图 2-5-6

图 2-5-7

（8）将最终效果以 X2-5.psd 为文件名保存在考生文件夹中。

2.6　第 6 题解答

（1）新建一个宽高为 330×400 像素、RGB 模式的文件。

（2）新建“图层 1”，选择渐变工具，设置渐变颜色（#febc10、#fffefc），从上到下填充线性渐变。

（3）新建“图层 2”，使用钢笔工具绘制山体的形状，将路径转为选区，打开“建立选区”对话框，参数设置如图 2-6-1 左图所示。将选区填充渐变（与前景色相同），如图 2-6-1 右图所示。

（4）用同样的方法再创建两个山体，效果如图 2-6-2 所示。

（5）设置前景色为黑色，使用钢笔工具勾画近山和树形状，如图 2-6-3 所示。

（6）新建“图层 3”，使用椭圆选区工具绘制落日，填充颜色（#ffecb4），执行“滤镜”→“模糊”→“高斯模糊”命令，参数设置为 1，处理效果如图 2-6-4 所示。

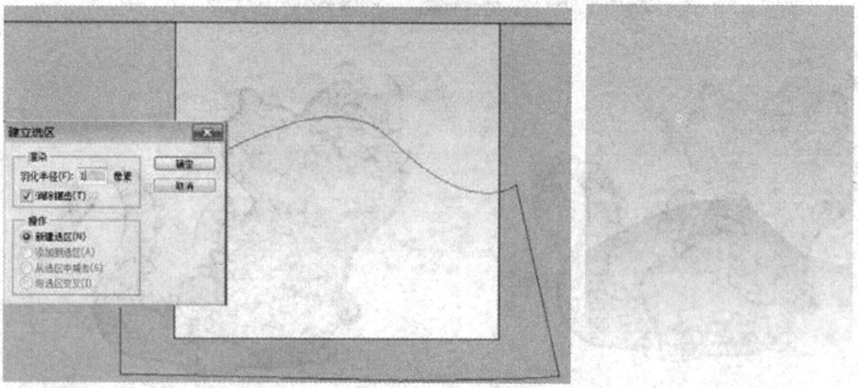

图 2-6-1

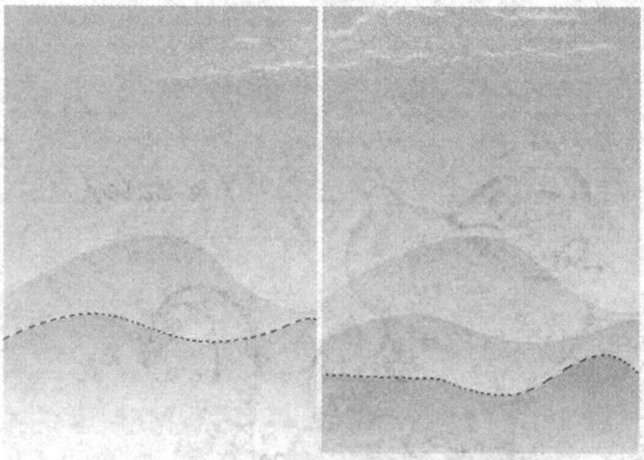

图 2-6-2

图 2-6-3

（7）新建“图层 4”，使用钢笔工具绘制一个枫叶，定义为画笔，设置动态画笔，绘制颜色（#ff670d、#f9de08）和大小不同的枫叶，效果如图 2-6-5 所示。

图 2-6-4

图 2-6-5

（8）将最终效果以 X2-6.psd 为文件名保存在考生文件夹中。

2.7　第 7 题解答

（1）打开 C:\2012PSCS5\Unit2\pumpkin.jpg 南瓜轮廓图形，如图 2-7-1 所示。

（2）新建图层，选择画笔工具，设置为粗边圆形铅笔，50%不透明度。设置前景色为橙色（#ff7800），在新图层绘制，图层混合模式设置为“正片叠底”，如图 2-7-2 所示。

图 2-7-1

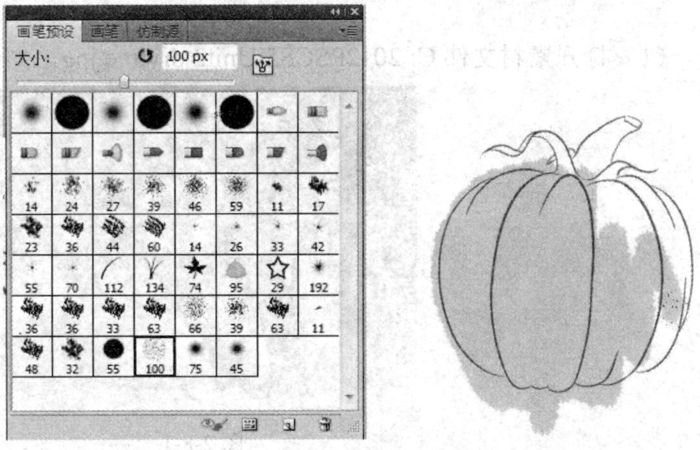

图 2-7-2

（3）设置 10%不透明度，对过渡色域继续涂抹。选择深橙色（#bc5801），设置不同的透明度，涂抹阴暗区域，如图 2-7-3 所示。

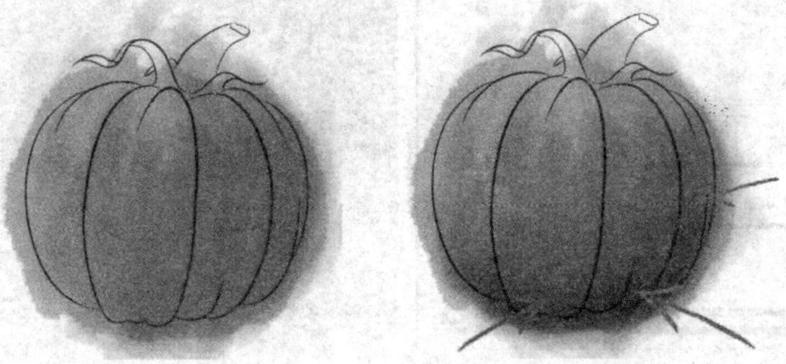

图 2-7-3

（4）新建图层，使用白色柔软画笔绘制南瓜的高光受光区域，如图 2-7-4 所示。

（5）用同样方法绘制瓜柄（#28531d）的写意效果。擦涂南瓜的多余部分，添加径向渐变背景（#e2eae9、#577e79）和投影，然后使用“喷溅”效果，最终效果如图 2-7-5 所示。

图 2-7-4

图 2-7-5

（6）将最终效果以 X2-7.psd 为文件名保存在考生文件夹中。

2.8 第 8 题解答

（1）打开素材文件 C:\2012PSCS5\Unit2\drytree.jpg，如图 2-8-1 所示。

图 2-8-1

（2）按 Ctrl+J 快捷键，复制背景图层，执行“图像”→“调整”→“色相/饱和度”命令，参数设置和效果如图 2-8-2 所示。

图 2-8-2

（3）新建“图层 1”，选择“草”画笔，参照图 2-8-3 左图所示设置画笔，设置前景色为#47a362，背景色为#27542e，绘制草地，效果如图 2-8-3 右图所示。

图 2-8-3

（4）新建“图层 2”，选择“干笔画”画笔，参照图 2-8-4 左图所示设置画笔，设置颜色（#59852e），绘制树叶，效果如图 2-8-4 右图所示。

图 2-8-4

（5）设置图层的混合模式为“颜色加深”，最终效果如图 2-8-5 所示。

图 2-8-5

（6）将最终效果以 X2-8.psd 为文件名保存在考生文件夹中。

2.9　第 9 题解答

（1）新建一个宽高为 440×600 像素、RGB 模式的文件。

（2）载入 C:\2012PSCS5\Unit2\treegone.jpg 图形，新建“图层 1”，选择“柔软”画笔，设置前景色为#3f4d10，绘制树叶区域，如图 2-9-1 所示。

（3）选择“干笔画”画笔，绘制不同颜色（#9bb055、#6b7a45）、不同方向的树叶，然后进行高斯模糊处理，如图 2-9-2 所示。

（4）新建“图层 2”，放置于最下面一层，使用喷枪工具喷出背景颜色（#bfb860），如图 2-9-3 所示。

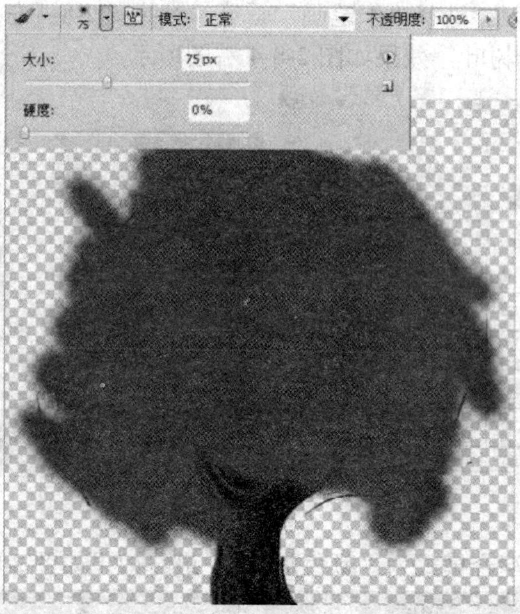

图 2-9-1

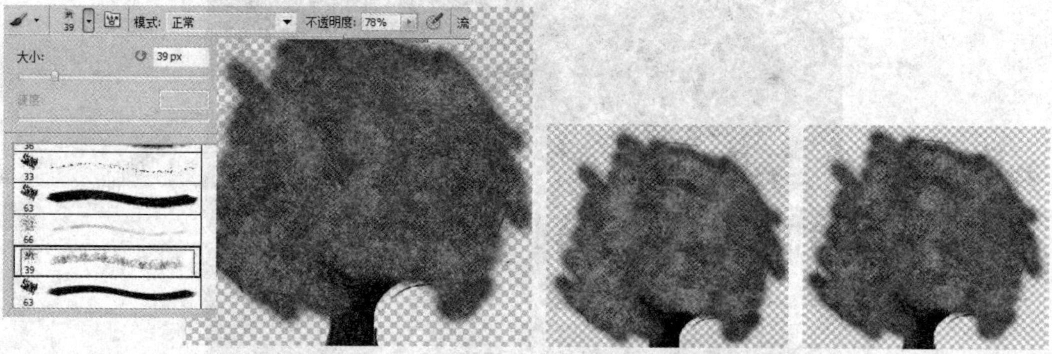

图 2-9-2

（5）回到“图层 1”，选择“粉笔”画笔和橡皮擦工具，设置笔头的大小，修饰叶簇边缘，效果如图 2-9-4 所示。

图 2-9-3

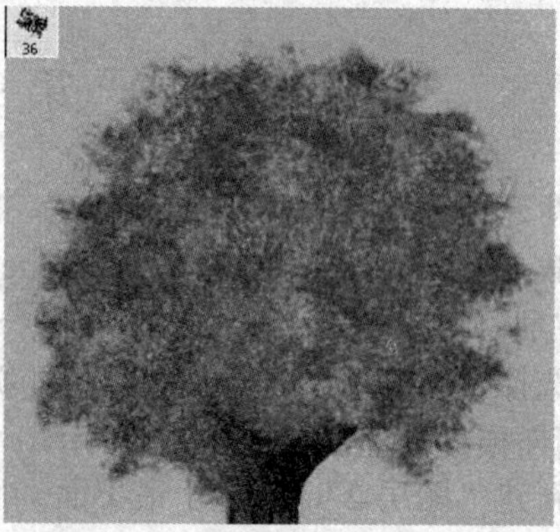

图 2-9-4

（6）选择“散布枫叶”画笔，设置颜色（#5b9b23、#d1e123）动态变化，绘制树叶，效果如图 2-9-5 所示。

（7）复制“图层 1”，执行“滤镜”→“模糊”→“高斯模糊”命令，参数设置如图 2-9-6 所示。

图 2-9-5

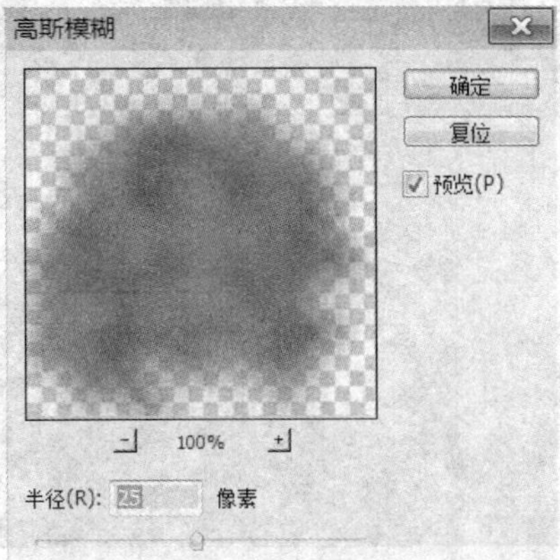

图 2-9-6

（8）合并除背景图层以外的图层，选择减淡工具，参数设置如图 2-9-7 所示，涂抹出太阳光照射效果。

（9）复制该图层，然后进行高斯模糊处理，改变图层的混合模式为“柔光”，不透明度为 73%，最终效果如图 2-9-8 所示。

图 2-9-7

图 2-9-8

（10）将最终效果以 X2-9.psd 为文件名保存在考生文件夹中。

2.10 第 10 题解答

（1）打开素材文件 C:\2012PSCS5\Unit2\night.jpg，如图 2-10-1 所示。

（2）新建“图层 1”，使用多边形套索工具建立小岛的选区，填充为黑色，如图 2-10-2 所示。

图 2-10-1

图 2-10-2

（3）新建“图层 2”，选择画笔工具，画笔设置如图 2-10-3 左图所示。绘制草地景观，效果如图 2-10-3 右图所示。

图 2-10-3

（4）载入 C:\2012PSCS5\Unti2\yuansu.jpg 元素图形，如图 2-10-4 左图所示。分别置入当前文件中，每个元素图层分别加入图层样式中的颜色叠加，颜色设置为黑色，效果如图 2-10-4 右图所示。

（5）新建“图层 3”，设置不同的铅笔大小，绘制星光效果，如图 2-10-5 所示。

（6）在背景图层以上，新建“图层 4”，选择椭圆工具，绘制一个圆，再按 Alt 键绘制另一个圆，两个圆形叠加，形成月牙效果，图形的颜色设置为#f9f2ac，效果如图 2-10-6 所示。

图 2-10-4

图 2-10-5

图 2-10-6

（7）双击该图层，打开图层样式面板，选择“内发光”效果，参数设置如图 2-10-7 所示。

（8）选择所有的图层，按 Ctrl+E 快捷键合并所有图层。使用矩形选框工具将上半部分选中，按 Ctrl+J 快捷键，复制选区到新的图层。按 Ctrl+T 快捷键，右击，选择“垂直翻转”选项，移动到合适位置，形成物体在水中的倒影，如图 2-10-8 所示。

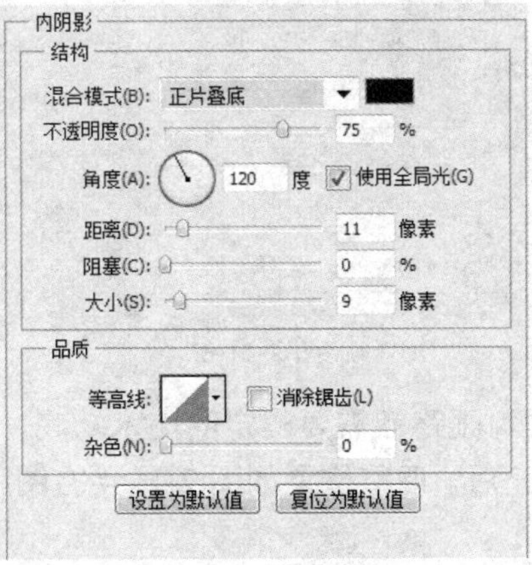

图 2-10-7

图 2-10-8

（9）选择涂抹工具，涂抹水中的物体形成波纹效果，调整图层的不透明度，最终效果如图 2-10-9 所示。

图 2-10-9

（10）将最终效果以 X2-10.psd 为文件名保存在考生文件夹中。

2.11　第 11 题解答

（1）打开素材文件 C:\2012PSCS5\Unit2\paint.jpg。设置前景色与背景色为默认值，为背景添加杂色，参数设置如图 2-11-1 所示。

（2）执行“滤镜”→“模糊”→“高斯模糊”命令，参数设置如图 2-11-2 所示。

（3）为了更真实地模拟宣纸效果，执行“图像”→“调整”→“色彩平衡”命令，参数设置如图 2-11-3 所示。

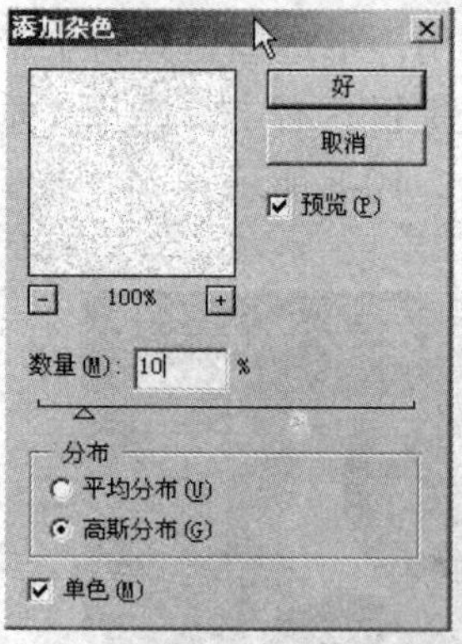

图 2-11-1

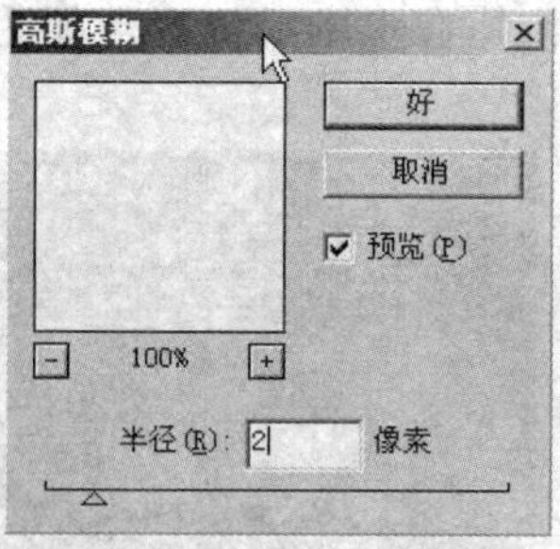

图 2-11-2

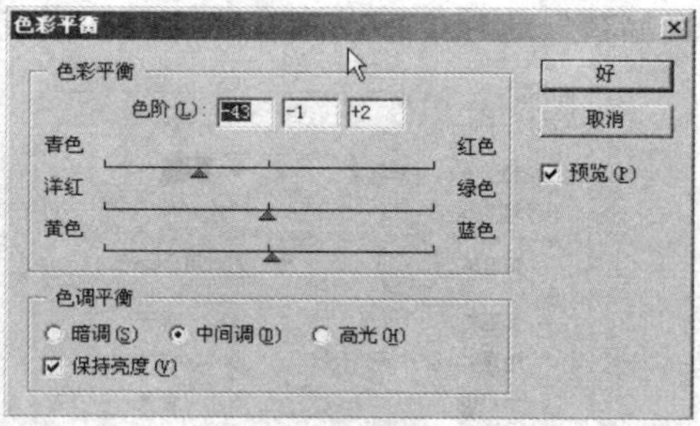

图 2-11-3

（4）新建图层并命名为“叶”，使用钢笔工具勾画路径需要一定的美术功底，如图 2-11-4 左图所示。将路径转变为选区，使用黑色填充后，调整位置如图 2-11-4 右图所示，形成草枝效果，也可以自由发挥。

（5）新建图层并命名为“石头”，使用画笔工具在画布的左下角绘制石头的外轮廓，如图 2-11-5 所示。

（6）使用涂抹工具在石头的边框涂抹，并细化草枝根部，效果如图 2-11-6 所示。

（7）选择画笔喷枪工具，设置压力值为 5%，在石头的表面制作一些明暗效果，对喷枪的选项做些设置，在动态画笔中，设置不透明度为渐隐，步长为100。运用设置好的喷枪，静下心来，慢慢进行临摹，效果如图 2-11-7 所示。

（8）用同样的手法再绘制其他石头，效果如图 2-11-8 所示。

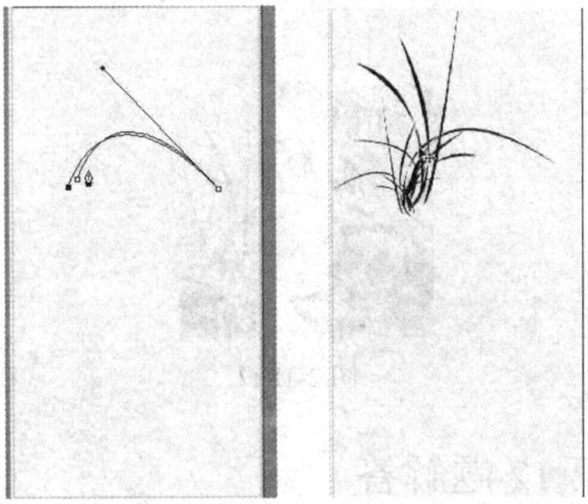

图 2-11-4

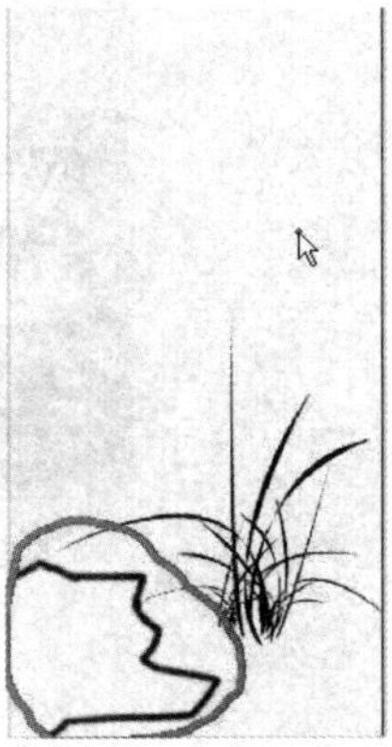

图 2-11-5

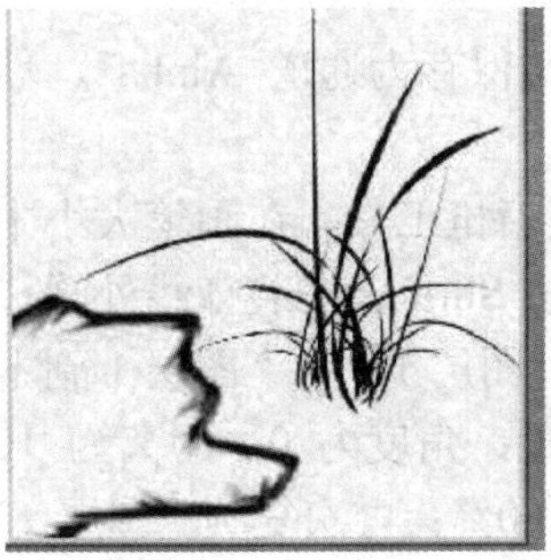

图 2-11-6

图 2-11-7

图 2-11-8

（9）新建图层并命名为“竹子”。画竹子使用的是铅笔工具，在选项面板中，不透明度为渐隐，铅笔的大小视竹子大小决定，可以随时进行更换，效果如图 2-11-9 所示。

图 2-11-9

（10）用同样的手法，再多添加几枝竹子，填补一下画面，如图 2-11-10 所示。

（11）添加月亮，也可以再添加几片云朵，最终效果如图 2-11-11 所示。

如果有兴趣，还可以添加印章或题字。

（12）将最终效果以 X2-11.psd 为文件名保存在考生文件夹中。

图 2-11-10

图 2-11-11

2.12　第 12 题解答

（1）新建一个宽高为 450×350 像素、RGB 模式的文件。

（2）使用钢笔工具勾画书籍的轮廓，将路径转化为选区，保存为通道 Alpha1，然后对路径进行描边，如图 2-12-1 所示。

（3）新建“图层 1”，选择前景色为 70%灰色，使用画笔喷枪工具，在画笔大小中选择一个直径为 3 像素、硬度为 0%的喷笔，压力为 100%，按 Shift 键在装订线处画一道线；执行“滤镜” →“模糊” →“模糊”命令两次；复制“图层 1”为“图层 1 副本 1”，执行“滤镜” →“模糊” →“动感模糊”命令，参数设置：角度为 0，距离为 10 像素；使用黑色填充图层的不透明区域，将图层不透明度降至 60%；再次复制“图层 1”为“图层 1 副本 2”，不透明区域也用黑色填充；再次执行“滤镜” →“模糊” →“动感模糊”命令，参数设置：角度为 0，距离为 55 像素；使用画笔工具，选择一个较大的画笔，将压力值降低涂抹，消除图层间明显差别，使过渡更柔和，如图 2-12-2 所示。

（4）选择背景图层，新建“图层 2”，在“图层 2”中做出书的明暗对比。使用画笔喷枪工具，用一个大的画笔（直径大约 100 像素），将画笔压力降至 4%~8%，在路径内轻轻画几笔；再分别使用直径为 65 像素和 35 像素的画笔，画笔压力设为 13%~24%之间，从内部到外部逐渐加深。给书籍添加明暗度，总的原则是画笔越大，压力就越小；使用加深工具，选择一个直径为 35 像素的画笔，范围为中间调，使用 50%的曝光度加深边缘，也可使用减淡工具调和。再回到“图层 1 副本 2”，使用不同大小和透明度的橡皮擦擦除边缘，使图层间更易融合，效果如图 2-12-3 所示。

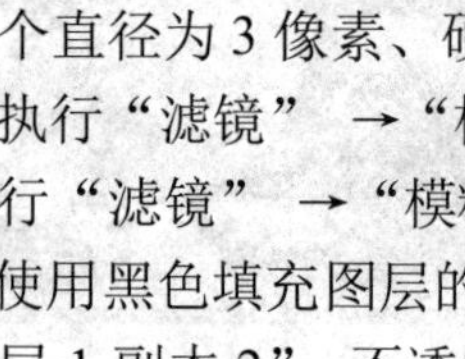

图 2-12-1

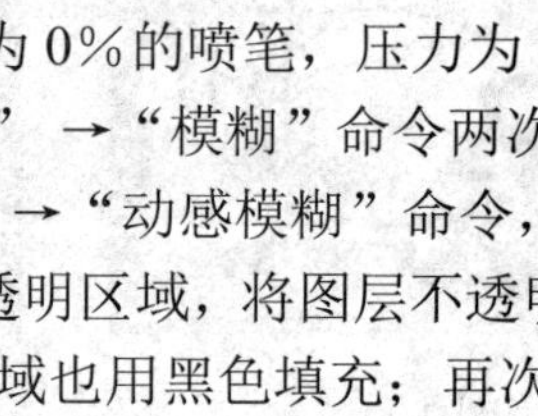

图 2-12-2

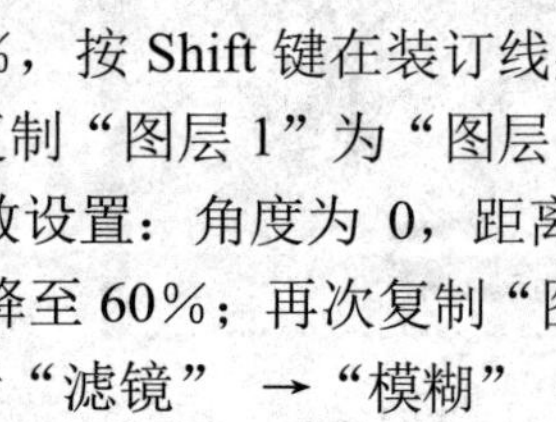

图 2-12-3

（5）通常旧一点的书，页边不像新书那样整齐，中间会有松脱的地方，重点是不规则。首先，新建大小为1×100像素的文件，将色板复位，执行“滤镜” →“杂色” →“添加杂色”命令，参数设置：数量为30%，高斯分布，勾选单色；将画布全选，然后定义为画笔，关闭新文件。其次，选择画笔喷枪工具，使用定义的画笔，在“图层 1”上新建“图层 3”，按 Shift 键使用画笔喷枪在“图层 3”上画一道，如图 2-12-4 左图所示，长度要超过书的高度，按 Ctrl+T 快捷键，将这一层的宽度降至 30%，使用移动工具移动到书的左边缘，对齐，载入“通道 1”，反选删除，取消选区。用同样方法制作书的右边缘，效果如图 2-12-4 右图所示。

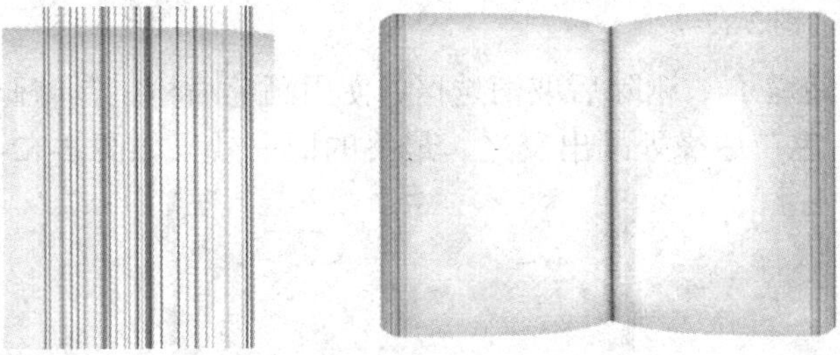

图 2-12-4

（6）纸张会随着岁月沉积褪色，这也是旧书的一个显著特点，制作这种古色古香效果的方法首推图层混合模式。在“图层 4”（即右边缘所在层）上新建“图层 5”，填充颜色为#ddcca7，设置图层混合模式为“柔光”；复制“图层 5”为“图层 5 副本”，设置不透明度为 50%，效果如图 2-12-5 所示。

（7）对于一本古老的书来说，破损是在所难免的。选择“图层 2”，使用套索工具建立小面积的不规则区域，将其复制为一个新的“图层 6”，选择加深工具，曝光度为 72%，将“图层 6”加深。按 Ctrl 键单击图层，将选区往下移动 1 像素，删除后取消选区，按照同样的方法，再制作几个破损的部分，效果如图 2-12-6 所示。

图 2-12-5

图 2-12-6

（8）页面部分做好了，下面加上文字部分。打开 C:\2012PSCS5\Unit2\text0.txt 文件。选择一种很小的字体，使用文字工具输入文本，注意：标题、左页、右页要放在不同的层，以方便调整。将左右页转化为段落文字，调整到合适间距，对齐。设置页码左面为双数。将文字层放置于“图层 5”和“图层 5 副本”之间，就可以达到文字的褪色效果，效果如图 2-12-7 所示。

（9）由于前面采用了图层混合模式，要想下面的图层不受影响，只有删除不必要的部分。选择“图层 5”，载入“通道 1”，反选删除；再选择“图层 5 副本”，删除同样选区，取消选区。选择背景图层，新建“图层 9”，选择一种深蓝色（#121963），使用中等大小的画笔喷枪在书的周围画一些线条，再使用橡皮工具修整，直到满意，形成书皮效果，如图 2-12-8 所示。

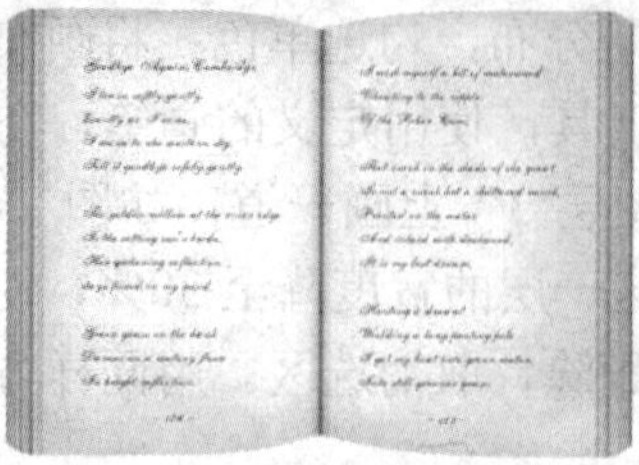

图 2-12-7

图 2-12-8

（10）载入“通道 1”，删除后取消选区。使用画笔喷枪工具将画笔大小调到 4 像素，压力减低，使用白色在边缘处画出反光，最终的旧书效果如图 2-12-9 所示。

图 2-12-9

（11）将最终效果以 X2-12.psd 为文件名保存在考生文件夹中。

2.13　第 13 题解答

（1）新建一个宽高为 350×1050 像素、RGB 模式的文件。

（2）新建“图层 1”，勾绘蜡烛外形选区，使用渐变工具进行填充（#fedc05、#cb7d18），效果如图 2-13-1 所示。

（3）使用钢笔工具大致勾画出颜色较深的部位，如图 2-13-2 所示。

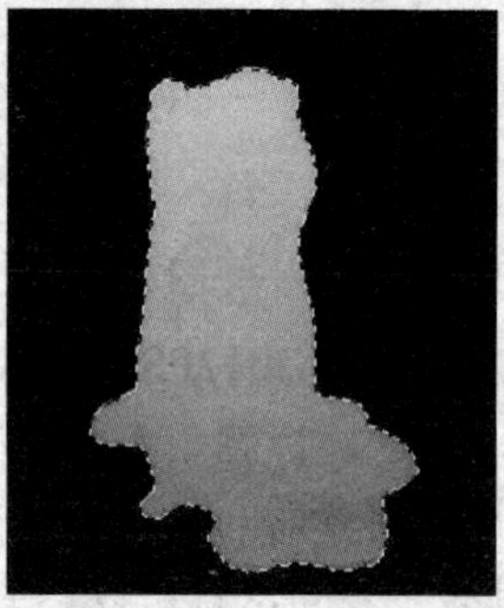

图 2-13-1

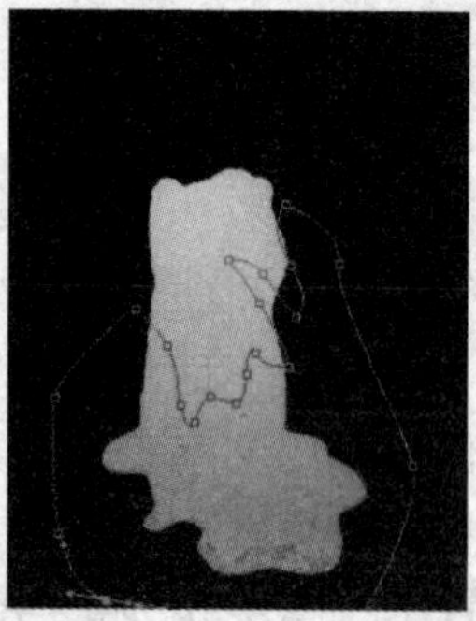

图 2-13-2

（4）将路径转变为选区，对选区进行适当羽化，然后执行“图像”→“调整”→“曲线”命令。先将 RGB 三通道（默认状态下）中间点往下拉一些，使其颜色变暗一点；再将 R 通道曲线向上调，使其偏红，如图 2-13-3 所示。

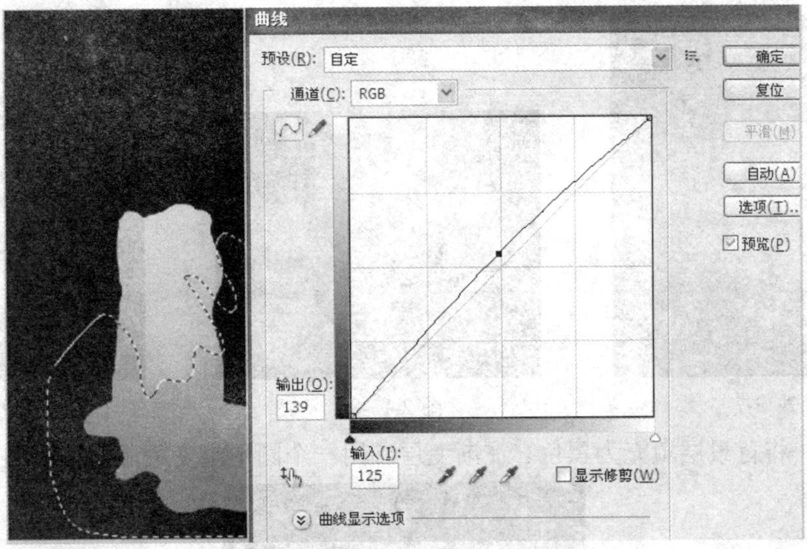

图 2-13-3

（5）根据步骤（3）、（4）的方法，调整另一区域颜色，效果如图 2-13-4 所示。

（6）利用加深、加亮、去色、模糊、涂抹工具在图像上调整，刻画出蜡烛表面的形体及体表的变化。首先使用大画笔、高强度，先从大的块面开始；再慢慢使用小画笔、低强度去细化。如果颜色不理想，可以新建图层填充合适颜色后，通过改变叠加模式和透明度进行调整，细化效果如图 2-13-5 所示。

（7）使用钢笔工具勾画高光的区域形状，如图 2-13-6 所示。

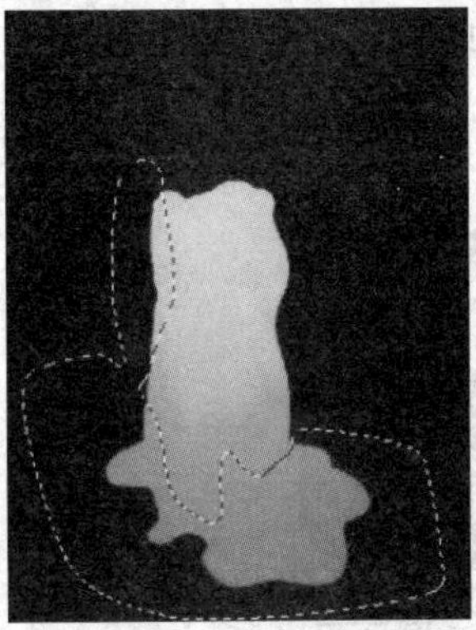

图 2-13-4

图 2-13-5

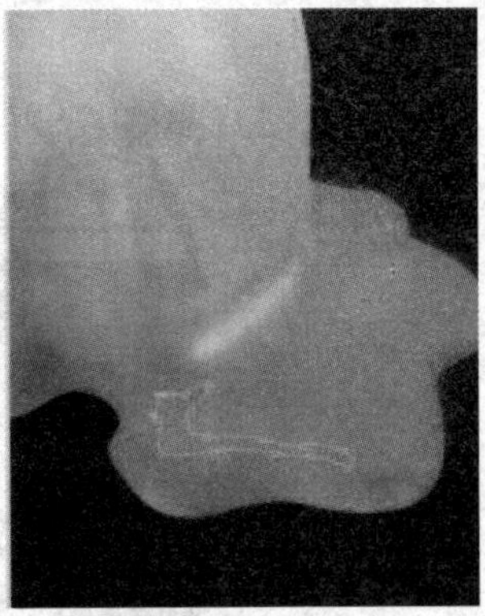

图 2-13-6

（8）将路径转变为选区后，对选区适当羽化，新建图层，将选区填充白色；降低其透明度，然后使用橡皮擦工具调整，效果如图 2-13-7 所示。

（9）新建图层，将图层模式改为“叠加”，使用画笔点出大概位置，适当调整透明度（20%左右），制作其他次高光点，如图 2-13-8 所示。

（10）使用涂抹工具调整其形状，使用橡皮擦工具改变其透明度，烛体效果如图 2-13-9 所示。

（11）新建文件，创建一个图层为渐变层，建立稍小的圆形选区，对选区适当羽化，填充一个圆形渐变，如图 2-13-10 所示。

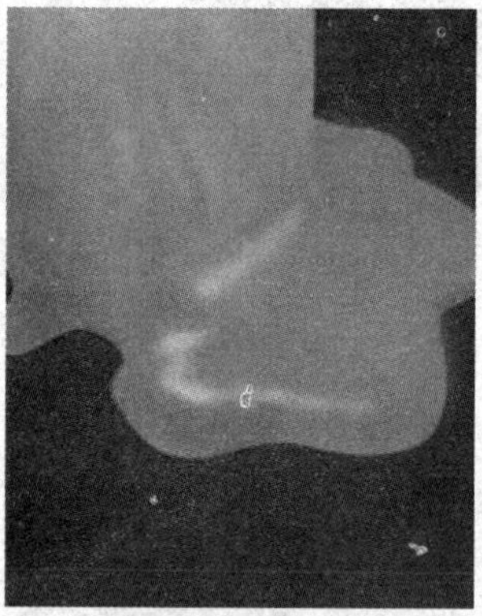

图 2-13-7

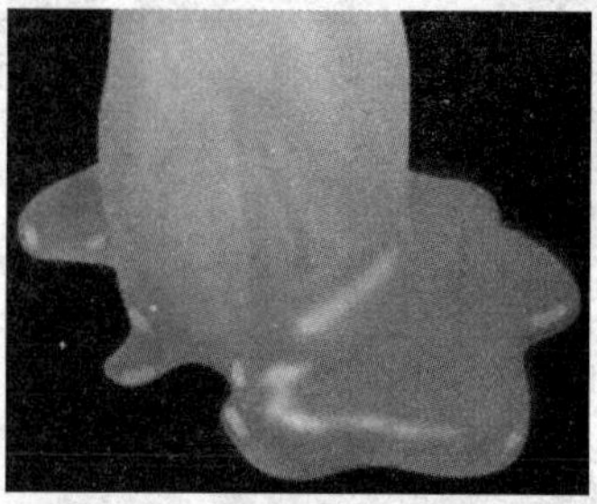

图 2-13-8

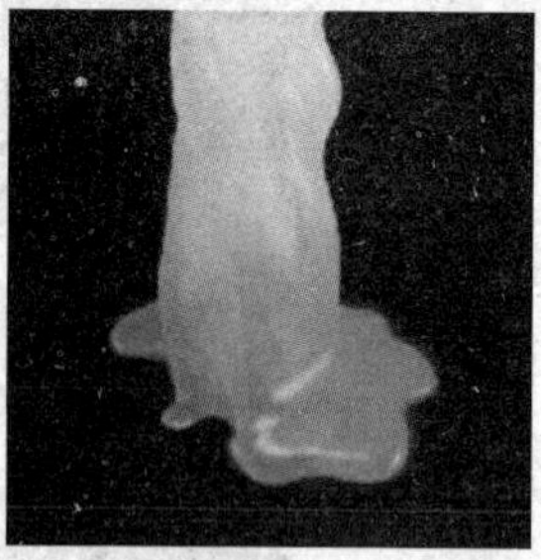

图 2-13-9

（12）将背景层填充为黑色。在渐变层应用一个圆形渐变蒙版，如图 2-13-11 所示。

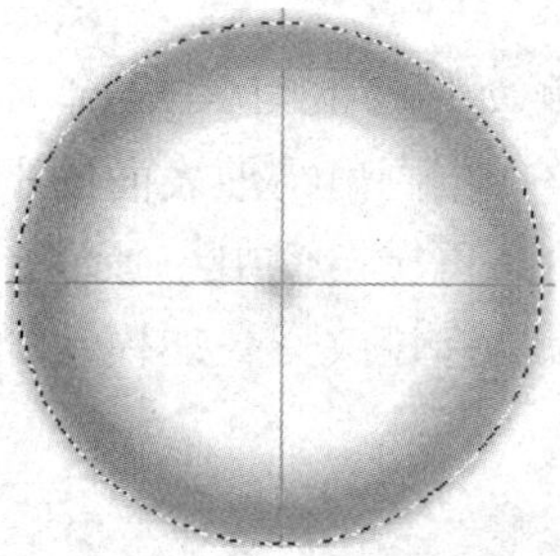

图 2-13-10

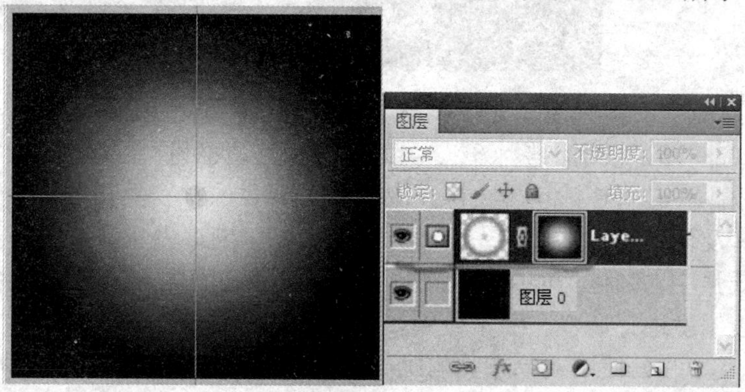

图 2-13-11

（13）选择渐变层蒙版，执行“图像” →“调整” →“曲线”命令，如图 2-13-12 所示。

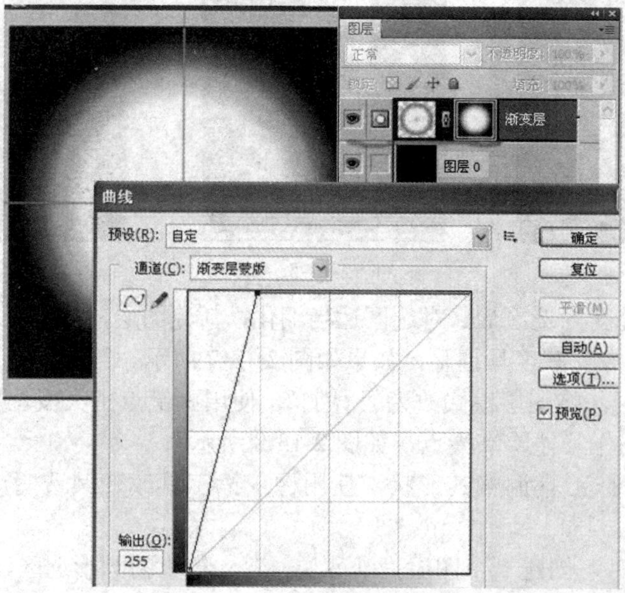

图 2-13-12

（14）执行"编辑" →"自由变换"命令，将圆形变成一个长条，删除蒙版并应用；再添加一个上下渐变（#cf5205、#fffd54）蒙版，形成火苗效果，如图 2-13-13 所示。也可以使用橡皮擦擦掉多余的部分。

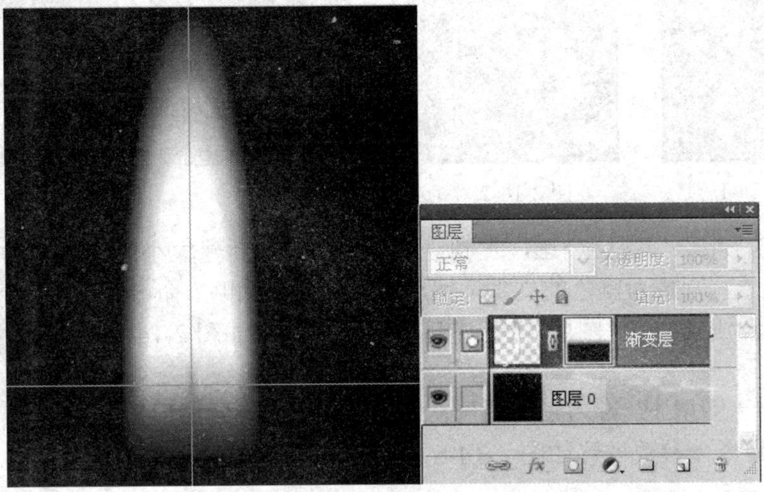

图 2-13-13

（15）将做好的火苗移入蜡烛中调整其大小，如图 2-13-14 所示。

（16）使用涂抹工具调整其形状，加上烛芯，画出底部蓝色（#2c66c9）的火苗，最终效果如图 2-13-15 所示。

图 2-13-14

图 2-13-15

（17）将最终效果以 X2-13.psd 为文件名保存在考生文件夹中。

2.14 第 14 题解答

（1）新建一个宽高为 400×300 像素、RGB 模式的文件，背景为蓝色。新建图层并命名为"水珠"，建立圆形选区，如图 2-14-1 所示。

（2）选择画笔工具，画笔设置：颜色为白色、画笔大小为 13、不透明度为 100%，在选区的四周描画如图 2-14-2 所示的线条。

（3）将画笔的不透明度调整为 50%，绘制如图 2-14-3 所示的区域。

（4）稍做修饰，水珠效果如图 2-14-4 所示。

图 2-14-1

图 2-14-2

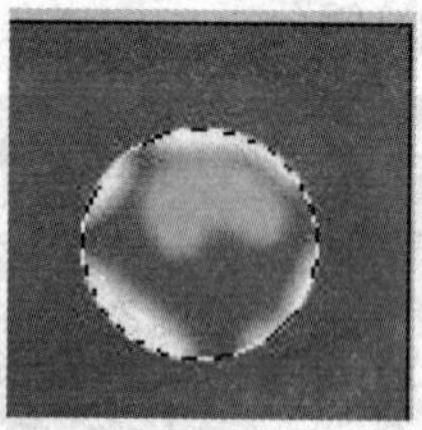

图 2-14-3

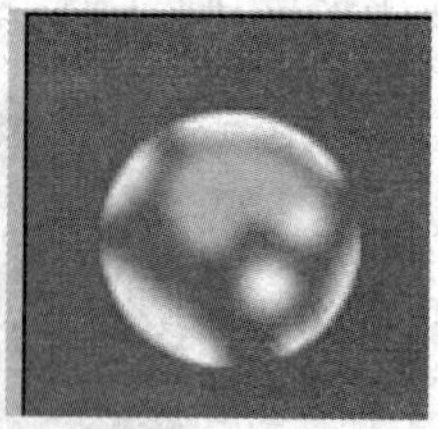

图 2-14-4

（5）将“水珠”图层全选，复制“水珠”图层。新建大小为 200×200 像素，背景为蓝色的文件，然后多次执行“粘贴”命令，图层分别命名“图层 1”、“图层 2”等，调整其大小，效果如图 2-14-5 所示。

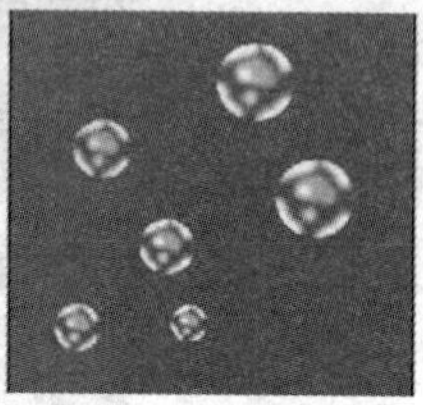

图 2-14-5

（6）将“图层 1”设为当前图层，执行“滤镜”→“扭曲”→“波浪”命令，参数设置如图 2-14-6 左图所示，完成效果如图 2-14-6 右图所示。

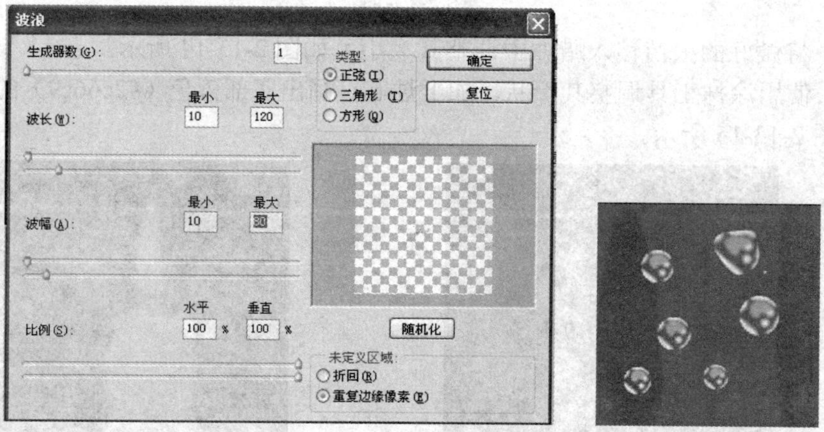

图 2-14-6

（7）将图层 3~7 也做波浪变形，参数要有所不同，产生随机效果；然后将可见图层 2~7 合并成“图层 1”，效果如图 2-14-7 所示。

（8）复制“图层 1”为“图层 2”，使用自由变换工具调节其大小和角度，效果如图 2-14-8 所示。

图 2-14-7

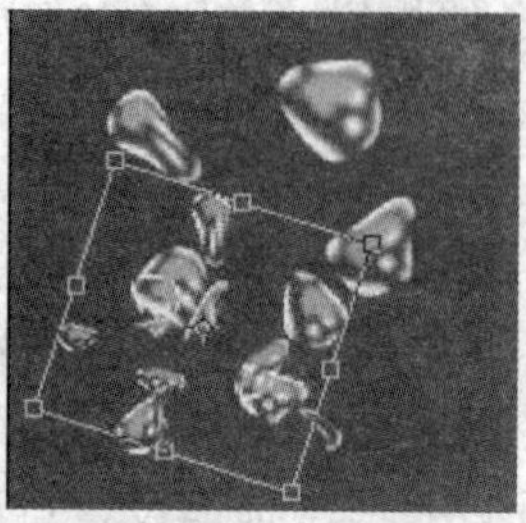

图 2-14-8

（9）复制“图层 1”为“图层 3”，然后执行“编辑”→“变换”→“变形”命令，效果如图 2-14-9 所示。

（10）再对“图层 2”、“图层 3”分别执行“滤镜”→“扭曲”→“波浪”命令，效果如图 2-14-10 所示。

图 2-14-9

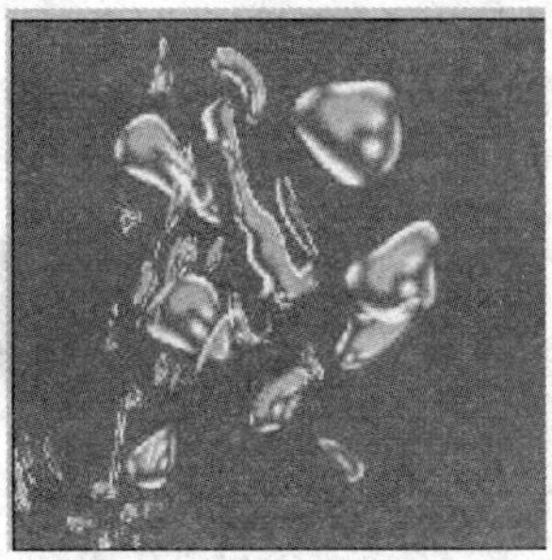

图 2-14-10

（11）将图层 1、2、3 合并为“图层 1”，复制“图层 1”，载入 C:\2012PSCS5\Unit2\water.jpg 图形，如图 2-14-11 所示。

（12）在素材图上，执行“编辑” →“粘贴”命令，使用自由变换工具调整到适当位置，最终效果如图 2-14-12 所示。

图 2-14-11

图 2-14-12

（13）将最终效果以 X2-14.psd 为文件名保存在考生文件夹中。

2.15　第 15 题解答

（1）新建一个宽高为 200×240 像素、RGB 模式的文件。使用钢笔工具勾画如图 2-15-1 所示的路径。在制作路径的时候，不要调整得过于圆滑，以模仿毛笔画出的随意性和生动感。

（2）将路径转变成选区，然后将路径删除。新建“图层 1”，对选区执行“羽化”命令，羽化半径为 5 像素，黑色（#040000）填充选区，如图 2-15-2 所示。

（3）复制“图层 1”为“图层 2”，为了便于制作和观察，将“图层 2”隐藏。执行“滤镜”→“风格化”→“扩散”命令，将扩散模式设置为“正常”，如图 2-15-3 所示。

（4）执行“滤镜” →“模糊” →“径向模糊”命令，参数设置：数量为 16，模糊方式为缩放，品质为“好的”。如果效果不明显，按 Ctrl + F 快捷键，直到满意为止。

（5）拖拽“图层 2”到“图层 1”下面，按 Ctrl 键单击“图层 2”载入选区，执行“选择”→“修改”→“扩展”命令，参数设置：扩展量为 10 像素。

（6）对选区执行“选择” →“修改” →“羽化”命令，参数设置：羽化半径为 10。使用前景颜色（#999792）填充“图层 2”，效果如图 2-15-4 所示。

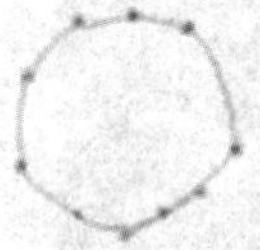
图 2-15-1

图 2-15-2

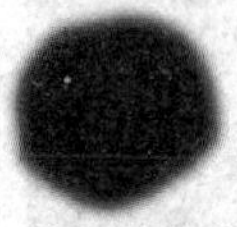
图 2-15-3

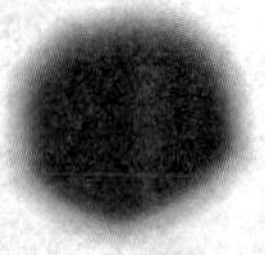
图 2-15-4

（7）执行“滤镜”→“锐化”→“USM 锐化”命令，参数设置：数量为 466%，半径为 12.6 像素，阈值为 185 色阶，便可模拟出浸染的水渍痕迹。选取橡皮擦工具或涂抹工具，改变笔头的大小，对图像进行修饰处理，使图形显得更自然，如图 2-15-5 所示。

（8）将“图层 1”和“图层 2”合并为“图层 1”。复制“图层 1”为“图层 2”，执行“编辑” →“变换” →“水平翻转”命令，接着对图像进行缩放或旋转，并移到适当的位置，如图 2-15-6 所示。

（9）使用钢笔工具勾画路径并调整，形成熊猫头部效果，如图 2-15-7 所示。

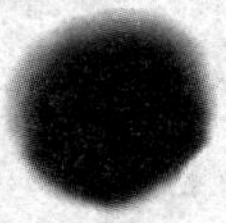
图 2-15-5

图 2-15-6

图 2-15-7

（10）将路径转变成选区，新建“图层 3”，执行“选择”→“修改”→“边界”命令，参数设置：宽度为 10 像素，效果如图 2-15-8 所示。

（11）将选区用前景色（#999792）填充，效果如图 2-15-9 所示。

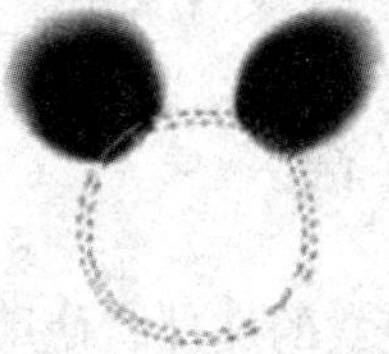
图 2-15-8

图 2-15-9

（12）使用钢笔工具勾画熊猫身躯和四肢的路径轮廓，如图 2-15-10 所示。

（13）将路径转变为选区，新建“图层 4”。对选区执行“选择” →“修改” →“羽化”命令，参数设置：半径为 5 像素，填充黑色，如图 2-15-11 所示。

（14）使用钢笔工具细化熊猫四肢的位置，将路径转变为选区，将选区羽化 5 像素，然后删除，效果如图 2-15-12 所示。

图 2-15-10

图 2-15-11

图 2-15-12

（15）复制“图层 4”为“图层 5”。为了便于制作观察，将“图层 4”暂时隐藏。执行“滤镜”→“风格化”→“扩散”命令，在对话框中将扩散模式设置为“正常”，如效果不明显，按 Ctrl+F 快捷键重复使用扩散效果，直至满意为止。执行“滤镜”→“模糊”→“径向模糊”命令，设置合适的参数，效果如图 2-15-13 所示。

（16）显示“图层 4”，隐藏“图层 5”。将“图层 4”中的图像作为选区。执行“选择”→“修改”→“扩展”命令，扩展量为 10 像素。执行“选择” →“修改” →“羽化”命令，将选区羽化 10 像素。用灰色（#999792）填充选区，效果如图 2-15-14 所示。

（17）显示“图层 5”，执行“滤镜”→“锐化”→“USM 锐化”命令。使用橡皮擦工具、涂抹工具等，对图像进行修整，效果如图 2-15-15 所示。

图 2-15-13

图 2-15-14

图 2-15-15

（18）用同样的方法制作熊猫的眼睛和鼻子（#481c1c），并将其放置到适当的位置，如图 2-15-16 所示。

（19）使用钢笔工具勾画竹叶的路径，将路径转换变成选区，用前景色（#0f473b）填充选区，效果如图 2-15-17 所示。

（20）使用橡皮擦工具、涂抹工具等，对竹叶进行修整。用同样的方法制作出其余的竹叶，将竹叶的颜色运用色彩平衡、亮度/对比度等进行调整，最终效果如图 2-15-18 所示。

（21）将最终效果以 X2-15.psd 为文件名保存在考生文件夹中。

图 2-15-16

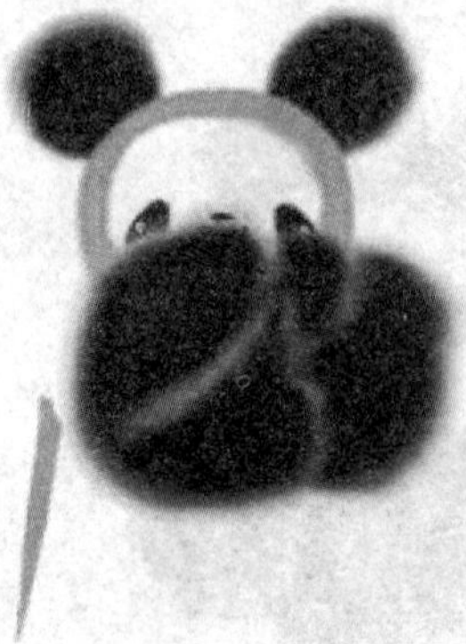
图 2-15-17

图 2-15-18

2.16 第 16 题解答

（1）打开素材文件 C:\2012PSCS5\Unit2\orange.jpg，如图 2-16-1 所示。

（2）选中橙肉区域，按 Ctrl+J 快捷键，复制到一个新图层，命名为“orange”。在“orange”图层下新建图层命名为“peel”，载入图层“orange”的选区，扩展选区，填充颜色为#ffcf4f，合并两图层，如图 2-16-2 所示。

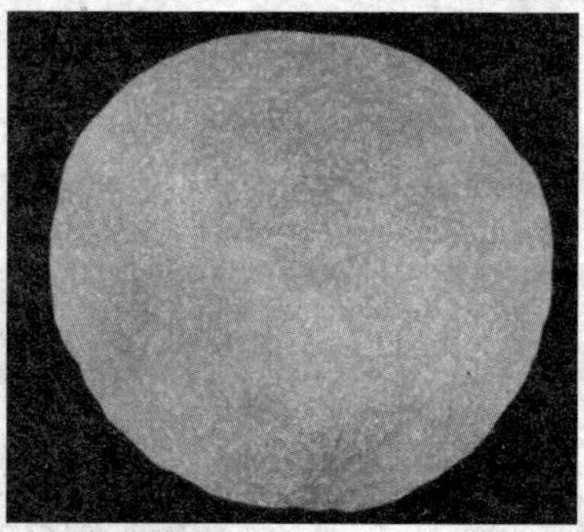
图 2-16-1

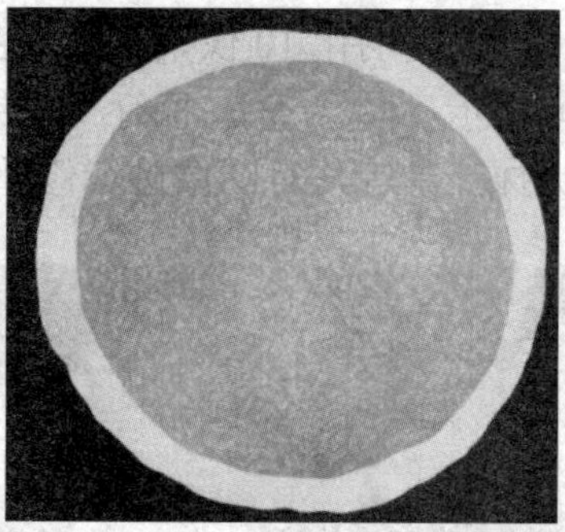
图 2-16-2

（3）使用模糊和涂抹工具，向内部擦涂边缘，效果如图 2-16-3 所示。

（4）新建图层并命名为“pie slices”，设置前景色（#ffcf4f），使用画笔工具做扇形分隔，如图 2-16-4 所示。

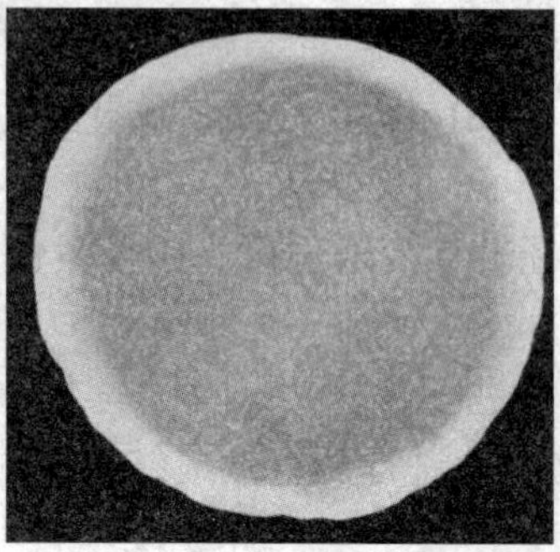
图 2-16-3

图 2-16-4

（5）使用模糊和涂抹工具擦涂分隔线使其融入果肉，如图 2-16-5 所示。

（6）新建图层，用两种不同颜色（#de7d0c、#a14407）的画笔涂抹橙子外皮色，如图 2-16-6 左图所示，并使用模糊和涂抹工具擦涂使其融入内皮，如图 2-16-6 右图所示。

图 2-16-5

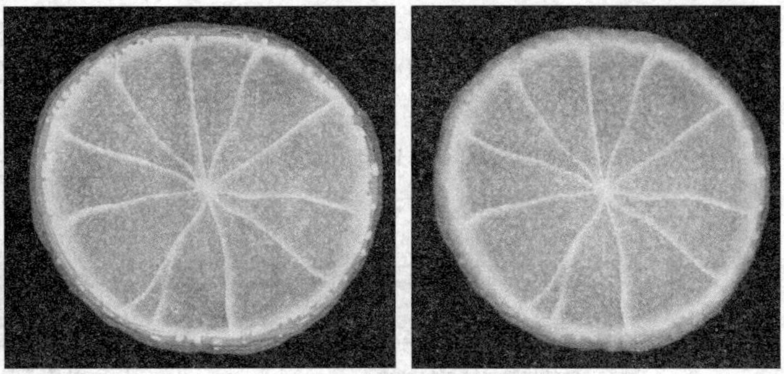

图 2-16-6

（7）新建图层并命名为 detail，使用小一点的画笔，用前景色（#dc7d05），绘制橙子深色外皮，如图 2-16-7 所示。

（8）用同样方法，使用模糊和涂抹工具擦涂使其融入内皮，如图 2-16-8 所示。

图 2-16-7

图 2-16-8

（9）新建图层并命名为“color”，设置大一些的软笔，设置为强光，不透明度设置为 20%，绘制边缘的颜色，用亮黄绘制接近中心的颜色，稍加修饰，最终效果如图 2-16-9 所示。

图 2-16-9

（10）将最终效果以 X2-16.psd 为文件名保存在考生文件夹中。

2.17　第 17 题解答

（1）新建一个宽高为 800×600 像素、RGB 模式的文件。设置前景色（#ff0000），填充背景图层。

（2）新建“图层 1”，选择自定义形状工具，选择 “红心形卡”形状，如图 2-17-1 所示。

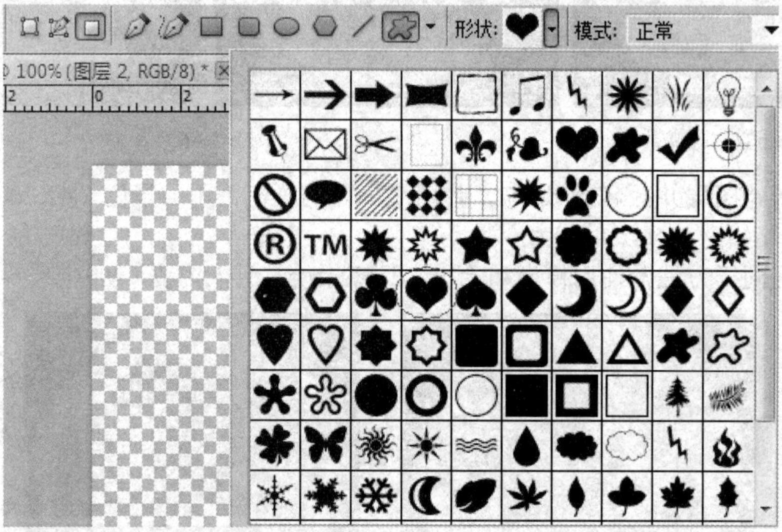

图 2-17-1

（3）用黑色绘制心形像素，隐藏其他图层，按 Ctrl 键单击图层，选中心形，执行“编辑”→“定义画笔预设”命令，定义画笔，如图 2-17-2 所示。

图 2-17-2

（4）打开画笔工具，设置画笔的各项参数如图 2-17-3 所示。

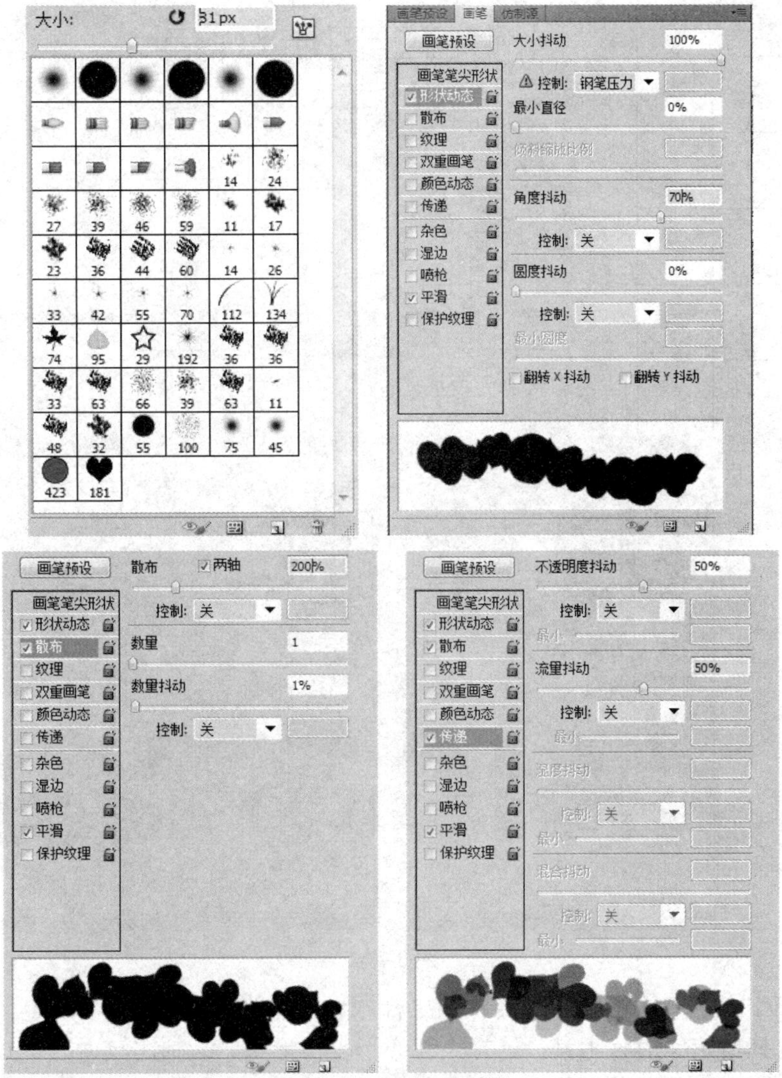

图 2-17-3

（5）在“图层 1”上，按 Ctrl+A 快捷键，全选，按 Delete 键。设置前景色为黑色，使用自定义画笔在图像边缘绘制随机半透明心形背景图案，效果如图 2-17-4 所示。

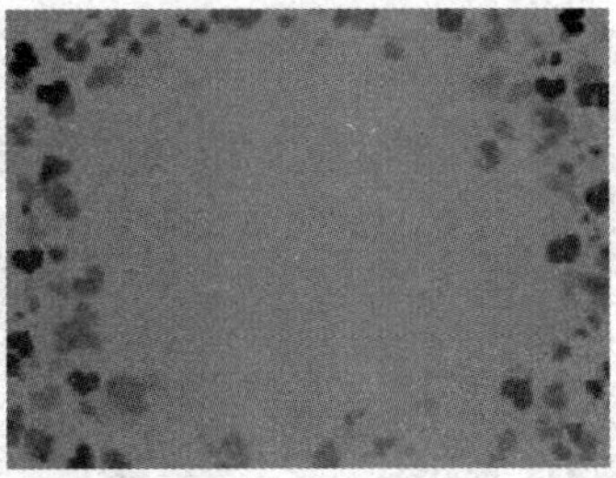

图 2-17-4

（6）新建图层并命名为“Stars Fade”，选择画笔工具，选择“星爆”画笔，设置画笔的各项参数如图 2-17-5 所示。

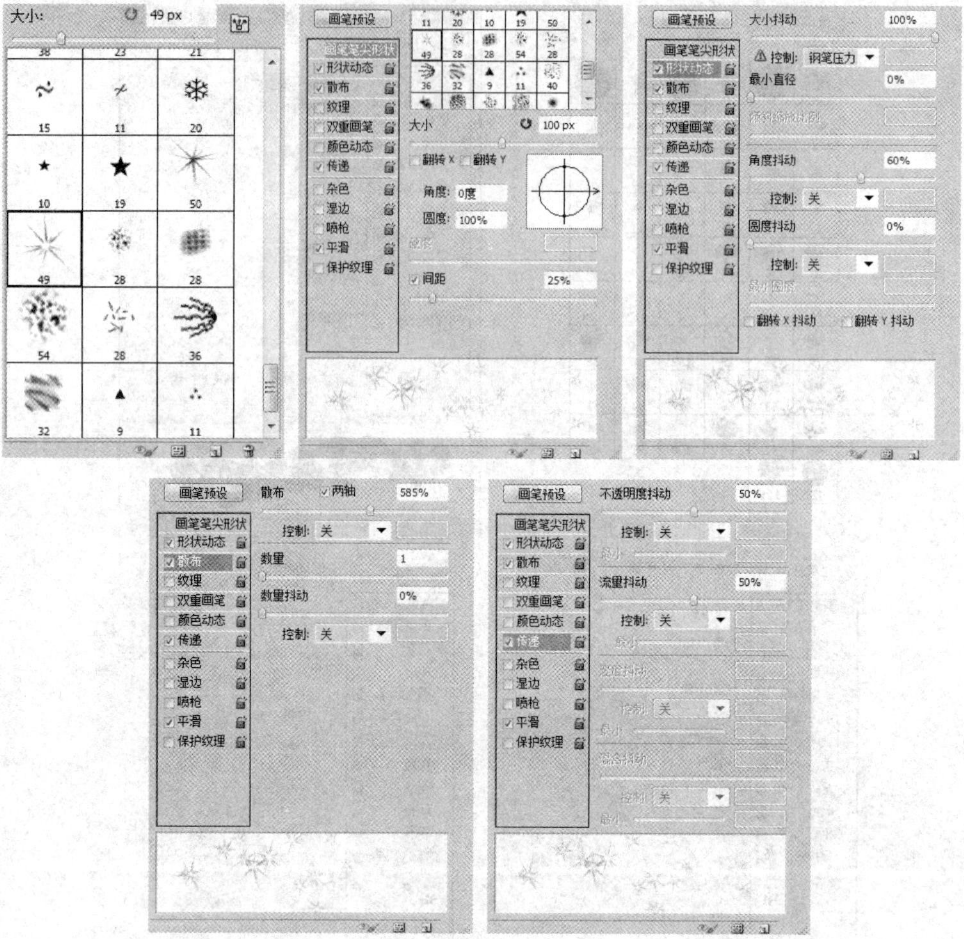

图 2-17-5

（7）在中心区域绘制发光星点，图层样式做外发光（#f66023）处理。

（8）选择自定义形状工具，选择“红心形卡”形状。绘制比较大的“心”图形，双击该形状图层，打开图层样式面板，选择内发光（#f8ea17）、渐变叠加（#c60000、#ff3600），效果如图 2-17-6 所示。

（9）新建图层，前景色为白色，选择“星爆”画笔，做动态大小的白色星光画笔描边处理，最终效果如图 2-17-7 所示。

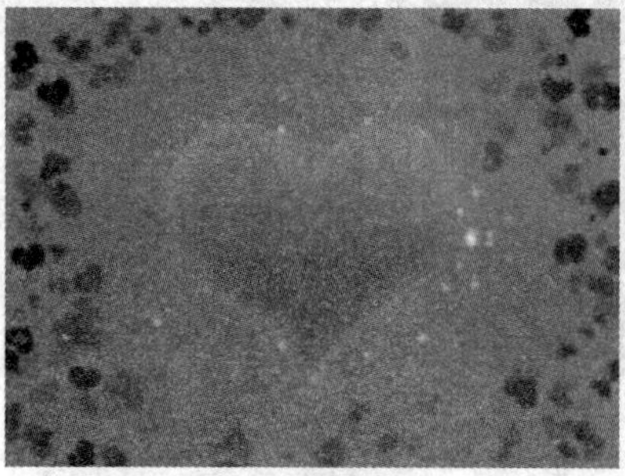

图 2-17-6

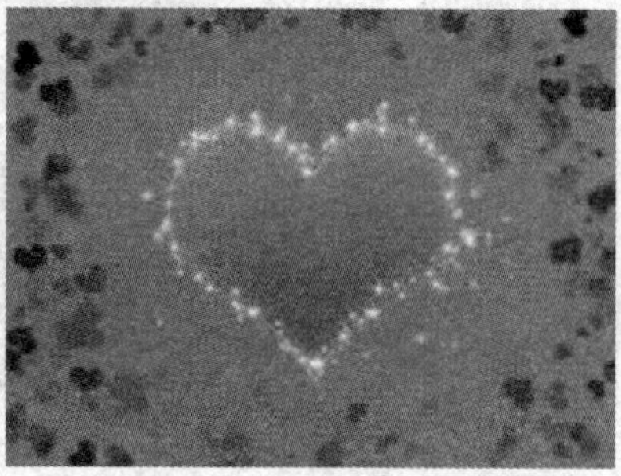

图 2-17-7

（10）将最终效果以 X2-17.psd 为文件名保存在考生文件夹中。

2.18　第 18 题解答

（1）新建一个宽高为 600×400 像素、RGB 模式的文件。

（2）选择渐变工具，设置前景色（#6696d9）、背景色（#738fc6），填充从左到右的线性渐变。

（3）新建“图层 1”，前景色为白色，选择画笔工具，在画笔面板上，载入 C:\2012PSCS5\Unit2\Snowflakes.abr 画笔，选中其中一个雪花形状，设置各项参数如图 2-18-1 所示。

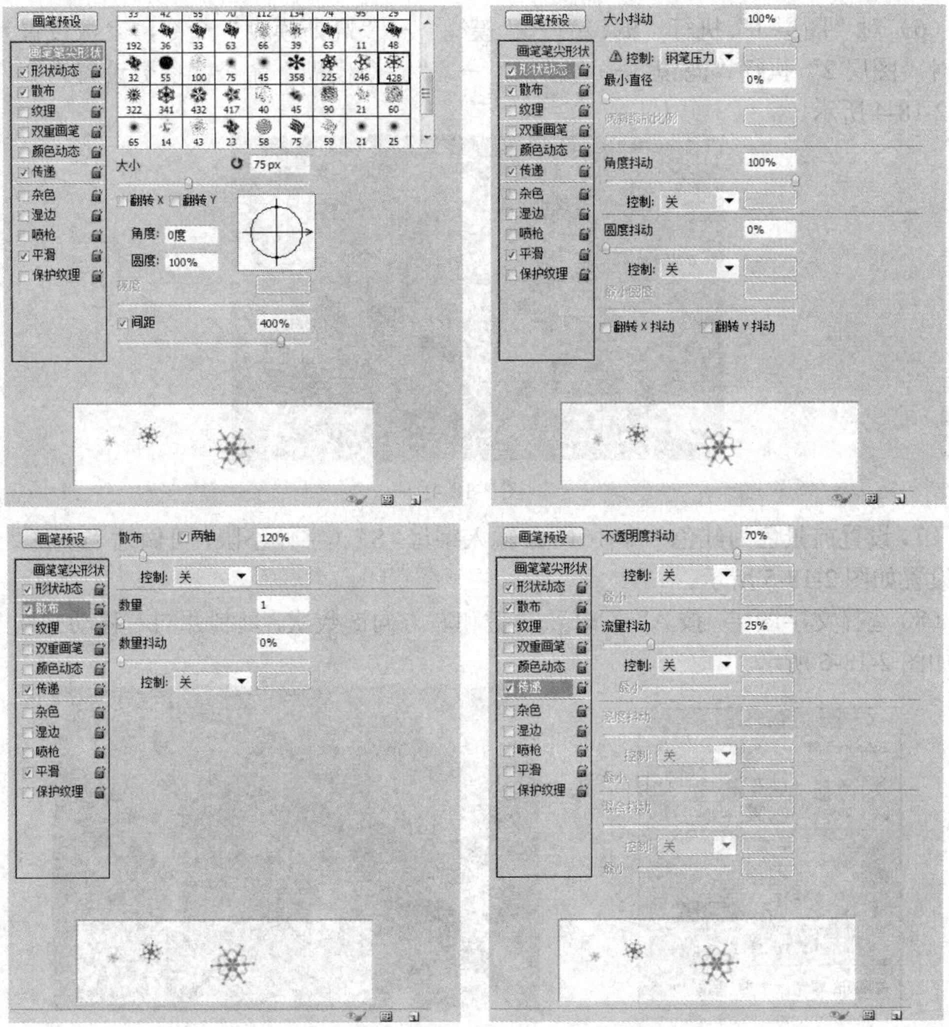

图 2-18-1

（4）使用设置的雪花画笔绘制如图 2-18-2 所示的效果。

（5）新建“图层 2”，选择不同的雪花画笔，依照上面的参数设置，在画布上绘制的效果如图 2-18-3 所示。

图 2-18-2

图 2-18-3

（6）对“图层 1”执行“滤镜”→“模糊”→“高斯模糊”命令，参数设置为 1，同样对“图层 2”执行“滤镜”→“模糊”→”“高斯模糊”命令，参数设置为 2，效果如图 2-18-4 所示。

图 2-18-4

（7）设置前景色为红色（#a61616），输入字母“S”（字体不限，可做适当变形处理），参数设置如图 2-18-5 所示。

（8）选择文字图层，按 Alt+Ctrl 快捷键和右方向键数次，复制并向右移动文字图层，效果如图 2-18-6 所示。

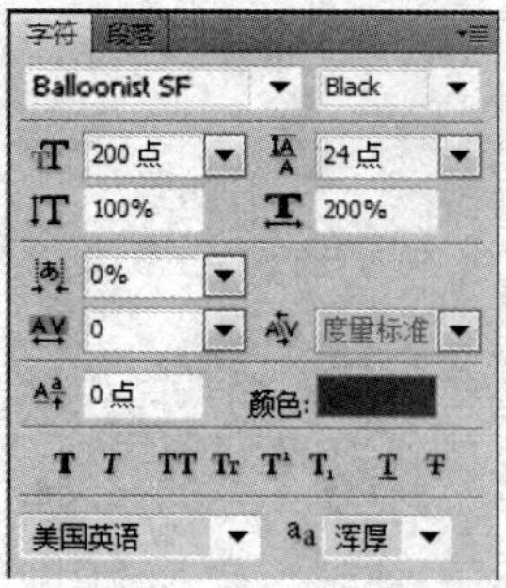

图 2-18-5

图 2-18-6

（9）选择除原始字母图层外的字母图层，合并所选的图层。将原始字母图层放在合并图层的顶部，打开图层样式面板，选择“颜色叠加”效果，设置颜色为#780a0a，选择“斜面和浮雕”效果，参数设置和效果如图 2-18-7 所示。

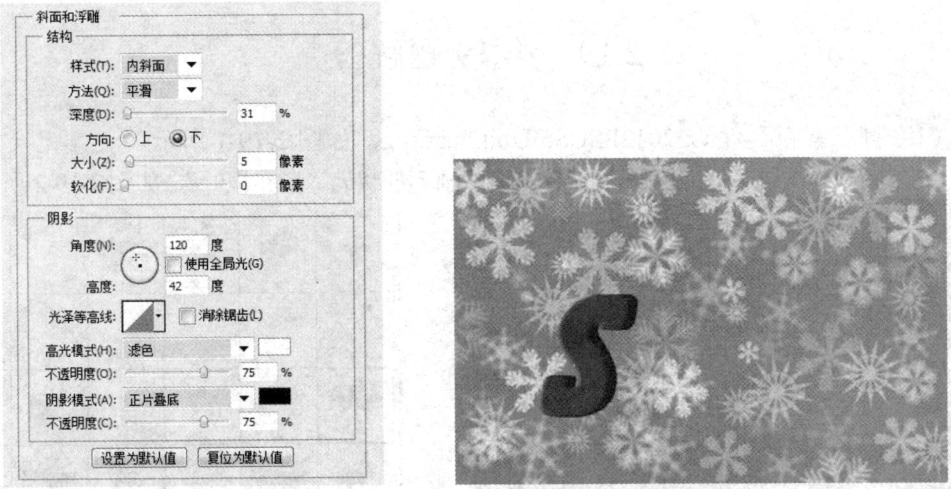

图 2-18-7

（10）依照上面的方法，制作其他字母效果，如图 2-18-8 所示。

（11）新建图层，设置前景色为白色，选择画笔工具，设置画笔为 Airbrush Hard Round 9，在字母上面绘制白雪效果，使用模糊工具进行涂抹。再依次使用软粗画笔进行涂画，效果如图 2-18-9 所示。

图 2-18-8

图 2-18-9

（12）新建图层，在“S”字母上，绘制圣诞老人帽子，最终效果如图 2-18-10 所示。

图 2-18-10

（13）将最终效果以 X2-18.psd 为文件名保存在考生文件夹中。

2.19 第 19 题解答[1]

（1）打开素材文件 C:\2012PSCS5\Unit2\car.jpg，如图 2-19-1 所示。

（2）新建“图层 1”，选择画笔工具，设置画笔形状为“散布枫叶”，如图 2-19-2 所示。

图 2-19-1

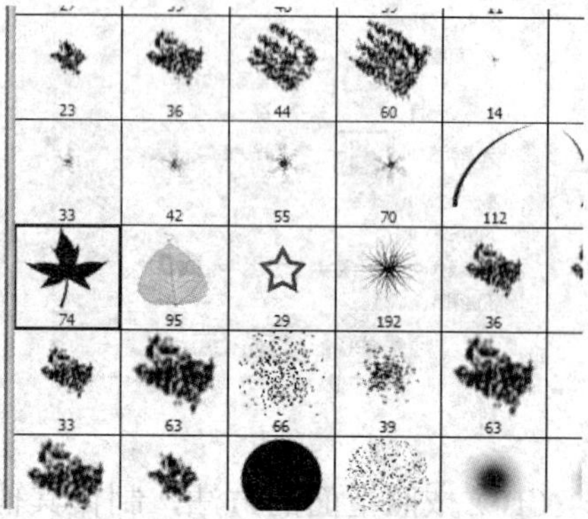

图 2-19-2

（3）设置前景色（#ffee9b），在小汽车车体上绘制枫叶，不需要的使用橡皮擦擦除，如图 2-19-3 所示。

（4）双击该图层，打开图层样式面板，选择“外发光”效果，参数设置如图 2-19-4 所示。

图 2-19-3

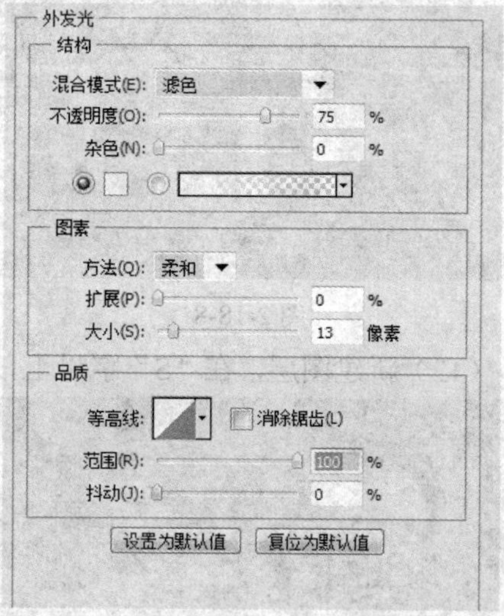

图 2-19-4

（5）新建“图层 2”，选择画笔形状为“沙丘草”，如图 2-19-5 所示。

（6）用同样的颜色在车体底部绘制小草，添加图层的外发光效果，参数设置同枫叶图层，效果如图 2-19-6 所示。

[1]本题的视频解答请访问高新考试教材服务网站（www.citt.org.cn）教材专区中的“图形图像处理模块网络服务”栏目。

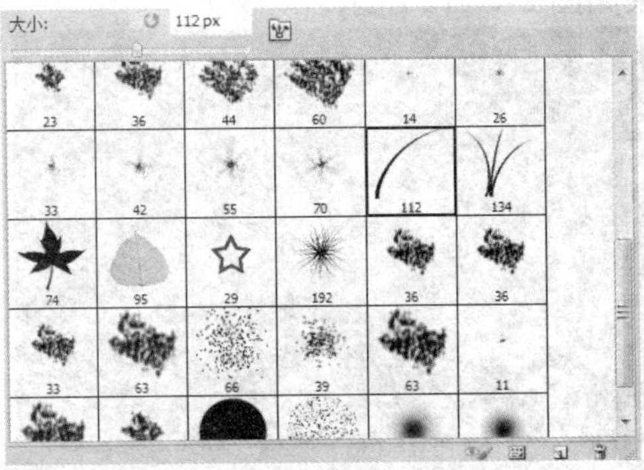

图 2-19-5

图 2-19-6

（7）新建“图层 3”，设置前景色为#b29d99，使用画笔喷涂两个车轮，如图 2-19-7 所示。

（8）设置图层的混合模式为“颜色”，效果如图 2-19-8 所示。

图 2-19-7

图 2-19-8

（9）新建“图层 4”，设置前景色（#ffbe33），使用画笔工具对车体进行喷涂，不需要的使用橡皮擦擦除，如图 2-19-9 所示。

（10）设置图层的混合模式为“颜色”，效果如图 2-19-10 所示。

图 2-19-9

图 2-19-10

（11）新建“图层 5”，在车身的不同区域涂抹颜色，色值如图 2-19-11 所示。

（12）设置图层混合模式为“色相”，效果如图 2-19-12 所示。

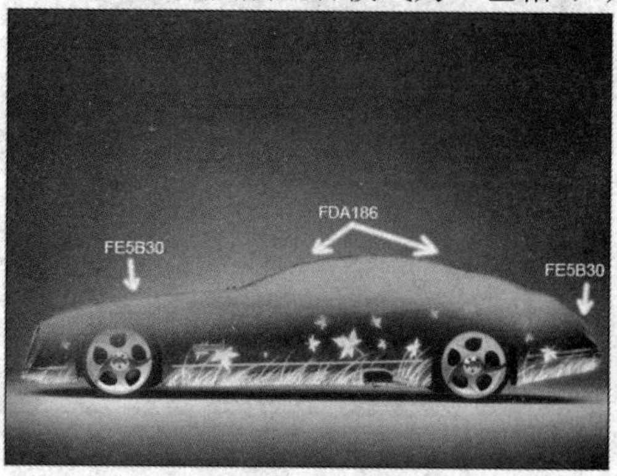

图 2-19-11

图 2-19-12

（13）新建“图层 6”，设置前景色（#fefe00），用同样的方法喷涂车身上部，如图 2-19-13 所示，然后设置图层混合模式为“色相”。

（14）新建“图层 7”，设置前景色（#cb8b02），用同样的方法喷涂车身下部，设置图层的混合模式为“柔光”，最终效果如图 2-19-14 所示。

图 2-19-13

图 2-19-14

（15）将最终效果以 X2-19.psd 为文件名保存在考生文件夹中。

2.20　第 20 题解答

（1）新建一个宽高为 640×480 像素、RGB 模式的文件，背景图层填充为黑色。

（2）新建“图层 1”，设置前景色为白色，选择画笔工具，设置画笔为“交叉排线 4”，如图 2-20-1 所示。

（3）在“图层 1”上使用画笔绘制如图 2-20-2 所示的线条。

（4）执行“滤镜”→“模糊”→“动感模糊”命令，参数设置和效果如图 2-20-3 所示。

（5）执行“滤镜”→“扭曲”→“切变”命令，打开其对话框，参数设置和效果如图 2-20-4 所示。

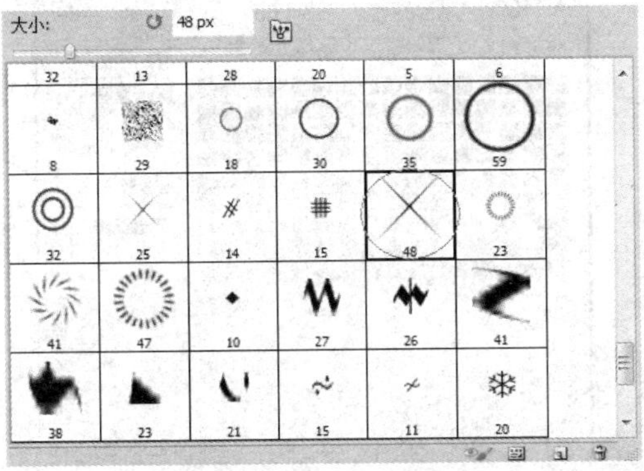

图 2-20-1

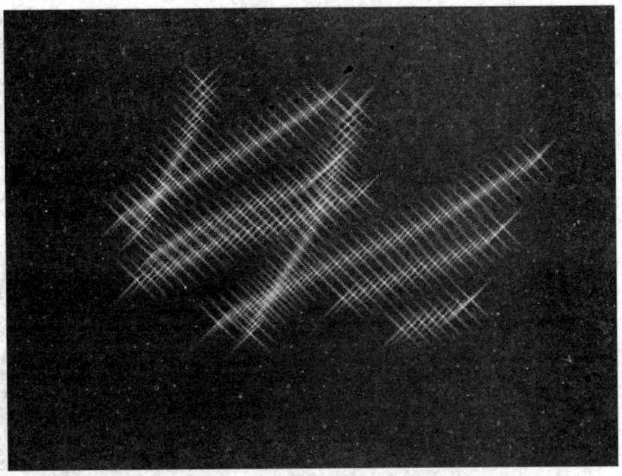

图 2-20-2

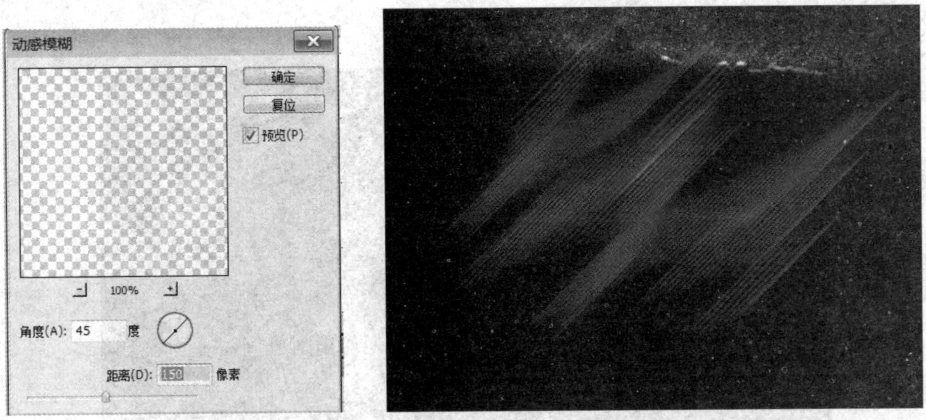

图 2-20-3

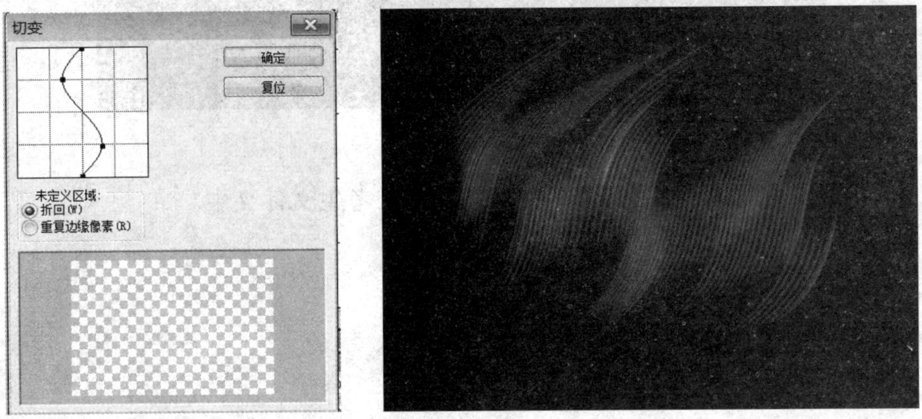

图 2-20-4

（6）复制该图层两次，如图 2-20-5 所示。

（7）合并所有的图层，执行“图像”→“模式”→“灰度”命令，将图像模式先转换为灰度，再执行“图像”→“模式”→“索引颜色”命令，转换为索引色。执行“图像”→“模式”→“颜色表”命令，打开其对话框，参数设置如图 2-20-6 所示，为图像添加色彩。

图 2-20-5

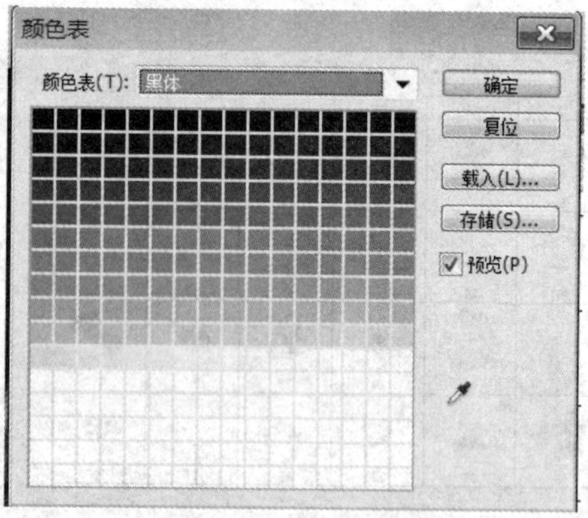

图 2-20-6

（8）最终的火焰旋涡效果如图 2-20-7 所示。

图 2-20-7

（9）将最终效果以 X2-20.psd 为文件名保存在考生文件夹中。

第三单元　平面设计

3.1　第 1 题解答

（1）新建一个宽高为 530×210 像素、RGB 模式的文件。

（2）设置前景色为黑色，使用钢笔工具绘制小草的形状，如图 3-1-1 所示。

（3）栅格化该图形层，选择“编辑”→“定义画笔预设”命令，定义为画笔，画笔的参数设置如图 3-1-2 所示。

图 3-1-1

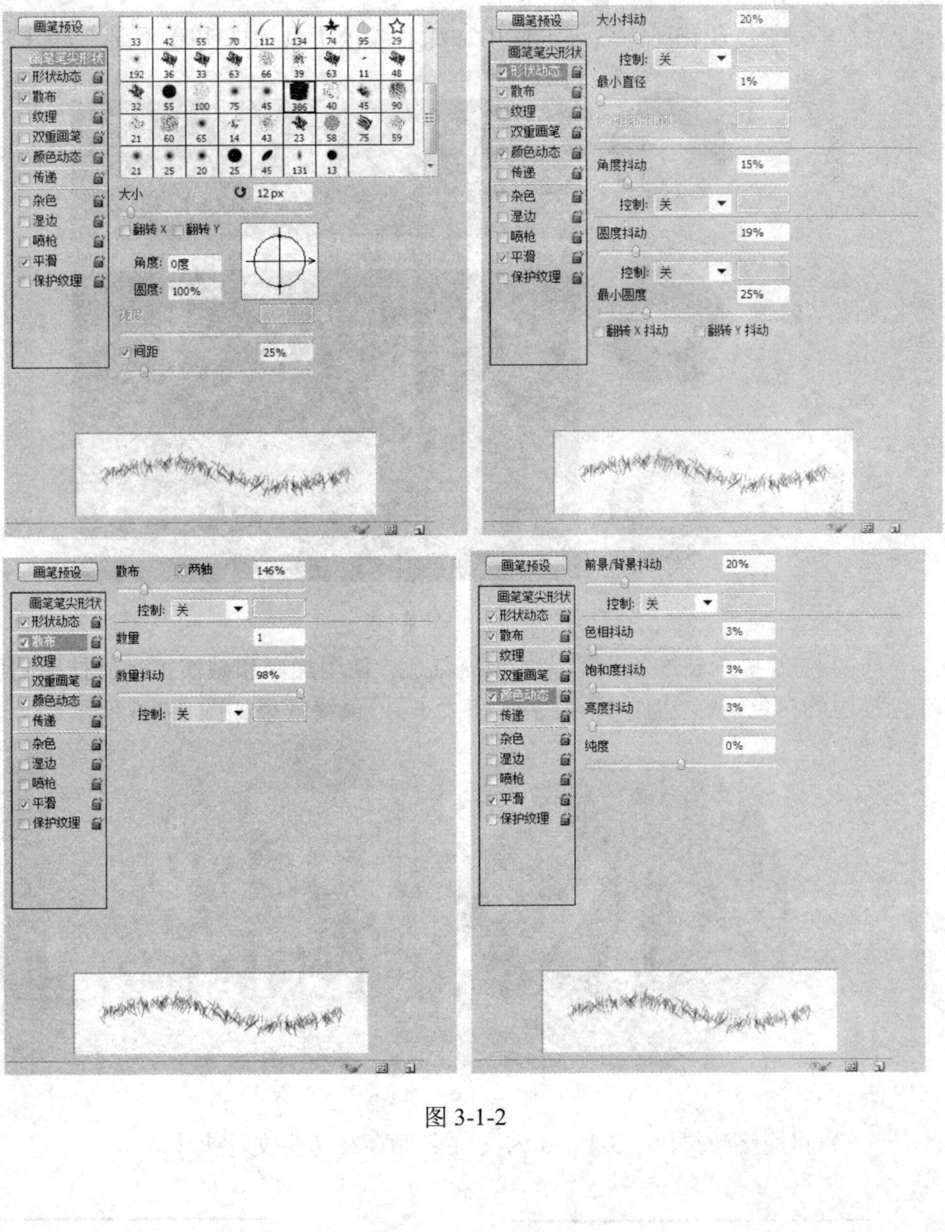

图 3-1-2

（4）将栅格化后的图层删除，新建图层，设置前景色为#29511e，背景色为#0c3a0e。使用椭圆工具绘制圆形路径，对路径描边，描边设置为新定义的画笔，如图 3-1-3 所示。

（5）重复对路径描边，重复大约 3~5 次，然后按 Ctrl + T 快捷键。按 Alt + Shift 键缩小路径，再重复对路径画笔描边。这样的过程重复多次，形成花环效果，如图 3-1-4 所示。

图 3-1-3

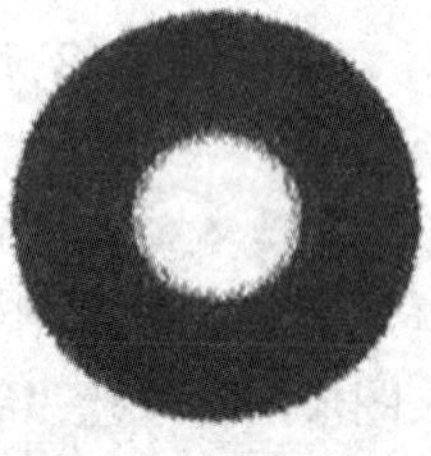

图 3-1-4

（6）为了体现花环的效果，使用加深和减淡工具涂抹明暗区域，如图 3-1-5 所示。

图 3-1-5

（7）勾绘描画装饰色带形状并填充红色，使用加深和减淡工具涂抹明暗区域。添加红色描边的白色阴影文字（不限字体和大小），最终效果如图 3-1-6 所示。

图 3-1-6

（8）将最终效果以 X3-1.psd 为文件名保存在考生文件夹中。

3.2　第 2 题解答[i]

（1）新建一个宽高为 1024×768 像素、RGB 模式的文件。

（2）选择渐变工具，设置前景色为#db800d，背景色为#fee990，在背景图层上，从上到下填充线性渐变。

（3）设置前景色为黑色，新建“图层 1”，使用多边形套索工具建立如图 3-2-1 所示的选区，填充黑色。

（4）新建“图层 2”，选择画笔工具，选择“小草”画笔，取消选中“颜色动态”和“传递”复选框，如图 3-2-2 所示。

图 3-2-1

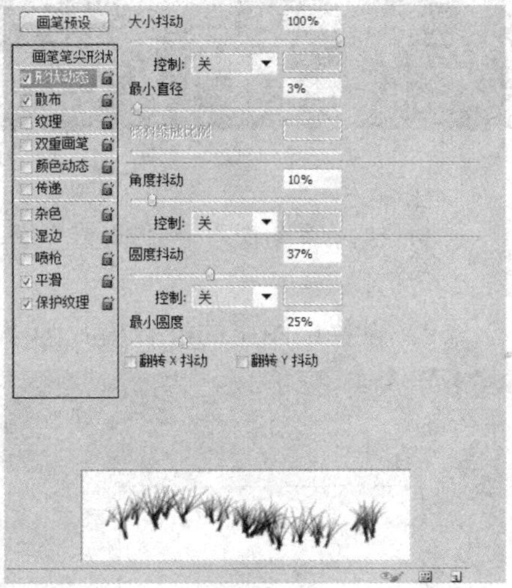

图 3-2-2

（5）设置画笔的大小，绘制小草，效果如图 3-2-3 所示。

（6）新建“图层 3”，打开画笔面板，载入 C:\2012PSCS5\Unit3\doublepeople.abr 和 C:\2012PSCS5\Unit3\Trees.abr 画笔，绘制人物和树剪影，如图 3-2-4 所示。

图 3-2-3

图 3-2-4

[i]本题的视频解答请访问高新考试教材服务网站（www.citt.org.cn）教材专区中的“图形图像处理模块网络服务”栏目。

（7）载入 C:\2012PSCS5\Unit3\sky.jpg 图形，如图 3-2-5 左图所示，将其移到当前文件中，执行“图像”→“调整”→“去色”命令，再执行“编辑”→“变换”→“垂直翻转”命令，按 Ctrl+T 快捷键，调整大小，效果如图 3-2-5 右图所示。

图 3-2-5

（8）执行“图像”→“调整”→“曲线”命令，打开“曲线”对话框，参数设置如图 3-2-6 所示。

（9）设置该图层的混合模式为“柔光”，效果如图 3-2-7 所示。

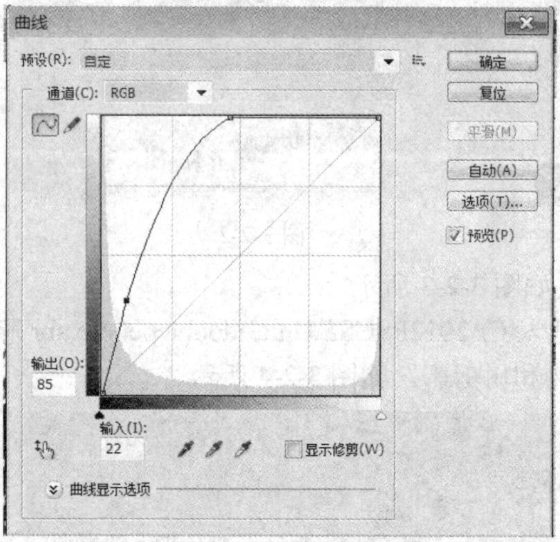

图 3-2-6

图 3-2-7

（10）在天空图层上新建“图层 4”，使用椭圆选区工具建立几个大小不同的选区，分别填充自己喜欢的颜色，如图 3-2-8 所示。

（11）双击该图层，打开图层样式面板，选择“描边”效果，大小设置为 5，颜色设置为#f8e275，外边框描边。在图层面板上单击图层蒙版，添加径向渐变，如图 3-2-9 所示。

（12）用同样的方法绘制其他圆环效果，如图 3-2-10 所示。

（13）合并背景图层与天空图层，合并后的图层执行“滤镜”→“渲染”→“镜头光晕”命令，参数设置如图 3-2-11 左图所示，光晕效果如图 3-2-11 右图所示。

图 3-2-8

图 3-2-9

图 3-2-10

图 3-2-11

（14）新建“图层 5”，选择自定义形状工具中的“五角星边框”形状，绘制形状如图 3-2-12 所示。

图 3-2-12

（15）载入五角星边框选区，执行“编辑”→“定义画笔预设”命令，打开画笔面板，设置各项参数如图3-2-13 所示。

（16）按 Ctrl+A 快捷键，选择“图层 5”，按 Delete 键删除原有内容，在本图层中绘制星星，设置图层模式为“叠加”，效果如图 3-2-14 所示。

（17）新建“图层 6”，建立如图 3-2-15 所示的选区，填充白色。

（18）设置图层的混合模式为“叠加”，降低不透明度为 35%，最终效果如图 3-2-16 所示。

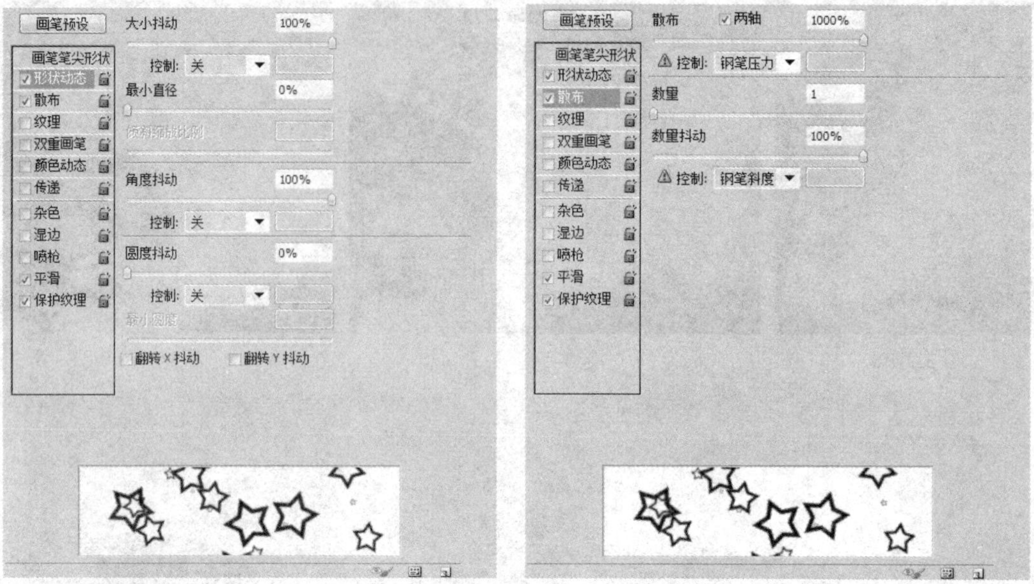

图 3-2-13

图 3-2-14

图 3-2-15

图 3-2-16

（19）将最终效果以 X3-2.psd 为文件名保存在考生文件夹中。

3.3　第 3 题解答

（1）新建一个宽高为 490×390 像素、RGB 模式的文件。

（2）使用矩形工具绘制画布大小的矩形。双击该矩形图层，打开图层样式面板，选择“渐变叠加”效果，参数设置如图 3-3-1 所示。

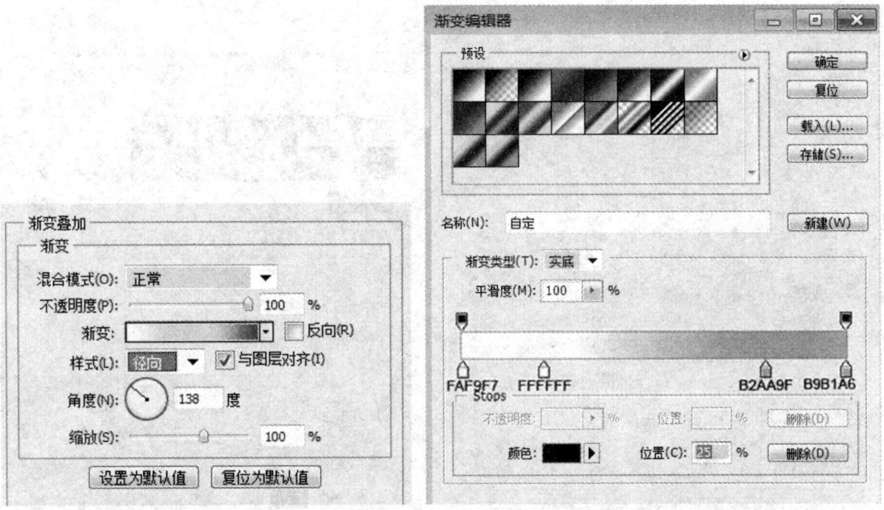

图 3-3-1

（3）载入 C:\2012PSCS5\Unit3\Skate.jpg 图形，选取人物，如图 3-3-2 所示。

（4）复制 4 个人物图层，分别对 4 个图层按 Ctrl+T 快捷键，进行缩放排列，效果如图 3-3-3 所示。

图 3-3-2

图 3-3-3

（5）设置第 2 个人物图层的不透明度为60%，打开图层样式中的颜色叠加，颜色设置为#e085fc，效果如图 3-3-4 所示。

（6）依次对下面 3 个图层分别设置不透明度为 50%、40%、30%，图层样式中颜色叠加分别设置为#f34cbe、#f8d018、#c7ff2e，效果如图 3-3-5 所示。

（7）使用钢笔工具绘制如图 3-3-6 所示的图形，并双击该图层，打开图层样式面板，选择“渐变叠加”效果，参数设置如图 3-3-7 所示，应用效果如图 3-3-8 所示。

图 3-3-4

图 3-3-5

图 3-3-6

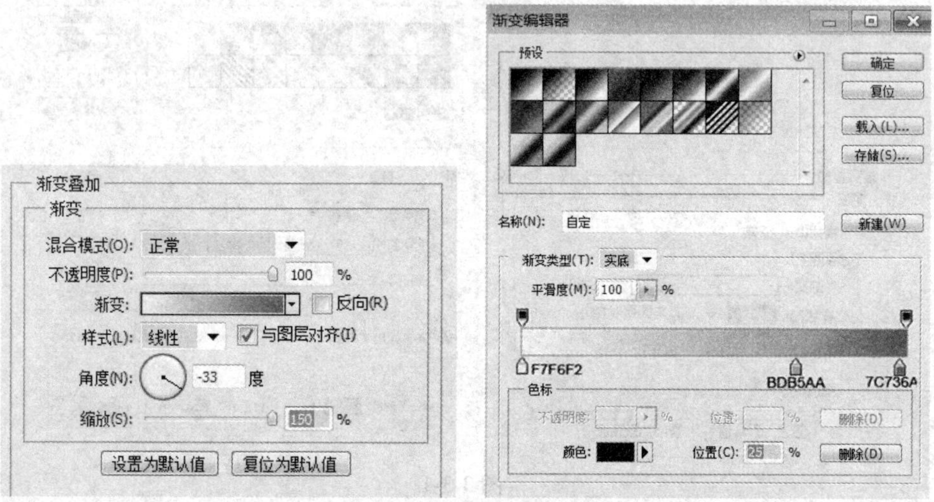

图 3-3-7

（8）用同样的方法绘制如图 3-3-9 所示的图形，图层填充为 0，双击该图层，打开图层样式面板，选择“渐变叠加”效果，参数设置如图 3-3-10 所示，应用效果如图 3-3-11 所示。

图 3-3-8

图 3-3-9

（9）继续用同样的方法绘制如图 3-3-12 所示的图形，图层填充为 0，双击该图层，打开图层样式面板，选择“渐变叠加”效果，参数设置如图 3-3-13 所示，应用效果如图 3-3-14 所示。

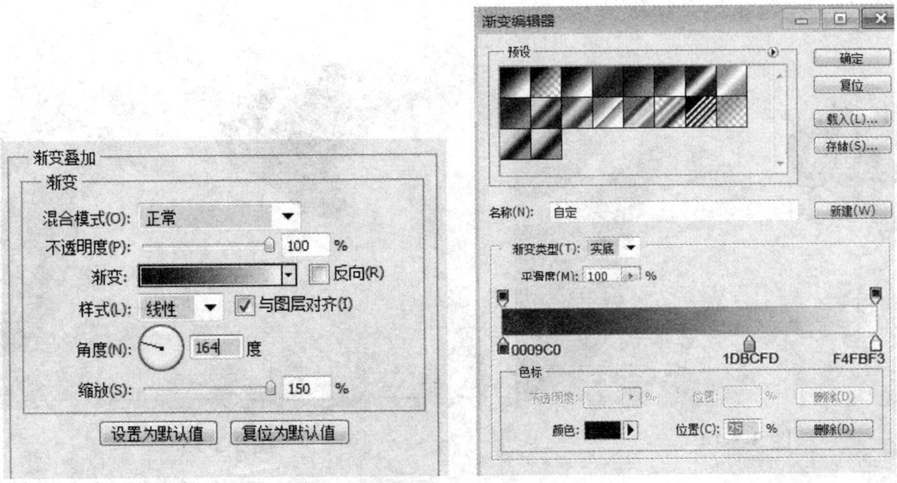

图 3-3-10

图 3-3-11

图 3-3-12

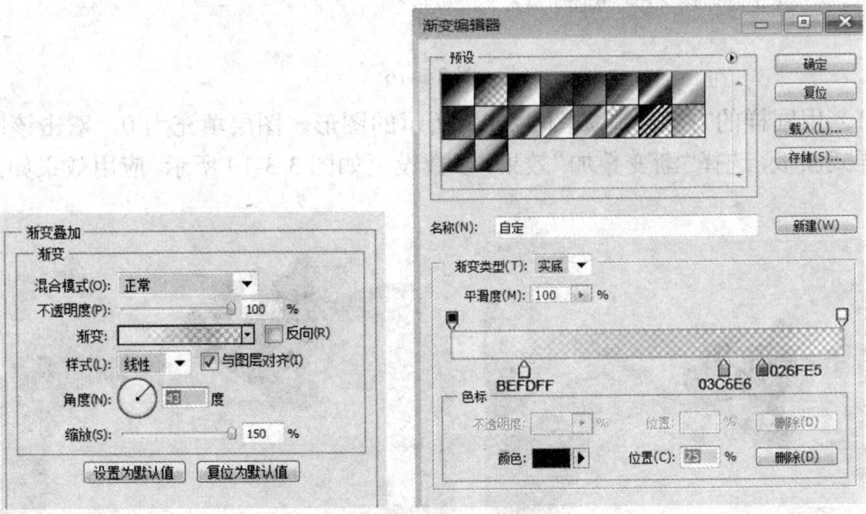

图 3-3-13

（10）继续用同样的方法绘制如图 3-3-15 所示的图形，图层填充为 0，双击该图层，打开图层样式面板，选择“渐变叠加”效果，参数设置如图 3-3-16 所示。应用效果如图

3-3-17 所示。

图 3-3-14

图 3-3-15

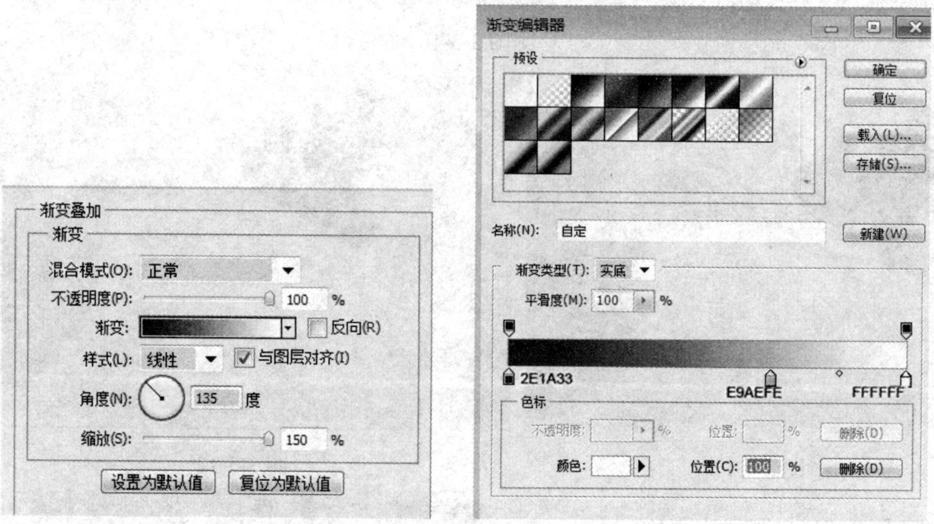

图 3-3-16

（11）用同样的方法绘制如图 3-3-18 所示的图形。图层填充为 0，双击该图层，打开图层样式面板，选择“渐变叠加”效果，参数设置如图 3-3-19 所示。应用效果如图 3-3-20 所示。

图 3-3-17

图 3-3-18

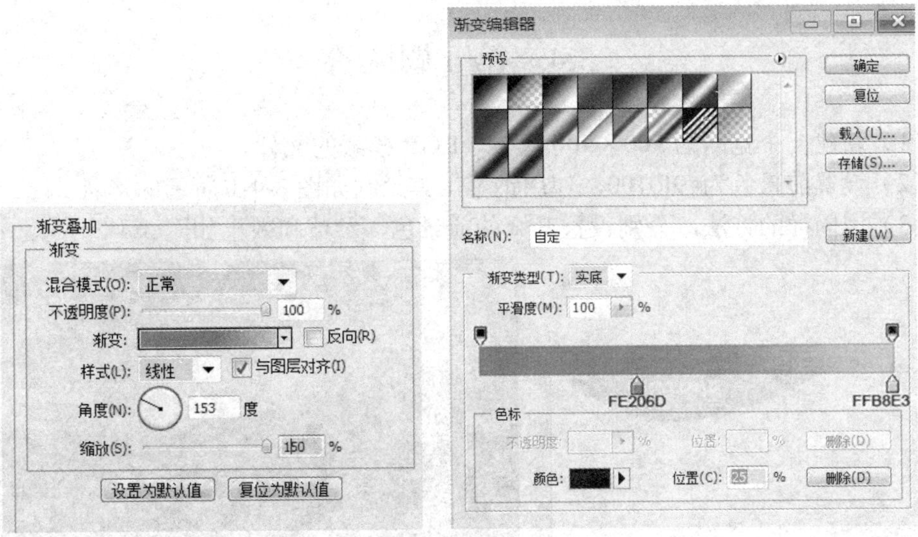

图 3-3-19

（12）用同样的方法绘制其他的彩虹带，渐变叠加的颜色自定，效果如图 3-3-21 所示。

图 3-3-20

图 3-3-21

（13）使用直线工具绘制“十”符号，多复制几个并进行缩放，放置在不同的位置，最终效果如图 3-3-22 所示。

图 3-3-22

（14）将最终效果以 X3-3.psd 为文件名保存在考生文件夹中。

3.4 第 4 题解答

（1）新建一个宽高为 500×400 像素、RGB 模式的文件。

（2）设置前景色为#9f0100，使用钢笔工具绘制如图 3-4-1 所示的形状。

（3）用同样的方法，分别设置其余的前景色，参数和效果如图 3-4-2 所示。

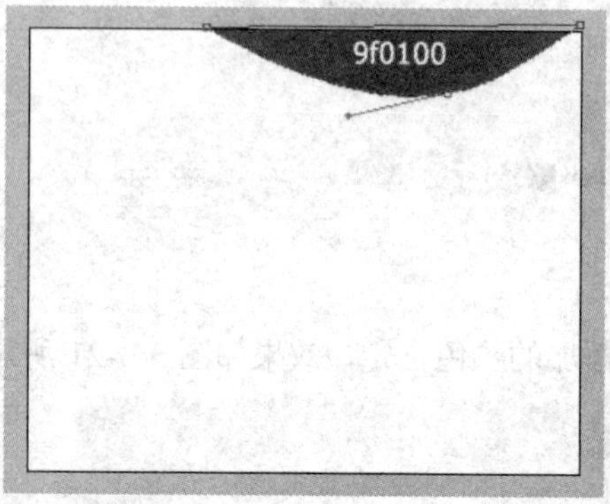

图 3-4-1

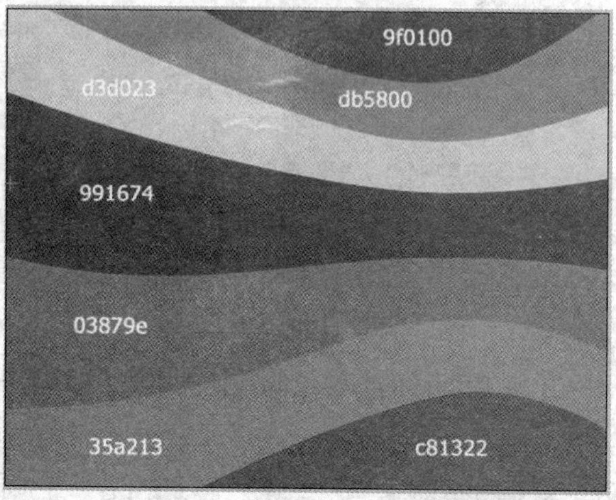

图 3-4-2

（4）选择几个图形层，分别打开图层样式面板，添加“投影”效果，参数设置如图 3-4-3 左图所示，各个色条的阴影效果如图 3-4-3 右图所示。

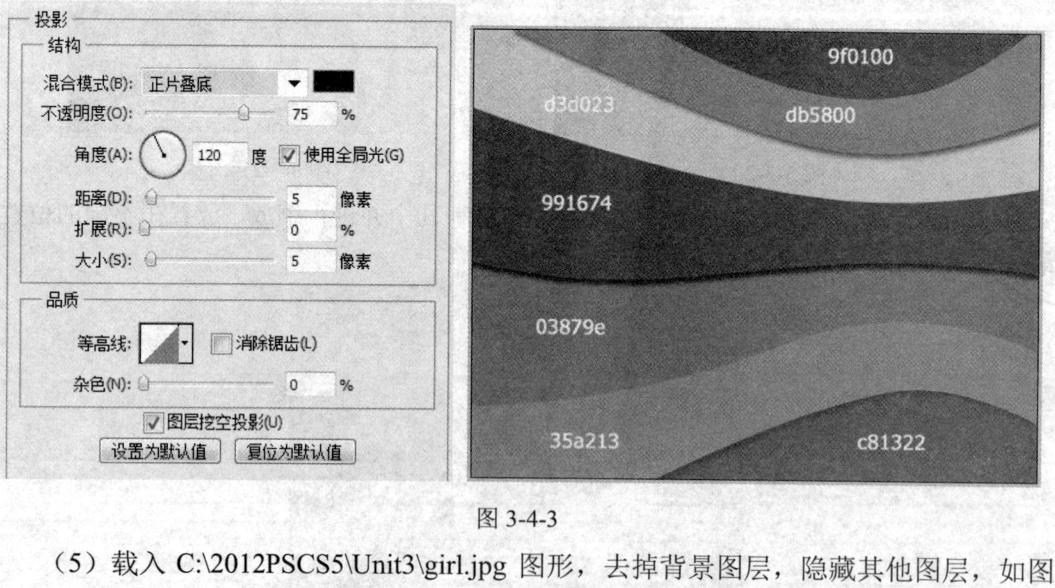

图 3-4-3

（5）载入 C:\2012PSCS5\Unit3\girl.jpg 图形，去掉背景图层，隐藏其他图层，如图 3-4-4 所示，制作剪影效果。

（6）双击人物图层，打开图层样式面板，选择“颜色叠加”效果，颜色设置为黑色，效果如图 3-4-5 所示。

图 3-4-4

图 3-4-5

（7）复制人物图层，按 Ctrl+T 快捷键，调整其大小，设置复制图层的不透明度为30%，效果如图 3-4-6 所示。

（8）显示其他图层，最终效果如图 3-4-7 所示。

图 3-4-6

图 3-4-7

（9）将最终效果以 X3-4.psd 为文件名保存在考生文件夹中。

3.5　第 5 题解答

（1）新建一个宽高为 500×375 像素、RGB 模式的文件。

（2）背景图层填充为黑色。使用矩形工具绘制一个矩形，双击该图形层，打开图层样式面板，选择“渐变叠加”效果，参数设置如图 3-5-1 左图所示，效果如图 3-5-1 右图所示。

（3）复制这个矩形图层，在图层样式的渐变叠加中，改变渐变颜色（#ff6c24、#ffe73d）、（#0961ff、#49ebfa）、（#37ce1f、#c3f82a）、（#ff32bb、#ff5b14），黑色边框，效果如图 3-5-2 所示。

（4）设置前景色为黑色，使用钢笔工具绘制如图 3-5-3 所示的图形。

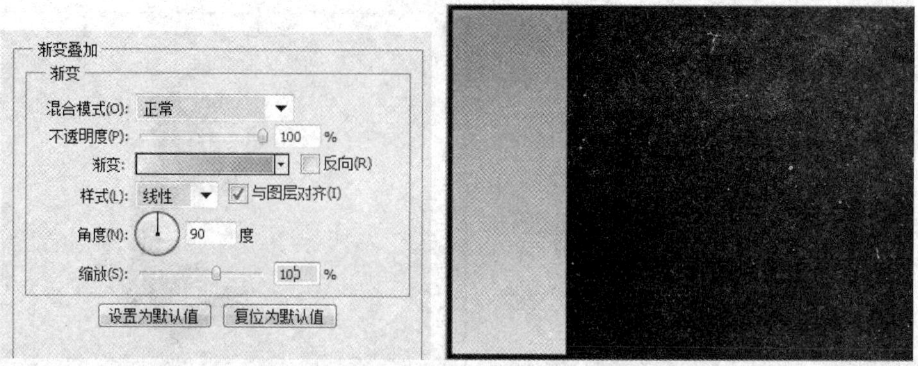

图 3-5-1

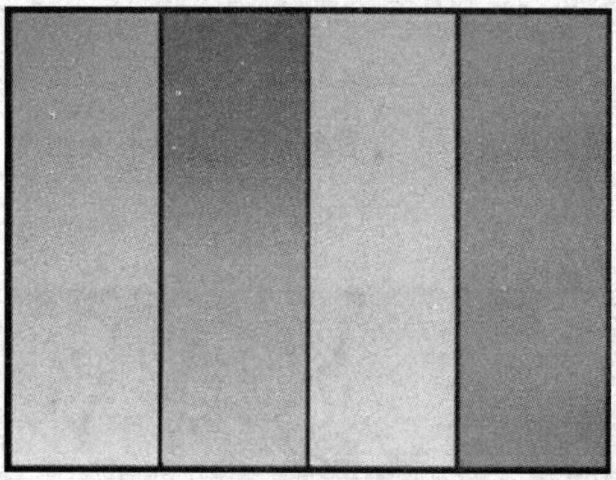

图 3-5-2

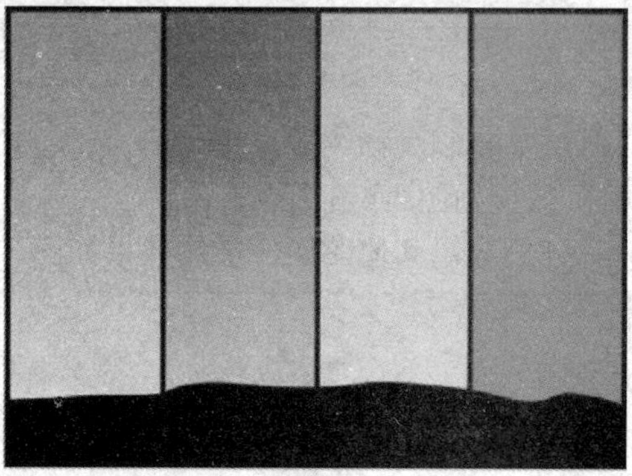

图 3-5-3

（5）选择自定义形状工具，选择“草 2”形状，绘制小草，如图 3-5-4 所示。

（6）载入 C:\2012PSCS5\Unit3\people.jpg 图形，选择图中人物制作剪影效果，如图 3-5-5 所示。

图 3-5-4

图 3-5-5

（7）使用自定义形状工具，绘制“花形装饰”图形并描边，设置图层混合模式为“柔光”，调整不透明度，形成水印背景效果。最终效果如图 3-5-6 所示。

（8）将最终效果以 X3-5.psd 为文件名保存在考生文件夹中。

图 3-5-6

3.6　第 6 题解答

（1）新建一个宽高为 465×340 像素、RGB 模式的文件。

（2）选择渐变工具，设置前景色为#ff7400，背景色为#ffa443，在背景图层上，从上到下填充线性渐变。

（3）新建图层并命名为“小山”，使用钢笔工具绘制路径，将路径转换为选区，填充为黑色，如图 3-6-1 所示。

图 3-6-1

（4）新建图层并命名为“太阳”，使用椭圆工具创建一个圆形选区，填充为白色，双击该图层，打开图层样式面板，选择“外发光”（#feffbd）效果，参数设置如图 3-6-2 左图所示，效果如图 3-6-2 右图所示。

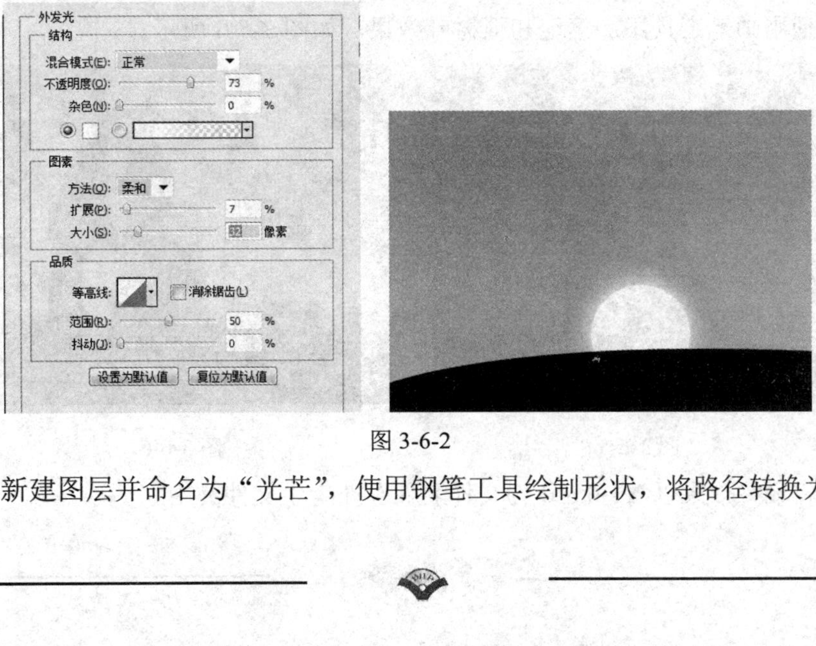

图 3-6-2

（5）新建图层并命名为“光芒”，使用钢笔工具绘制形状，将路径转换为选区，填充为白色，添加“外发光”效果，如图 3-6-3 左图所示。用同样的方法添加其余光芒线，效果如图 3-6-3 右图所示。

图 3-6-3

（6）合并所有的光芒线图层，命名为“光芒”，双击该图层，打开图层样式面板，选择“渐变叠加”效果，参数设置如图 3-6-4 左图所示。调整图层的不透明度为 50%，效果如图 3-6-4 右图所示。

图 3-6-4

（7）打开素材文件 C:\2012PSCS5\Unit3\Love.jpg，选取人物剪影，填充颜色为黑色并置入当前文件中，如图 3-6-5 所示。

（8）使用画笔工具添加草地和枫树叶效果，如图 3-6-6 所示。

图 3-6-5

图 3-6-6

（9）将最终效果以 X3-6.psd 为文件名保存在考生文件夹中。

3.7　第 7 题解答

（1）新建一个宽高为 490×390 像素、RGB 模式的文件。

（2）使用矩形工具绘制画布大小的矩形，双击该图形层，打开图层样式面板选择“渐变叠加”效果，参数设置如图 3-7-1 所示。

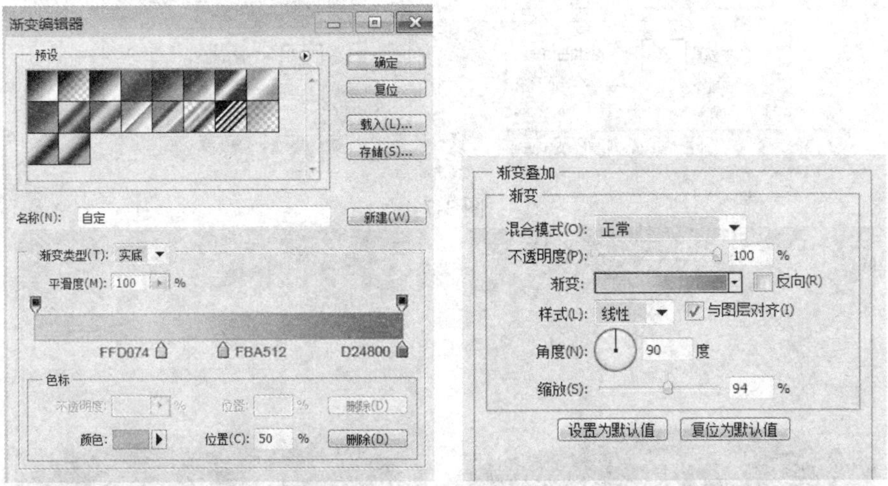

图 3-7-1

（3）使用钢笔工具绘制小山的形状，如图 3-7-2 所示。

（4）使用钢笔工具绘制第二个小山（#5b5a00），放在第 1 个图层下面，如图 3-7-3 所示。

图 3-7-2

图 3-7-3

（5）双击该图形图层，打开图层样式面板，选择“外发光”（#a6a627）和“内发光”（#83851b）效果，各项参数设置如图 3-7-4 所示。应用效果如图 3-7-5 所示。

（6）使用钢笔绘制另两个小山头（#040400），图层样式中，设置外发光的颜色为 #b1b013，设置内发光的颜色为#ffffbe，设置不透明度，效果如图 3-7-6 所示。

（7）设置前景色为白色，使用椭圆工具绘制一个圆，作为太阳。双击该图层，打开图层样式面板，选择“外发光”（#feffbd）效果，参数设置如图 3-7-7 所示，效果如图 3-7-8 所示。

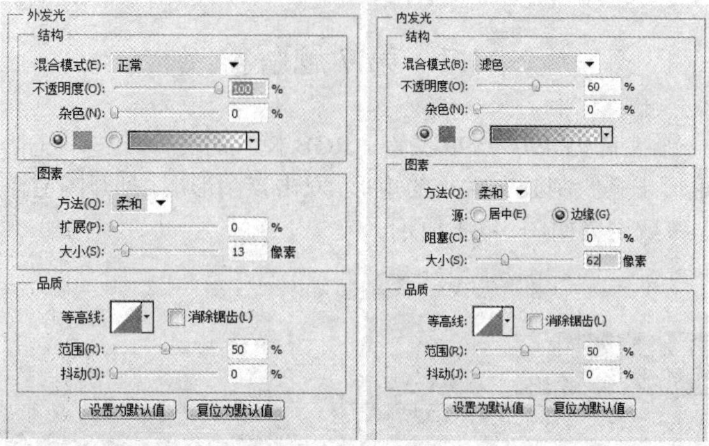

图 3-7-4

图 3-7-5

图 3-7-6

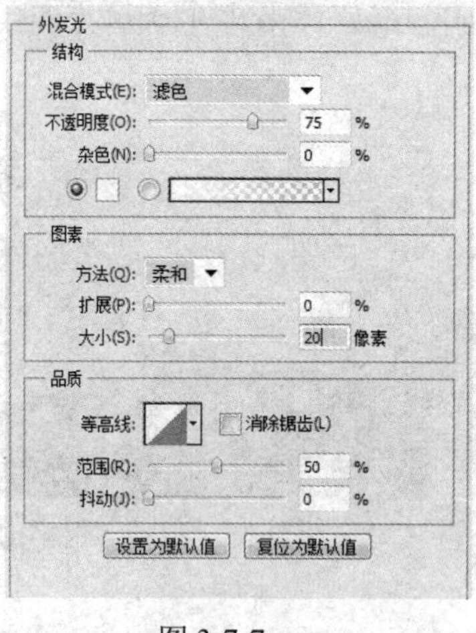

图 3-7-7

图 3-7-8

（8）绘制太阳光芒线，在太阳图层上面新建图层，使用钢笔工具绘制发光的射线，如图 3-7-9 所示。

（9）每一个射线的图层填充设置为 0%，添加图层样式中的渐变叠加，参数设置如图 3-7-10 左图所示。改变每条射线图层样式的渐变方向角度，效果如图 3-7-10 右图所示。

（10）新建图层，选择画笔工具，载入草地（C:\2012PSCS5\Unit3\Grasslands.abr）画笔，如图 3-7-11 左图所示。使用黑色画笔在陆地上绘制草地，效果如图 3-7-11 右图所示。

图 3-7-9

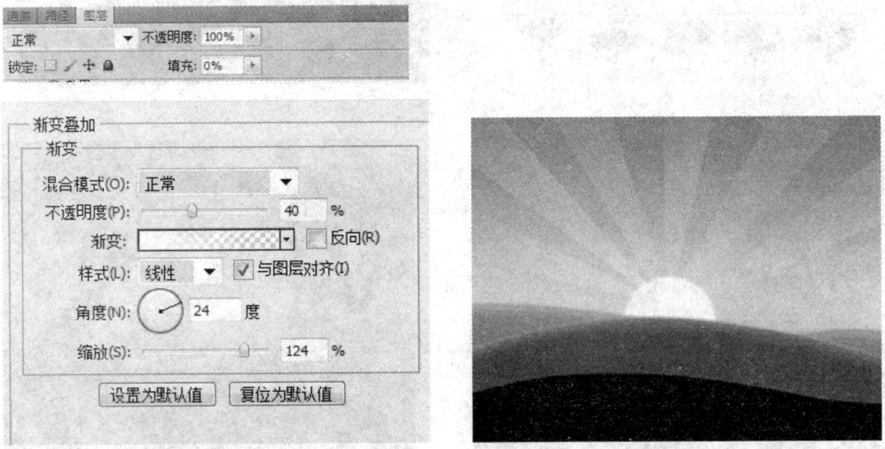

图 3-7-10

图 3-7-11

（11）新建图层，选择画笔工具，载入树（C:\2012PSCS5\Unit3\Trees.abr）画笔，如图 3-7-12 左图所示，绘制树效果如图 3-7-12 右图所示。

（12）新建图层，载入鸟（C:\2012PSCS5\Unit3\Birds.abr）画笔，绘制效果如图 3-7-13 所示。

（13）打开素材文件 C:\2012PSCS5\Unit3\giraffe.jpg，选取长颈鹿剪影并置入当前文件中，如图 3-7-14 所示。

图 3-7-12

图 3-7-13

图 3-7-14

（14）双击长颈鹿图层，打开图层样式面板，选择“颜色叠加”效果，填充黑色，不透明度为 100%，如图 3-7-15 所示。

（15）合并（草、小树、鸟和长颈鹿图层除外）所有图层，执行“滤镜”→“渲染”→“镜头光晕”命令，添加太阳光晕，最终效果如图 3-7-16 所示。

图 3-7-15

图 3-7-16

（16）将最终效果以 X3-7.psd 为文件名保存在考生文件夹中。

3.8　第 8 题解答

（1）新建一个宽高为 640×200 像素、RGB 模式的文件。

（2）设置前景色为#ff9a00、背景色为#ff0902，填充从上到下的线性渐变。

（3）选择自定义形状工具，打开面板，载入矢量文件 C:\2012PSCS5\Unit3\design_skylines.csh，如图 3-8-1 左图所示，绘制 London Bridge 图形，效果如图 3-8-1 右图所示。

图 3-8-1

（4）在背景图层上，新建“图层 1”，设置前景色为#ffe100，选择画笔工具，载入 C:\2012PSCS5\Unit3\Vector.abr 画笔，如图 3-8-2 左图所示，绘制太阳的光芒效果如图 3-8-2 右图所示。

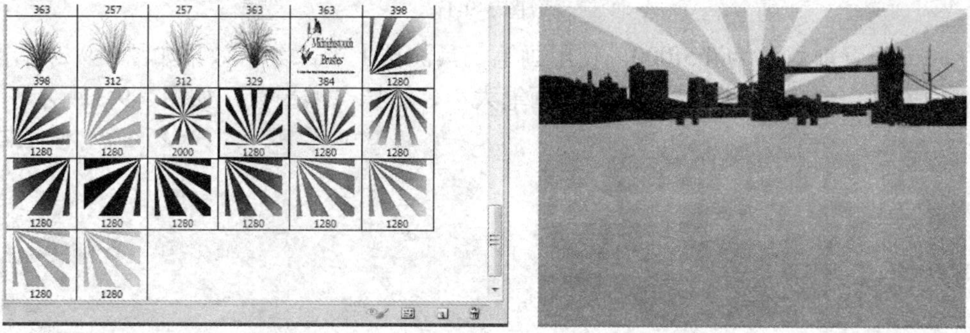

图 3-8-2

（5）添加黄色导航装饰文字（字体和大小不限），截取图像的一部分，效果如图 3-8-3 所示。

图 3-8-3

（6）将最终效果以 X3-8.psd 为文件名保存在考生文件夹中。

3.9　第 9 题解答

（1）新建一个宽高为 450×280 像素、RGB 模式的文件，设置前景色为#b5f000，填充背景图层。

（2）新建“图层 1”，设置前景色为#b1e600，选择画笔工具，加载 C:\2012PSCS5\Unit3\Vector.abr 画笔，如图 3-9-1 左图所示，绘制太阳的光芒效果如图 3-9-1 右图所示。

图 3-9-1

（3）设置前景色为#b5f000，使用画笔工具涂抹上半部分，效果如图 3-9-2 所示。

（4）使用白色画笔，选择不同的画笔大小，涂抹飞溅墨点，如图 3-9-3 所示。

图 3-9-2

图 3-9-3

（5）使用相同的画笔，设置大一点，涂画心形轮廓，如图 3-9-4 所示。

（6）选择自定义形状工具，选择“红心形卡”形状，绘制心形轮廓。双击该图形层，打开图层样式面板，选择“内发光”和“渐变叠加”（#370409、#eb1320）效果，各项参数设置和应用效果如图 3-9-5 所示。

图 3-9-4

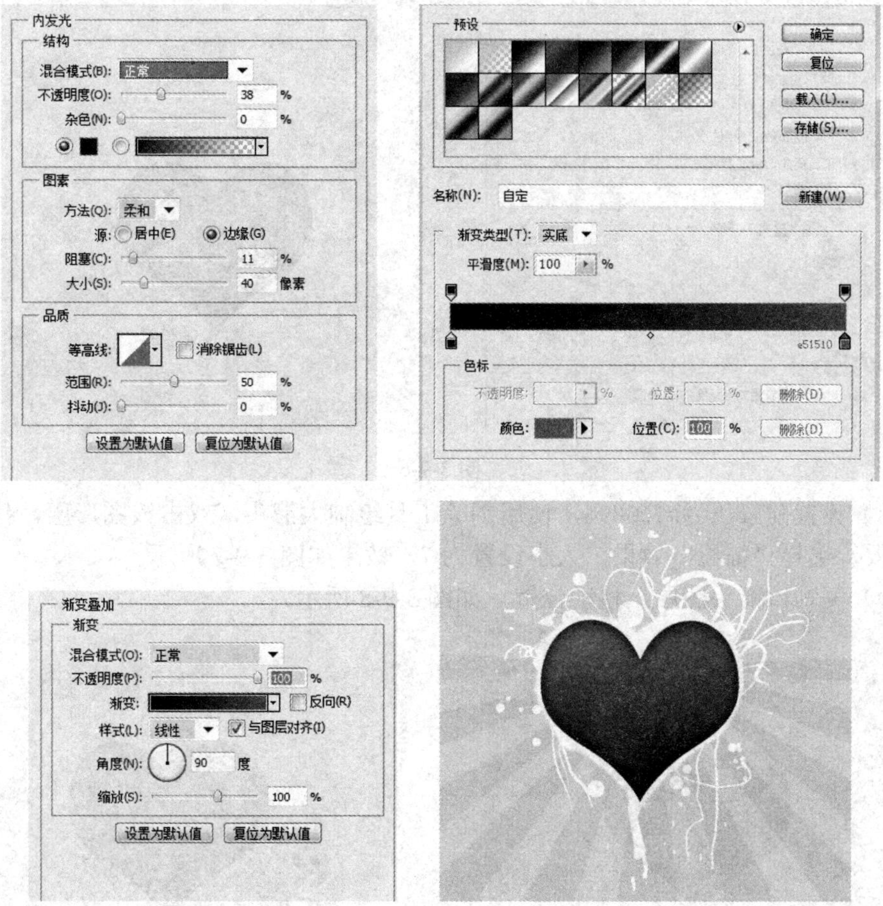

图 3-9-5

（7）选择自定义形状工具，选择“五角星”形状，绘制五角星，双击该图形层，打开图层样式面板，选择“渐变叠加”（#ffff33）和“描边”效果，各项参数设置和应用效果如图 3-9-6 所示。

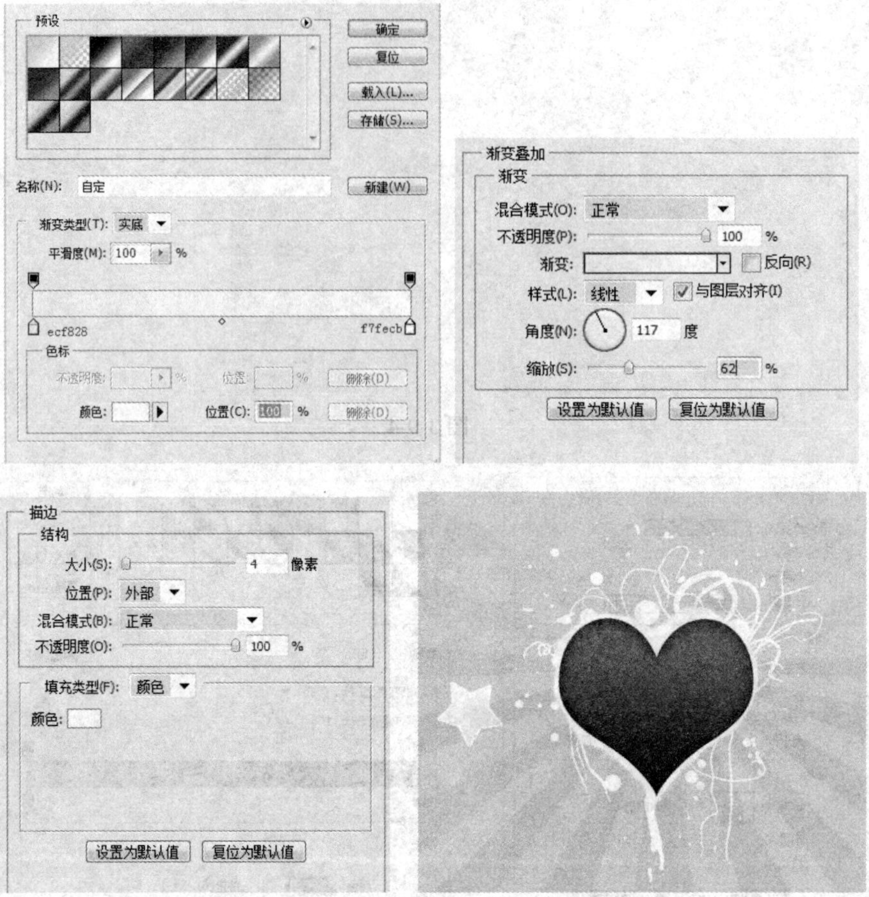

图 3-9-6

（8）设置前景色为#7c0094，使用钢笔工具绘制大箭头，双击该图形层，打开图层样式面板，选择“描边”效果，大小设置为 7，效果如图 3-9-7 所示。

（9）复制该箭头图层，移动位置，如图 3-9-8 所示。

图 3-9-7

图 3-9-8

（10）用同样的方法添加其他形状（#f90986、#ffae0e、#11ffe8），如图 3-9-9 所示。

（11）把绘制的装饰小形状图层合并，再复制至右半部分，如图 3-9-10 所示。

图 3-9-9

图 3-9-10

（12）使用白色的画笔在心形上喷涂，最终效果如图 3-9-11 所示。

图 3-9-11

（13）将最终效果以 X3-9.psd 为文件名保存在考生文件夹中。

3.10　第 10 题解答

（1）新建一个宽高均为 400 像素、RGB 模式的文件。

（2）新建图层，使用椭圆工具绘制一个椭圆，将路径转换为选区，填充颜色为#dba813，如图 3-10-1 所示。

（3）选择减淡工具，使用不同大小的笔刷，涂抹出高光效果，如图 3-10-2 所示。

图 3-10-1

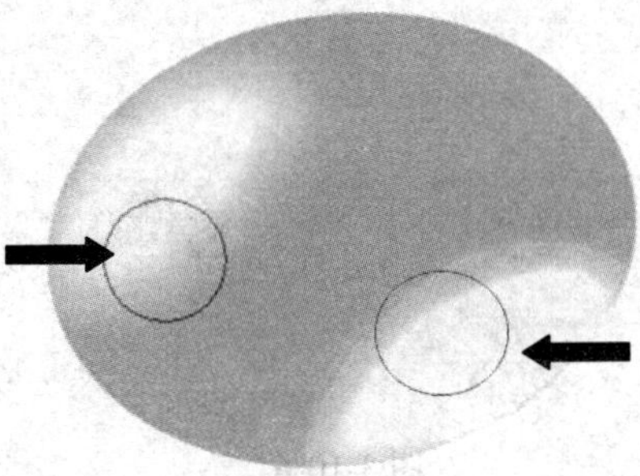
图 3-10-2

（4）选择加深工具，涂抹出阴影区域，效果如图 3-10-3 所示。

（5）新建图层，设置前景色为#980a05，使用钢笔工具绘制蝴蝶结形状，将路径转换为选区，填充前景色，如图 3-10-4 所示。建立彩带选区，填充颜色为#860a02。

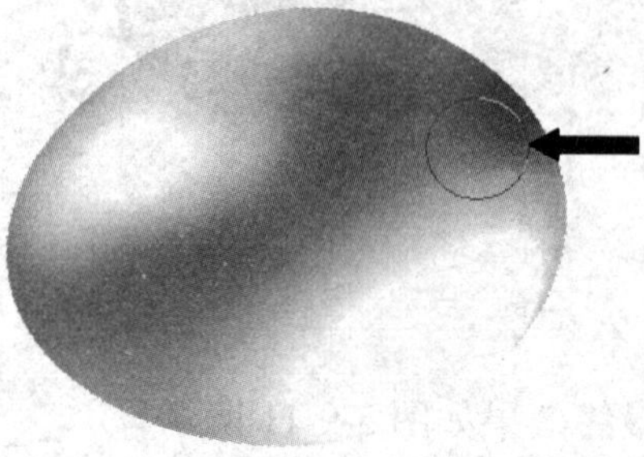

图 3-10-3

图 3-10-4

（6）使用加深和减淡工具涂抹出蝴蝶结形状和彩带明暗区域，如图 3-10-5 所示。

图 3-10-5

（7）在背景图层上面新建图层，建立椭圆选区，羽化值为 2，填充灰色，产生投影效果，如图 3-10-6 所示。

（8）最终效果如图 3-10-7 所示。

图 3-10-6

图 3-10-7

（9）将最终效果以 X3-10.psd 为文件名保存在考生文件夹中。

3.11 第 11 题解答

（1）新建一个宽高为500×300像素、RGB模式的文件，用颜色#d7d7d7填充背景图层。

（2）新建“图层 1”，使用钢笔工具勾画如图 3-11-1 所示的形状，将路径转换为选区，填充颜色为#636365。

（3）建立如图 3-11-2 所示的选区，使用加深工具涂抹阴暗区域。

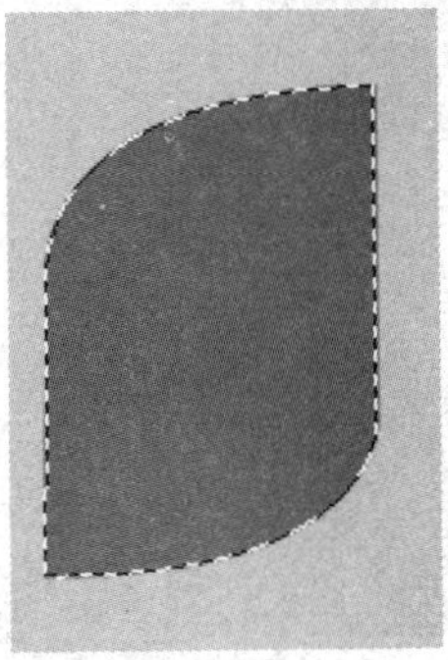

图 3-11-1

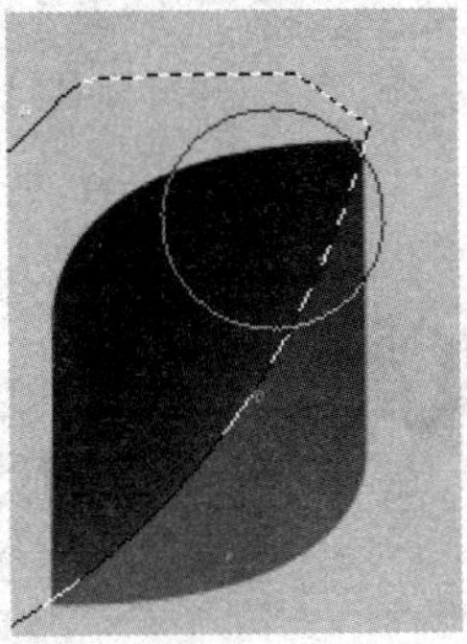

图 3-11-2

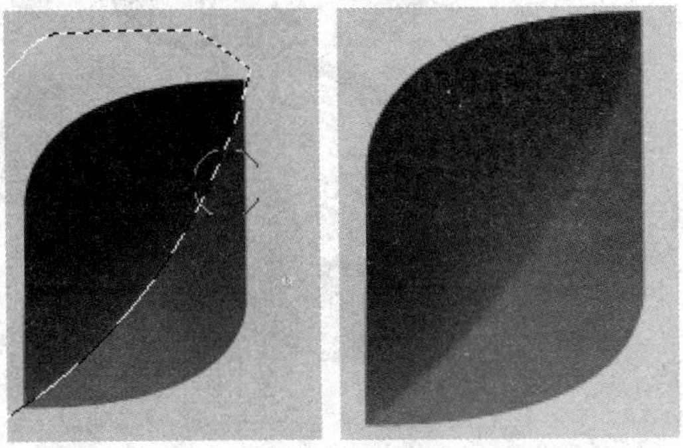

图 3-11-3

（4）按 Ctrl+Shift+I 快捷键，反选。使用减淡工具涂抹明亮区域，如图 3-11-3 左图所示。涂抹后的效果如图 3-11-3 右图所示。

（5）双击该图层，打开图层样式面板，选择描边，使用 1 像素黑色进行外描边。

（6）用同样的方法绘制其他 3 个图形，再将 4 个图层合并，效果如图 3-11-4 所示。

（7）新建“图层 2”，建立如图 3-11-5 所示的选区，填充颜色为#ff7c01。

（8）用同样的方法建立选区，使用加深工具与减淡工具涂抹阴暗区域与明亮区域，灰色描边。效果如图 3-11-6 所示。

图 3-11-4

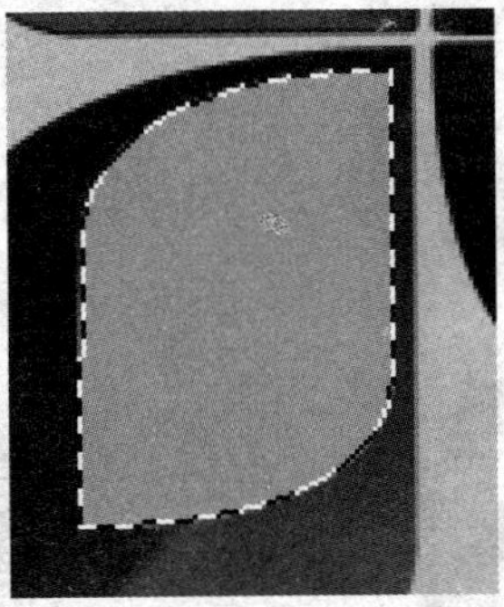

图 3-11-5

图 3-11-6

（9）相同方法制作颜色分别为#868686、#86a021、#499ce0 的图形，效果如图 3-11-7 所示。

（10）添加“YOUR COMPANY SLOGAN”字符，调整错开字符位置并部分擦除，效果如图 3-11-8 所示。

（11）合并图层，最终的效果如图 3-11-9 所示。

图 3-11-7

图 3-11-8

图 3-11-9

（12）将最终效果以 X3-11.psd 为文件名保存在考生文件夹中。

3.12 第 12 题解答

（1）新建一个宽高为 300×340 像素、RGB 模式的文件。

（2）设置前景色为#007e1d，使用钢笔工具绘制如图 3-12-1 所示的形状。

（3）使用钢笔工具再绘制苹果上的叶子形状，效果如图 3-12-2 所示。

图 3-12-1

图 3-12-2

（4）分别在树叶图形内部继续绘制图形，填充浅绿色（#90e623），效果如图 3-12-3 所示。

（5）选择文字工具，添加文字“life insurance.com”，变换其位置，并分别填充深绿色（#007e1d）和浅绿色（#90e623），使用椭圆工具绘制圆点。最终效果如图 3-12-4 所示。

图 3-12-3

图 3-12-4

（6）将最终效果以 X3-12.psd 为文件名保存在考生文件夹中。

3.13　第 13 题解答

（1）新建一个宽高为 1200×850 像素、RGB 模式的文件。

（2）新建“图层 1”，设置前景色为红色，建立两个椭圆选区，然后用前景色填充，效果如图 3-13-1 所示。

（3）新建“图层 2”，将下部椭圆剪贴到“图层 2”中，使用矩形选框工具框选两圆之间的柱体，用线性渐变工具拉出渐变效果，颜色从左到右依次为#e83417、#ffe400，效果如图 3-13-2 所示。

（4）将“图层 2”放在“图层 1”下面，用减淡工具将“图层 1”中的椭圆颜色减淡，提高右侧部分，然后将两层合并，选择椭圆工具和钢笔工具，画出黄色弧带，并将画好的黄色弧带再复制一个，单击“增加图层样式”按钮，在弹出的菜单中选择“斜面和浮雕”效果，默认参数设置即可。画出鞭炮的捻火线，同样也可为捻火线添加“斜面和浮雕”效果，如图 3-13-3 所示。

（5）新建“图层 3”，绘制正方形红块为年画的幅面，按 Ctrl+T 快捷键将此图层旋转 45 度，如图 3-13-4 所示。

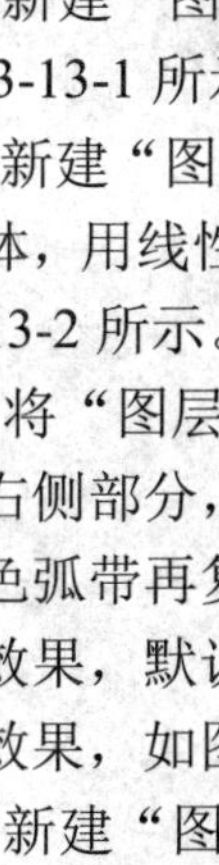
图 3-13-1

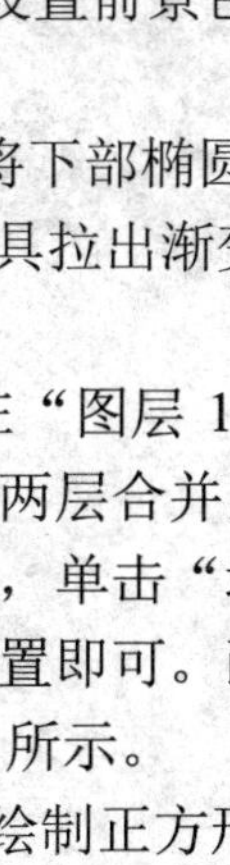
图 3-13-2

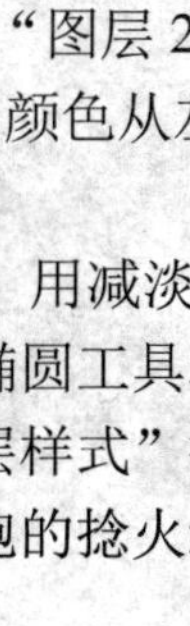
图 3-13-3

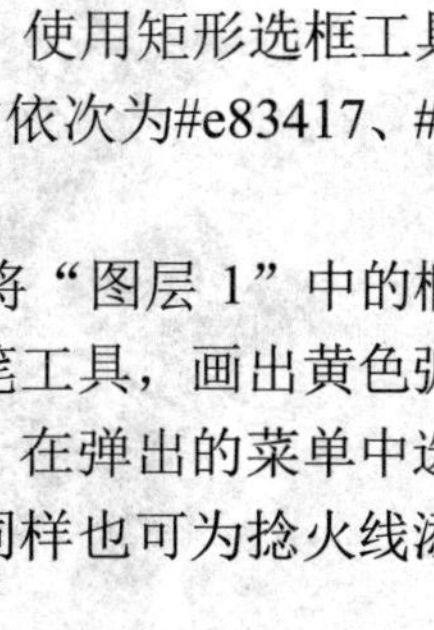
图 3-13-4

（6）复制鞭炮图层，按 Ctrl+T 快捷键旋转并缩小，用这种方法做出一串鞭炮，效果如图 3-13-5 所示。

（7）使用钢笔工具勾画出一条引线来，然后用 3 像素大小的画笔对路径进行描边，效果如图 3-13-6 所示。

图 3-13-5

图 3-13-6

（8）使用文本工具输入文字，然后适当的调整。选择背景层，利用渐变工具做出由白到黄的渐变效果。选择自定义形状工具，从形状图形库中选择雪花图形，设置前景色为淡黄色，画出数个大小不一的雪花形状，最终效果如图 3-13-7 所示。

（9）将最终效果以 X3-13.psd 为文件名保存在考生文件夹中。

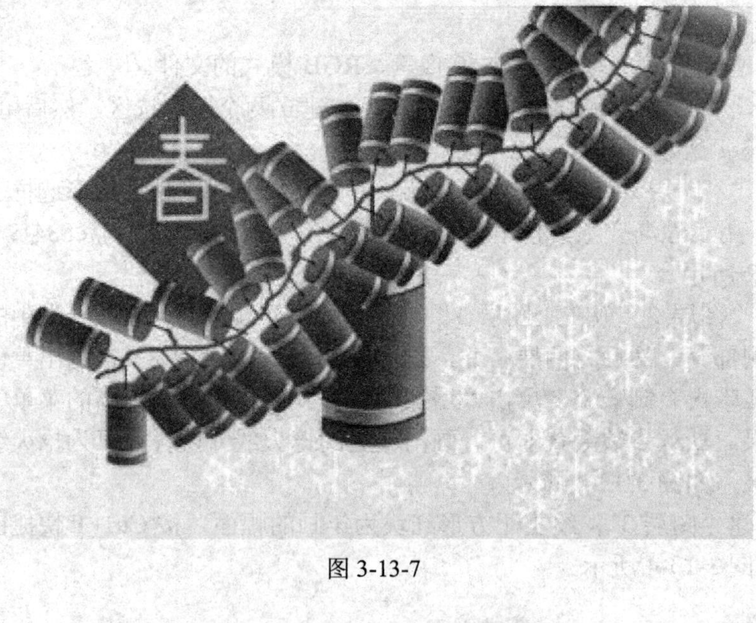

图 3-13-7

3.14　第 14 题解答

（1）新建一个宽高为 690×490 像素、RGB 模式的文件。

（2）打开 C:\2012PSCS5\Unit3\bird.jpg 图形，如图 3-14-1 所示，按 Ctrl+A 快捷键选择画布。将选区剪切到新建文件的“图层 1”。建立椭圆选区，将选区羽化并反选，填充白色，如图 3-14-2 所示。

图 3-14-1

图 3-14-2

（3）取消选区，将“图层 1”作为选区载入。打开路径面板，将选区转换成工作路径，打开画笔面板，在画笔选项对话框中设置直径为 8，硬度为 100%，间距为 200%。画笔面板中出现一个新画笔，如图 3-14-3 所示。

（4）选择橡皮擦工具，在橡皮擦选项栏选择新建的画笔。在路径调板中，用前景色对工作路径描边，效果如图 3-14-4 所示。

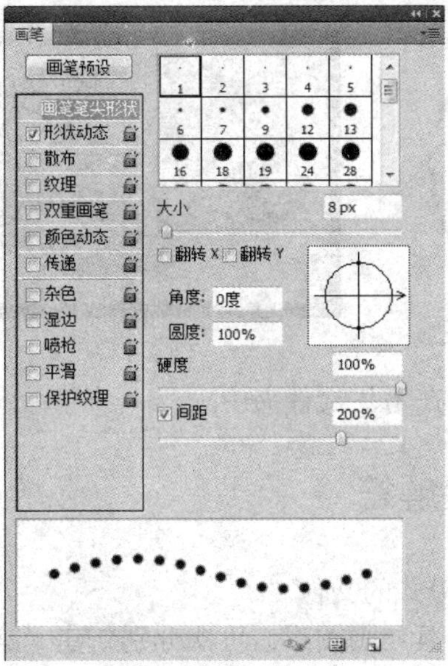

图 3-14-3

图 3-14-4

（5）回到图层面板，选择“画布大小”命令，在出现的“画布大小”对话框中设置宽度百分比为 110%，高度百分比为 110%，定位于中间，将画布扩大，效果如图 3-14-5 所示。

（6）选择文本工具在图像上添加“中国邮政”、“CHINA”、“80 分”等文字，字体、大小和排列如图 3-14-6 所示。

（7）新建文件，使用椭圆选区工具建立圆形选区，然后使用 4 像素黑色描边。选择文本工具在图像中添加文字“2002.5.1”，再选择文本工具分两次添加“北”和“京”字符，并执行“旋转”命令将文字向相反方向旋转。再次使用文本工具在图像中添加“丰台区营业厅”等文字，调整一下文字的大小，然后将文字图层转换为普通图层，执行“滤镜”→“扭曲”→“极坐标”命令，使文字产生半环形排列的效果。合并除背景层以外的所有图层，如图 3-14-7 所示。

图 3-14-5

图 3-14-6

（8）执行“选择”→“色彩范围”命令，打开“色彩范围”对话框。在“选择”下拉框中选择“阴影”选项，勾选“反相”复选框，得到黑色图像的选区，然后使用橡皮擦工具修饰邮戳印迹，效果如图 3-14-8 所示。

（9）使用移动工具拖拽邮戳到邮票图像中，移动到合适的位置，邮票效果如图 3-14-9 所示。

图 3-14-7

图 3-14-8

图 3-14-9

（10）将最终效果以 X3-14.psd 为文件名保存在考生文件夹中。

3.15 第 15 题解答

（1）新建一个宽高为 320×190 像素、RGB 模式的文件。

（2）在路径面板上新建“路径 1”，用钢笔工具勾画图形。再次分别新建“路径 2”和“路径 3”，勾画出不同的图形。

（3）将“路径 1”转变成选区，回到图层面板，新建“图层 1”，用前景色#0f3264 填充选区。同样的方法，将“路径 2”转变成选区，新建“图层 2”。用前景色#0f3273 填充选区，并调整不透明度为 70%。同样将“路径 3”转变成选区，新建“图层 3”。用前景色#0f5073 填充选区，并调整其不透明度为 60%，效果如图 3-15-1 所示。在路径面板上新建“路径4”，使用钢笔工具在图中勾画一个心状的叶子。

（4）将路径转变为选区，回到图层面板。用前景色#00004f 填充背景层，新建“图层 4”，选择线性渐变工具，设置前景色（#2b5c6d）到背景色（#acd37e）渐变，在选区内拖拽产生渐变效果。复制“图层 4”为“图层 5”，以“图层 5”为当前层，将叶子进行旋转并放到适当位置，用同样的方法，把“图层 5”复制为“图层 6”，旋转并放到适当位置。将“图层 4”、“图层 5”、“图层 6”合并为“图层 4”，如图 3-15-2 所示。

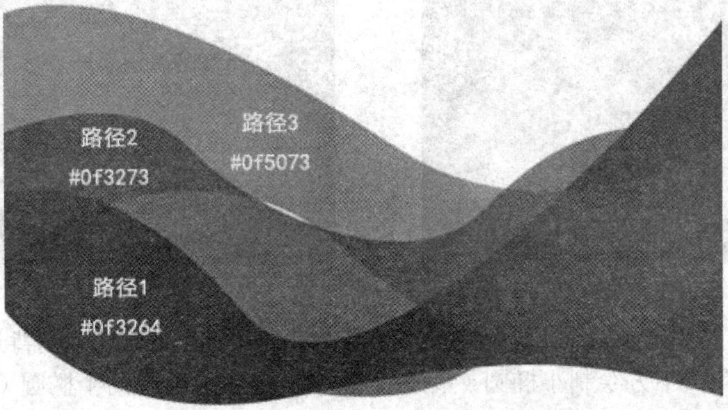

图 3-15-1

（5）新建“图层 5”，选择画笔喷枪工具，选中 4 号画笔，画一条叶子的柄，载入“图层 5”选区，选择渐变工具，渐变的方式跟叶子渐变相同，合并“图层 4”与“图层 5”为“图层 4”，效果如图 3-15-3 所示。

图 3-15-2

图 3-15-3

（6）在图层面板上，复制“图层 4”为“图层 5”，按 Ctrl+T 快捷键缩小并旋转到适当位置，将“图层 4”和“图层 5”合并为“图层 4”。按 Ctrl+J 快捷键复制“图层 4”为“图层 5”，并把它们调整到画面两边的适当位置，如图 3-15-4 所示。

图 3-15-4

（7）在图层面板上新建“图层 6”，建立椭圆选区，用渐变工具在选区内填充前景色（#a9003a）到背景色（#da087f）渐变效果。用椭圆选择工具建立如图 3-15-5 所示的鱼鳍选区，在“图层 6”下方新建“图层 7”，将选区填充前景色（#c80064）。

（8）按 Ctrl+Alt 快捷键，复制鱼鳍选区至鱼身下方，将选区垂直翻转，移到适当位置；鱼尾制作方法与鱼鳍方法相同，用椭圆选框工具画一个椭圆，按 Alt 键画一个椭圆减去第一个椭圆的上、下和左侧部分，填充红色，效果如图 3-15-6 所示。

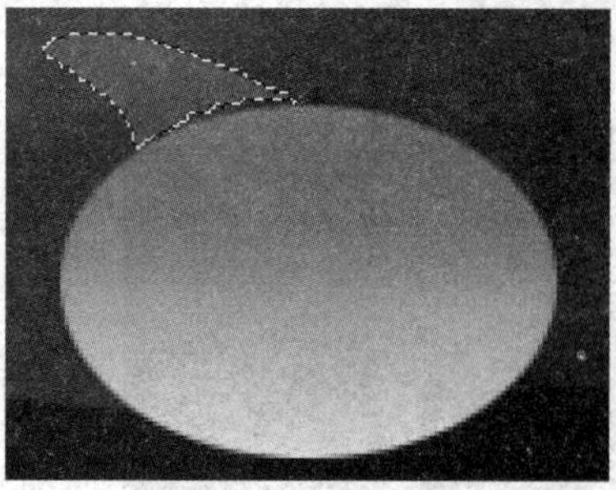

图 3-15-5

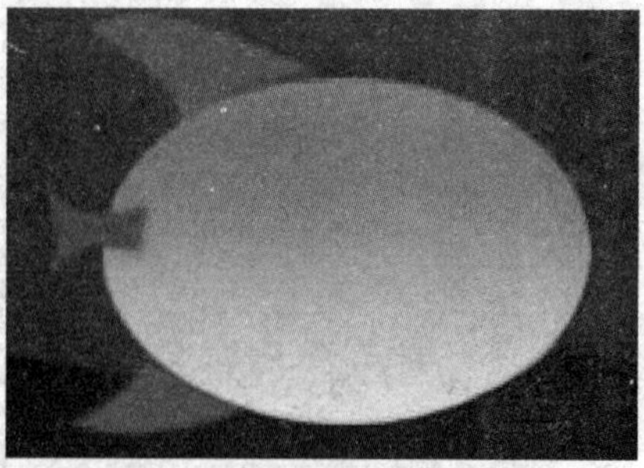

图 3-15-6

（9）在鱼的头部画一个椭圆，用渐变工具填充前景色（#6b2072）到背景色（#76bbcb）渐变效果。在鱼头下方绘制小椭圆（鱼鳍#fa3c1e），在鱼头前画两个椭圆（鱼唇#fa64fa），如图 3-15-7 所示。

（10）在鱼头部绘制一个椭圆，描边 3 像素（#3600a6）。按 Alt 键再画一个椭圆减去前一个椭圆中下半部分，填充前景色（#7ac0cc）到背景色（白色）渐变，作为眼帘。在圆中绘制小圆点，填充蓝色（#3600a6）眼珠、白色瞳仁，为眼珠增加高光效果，如图 3-15-8 所示。

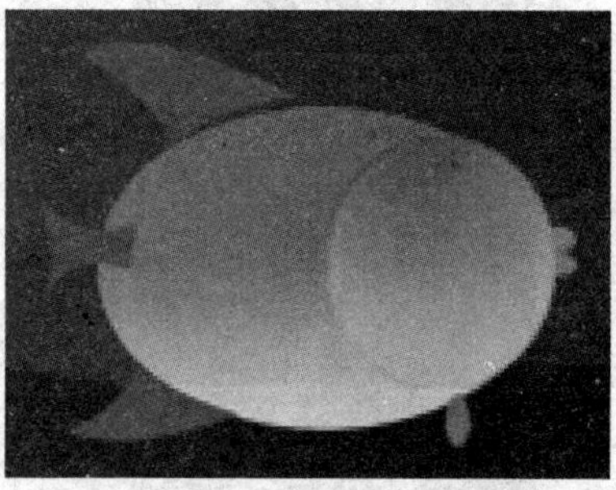

图 3-15-7

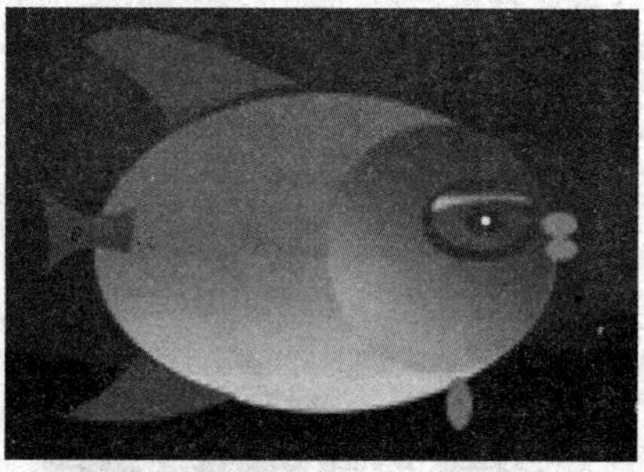

图 3-15-8

（11）在鱼嘴部绘制 4 个由小到大的圆点气泡，填充颜色（#73b3d7），添加水草（同植物色），最终效果如图 3-15-9 所示。

图 3-15-9

（12）将最终效果以 X3-15.psd 为文件名保存在考生文件夹中。

3.16　第 16 题解答

（1）新建一个宽高为 400×360 像素、RGB 模式的文件，设置前景色为#2e3192，填充背景图层。

（2）新建“图层 1”，选择多边形套索工具，建立如图 3-16-1 所示选区，填充选区颜色为#fffffa。

（3）使用矩形选区工具建立选区，按 Delete 键删除，效果如图 3-16-2 所示。

（4）使用多边形套索工具建立如图 3-16-3 所示的选区，然后按 Delete 键删除。

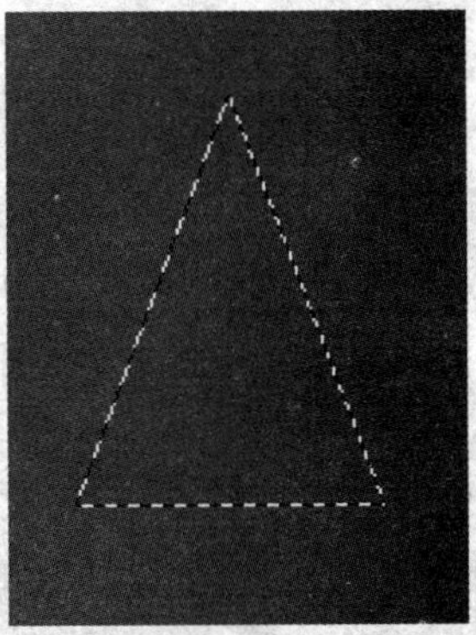

图 3-16-1

图 3-16-2

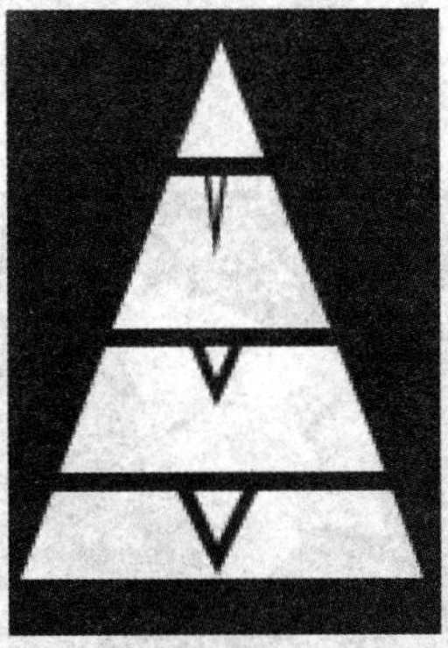

图 3-16-3

（5）新建“图层 2”，使用多边形套索工具建立如图 3-16-4 所示选区，填充任一种颜色，双击该图层，打开图层样式面板，选择“渐变叠加”效果，参数设置如图 3-16-5 所示。

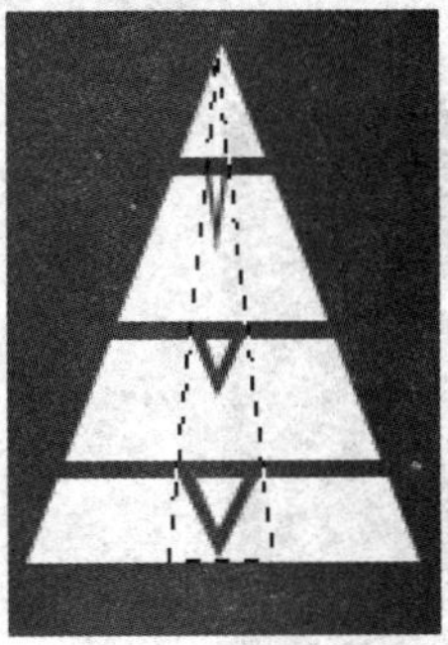

图 3-16-4

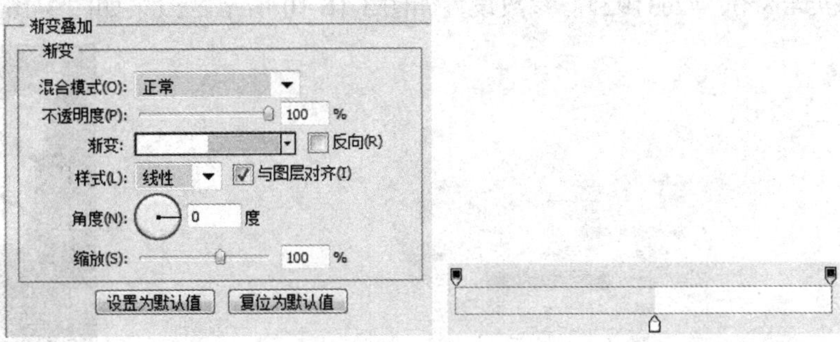

图 3-16-5

（6）使用多边形套索工具建立如图 3-16-6 左图所示的选区，删除后按照步骤（5）的方法添加同样的“渐变叠加”效果，效果如图 3-16-6 右图所示。

（7）将“图层 1”与“图层 2”建立组 1，在组 1 上右击，选择“转换智能对象”选项。按 Ctrl+T 快捷键，进行旋转，如图 3-16-7 所示。

（8）按 Ctrl+J 快捷键，复制该图层，按 Ctrl+T 快捷键，进行旋转，效果如图 3-16-8 所示。

（9）新建“图层 3”，使用钢笔工具绘制路径，将路径转换为选区，如图 3-16-9 所示。

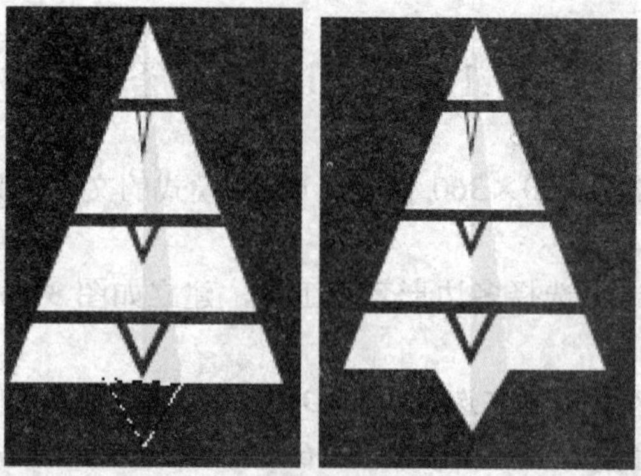

图 3-16-6

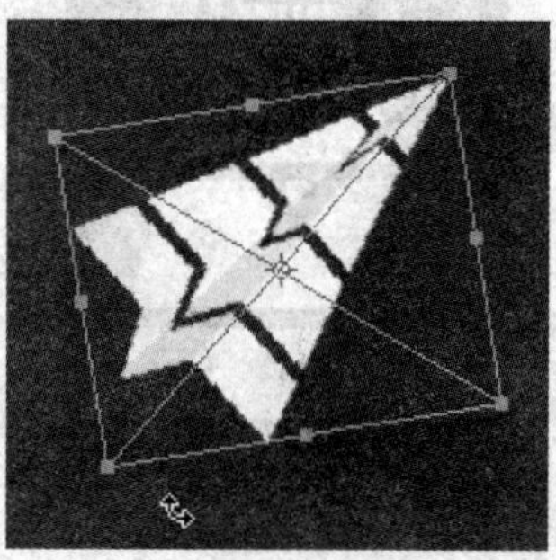

图 3-16-7

图 3-16-8

图 3-16-9

（10）填充任一种颜色，双击该图层，打开图层样式面板，选择“渐变叠加”效果（#5458e0、#2e3192），参数设置如图 3-16-10 所示，效果如图 3-16-11 所示。

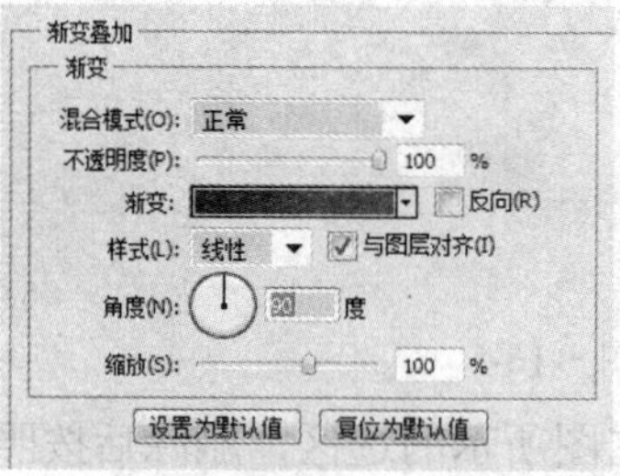

图 3-16-10

图 3-16-11

（11）按 Ctrl+J 快捷键，复制该图层，然后按 Ctrl+T 快捷键，右击，选择“垂直翻转”选项，效果如图 3-16-12 所示。使用矩形选框工具建立选区，填充颜色为#fffffa。

（12）最后添加白色和蓝色（#2e3192）文字效果，字体不限，最终效果如图 3-16-13 所示。

（13）将最终效果以 X3-16.psd 为文件名保存在考生文件夹中。

图 3-16-12

图 3-16-13

3.17　第 17 题解答

（1）打开素材文件 C:\2012PSCS5\Unit3\wood.jpg 木纹图片，如图 3-17-1 所示。

（2）设置前景色为白色，选择椭圆工具，绘制苹果的形状，对椭圆添加锚点，使用直接选择工具进行调整，按 Alt 键，再添加一个椭圆进行减去，效果如图 3-17-2 所示。

图 3-17-1

图 3-17-2

（3）双击该图形图层，打开图层样式面板，选择“投影”和“渐变叠加”效果，各项参数设置如图 3-17-3 所示。

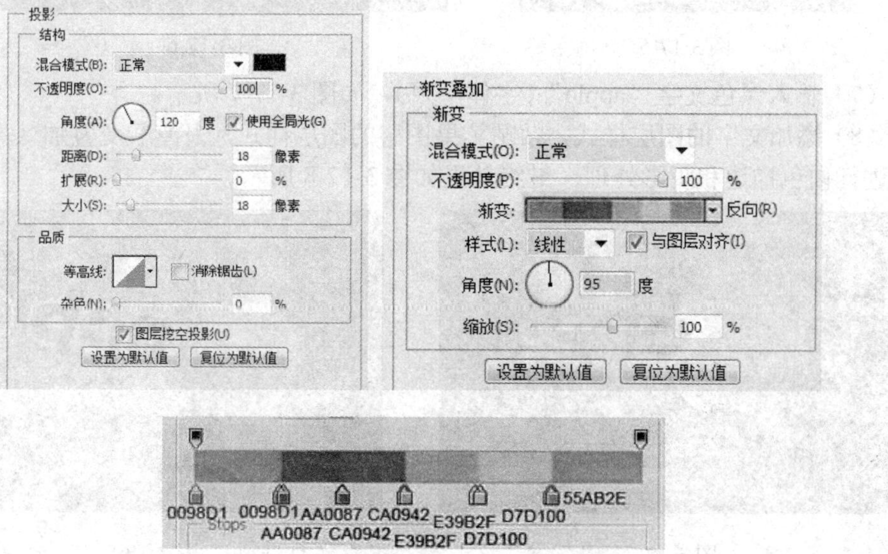

图 3-17-3

（4）选择描边，参数设置和效果如图 3-17-4 所示。

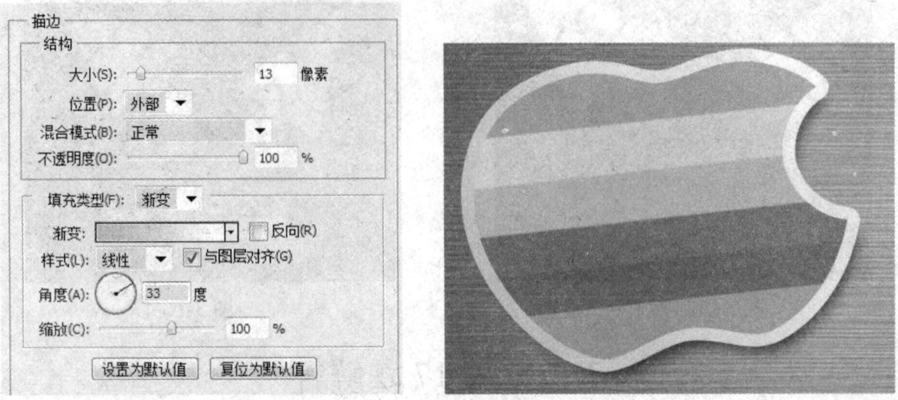

图 3-17-4

（5）设置前景色为#60bc35，使用椭圆工具绘制苹果叶子，使用直接选择工具进行修改，如图 3-17-5 所示。

（6）复制苹果图层的图层样式，粘贴到叶子图层，去掉渐变叠加，进行白色描边和阴影处理，效果如图 3-17-6 所示。

图 3-17-5

图 3-17-6

（7）输入黑色文字“apple”（字体不限），如图 3-17-7 所示。

（8）添加文字的图层样式，粘贴苹果图层的图层样式，去掉渐变叠加效果，其他保留，进行白色描边和阴影处理，最终效果如图 3-17-8 所示。

图 3-17-7

图 3-17-8

（9）将最终效果以 X3-17.psd 为文件名保存在考生文件夹中。

3.18 第 18 题解答

（1）新建一个宽高为 450×560 像素、RGB 模式的文件。

（2）设置前景色为#f2fafb、背景色为#ace7f1，选择渐变工具，填充背景图层为径向渐变。

（3）设置前景色为#8cd3e5，使用钢笔工具绘制云层效果，如图 3-18-1 所示。

（4）用同样的方法分别绘制其余的云层，效果如图 3-18-2 所示。

（5）设置前景色为#71b6d3，使用钢笔工具继续绘制图形，如图 3-18-3 所示。

图 3-18-1

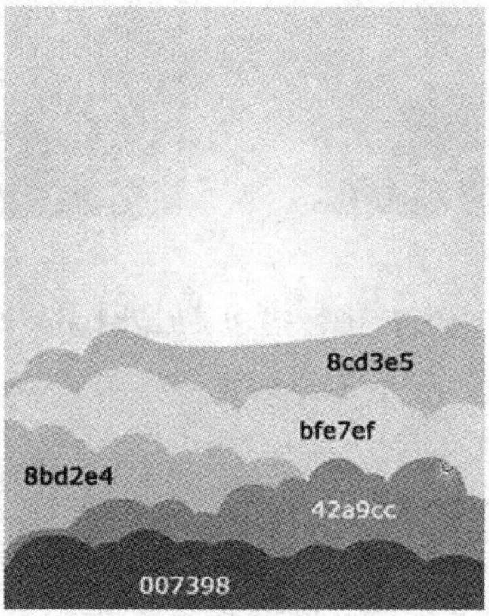

图 3-18-2

图 3-18-3

（6）设置前景色为#a7dcfe，选择自定义形状工具中的五角星图形，绘制图形如图 3-18-4 所示。

（7）使用钢笔工具分别绘制星形条纹和放射线（#29758d、#a2fafb），效果如图 3-18-5 所示。

图 3-18-4

图 3-18-5

（8）设置前景色为白色，选择自定义形状工具中的“花 5”，绘制雪花（十角星）

效果，如图 3-18-6 所示。

（9）绘制圆圈，设置圆圈的内外颜色分别为#013354、#025984，效果如图 3-18-7 所示。

图 3-18-6

图 3-18-7

（10）在下部区域中，对雪花进行描边（#27b1cd）处理，最终效果如图 3-18-8 所示。

图 3-18-8

（11）将最终效果以 X3-18.psd 为文件名保存在考生文件夹中。

3.19　第 19 题解答

（1）新建一个宽高均为 345 像素、RGB 模式的文件。

（2）选择圆角矩形工具，半径设置为 40 px，绘制圆角矩形，双击该图层，打开图层样式面板，选择“描边”（#faab06）和“渐变叠加”（#fead13、#fff17f）效果，参数设置如图 3-19-1 所示。

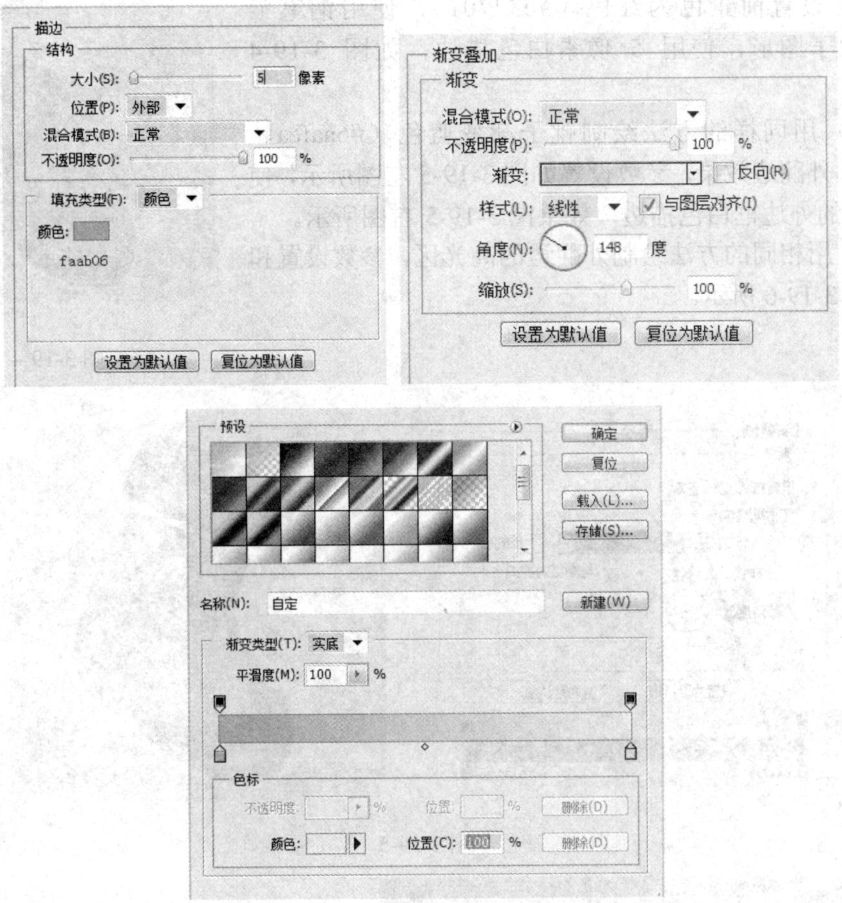

图 3-19-1

（3）设置前景色为#fea900，使用椭圆工具绘制圆圈，用不同大小的描边选项，图层填充设置为 0%，效果如图 3-19-2 所示，将所有的圆圈图形层合并。

（4）载入圆角矩形选区，按 Ctrl+Alt+I 快捷键反选，返回到圆圈图层后删除，效果如图 3-19-3 所示。

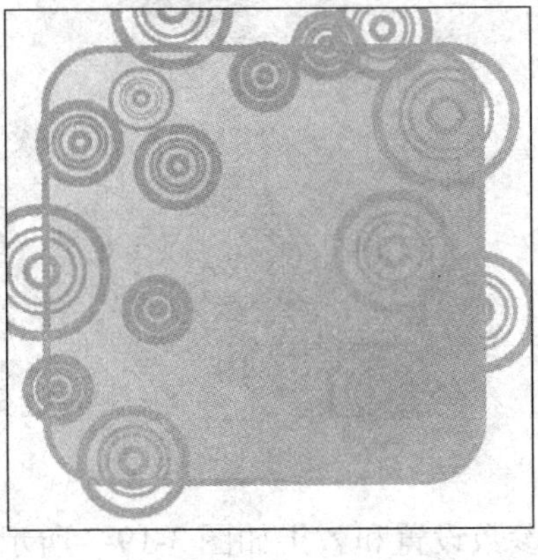

图 3-19-2

图 3-19-3

（5）设置前景色为红色（#e32701），使用钢笔工具绘制靴子图形，使用 5 像素白色描边，如图 3-19-4 所示。

（6）用同样的方法绘制靴子渐变蓝色（#6aafea、#03225b）外翻边效果，参数设置如图 3-19-5 左图所示，使用 5 像素的外边框白色描边，效果图 3-19-5 右图所示。

（7）用相同的方法绘制外翻边的高光区，参数设置和效果如图 3-19-6 所示。

图 3-19-4

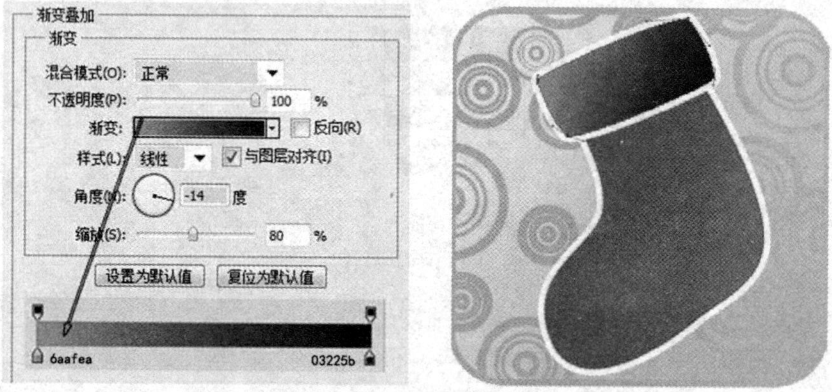

图 3-19-5

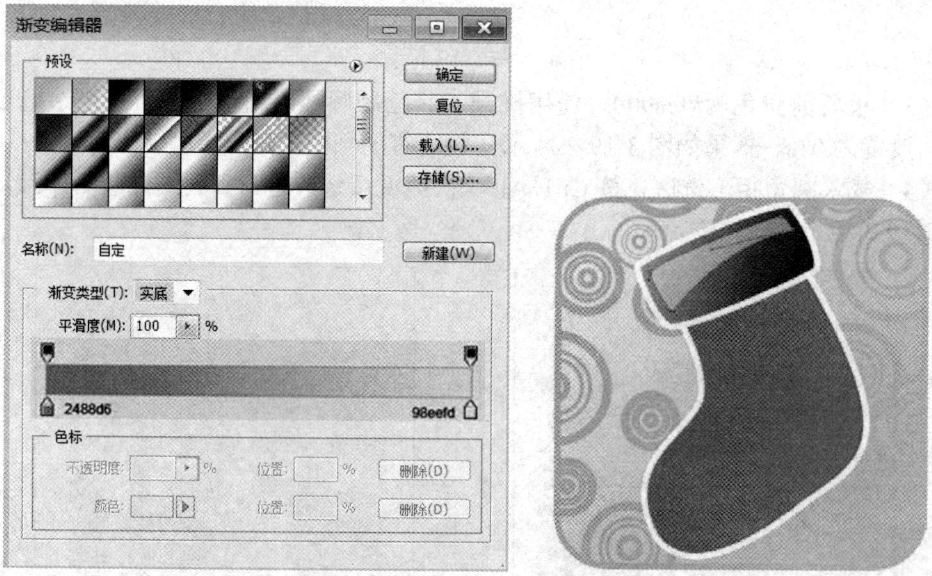

图 3-19-6

（8）用相同的方法再绘制靴面的高光区，参数设置和效果如图 3-19-7 所示。

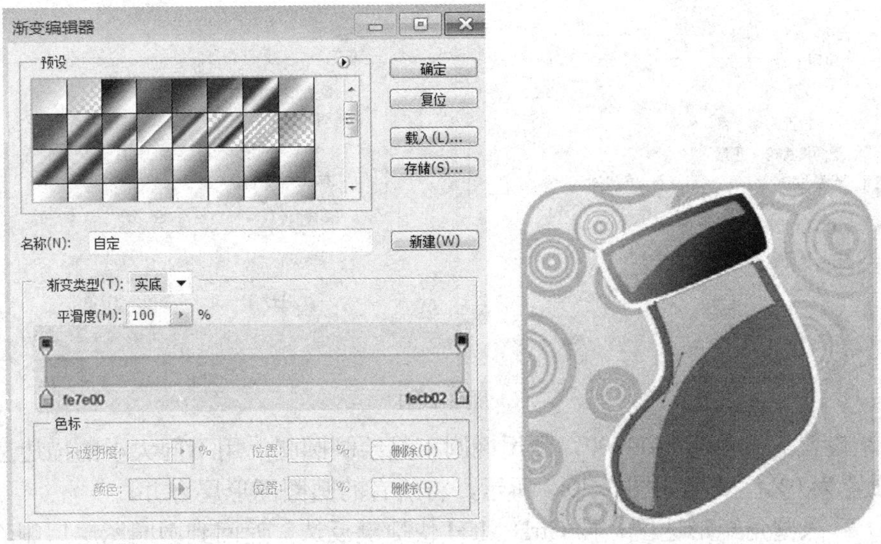

图 3-19-7

（9）使用钢笔分别绘制绿色（#4f9a01）和蓝色轮廓线条（#012363），最终效果如图 3-19-8 所示。

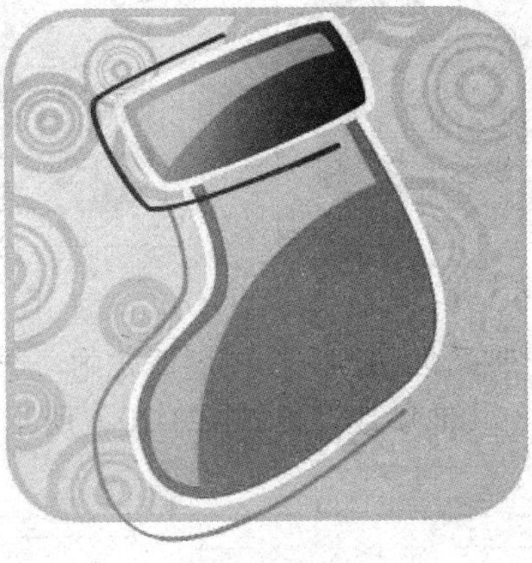

图 3-19-8

（10）将最终效果以 X3-19.psd 为文件名保存在考生文件夹中。

3.20　第 20 题解答

（1）新建一个宽高均为 345 像素、RGB 模式的文件。

（2）选择圆角矩形工具，半径设置为 40 px，绘制圆角矩形，双击该图层，打开图层样式面板，选择“描边”（#389405）和“渐变叠加”（#309900、#eeff99）效果，参数设置如图 3-20-1 所示。

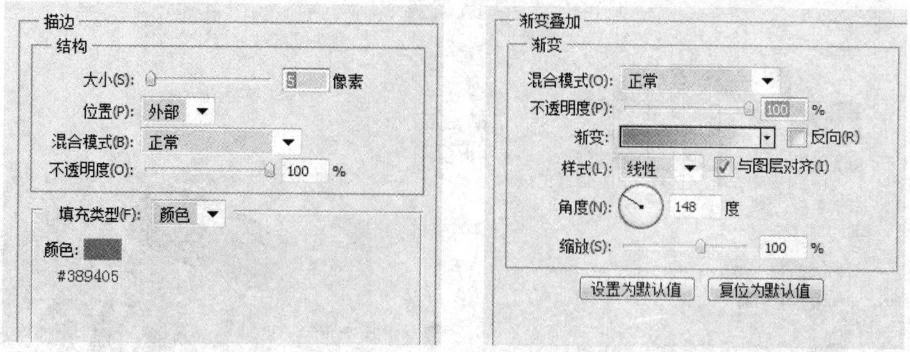

图 3-20-1

（3）设置前景色为#2d9700，使用椭圆工具绘制圆圈，用不同大小的描边选项，图层填充设置为 0%，效果如图 3-20-2 所示，将所有的圆圈图形层合并。

（4）载入圆角矩形选区，按 Ctrl+Alt+I 快捷键反选，返回到圆圈图层后删除，效果如图 3-20-3 所示。

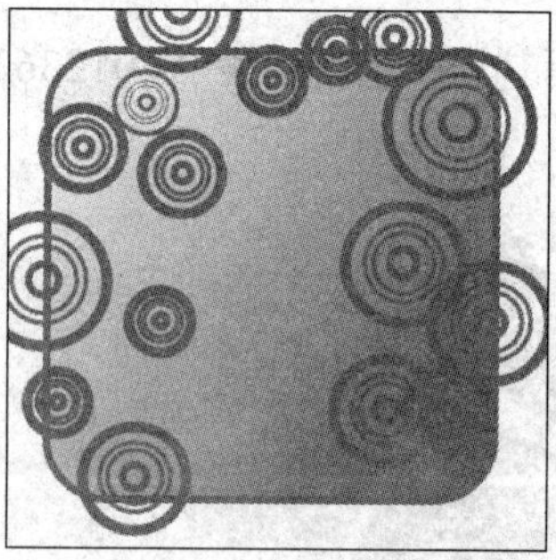

图 3-20-2

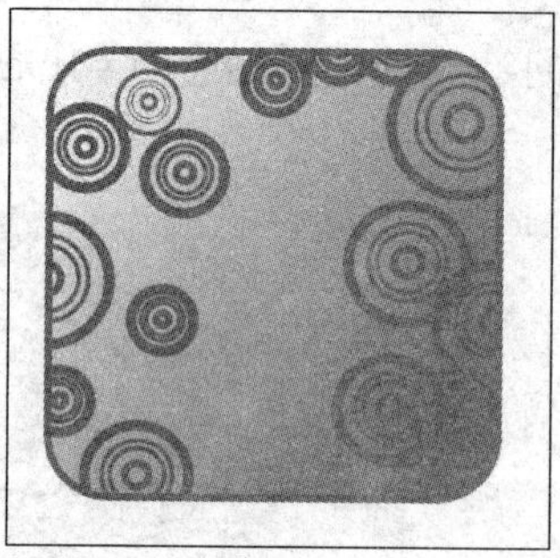

图 3-20-3

（5）使用钢笔工具绘制蜡烛图形。在图层样式中，选择“渐变叠加”效果，设置渐变色为#3387dd、#001266，其他参数设置如图 3-20-4 所示，使用 5 像素的外边框白色描边，效果如图 3-20-4 所示。

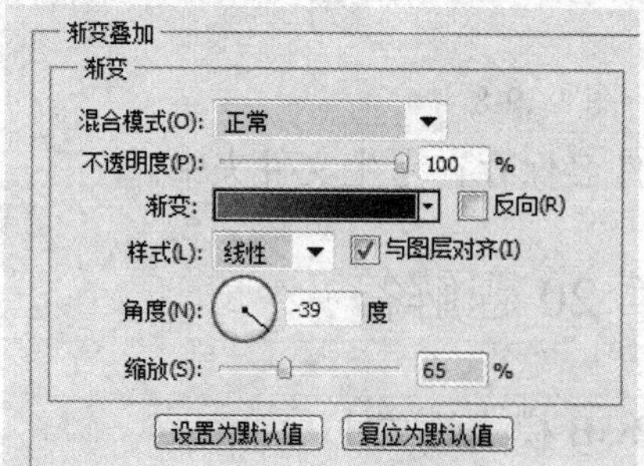

图 3-20-4

图 3-20-5

（6）设置前景色为#68c5ee，再使用钢笔绘制如图 3-20-6 所示的图形，形成高光区域。

（7）用同样的方法绘制蜡烛的火苗，并复制蜡烛图层样式，粘贴到火苗图层，改变图层样式的渐变叠加颜色（#ffe248、#ffa801）并白色描边，效果如图 3-20-7 所示。

图 3-20-6

图 3-20-7

（8）使用椭圆工具绘制烛芯图形，设置图层样式渐变叠加颜色（#fefecc、#fbdc29），其他不变，效果如图 3-20-8 所示。

（9）使用钢笔工具添加黑色蜡烛捻头，如图 3-20-9 所示。

图 3-20-8

图 3-20-9

（10）用同样的方法，设置前景色为#012265，绘制蜡烛轮廓线，如图 3-20-10 所示。

（11）用同样的方法，设置前景色为#fbd601，绘制火焰轮廓线，最终效果如图 3-20-11 所示。

图 3-20-10

图 3-20-11

（12）将最终效果以 X3-20.psd 为文件名保存在考生文件夹中。

第四单元　艺术文字

4.1　第 1 题解答

（1）打开素材文件 C:\2012PSCS5\Unit4\electric.jpg，如图 4-1-1 所示。

（2）将字母选中，按两次 Ctrl+J 快捷键，复制文字到新的图层。分别命名为“文字 1”、“文字 2”。将“文字 2”图层隐藏。在“文字 1”图层中，执行“编辑”→“变换”→“旋转 90 度（顺时针）”命令，如图 4-1-2 所示。

图 4-1-1

图 4-1-2

（3）执行“滤镜”→“风格化”→“风”命令，打开对话框，选择“风”和“从右”两个选项，执行风滤镜。再按两次 Ctrl+F 快捷键，重复执行两次。

（4）再次执行风滤镜，选择“风”和“从左”两个选项，再按两次 Ctrl+F 快捷键，重复执行两次。执行“编辑”→“变换”→“旋转 90 度（逆时针）”命令，效果如图 4-1-3 所示。

（5）执行“滤镜”→“扭曲”→“波纹”命令，打开对话框，数值为默认。

（6）新建“图层 1”，填充颜色为#1942aa，设置图层混合模式为“颜色”，设置不透明度为 60%，效果如图 4-1-4 所示。

图 4-1-3

图 4-1-4

（7）显示“文字 2”图层，载入文字选区，执行“选择”→“修改”→“收缩”命令，参数设置为 2。填充黑色，最终效果如图 4-1-5 所示。

图 4-1-5

4.2　第 2 题解答

（1）新建一个宽高为 460×310 像素、RGB 模式的文件。

（2）设置前景色为#ffda53，背景色为#c00000，填充背景图层为从前景色到背景色的径向渐变。

（3）使用文字工具输入字母“Glossy”，设置字体为“Times New Roman”，效果如图 4-2-1 所示。

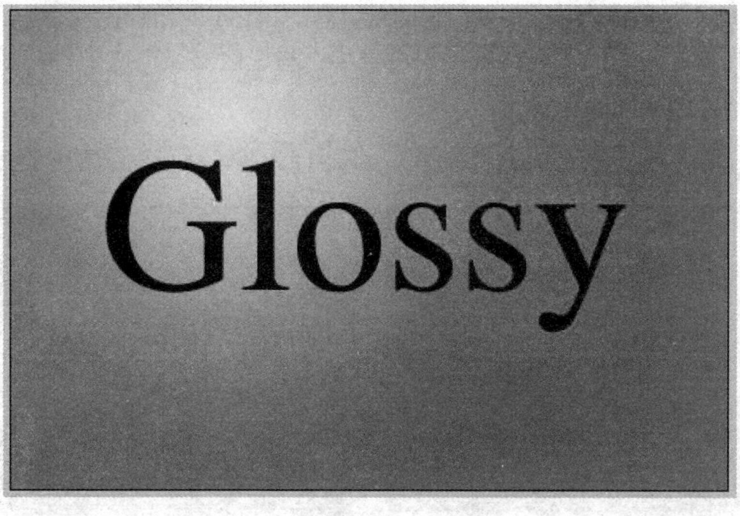

图 4-2-1

（4）双击该文字图层，打开图层样式面板，选择“投影”、“渐变叠加”（#d8f303、#4ea301）和“描边”（#f4f1f1）效果，各项参数设置和应用效果如图 4-2-2 所示。

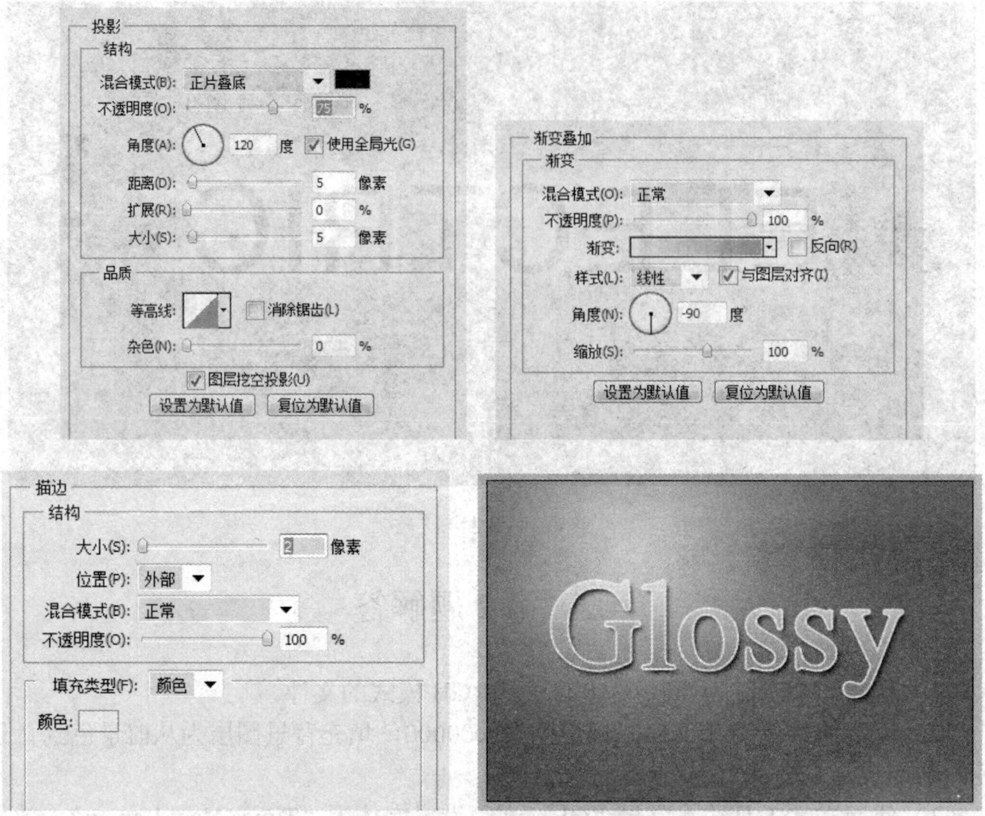

图 4-2-2

（5）按 Ctrl 键，单击文字，载入文字选区，如图 4-2-3 所示。

（6）选择椭圆选框工具，在属性栏中选中“与选区交叉”选项，在顶部创建椭圆选区，如图 4-2-4 所示。

图 4-2-3

图 4-2-4

（7）新建图层，填充选区为白色，设置图层混合模式为“叠加”，设置不透明度为 75%、填充为 52%，添加投影效果，最终效果如图 4-2-5 所示。

图 4-2-5

（8）将最终效果以 X4-2.psd 为文件名保存在考生文件夹中。

4.3　第 3 题解答

（1）打开素材文件 C:\2012PSCS5\Unit4\hand.jpg，如图 4-3-1 所示。

（2）选择矩形工具，绘制如图 4-3-2 所示路径。

图 4-3-1

图 4-3-2

（3）选择钢笔工具，在属性栏中选择“从路径中减去”选项，绘制路径如图 4-3-3 所示。

（4）选择文字工具，在路径区域中，当文字光标变成如图 4-3-4 所示的形状时，输入白色文字（C:\2012PSCS5\Unit4\text1.txt），字体为“Times New Roman”。输入完所要的文字，文字就在路径内进行排列。

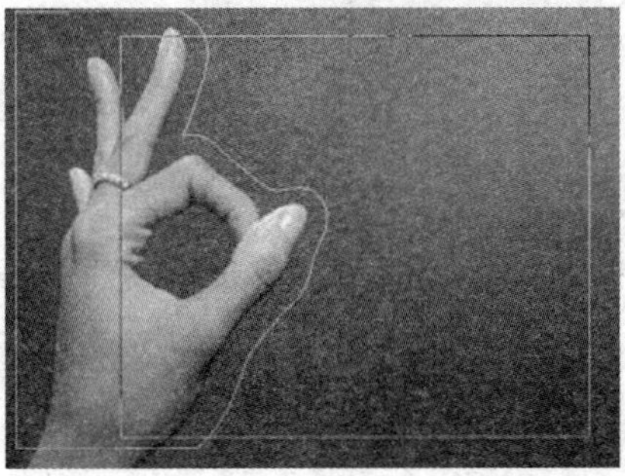

图 4-3-3

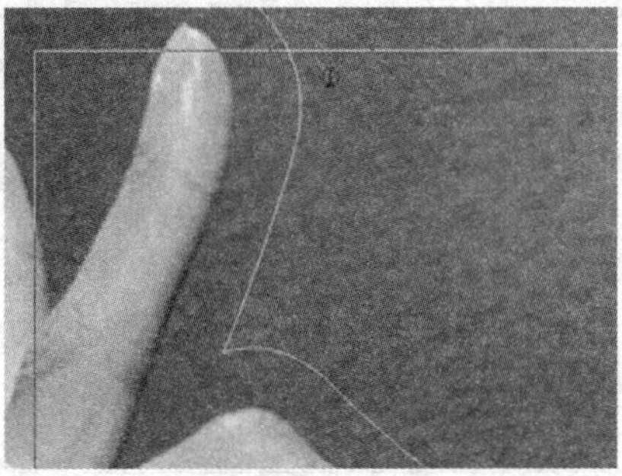

图 4-3-4

（5）为标题"Afraid of the Pen Tool?"添加黑色描边效果；隐藏路径。最终效果如图 4-3-5 所示。

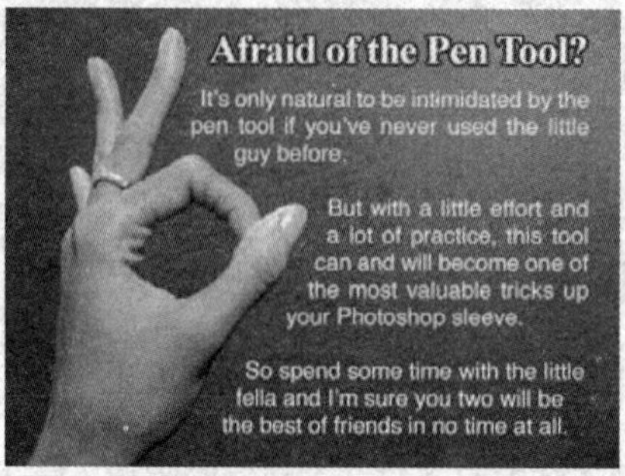

图 4-3-5

（6）将最终效果以 X4-3.psd 为文件名保存在考生文件夹中。

4.4　第 4 题解答[i]

（1）打开素材文件 C:\2012PSCS5\Unit4\Noel.jpg，如图 4-4-1 所示。

（2）创建字母选区，按两次 Ctrl+J 快捷键，将字母分别复制到两个新图层中，并命名为"文字 1"和"文字 2"。选择顶部的"文字 2"图层，使用画笔工具把文字涂画为白色，如图 4-4-2 所示。

图 4-4-1

图 4-4-2

（3）对"文字 2"图层添加图层蒙版，使用铅笔工具在文字蒙版上涂画，显露出部分文字区域，效果如图 4-4-3 所示。

图 4-4-3

[i]本题的视频解答请访问高新考试教材服务网站（www.citt.org.cn）教材专区中的"图形图像处理模块网络服务"栏目。

（4）在图层蒙版上，右击，选择应用蒙版。执行“滤镜”→“风格化”→“扩散”命令，打开其对话框，参数设置如图 4-4-4 所示。

（5）执行“编辑”→“变换”→“旋转 90 度（逆时针）”命令，执行“滤镜”→“风格化”→“风”命令，打开其对话框，参数设置如图 4-4-5 所示。

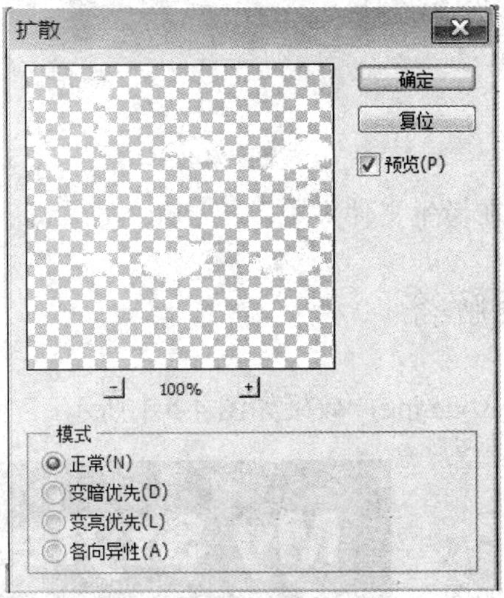

图 4-4-4

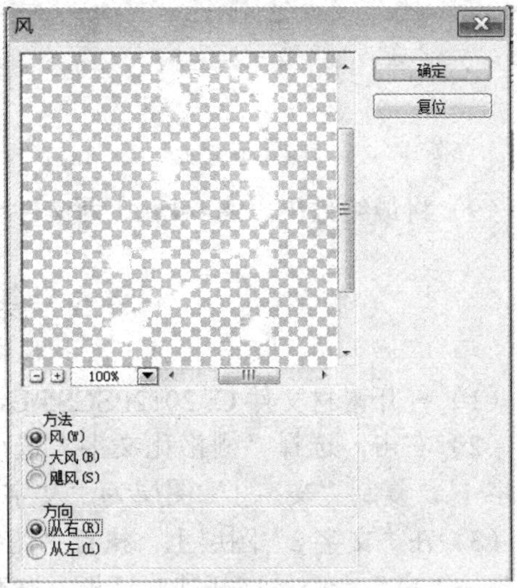

图 4-4-5

（6）执行“编辑”→“变换”→“旋转 90 度（顺时针）”命令，双击该图层，打开图层样式面板，选择“内阴影”和“外发光”效果，参数设置如图 4-4-6 所示。

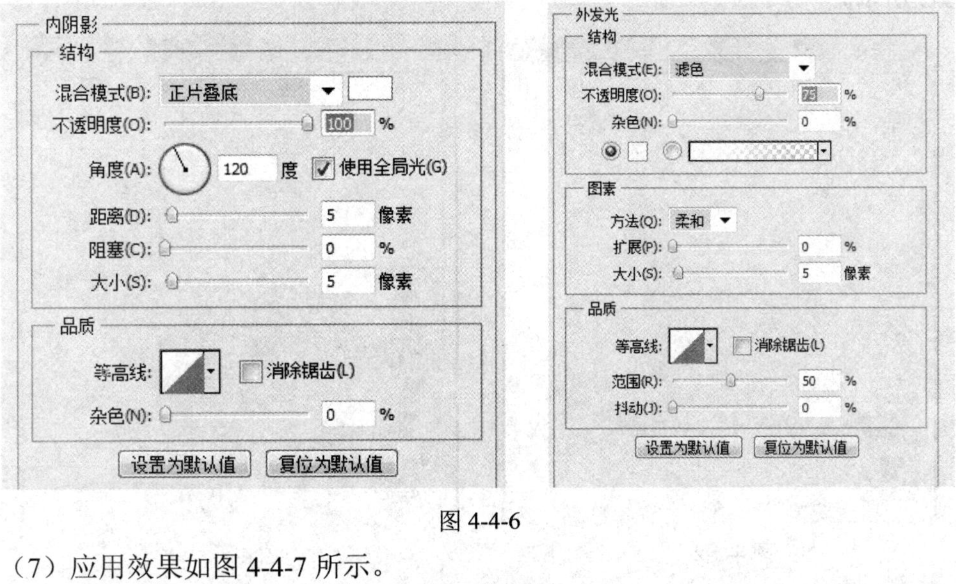

图 4-4-6

（7）应用效果如图 4-4-7 所示。

（8）复制图层“文字 1”为“文字 3”，放置在“文字 2”图层之上，设置图层混合模式为“叠加”。载入 C:\2012PSCS5\Unit4\image.jpg，改变图层混合模式为“柔光”，处理形成雪景。最终效果如图 4-4-8 所示。

图 4-4-7

图 4-4-8

（9）将最终效果以 X4-4.psd 为文件名保存在考生文件夹中。

4.5　第 5 题解答

（1）打开素材文件 C:\2012PSCS5\Unit4\ mystyle.jpg，效果如图 4-5-1 所示。

（2）右击，选择“栅格化文字”选项，命名为“文字 1”，复制“文字 1”图层为“文字 2”图层。

（3）在“文字 2”图层上，执行“滤镜”→“风格化”→“风”命令，打开其对话框，参数设置如图 4-5-2 所示。

图 4-5-1

（4）按两次 Ctrl+F 快捷键，执行两次风滤镜。

（5）再次执行 “滤镜”→“风格化”→“风”命令，打开其对话框，参数设置如图 4-5-3 所示。

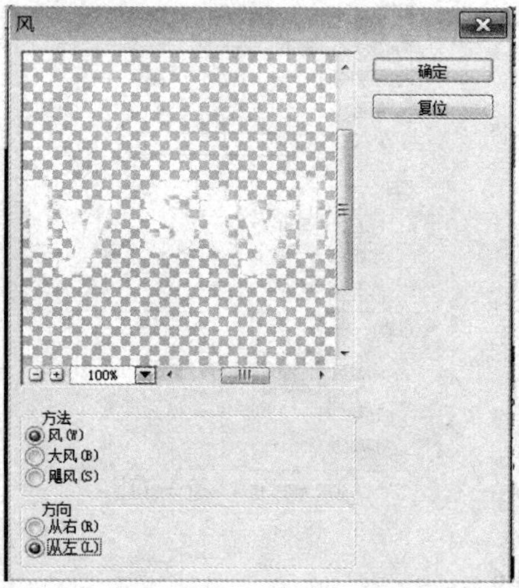

图 4-5-2

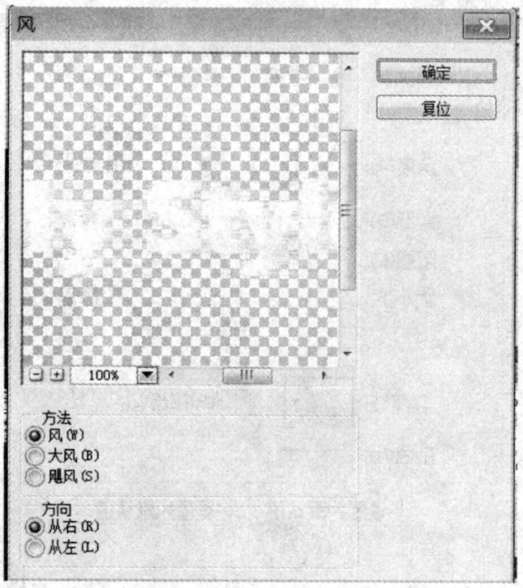

图 4-5-3

（6）按两次 Ctrl+F 快捷键，执行两次风滤镜，如图 4-5-4 所示。

（7）执行“图像”→“图像旋转”→“旋转 90 度（顺时针）”命令，如图 4-5-5 所示。

图 4-5-4

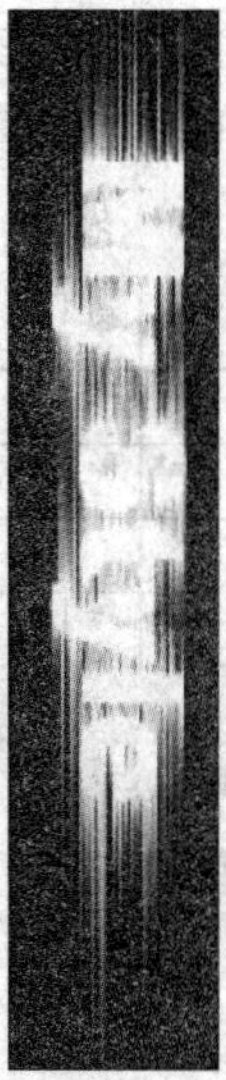

图 4-5-5

（8）用同样的方法，执行滤镜中的风分别从右 4 次、从左 4 次，然后执行“图像”→“图像旋转”→“旋转 90 度（逆时针）”命令，如图 4-5-6 所示。

（9）双击该图层，打开图层样式面板，选择“颜色叠加”效果，颜色选择为红色（#fd0100）。将“文字 1”图层放置在图层顶部，最终效果如图 4-5-7 所示。

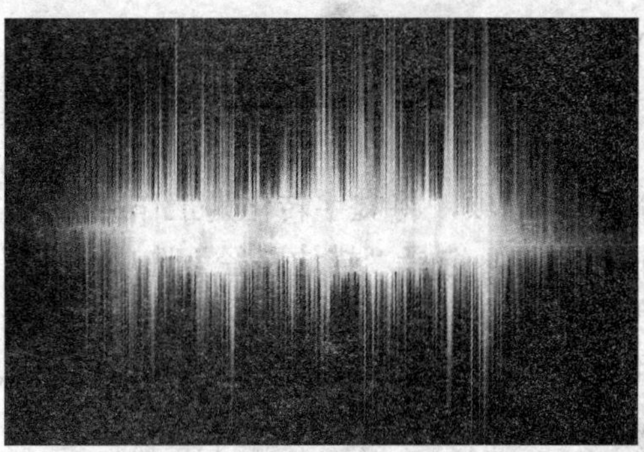

图 4-5-6

图 4-5-7

（10）将最终效果以 X4-5.psd 为文件名保存在考生文件夹中。

4.6　第 6 题解答

（1）打开素材文件 C:\2012PSCS5\Unit4\yo.jpg，如图 4-6-1 所示。

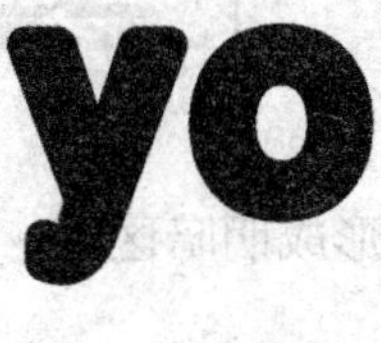

图 4-6-1

（2）选择文字区域，按 Ctrl+J 快捷键，复制文字图层到新图层中。

（3）选择画笔工具，在画笔面板中选择“沙丘草”画笔，如图 4-6-2 左图所示。设置画笔形状动态，如图 4-6-2 右图所示。

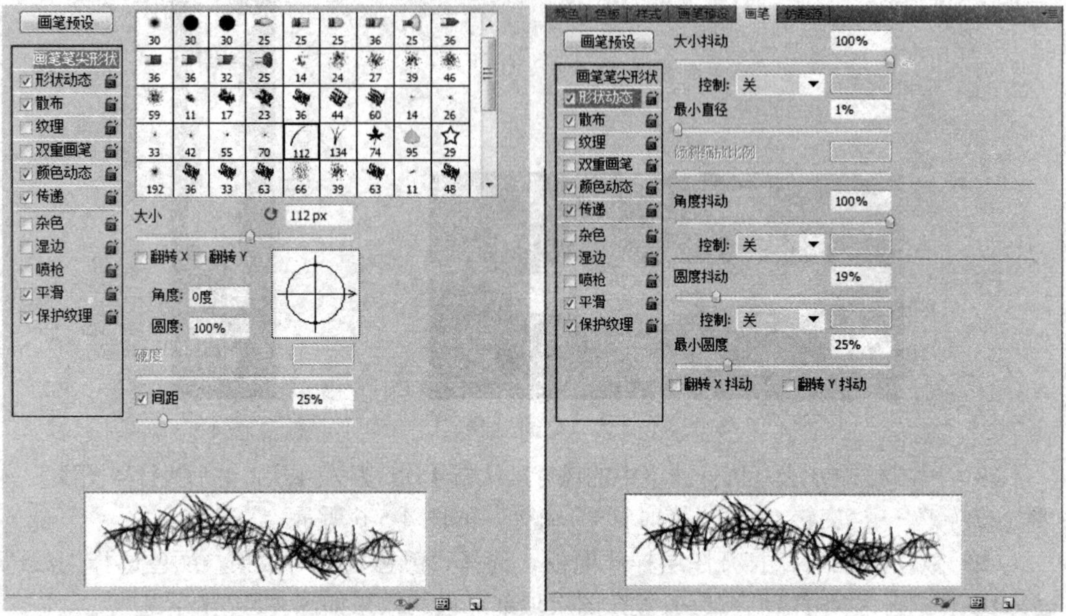

图 4-6-2

（4）选择文字图层，按 Delete 键删除填色，设置前景色为#dc2292，使用自定义画笔在选区中绘画，如图 4-6-3 所示。

（5）在文字选区右击，选择“建立工作路径”选项，将文字转化为工作路径。

（6）使用“路径选择工具”选择文字路径，右击，选择“描边路径”选项，打开其对话框，选择新自定义的画笔（可以调整画笔的大小）。

（7）按 Ctrl+U 快捷键，打开“色相/饱和度”对话框，参数设置如图 4-6-4 所示。

图 4-6-3

图 4-6-4

（8）使用减淡和加深工具涂抹形成明暗区域，产生立体效果，最终效果如图 4-6-5 所示。

图 4-6-5

（9）将最终效果以 X4-6.psd 为文件名保存在考生文件夹中。

4.7　第 7 题解答

（1）打开素材文件 C:\2012PSCS5\Unit4\magazine.jpg，双击背景图层，转变成“图层 1”，新建背景图层，填充为白色，扩大画布，效果如图 4-7-1 所示。

图 4-7-1

（2）双击图像层，打开图层样式面板，选择“投影”效果，参数设置和效果如图 4-7-2 所示。

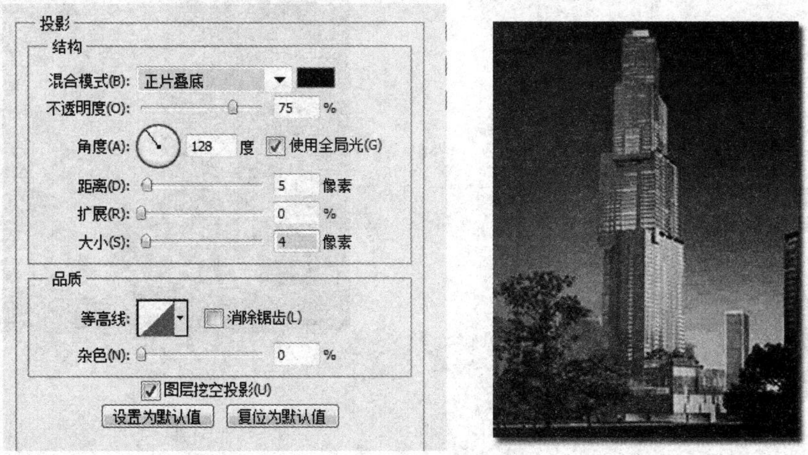

图 4-7-2

（3）使用多边形选择工具建立如图 4-7-3 所示的选区，按 Ctrl+J 快捷键，复制到新图层中，设置该图层的不透明度为 68%。

（4）在新图层的下面新建文字图层，输入各个主题文字，字体与大小不限（样式参考效果图），红色描边白色字符“MAGAZINE”，如图 4-7-4 所示。

图 4-7-3

图 4-7-4

（5）新建图层，使用矩形选框工具建立选区，填充任意色，设置图层混合模式为“叠加”，效果如图 4-7-5 所示。

（6）用同样的方法，在图像左下角建立圆形选区，填充任意色，设置图层混合模式为“柔光”，效果如图 4-7-6 所示。

图 4-7-5

图 4-7-6

（7）使用矩形选框工具将圆形下面多余的部分选中，然后按 Delete 键删除，如图 4-7-7 所示。最终效果如图 4-7-8 所示。

图 4-7-7

图 4-7-8

（8）将最终效果以 X4-7.psd 为文件名保存在考生文件夹中。

4.8　第 8 题解答

（1）新建一个宽高均为 500 像素、RGB 模式的文件。

（2）使用钢笔工具绘制如图 4-8-1 所示的字母形状，将路径转为选区，填充（#eeeeee）并描边（#726f6d）。

（3）选择加深工具，涂抹出阴暗区域，效果如图 4-8-2 所示。

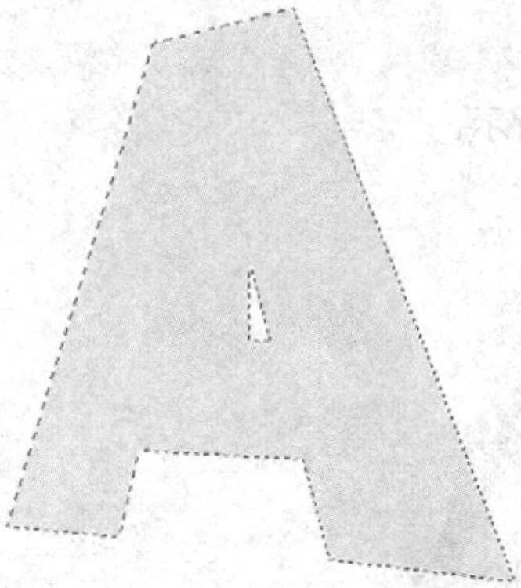

图 4-8-1

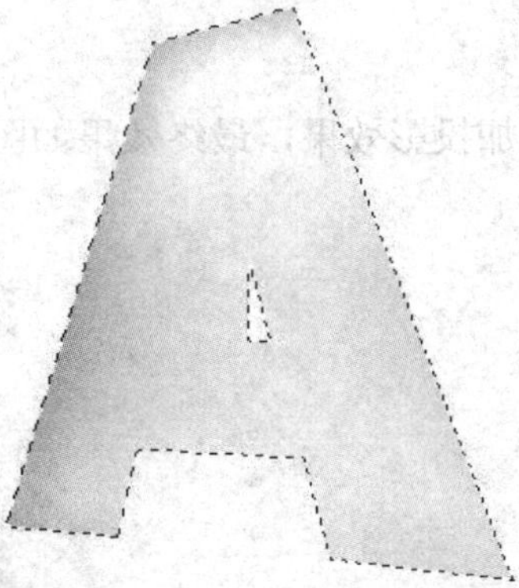

图 4-8-2

（4）新建图层，使用钢笔工具绘制字母形状右侧立体延伸部分，将路径转为选区，填充（#eeeeee）并描边（#726f6d），如图 4-8-3 所示。

（5）选择加深工具，涂抹出阴暗区域，如图 4-8-4 所示。

图 4-8-3

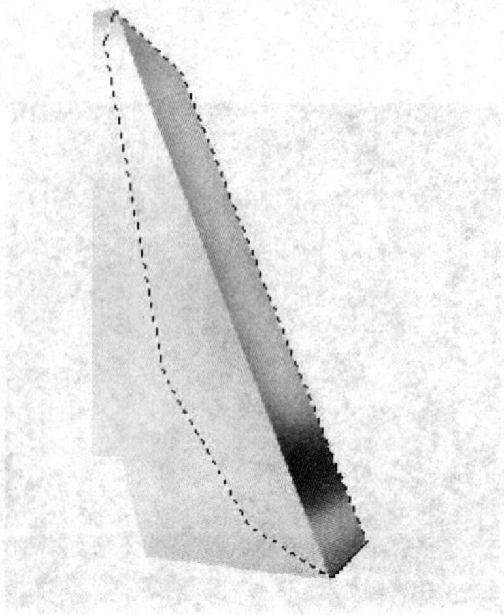

图 4-8-4

（6）用同样的方法绘制左侧立体延伸部分，填充（#eeeeee）并描边（#726f6d），使用加深和减淡工具涂抹出明暗面，如图 4-8-5 所示。

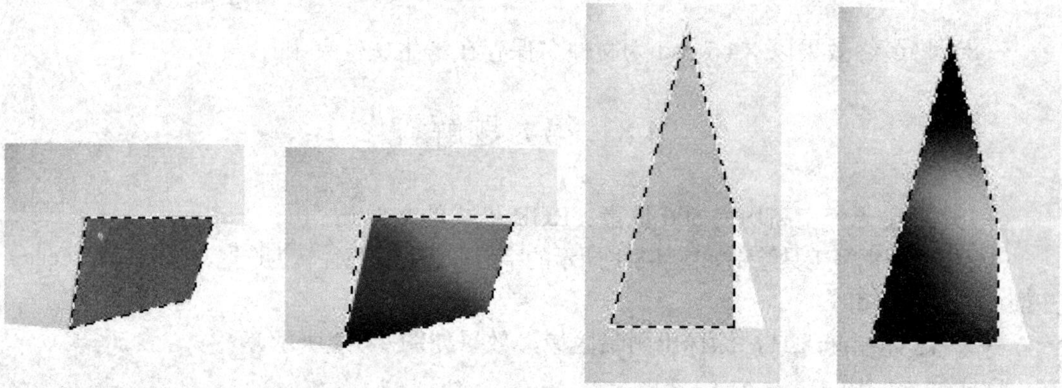

图 4-8-5

（7）添加投影效果，最终效果如图 4-8-6 所示。

图 4-8-6

（8）将最终效果以 X4-8.psd 为文件名保存在考生文件夹中。

4.9　第 9 题解答

（1）打开素材文件 C:\2012PSCS5\Unit4\fresh.jpg，如图 4-9-1 所示。

图 4-9-1

（2）选择文字，按 Ctrl+J 快捷键，复制到新图层。双击该图层，打开图层样式面板，选择“投影”、“斜面和浮雕”和“描边”效果，其中“斜面和浮雕”效果设置为“U”形光泽等高线、变暗（#8fb8bc）阴影模式；“描边”效果设置图层混合模式为“柔光”、填充颜色为#417314；其余各项参数设置如图 4-9-2 所示。

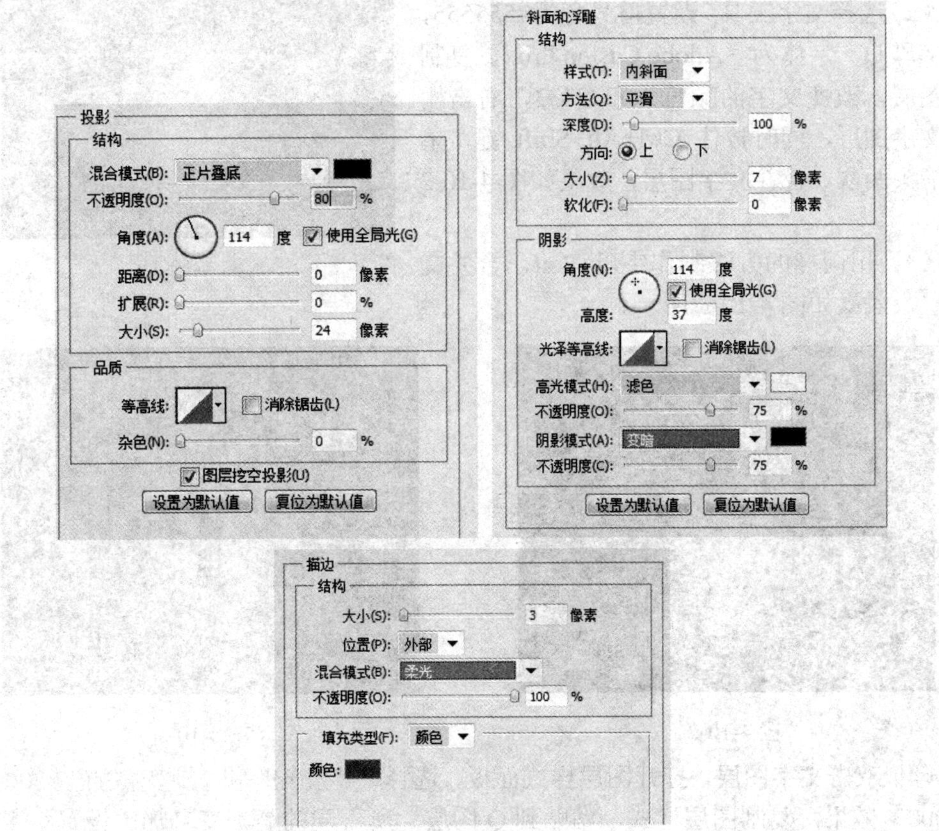

图 4-9-2

（3）应用图层样式，最终效果如图 4-9-3 所示。

图 4-9-3

（4）将最终效果以 X4-9.psd 为文件名保存在考生文件夹中。

4.10 第 10 题解答

（1）打开素材文件 C:\2012PSCS5\Unit4\light3d.jpg，如图 4-10-1 所示。

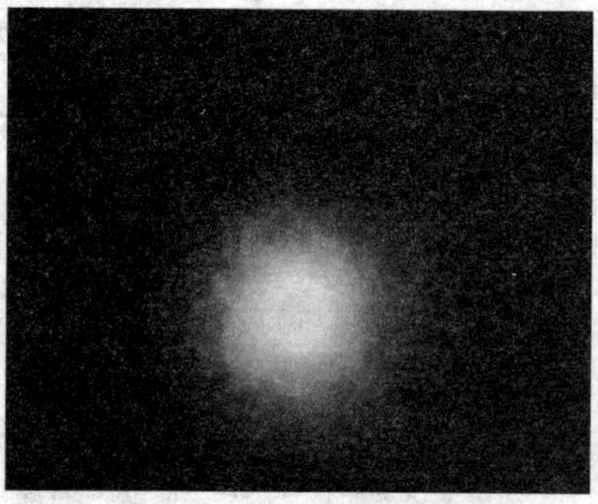

图 4-10-1

（2）选择文字工具，设置前景色为#555555，输入字母 Q，字体为“Adobe Caslon Pro”，复制文字图层，改变文字的颜色为#323433，右击栅格化文字图层，同时按住 Ctrl+Alt+Shift 键，单击右箭头两次，合并文字图层，效果如图 4-10-2 所示。

（3）用同样的方法制作字母 Poit，合并文字图层，效果如图 4-10-3 所示。

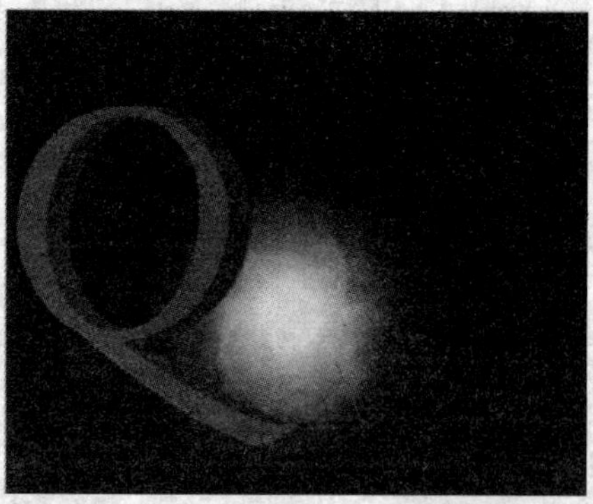

图 4-10-2

图 4-10-3

（4）双击文字图层，打开图层样式面板，选择“外发光”和“渐变叠加”（#009092、#000000）效果，复制图层样式，粘贴到 Q 图层，所不同的是渐变叠加中设置角度为 0，参数设置和效果如图 4-10-4 所示。

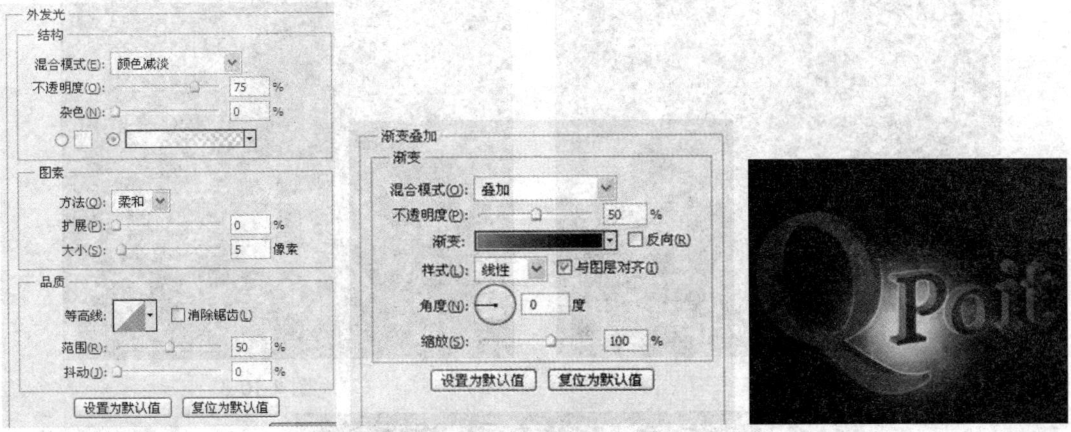

图 4-10-4

（5）新建“图层 1”，使用钢笔工具绘制如图 4-10-5 所示的路径。

（6）选择画笔工具，画笔参数如图 4-10-6 所示。

图 4-10-5

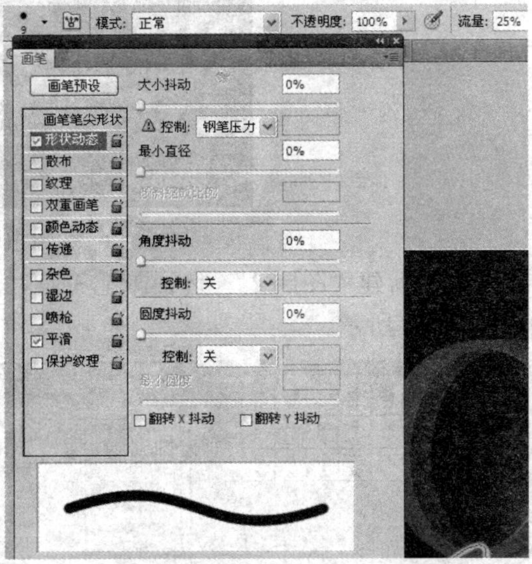

图 4-10-6

（7）使用直接选择工具选择路径，右击并选择“描边路径”选项，在打开的对话框中，选择画笔，勾选“模拟压力”复选框，效果如图 4-10-7 所示。

（8）在“图层 1”上，建立图层蒙版，使用橡皮擦擦除需要隐藏的线，效果如图 4-10-8 所示。

（9）用同样的方法绕着字母绘制另外两条曲线。在曲线图层上，添加图层样式，选择“外发光”效果，设置混合模式为“颜色减淡”，设置不透明度为 50%、颜色为#009092、大小为 13。再选择“内发光”效果，设置混合模式为“正常”，颜色为#009092，大小为 3。应用后的效果如图 4-10-9 所示。

图 4-10-7

图 4-10-8

图 4-10-9

（10）新建“图层 2”，选择画笔工具，设置柔画笔，打开画笔面板，各项参数设置如图 4-10-10 所示。

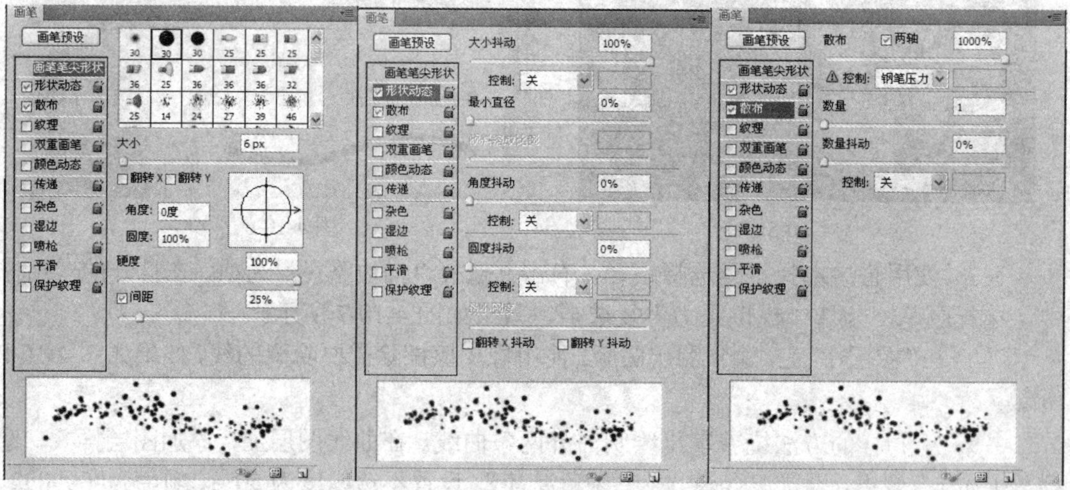

图 4-10-10

（11）用同样的方法，选择曲线路径，使用画笔进行路径描边，改变该图层的混合模式为“颜色减淡”，效果如图 4-10-11 所示。

图 4-10-11

（12）在背景图层上，执行“滤镜”→“渲染”→“镜头光晕”命令，打开其对话框，参数设置如图 4-10-12 所示。最终的效果如图 4-10-13 所示。

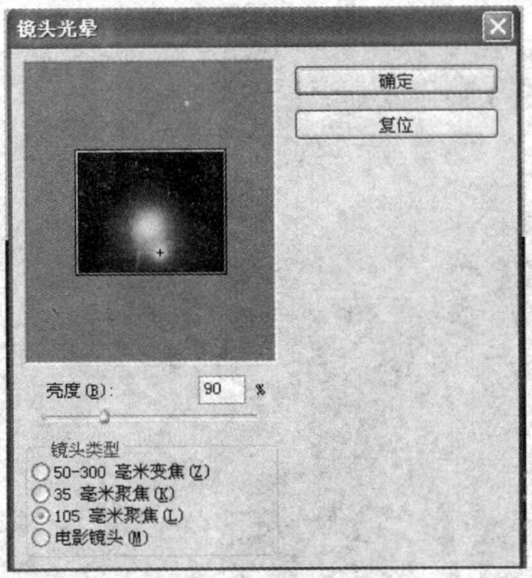

图 4-10-12

图 4-10-13

（13）将最终效果以 X4-10.psd 为文件名保存在考生文件夹中。

4.11　第 11 题解答

（1）打开素材文件 C:\2012PSCS5\Unit4\play.jpg，如图 4-11-1 所示。

（2）使用钢笔工具绘制如图 4-11-2 所示的路径。

（3）选择文字工具，在路径选择的情况下，当文字图标转变成符号时，输入“ROLLERCOASTER”白色字符，字体不限，如图 4-11-3 所示。

（4）双击文字图层，打开图层样式面板，选择“描边”效果，对字体进行红色描边处理。隐藏路径，最终效果如图 4-11-4 所示。

（5）将最终效果以 X4-11.psd 为文件名保存在考生文件夹中。

图 4-11-1

图 4-11-2

图 4-11-3

图 4-11-4

4.12　第 12 题解答

（1）打开素材文件 C:\2012PSCS5\Unit4\TEXT.jpg，如图 4-12-1 所示。

图 4-12-1

（2）创建文字图层，双击该文字图层，打开图层样式面板，选择“投影”、“内阴影”（#a98e0f）、“内发光”（#f4e98d）、“斜面和浮雕”（默认）和“渐变叠加”（#fae48f、#ffc230、#9f7f00）效果，各项参数设置分别如图 4-12-2 所示。图层样式应用效果如图 4-12-3 所示。

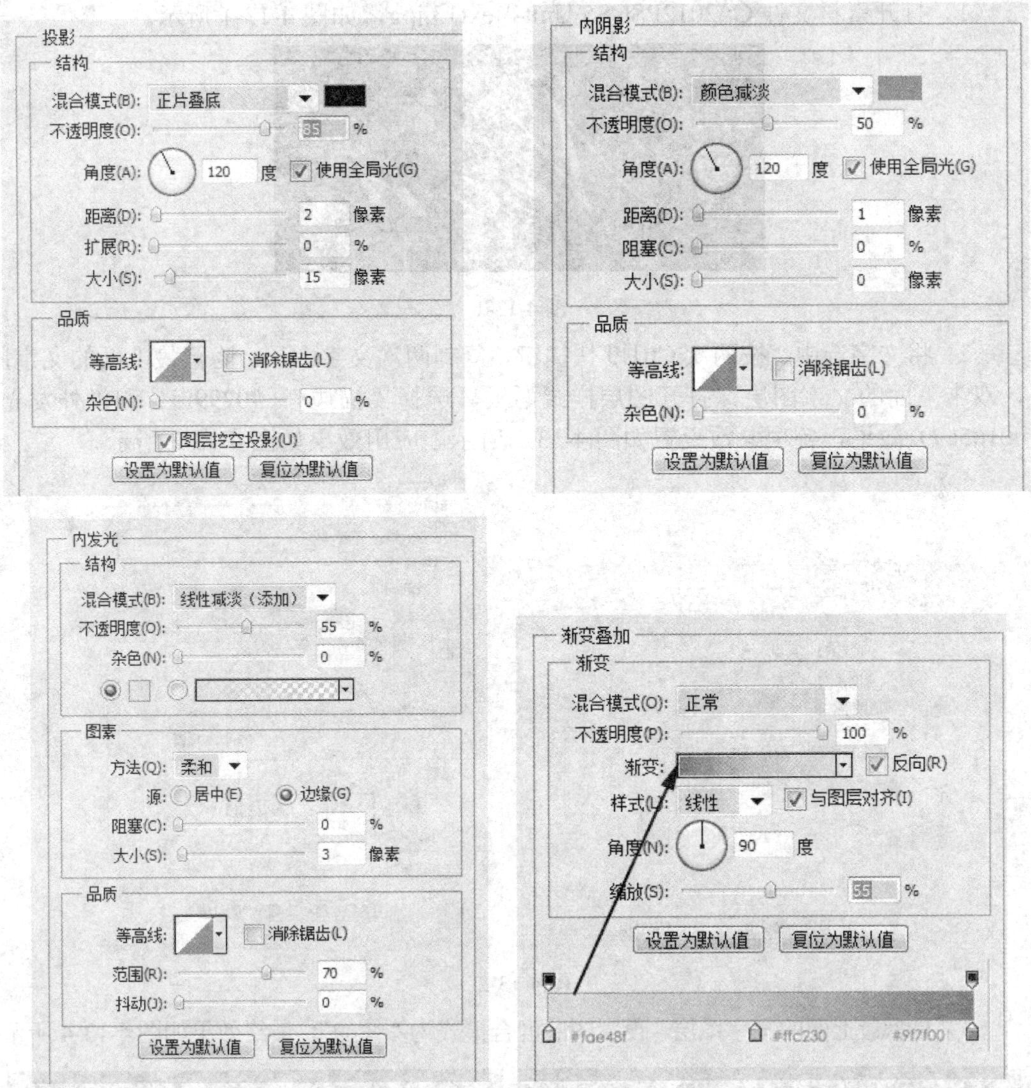

图 4-12-2

（3）选择画笔工具，设置画笔为“十字星”，前景色为白色，添加字母星光效果，最终效果如图 4-12-4 所示。

图 4-12-3

图 4-12-4

（4）将最终效果以 X4-12.psd 为文件名保存在考生文件夹中。

4.13 第 13 题解答

（1）打开素材文件 C:\2012PSCS5\Unit4\text13.jpg，如图 4-13-1 所示。

图 4-13-1

（2）将文字选中，按两次 Ctrl+J 快捷键，复制两次文字图层。隐藏最上面的文字图层，双击下面的文字图层，打开图层样式面板，选择“描边”（#0299fd）和“外发光”（#0165c9）效果，各项参数设置如图 4-13-2 所示。应用效果如图 4-13-3 所示。

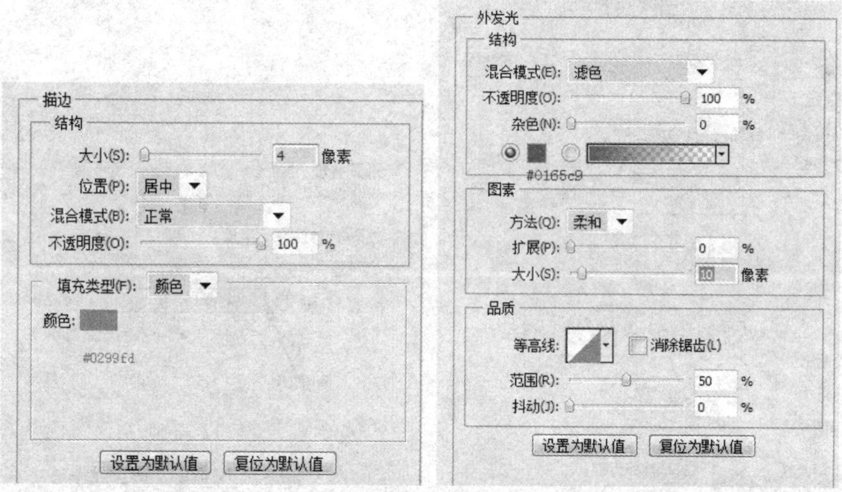

图 4-13-2

（3）显示最上面的文字图层，设置图层混合模式为“叠加”，最终效果如图 4-13-4 所示。

图 4-13-3

图 4-13-4

（4）将最终效果以 X4-13.psd 为文件名保存在考生文件夹中。

4.14　第 14 题解答

（1）打开素材文件 C:\2012PSCS5\Unit4\text3d.jpg，如图 4-14-1 所示。将每个字母放置在不同的图层中。

图 4-14-1

（2）调整文字位置和角度，改变每个字母的颜色，依次为#bd64fa（3、e）、#a8ed76（D、x）、#fc9713（T、t），如图 4-14-2 所示。

（3）将每个文字图层栅格化，按 Ctrl+T 快捷键，分别旋转一定的角度，效果如图 4-14-3 所示。

图 4-14-2

图 4-14-3

（4）将所有的文字图层合并，复制文字图层，在背景图层上添加渐变（#336ee4、#c9d9fb），效果如图 4-14-4 所示。

（5）选择文字图层，同时按 Ctrl+Alt 键，再按右方向键 5 次，效果如图 4-14-5 所示。

图 4-14-4

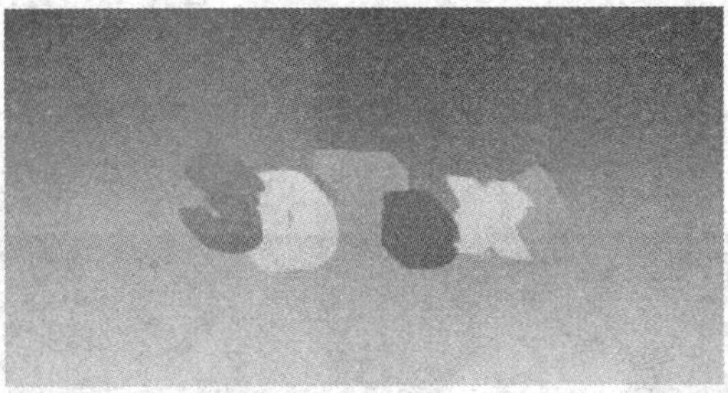

图 4-14-5

（6）将复制文字图层并放置在最上一层。按 Ctrl+U 快捷键，打开“色相/饱和度”对话框，参数设置如图 4-14-6 所示。

（7）合并两个文字图层，双击该图层，打开图层样式面板，选择“投影”效果，各项参数设置如图 4-14-7 所示。

（8）3D 文字最终效果如图 4-14-8 所示。

（9）将最终效果以 X4-14.psd 为文件名保存在考生文件夹中。

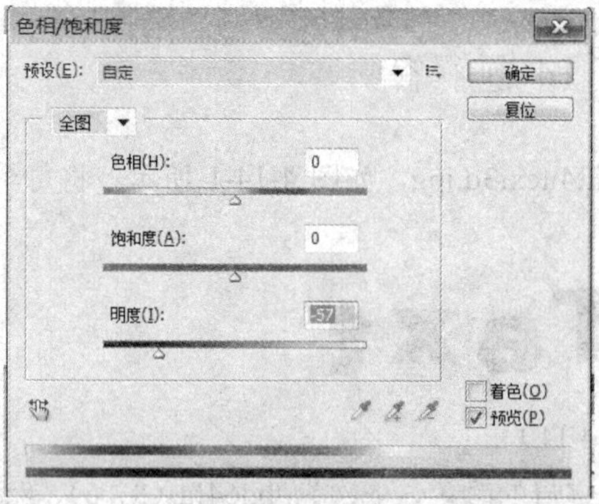

图 4-14-6

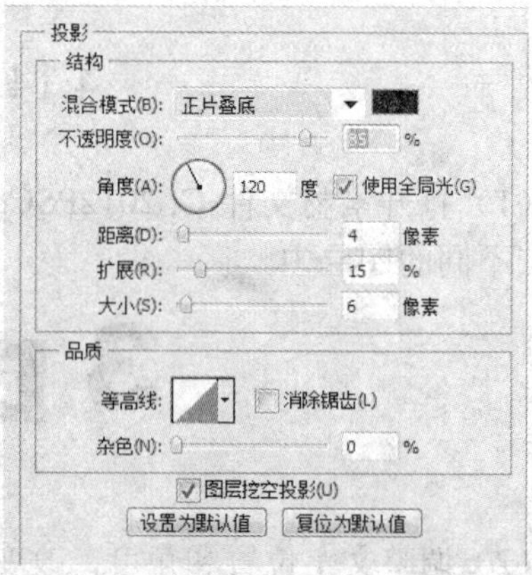

图 4-14-7

图 4-14-8

4.15　第 15 题解答

（1）打开素材文件 C:\2012PSCS5\Unit4\original.jpg，如图 4-15-1 所示。

（2）选择矩形工具，绘制如图 4-15-2 所示的路径。

图 4-15-1

图 4-15-2

（3）选择椭圆工具，在属性栏中选择“从路径中减去”选项，绘制椭圆路径，如图 4-15-3 所示。

（4）组合路径，效果如图 4-15-4 所示。

图 4-15-3

图 4-15-4

（5）选择文字工具，在路径区域中，当文字光标变成形状时，载入白色文字（C:\2012PSCS5\Unit4\text.txt），字体为“Times New Roman”。

（6）在路径内进行文字排列，格式效果如图 4-15-5 所示。

（7）隐藏路径，文字在区域内的排列效果，如图 4-15-6 所示。

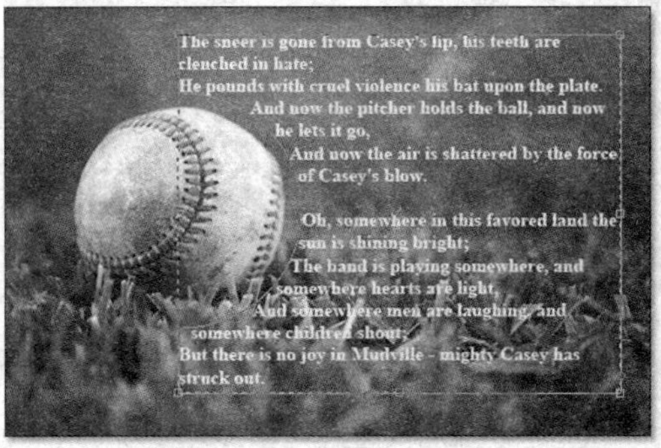

图 4-15-5

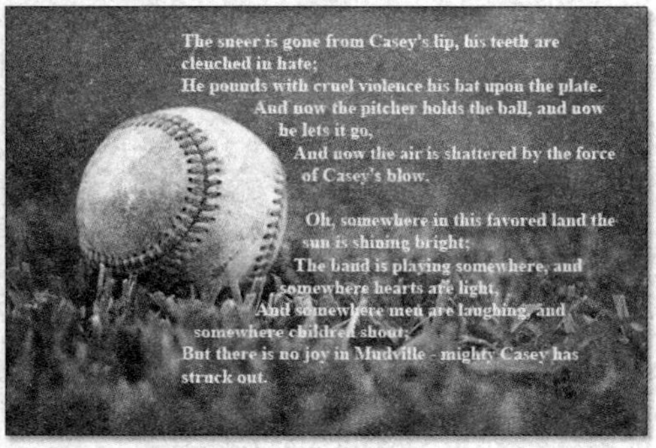

图 4-15-6

（8）将最终效果以 X4-15.psd 为文件名保存在考生文件夹中。

4.16　第 16 题解答

（1）新建一个宽高为 400×270 像素、RGB 模式的文件。

（2）输入文字“cool”，参数设置如图 4-16-1 所示。

（3）载入文字选区，单击路径面板中的“从选区生成工作路径”按钮，将文字转换为路径，如图 4-16-2 所示。

图 4-16-1

图 4-16-2

（4）隐藏文字层，使用直接选择等路径工具，调整路径形状，如图 4-16-3 所示。

图 4-16-3

（5）单击路径面板中的“把路径作为选区载入”按钮，将调整后的路径转换为选区。新建“图层 1”，填充任意颜色，分别执行“图层”→“图层样式”→“投影”、“斜面和浮雕”、“描边”（#f20401）和“渐变叠加”（铬黄渐变）命令，参数设置如图 4-16-4 所示。

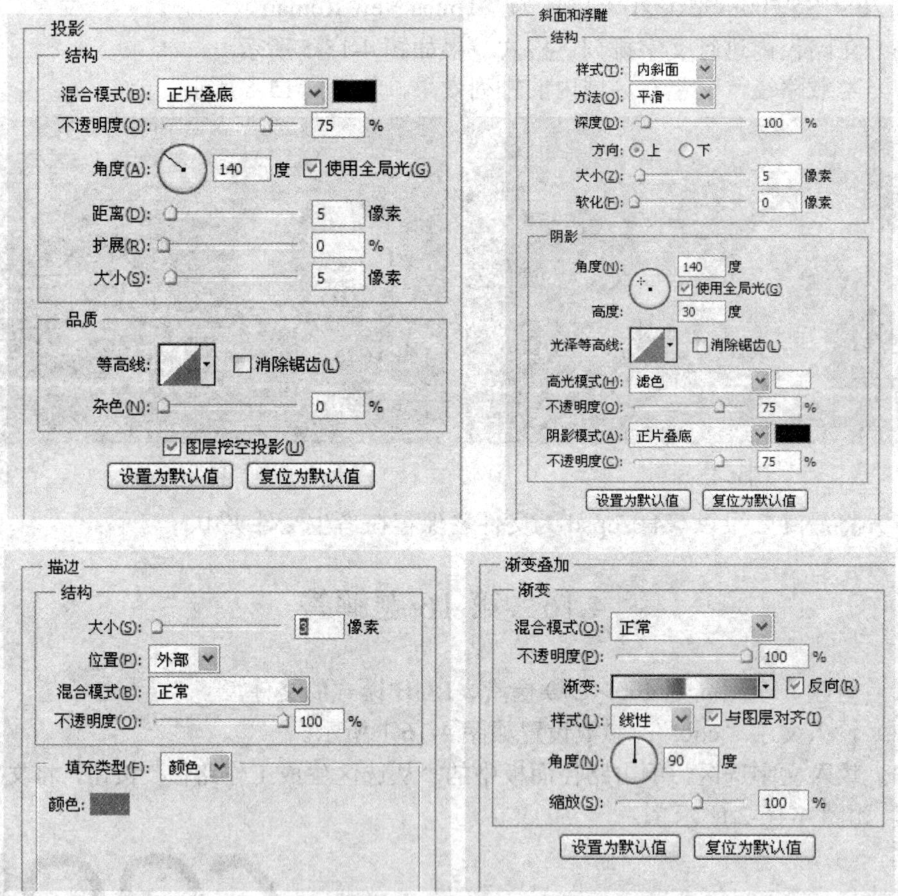

图 4-16-4

（6）设置前景色为#002461、背景色为#08baf6，使用渐变工具对背景进行渐变，最终效果如图 4-16-5 所示。

（7）将最终效果以 X4-16.psd 为文件名保存在考生文件夹中。

图 4-16-5

4.17　第 17 题解答

（1）打开素材文件 C:\2012PSCS5\Unit4\fairy.jpg，使用魔棒工具单击选择背景中的粉红色部分，执行“选择”→“反向”命令，创建文字选区，如图 4-17-1 所示。

（2）执行“图层”→“新建”→“通过拷贝的图层”命令，新建文字“图层 1”，对“图层 1”执行“图层”→“图层样式”→“投影”命令，参数设置如图 4-17-2 所示。

图 4-17-1

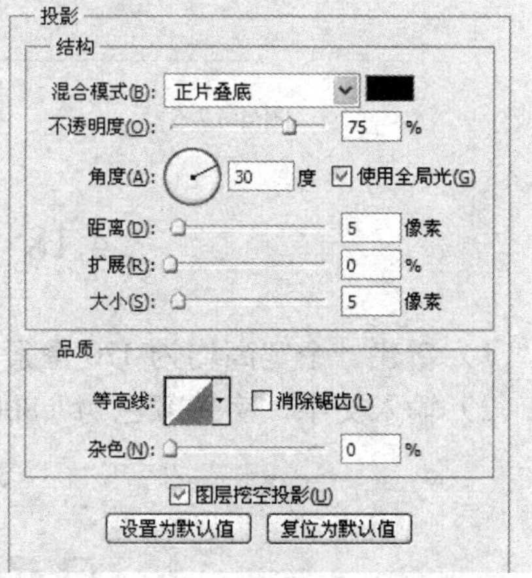

图 4-17-2

（3）新建“图层 2”，使用多边形套索工具绘制选区，执行“选择”→“修改”→“羽化”命令，羽化半径为 10 像素，填充白色，调整其不透明度，如图 4-17-3 所示。

（4）新建“图层 3”，使用钢笔工具绘制路径，画笔设置为 9 像素，使用白色对路径进行描边，设置图层混合模式为“溶解”，如图 4-17-4 所示。

（5）执行“滤镜”→“模糊”→“动感模糊”命令，如图 4-17-5 所示。

（6）调整图层的不透明度及填充值，最终结果如图 4-17-6 所示。

（7）将最终效果以 X4-17.psd 为文件名保存在考生文件夹中。

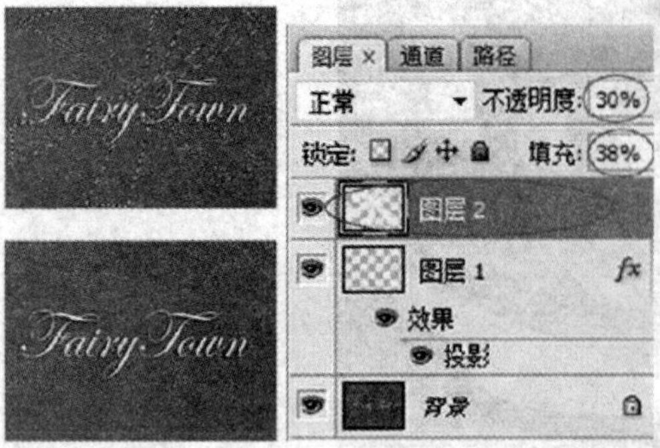

图 4-17-3

图 4-17-4

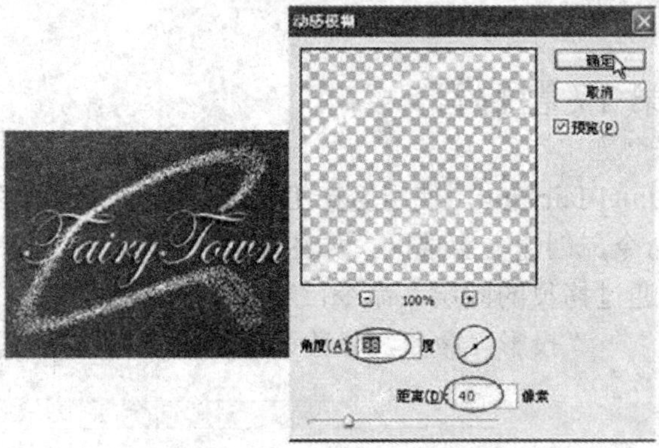

图 4-17-5

图 4-17-6

4.18　第 18 题解答

（1）新建一个宽高均为 370 像素、RGB 模式的文件。

（2）输入文字，字体颜色为#c8006c，参数及效果如图 4-18-1 所示。

图 4-18-1

（3）载入 C:\2012PSCS5\Unit4\orchids.jpg 图形，使用移动工具拖拽到当前文件中，形成“图层 1”，移动“图层 1”到背景层上方，按 Ctrl+T 快捷键适当缩小标志，并把图层混合模式改为“正片叠底”，载入“图层 1”选区，羽化半径为 20 像素，反选选区，按 Delete 键清除图像。可多按几次，以使标志更好地溶入其中，如图 4-18-2 所示。

（4）新建“图层 2”，使用画笔工具绘制白色直线。

（5）新建“图层 3”，使用椭圆选框工具绘制一个圆形选区，羽化半径为 10 像素，填充白色，并设置图层混合模式为“溶解”，如图 4-18-3 所示。

图 4-18-2

图 4-18-3

（6）分别将前景色和背景色设置为白色和粉红色（#e480b6），使用渐变工具对背景进行由前景色到背景色的径向渐变，并调整各图层的位置及顺序，最终效果如图 4-18-4 所示。

（7）将最终效果以 X4-18.psd 为文件名保存在考生文件夹中。

图 4-18-4

4.19　第 19 题解答

（1）新建一个宽高为 400×300 像素、RGB 模式的文件。

（2）使用自定义形状工具绘制“心形”路径，如图 4-19-1 所示。

（3）使用文字工具沿路径输入黑色文字“用一生一世爱！爱！爱！把 1314 说出来”，沿右侧路径外侧-28 点摆放，如图 4-19-2 所示。

图 4-19-1

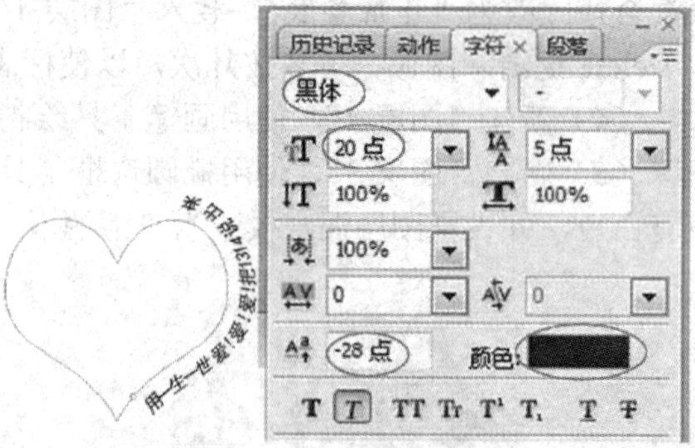

图 4-19-2

（4）同样输入文字“She once was a true love of mine”，颜色为橙色（#ff9600），沿右侧路径内侧摆放，如图 4-19-3 所示。

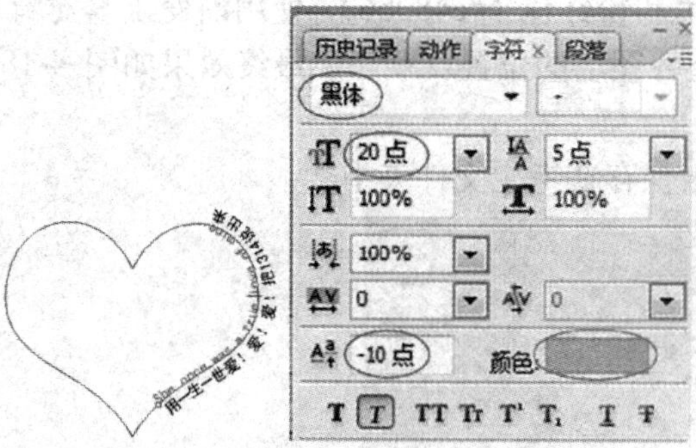

图 4-19-3

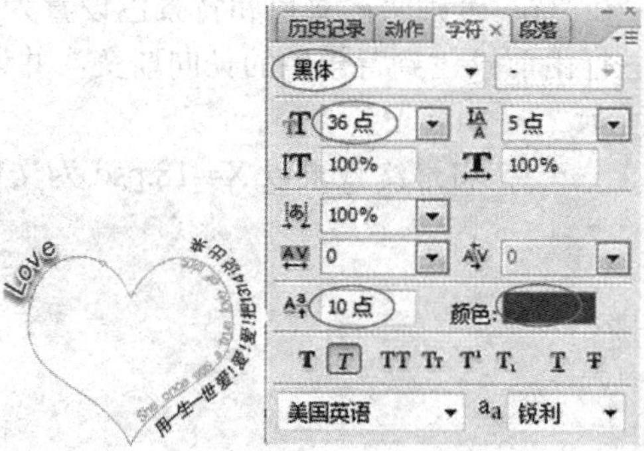

图 4-19-4

（5）使用同样方法，沿路径输入文字“Love”，填充深蓝色（#041a50），如图 4-19-4 所示。白色描边，并添加投影样式，如图 4-19-5 所示。

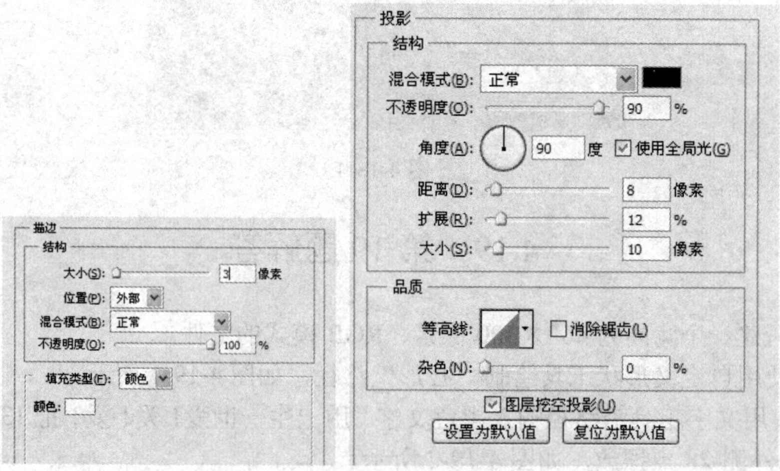

图 4-19-5

（6）使用同样方法，沿路径输入文字“Endless Love”，填充橙色（#ff9600），白色描边，并添加投影样式，如图 4-19-6 所示。

（7）使用文字工具，当光标显示在路径内时，输入黑色文字“I Love You”填充路径，并删除路径，如图 4-19-7 所示。

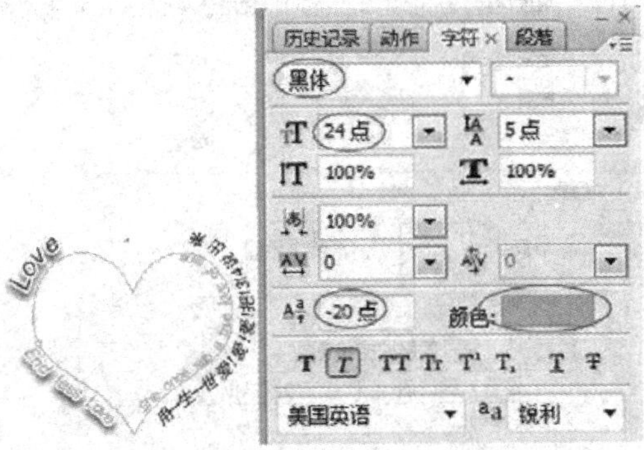

图 4-19-6

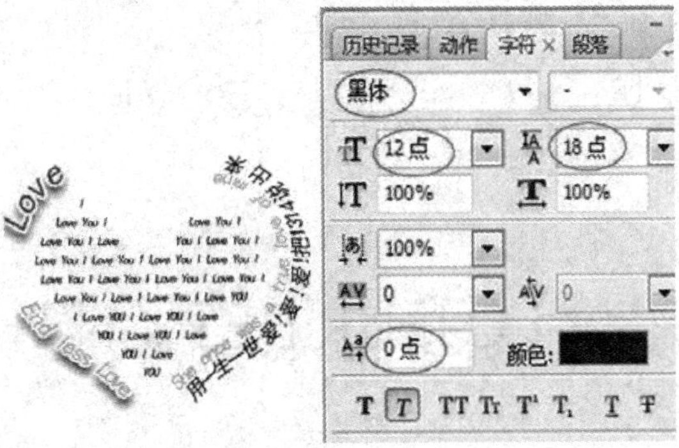

图 4-19-7

（8）最终结果如图 4-19-8 所示。

图 4-19-8

（9）将最终效果以 X4-19.psd 为文件名保存在考生文件夹中。

4.20　第 20 题解答

（1）新建一个宽高为 410×310 像素、RGB 模式的文件。

（2）输入文字“COEUR DES VINS”，字体为“Arial Narrow”，字号为 25 点，字体颜色为绿色（#669f58），背景填充米黄色（#f3f3d7），如图 4-20-1 所示。

（3）双击文字图层，打开图层样式面板，设置“投影”样式，参数如图 4-20-2 所示。

（4）投影效果如图 4-20-3 所示。

（5）使用钢笔工具勾画路径，如图 4-20-4 所示。

（6）选择文字工具，在路径首端单击，输入文字“自然清香 香浓醇正 温和圆润 滑润芳香 香味持久不散…”，字体为黑体、字号为 12 点、颜色为 50%黑色，如图 4-20-5 所示。

图 4-20-1

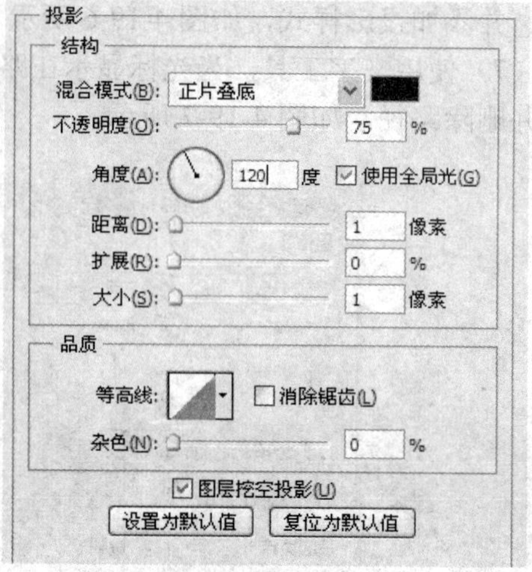

图 4-20-2

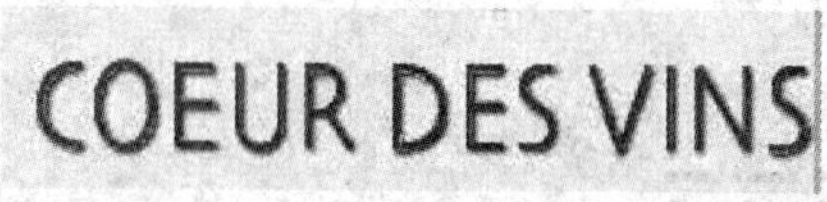

图 4-20-3

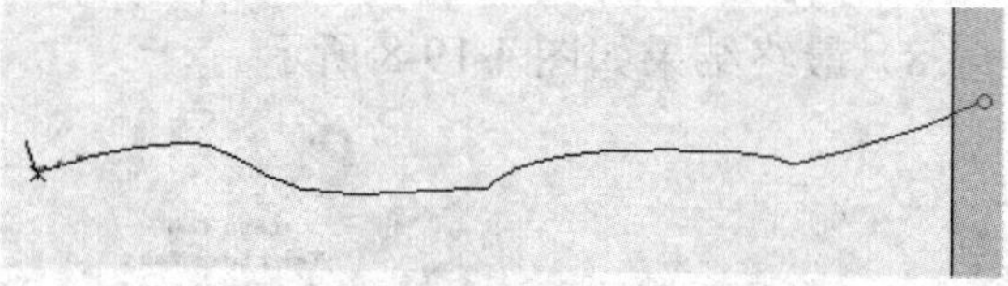

图 4-20-4

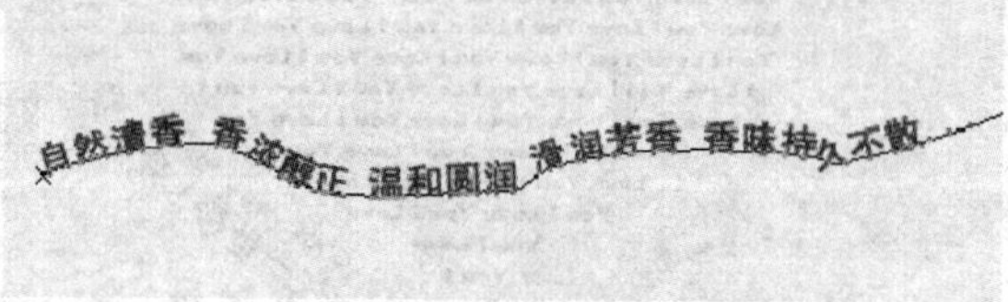

图 4-20-5

（7）双击文字图层，打开图层样式面板，设置“投影”样式，参数如图 4-20-6 所示。

（8）设置“描边”样式，参数如图 4-20-7 所示。

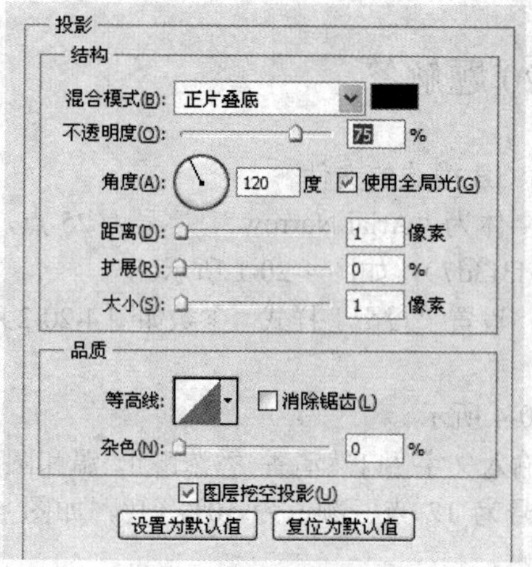

图 4-20-6

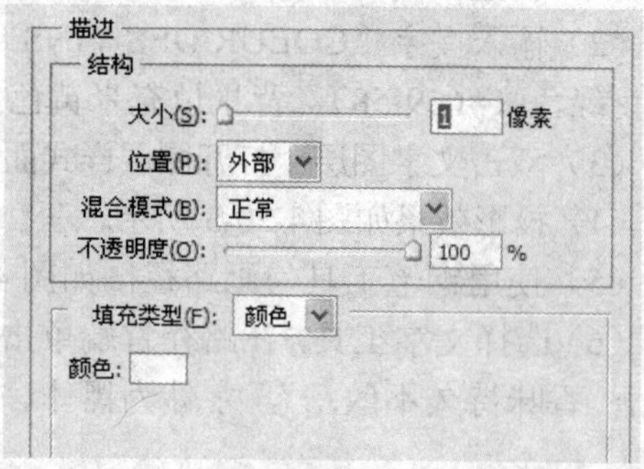

图 4-20-7

（9）设置图层样式后的文字效果如图 4-20-8 所示。

（10）输入文字“红葡萄酒”，字体为黑体、字号为 60 点、颜色为黑色，将文字进行艺术处理，效果如图 4-20-9 所示。

图 4-20-8

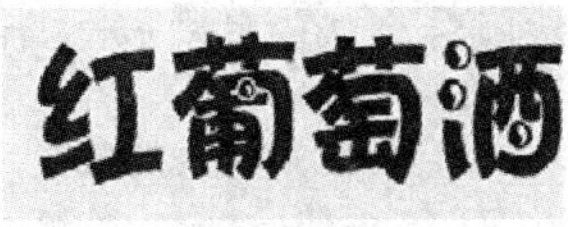

图 4-20-9

（11）双击文字图层，打开图层样式面板，设置“投影”样式，参数如图 4-20-10 所示。

（12）设置图层样式后的文字效果如图 4-20-11 所示。

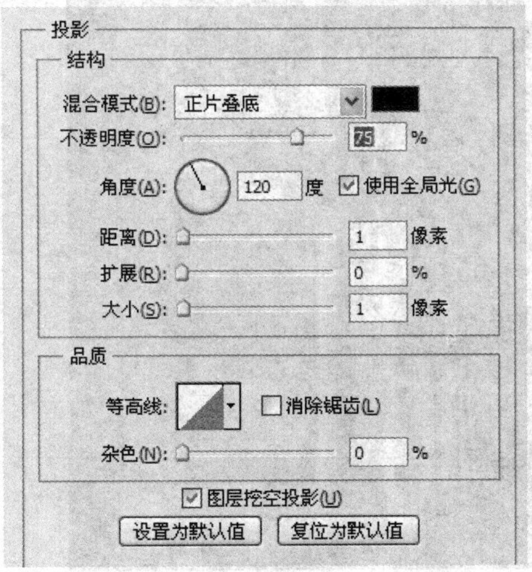

图 4-20-10

图 4-20-11

（13）载入 C:\2012PSCS5\Unit4\logo.jpg 图形，调整大小，放置在画面右上角，最终效果如图 4-20-12 所示。

图 4-20-12

（14）将最终效果以 X4-20.psd 为文件名保存在考生文件夹中。

第五单元　摄影技术

5.1　第 1 题解答

（1）打开素材文件 C:\2012PSCS5\Unit5\tree1.jpg，如图 5-1-1 所示。

图 5-1-1

（2）双击背景图层，变成普通图层，按 Ctrl+J 快捷键，复制背景图层。

（3）在背景图层上，执行“编辑”→“变换”→“垂直翻转”命令。

（4）选择复制图层，用多边形套索工具建立选区，执行“选择”→“修改”→“羽化”命令，设置参数为 10，如图 5-1-2 所示。

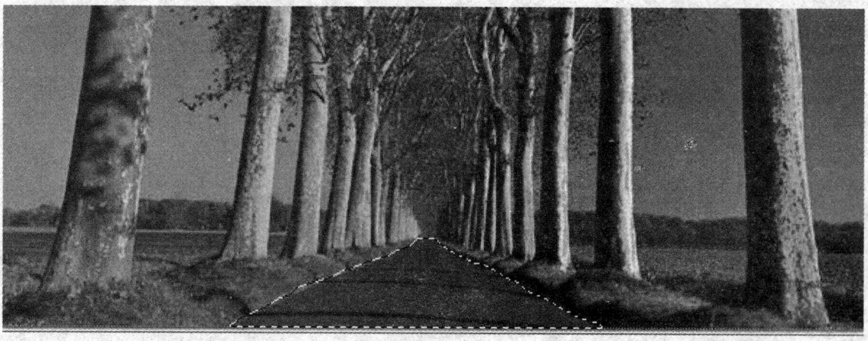

图 5-1-2

（5）清除选区里的内容，如图 5-1-3 所示。

图 5-1-3

（6）选择背景图层，用移动工具移到合适的位置，如图 5-1-4 所示。

图 5-1-4

（7）执行“滤镜”→“扭曲”→“波纹”效果，打开其对话框，参数设置和水中倒影效果如图 5-1-5 所示。

图 5-1-5

（8）将最终效果以 X5-1.psd 为文件名保存在考生文件夹中。

5.2　第 2 题解答[i]

（1）打开素材文件 C:\2012PSCS5\Unit5\girl.jpg，如图 5-2-1 所示。

（2）双击背景图层并命名为“original”，按 Ctrl+J 快捷键，复制背景图层并命名为“blurred”。

[i]本题的视频解答请访问高新考试教材服务网站（www.citt.org.cn）教材专区中的“图形图像处理模块网络服务”栏目。

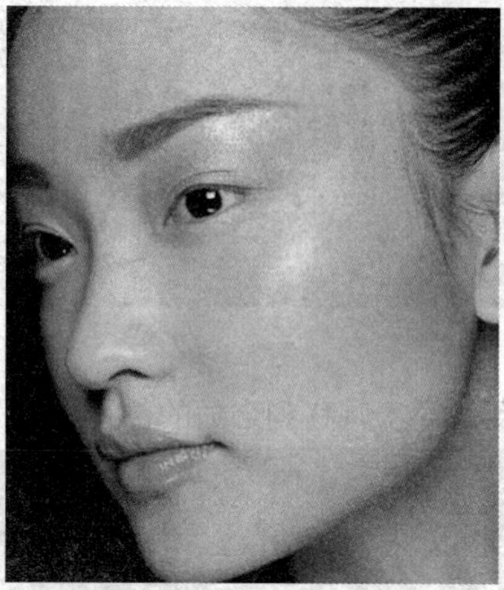

图 5-2-1

（3）在“original”图层中，执行“滤镜”→“模糊”→“高斯模糊”命令，打开其对话框，参数设置如图 5-2-2 所示。

（4）调整图像亮度对比度（+30、+10），回到“blurred”图层，设置图层混合模式为“变亮”，使脸部看起来光滑而细柔，如图 5-2-3 所示。

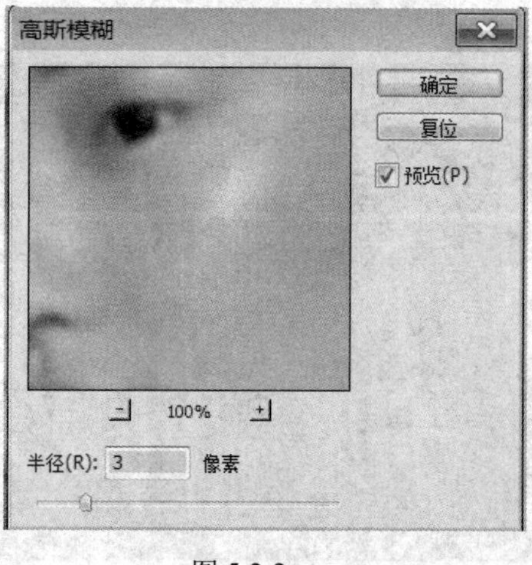

图 5-2-2

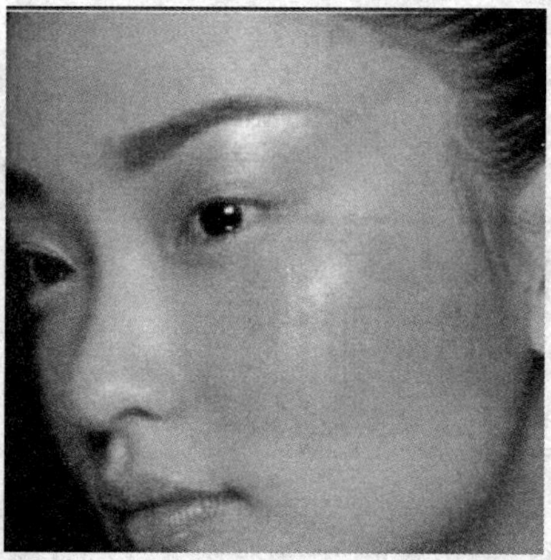

图 5-2-3

（5）在“original”图层中创建眼睛选区，按 Ctrl+J 快捷键，复制到新图层并命名为“eyes”，双击该图层，打开图层样式面板，选择“外发光”（黑色）效果，各项参数设置和应用效果如图 5-2-4 所示。

（6）在“original”图层中创建嘴唇选区，按 Ctrl+J 快捷键，复制成新图层并命名为“lips”，双击该图层，打开图层样式面板，选择“颜色叠加”（#f80047）选项，参数设置如图 5-2-5 左图所示。将该图层的不透明度设置为 40%，效果如图 5-2-5 右图所示。

（7）新建图层并命名“eye shadow”，设置该图层混合模式为“颜色加深”，使用红色画笔，设置画笔的不透明度为 30%，绘画眼影，效果如图 5-2-6 所示。

（8）新建图层并命名为“blush”，图层混合模式设置为“叠加”，再次用红色画笔，不透明度设置为 39%，涂抹腮红，效果如图 5-2-7 所示。

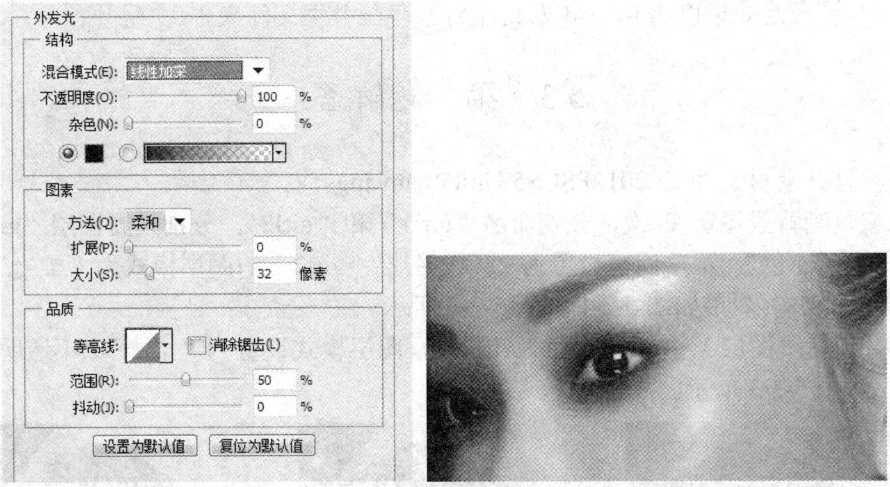

图 5-2-4

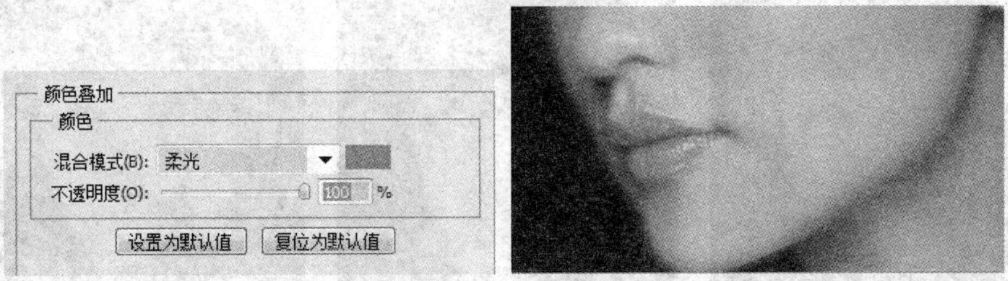

图 5-2-5

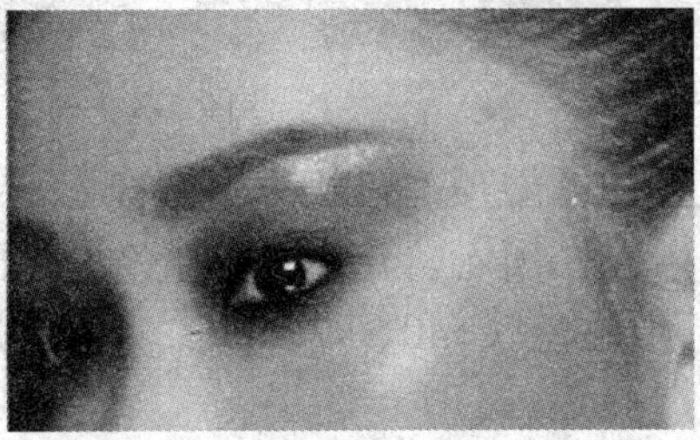

图 5-2-6

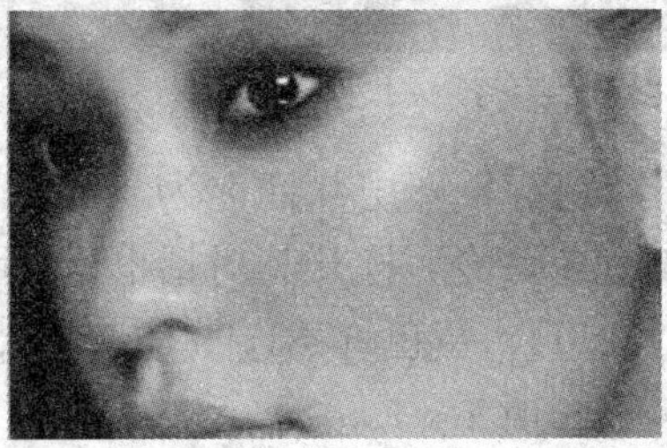

图 5-2-7

（9）制作的化妆照效果，如图 5-2-8 所示。

图 5-2-8

（10）将最终效果以 X5-2.psd 为文件名保存在考生文件夹中。

5.3　第 3 题解答

（1）打开素材文件 C:\2012PSCS5\Unit5\baby.jpg。

（2）复制背景图层 2 次，分别命名“girl1”和“girl2”。分别设置图层“girl1”的图层模式为“滤色”，不透明度设置为 25%，图层“girl2”的图层模式为“柔光”，不透明度设置为 40%，效果如图 5-3-1 和图 5-3-2 所示。

（3）新建“图层 1”，填充颜色为#fff200，图层模式设置为“柔光”，不透明度设置为 41%，如图 5-3-3 所示。

图 5-3-1

图 5-3-2

图 5-3-3

（4）复制背景图层并命名为“girl3”，放置在图层顶部，执行“图像”→“调整”→“可选颜色”命令，打开其对话框，如图 5-3-4 左图所示，分别选择颜色为红色（-100、-4、+3、 +100）、黄色（-81、+10、-18、0）、中性色（+40、-7、-36、-20），应用效果如图 5-3-4 右图所示。

图 5-3-4

（5）执行“图像”→“调整”→“色彩平衡”命令，打开其对话框，如图 5-3-5 左图所示，分别设置阴影（+35、+15、+32）、中间调（+8、+4、+27）和高光（-8、+8、-7），应用效果如图 5-3-5 右图所示。

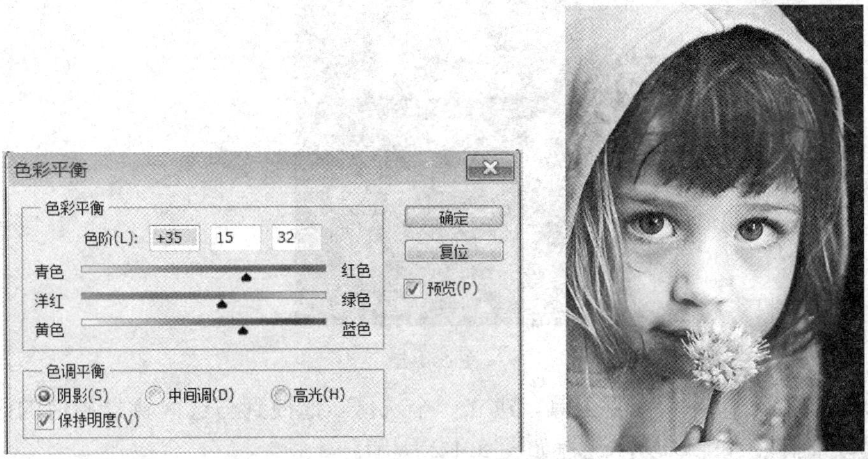

图 5-3-5

（6）按 Ctrl+ Shift+Alt+E 快捷键，设置图层混合模式为“叠加”，不透明度为 26%，效果如图 5-3-6 所示。

（7）新建“图层 2”，选择椭圆选框工具，建立一个圆形选区，填充颜色为白色，执行“选择”→“修改”→“羽化”命令，打开其对话框，半径设置为 20，再按 Delete 键，泡泡效果如图 5-3-7 所示。

（8）用同样的方法制作其余泡泡，添加白色星光亮点效果，最终效果如图 5-3-8 所示。

图 5-3-6

图 5-3-7

图 5-3-8

（9）将最终效果以 X5-8.psd 为文件名保存在考生文件夹中。

5.4　第 4 题解答

（1）打开素材文件 C:\2012PSCS5\Unit5\oldphoto.jpg，如图 5-4-1 所示，按 Ctrl+J

快捷键，复制背景图层并命名为“图层 1”。

图 5-4-1

（2）选择任一修补和修复工具，建立一个选区，拖拽到与选区背景相似的区域进行修补，对背景折痕进行修复，过程如图 5-4-2 所示。

（3）选择污点修复工具，修改画笔的大小，对背景污点进行修复，效果如图 5-4-3 所示。

（4）用矩形选框工具建立左边面部选区，按 Ctrl+J 快捷键，复制到新图层并命名为“眼睛”，如图 5-4-4 所示。

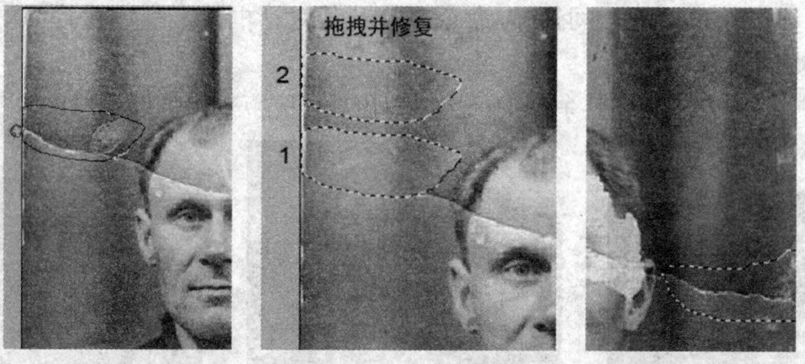

图 5-4-2

图 5-4-3

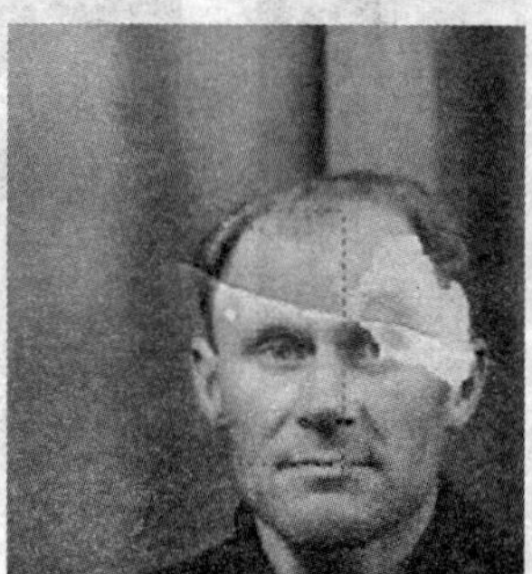

图 5-4-4

（5）按 Ctrl+T 快捷键，右击并执行“水平翻转”命令，然后用移动工具拖拽到合适的位置，如图 5-4-5 所示。

（6）在“眼睛”图层上添加图层蒙版。设置画笔的大小，在图层蒙版上隐藏不需要的地方，留下眼睛部位。

（7）在“图层 1”上，用仿制图章工具修补折痕，如图 5-4-6 所示。

图 5-4-5

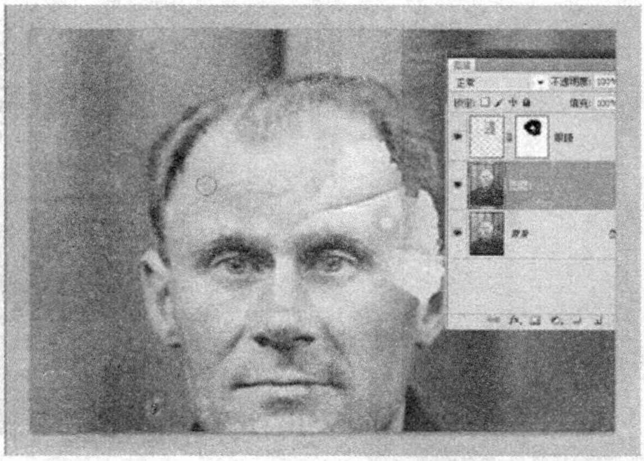

图 5-4-6

（8）用同样的方法修补脸部和耳朵，如图 5-4-7 所示。

（9）用同样的方法修饰右半部分的头发，然后对整个脸部进行修饰，如图 5-4-8 所示。

图 5-4-7

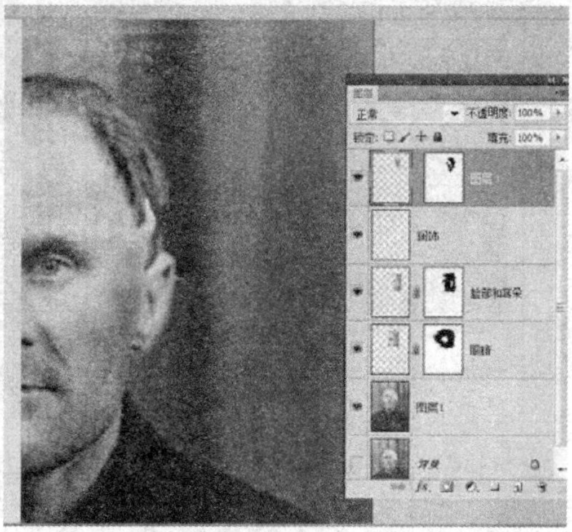

图 5-4-8

（10）照片修复效果如图 5-4-9 所示。

（11）选中所有的图层，将它们编成组并命名为“修复”，按 Ctrl+ Shift + Alt + E 快捷键，将所有的图层合并为一个图层并命名为“杂色”。

（12）执行“滤镜”→“杂色”→“减少杂色”命令，打开其对话框，参数设置如图 5-4-10 所示。

（13）复制“杂色”图层为“锐化”图层，执行“滤镜”→“其他”→“高反差保留”命令，打开其对话框，参数设置如图 5-4-11 所示。

（14）设置图层混合模式为“叠加”，添加图层蒙版，如图 5-4-12 所示。

（15）最后用曲线调整其色调，效果如图 5-4-13 所示。

（16）将最终效果以 X5-4.psd 为文件名保存在考生文件夹中。

图 5-4-9

图 5-4-10

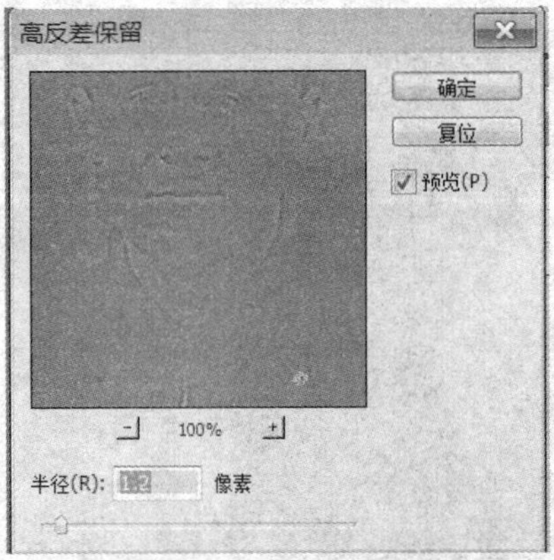

图 5-4-11

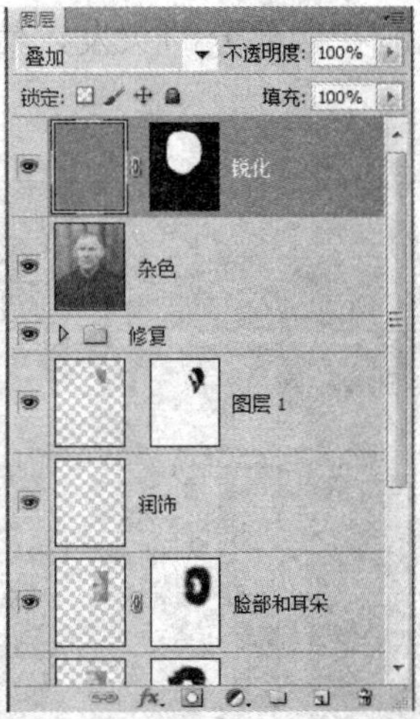

图 5-4-12

图 5-4-13

5.5　第 5 题解答

（1）打开素材文件 C:\2012PSCS5\Unit5\young.jpg，如图 5-5-1 所示。

（2）按 Ctrl+J 快捷键，复制背景图层到新图层，选择修复画笔工具，对脸部斑点、痣和粉刺等进行修复，操作如图 5-5-2 所示。

（3）重复相同的动作，直到脸部修饰干净，效果如图 5-5-3 所示。

（4）选择脸部皮肤（不包括眼部和嘴唇），如图 5-5-4 所示。

图 5-5-1

图 5-5-2

图 5-5-3

图 5-5-4

（5）执行“选择”→“修改”→“羽化”命令，羽化值为 5，按 Ctrl+J 快捷键，复制到新图层中。

（6）在新图层中执行“滤镜”→“杂色”→“中间值”命令，打开其对话框，参数设置为 2，效果如图 5-5-5 所示。

（7）设置图层混合模式为“变亮”，使脸部产生光滑效果，如图 5-5-6 所示。

图 5-5-5

图 5-5-6

（8）用套索工具选择眼睛，复制到新图层，设置图层混合模式为“滤光”，不透明度设置为 30%，眼睛变亮，效果如图 5-5-7 所示。

（9）改变眼睛的颜色，按 Ctrl+U 快捷键，打开“色相/饱和度”对话框，参数设置如图 5-5-8 所示。

图 5-5-7

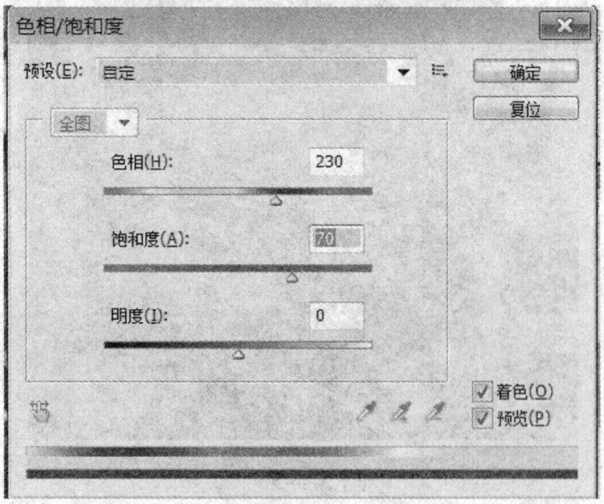

图 5-5-8

（10）新建图层，执行“图像”→“应用图像”命令，打开其对话框，默认值即可，单击“确定”按钮，设置图层混合模式为“柔光”，设置不透明度为30%，效果如图5-5-9所示。

（11）执行“图像”→“调整”→“色彩平衡”命令，打开其对话框，参数设置如图5-5-10所示。

图5-5-9

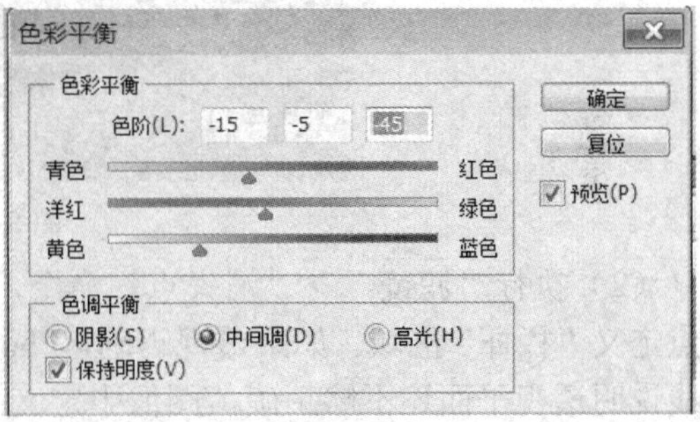

图5-5-10

（12）翻新处理后效果如图5-5-11所示。

图5-5-11

（13）将最终效果以X5-5.psd为文件名保存在考生文件夹中。

5.6　第 6 题解答

（1）打开素材文件 C:\2012PSCS5\Unit5\photo.jpg，如图 5-6-1 所示。在图像中，使用一般复制功能可将图中的人物移除，但不能很好地处理透视关系，消失点工具则可以快速完成此操作。

图 5-6-1

（2）执行“滤镜”→“消失点”命令，使用创建平面工具（），在图像中单击 4 个点定义“栏杆”区域。如果透视正确，Photoshop 将显示蓝色网格，如果是黄色或红色框线说明透视平面还不够正确，图像中定义的透视平面如图 5-6-2 所示。

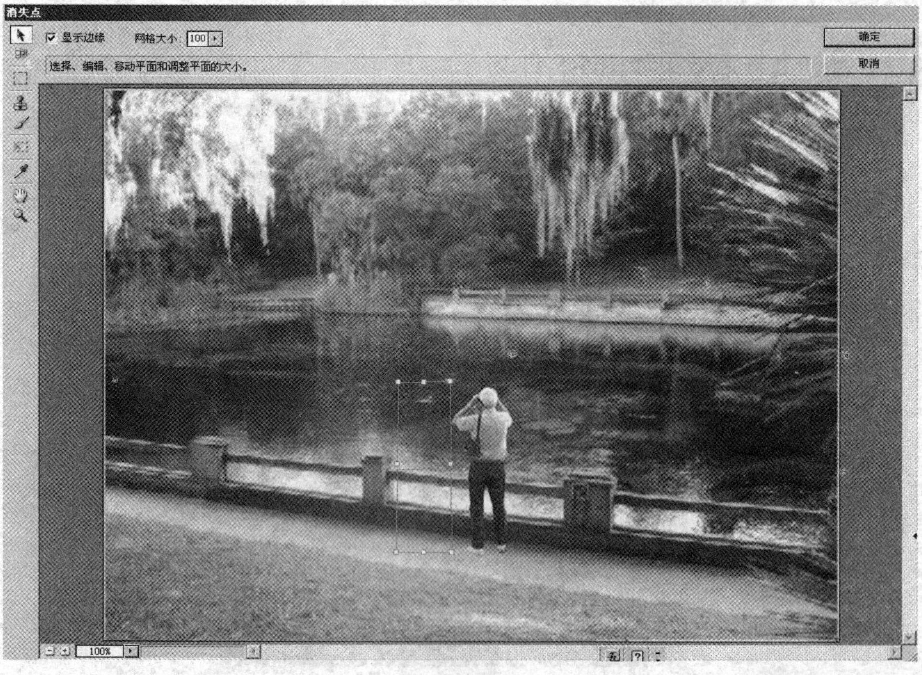

图 5-6-2

（3）设置好透视网格后，选择仿制图章工具，在蓝色网格内，如图 5-6-3 所示，按 Alt 键单击取得源图像，松开 Alt 键，在人物图像上单击，按照透视角度复制图像，无缝过渡复制融合到周围环境中。

图 5-6-3

（4）在本例中只需要一个透视平面，也可以根据需要，拉动原来的网格随意增加定义多个平面，这样就可以复制对象并完美地保持透视，最终效果如图 5-6-4 所示。

图 5-6-4

（5）将最终效果以 X5-6.psd 为文件名保存在考生文件夹中。

5.7　第 7 题解答

（1）打开素材文件 C:\2012PSCS5\Unit5\girl1.jpg 和 C:\2012PSCS5\Unit5\windows.jpg。使用快速选择工具创建图像窗户选区，如图 5-7-1 所示。

（2）切换到其他选择工具（例如矩形选框工具）将选区移入另一幅图像内，位置如图 5-7-2 所示。

图 5-7-1

图 5-7-2

（3）在图层调板中单击“创建新的填充或调整图层”按钮，选择“色阶”选项。

（4）在图层调板中出现调整色阶图层，并且打开“色阶”对话框，调整亮区白色滑块，加亮选区内的图像，如图 5-7-3 所示。

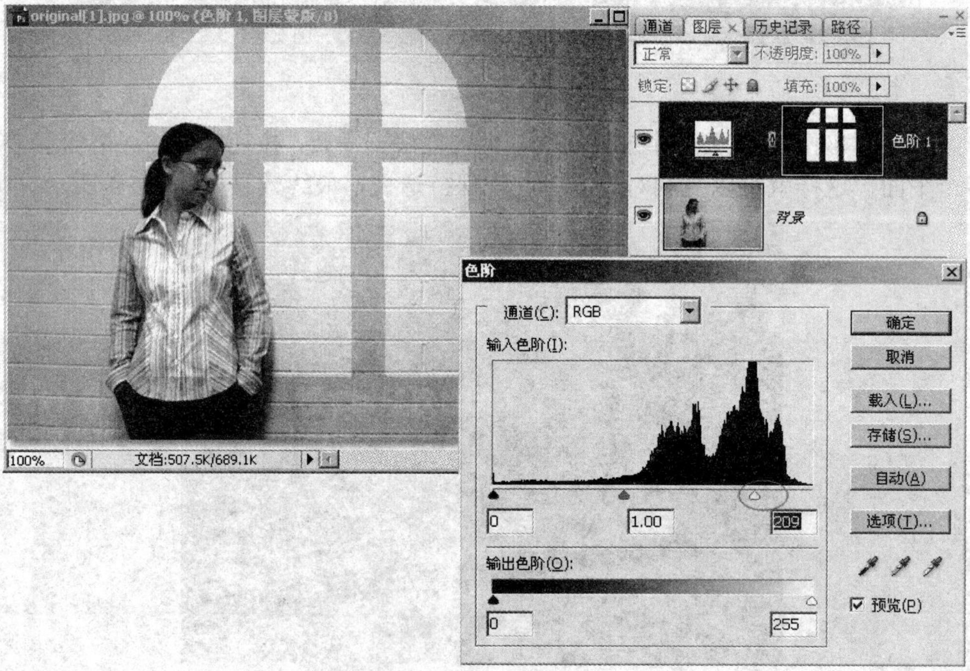

图 5-7-3

（5）进一步模糊调整图层的蒙版边缘、调整混合模式和不透明度，最终效果如图 5-7-4 所示。

（6）将最终效果以 X5-7.psd 为文件名保存在考生文件夹中。

图 5-7-4

5.8　第 8 题解答

（1）打开素材文件 C:\2012PSCS5\Unit5\groupphoto.jpg，如图 5-8-1 所示。

图 5-8-1

（2）新建“图层 1”填充为黑色（准备作为背景）。新建图层组并命名为“组 1”，在“组 1”中，新建“图层 3”，建立矩形选区，填充为白色，将其旋转一定的角度（准备作为图片白边）。

（3）复制“图层 3”为“图层 4”，对“图层 4”进行缩放，填充为黑色（准备作为剪贴图形）。复制背景图层为“背景副本”（剪贴图像），放置于“组 1”的“图层 4”中。

（4）按 Alt 键，在图层调板中将光标放置于“图层 4”与“背景副本”图层分隔线上（光标变成两个交叉的圆），单击，形成“剪贴蒙版”，如图 5-8-2 所示。

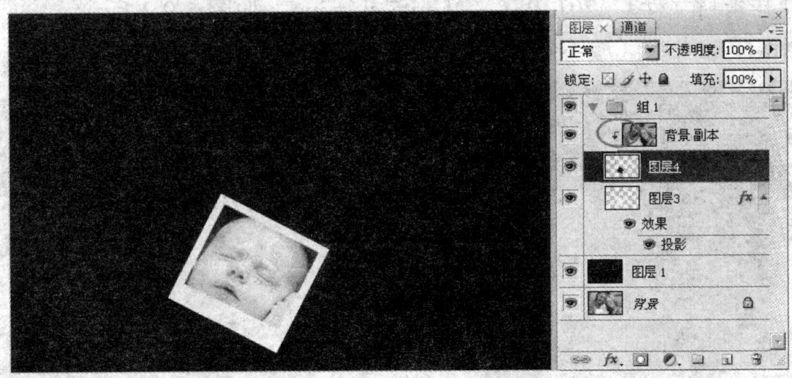

图 5-8-2

（5）复制“组 1”为“组 2”，将“图 3 副本”和“图层 4 副本”链接，执行“编辑”→“自由变换”命令，移动位置和旋转角度，产生其他位置的照片效果如图 5-8-3 所示。

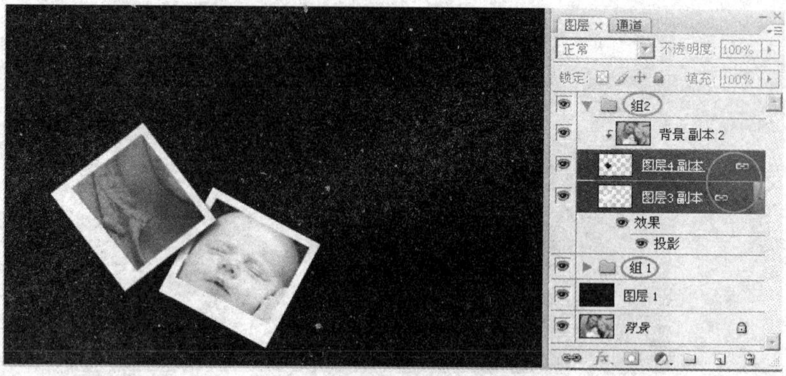

图 5-8-3

（6）依次重复步骤（4）和（5），做出多张照片拼贴的效果，如图 5-8-4 所示。

图 5-8-4

（7）将最终效果以 X5-8.psd 为文件名保存在考生文件夹中。

5.9　第 9 题解答

（1）打开素材文件 C:\2012PSCS5\Unit5\skin.jpg，如图 5-9-1 所示。

（2）图像脸部有些区域不够光滑，有斑点，确定需要处理的部位，如图 5-9-2 所示。

图 5-9-1

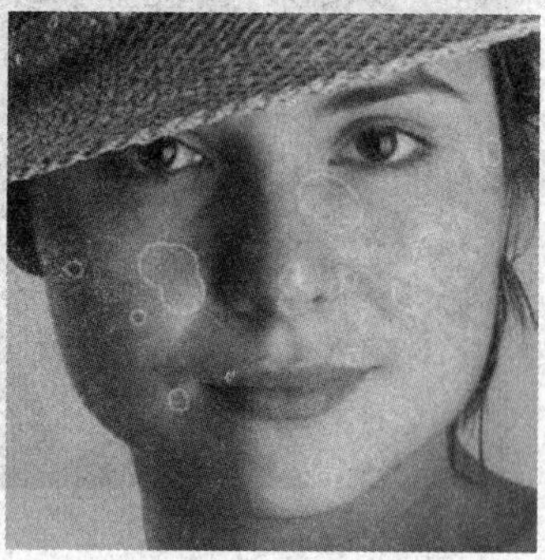

图 5-9-2

（3）选择修复画笔工具或污点修复工具，如图 5-9-3 所示，设置画笔。

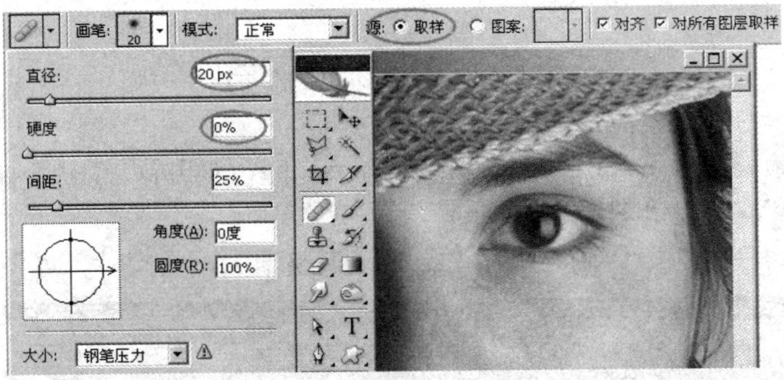

图 5-9-3

（4）在皮肤光滑柔软的区域，按住 Alt 键单击，取得源点，移到有污点的区域，再次单击就可以覆盖有瑕疵的部位，如图 5-9-4 所示。

（5）复制新图层，使用套索工具选取人物脸部和脖颈皮肤区域，按工具箱的快速蒙版工具（），选区转换成红色蒙版状态，如图 5-9-5 所示，使用画笔涂抹帽子、眼睛、眉毛、鼻孔、嘴、耳朵和头发区域。按“标准模式编辑状态”按钮（），切换回选区状态，发现只有皮肤区域被选择，其他部位被排除在外。

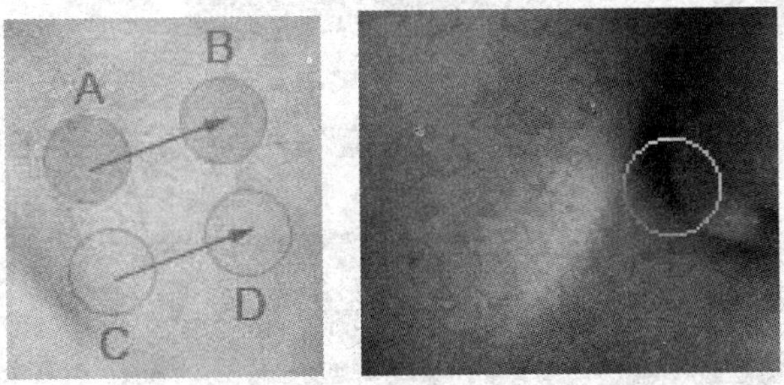

图 5-9-4

图 5-9-5

（6）执行“滤镜”→“杂色”→“中间值”命令，如图 5-9-6 所示，调整图层不透明为 50%，效果如图 5-9-7 所示。

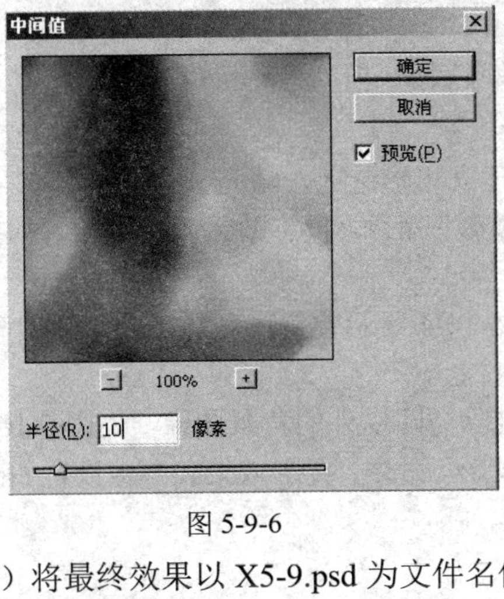

图 5-9-6

图 5-9-7

（7）将最终效果以 X5-9.psd 为文件名保存在考生文件夹中。

5.10　第 10 题解答

（1）打开素材文件 C:\2012PSCS5\Unit5\horse.jpg，双击背景图层，将背景图层转换为普通“图层 0”，新建“图层 1”。

（2）执行“图像”→“画布大小”命令，调整增大画布尺寸，如图 5-10-1 所示。

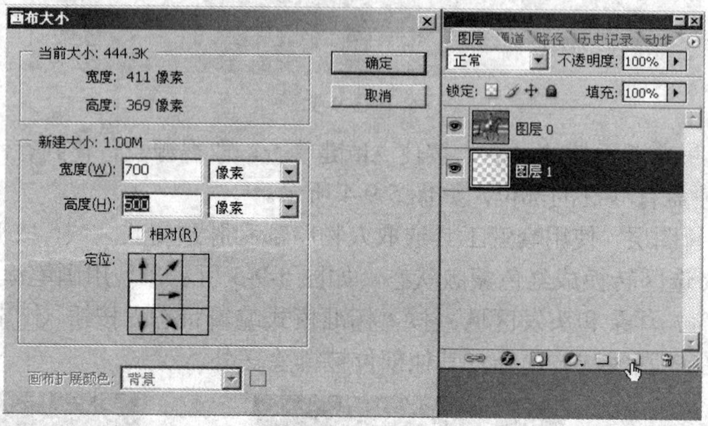

图 5-10-1

（3）设定前/背景色为（#d7d8dd、#9298b2），执行“滤镜”→“渲染”→“云彩”命令，制作背景纹理，如图 5-10-2 所示。

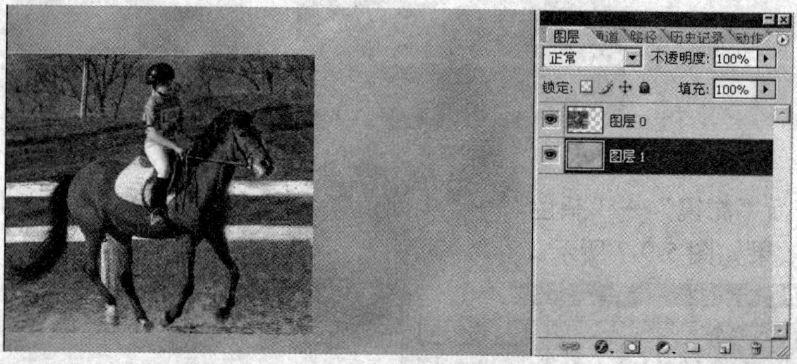

图 5-10-2

（4）新建“图层 2”，依照马匹的大小建立矩形选区，填充白色。

（5）执行“图层”→“图层样式”→“投影”命令，投影效果和参数设置如图 5-10-3 所示。

（6）向右侧移动图像（图层 0），如图 5-10-4 所示位置。

（7）反转选区，将选区向左侧移动 10 像素。

（8）使用“橡皮擦工具”擦除图像右侧除马匹以外的背景图像，如图 5-10-5 所示。

（9）执行“图层”→“图层样式”→“投影”命令，投影效果和参数设置如图 5-10-6 所示。

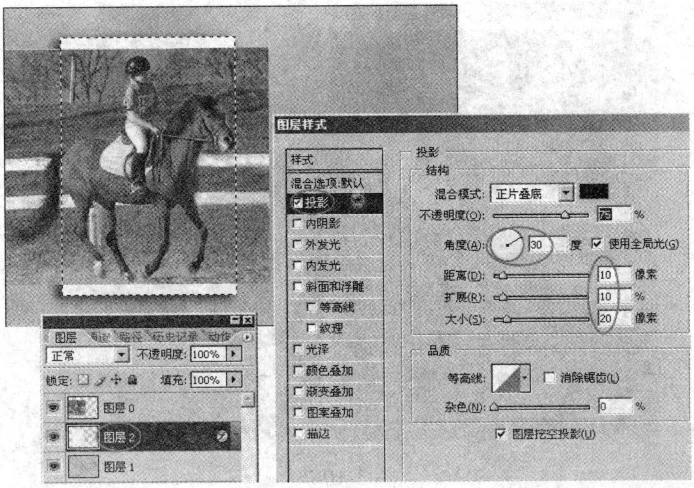

图 5-10-3

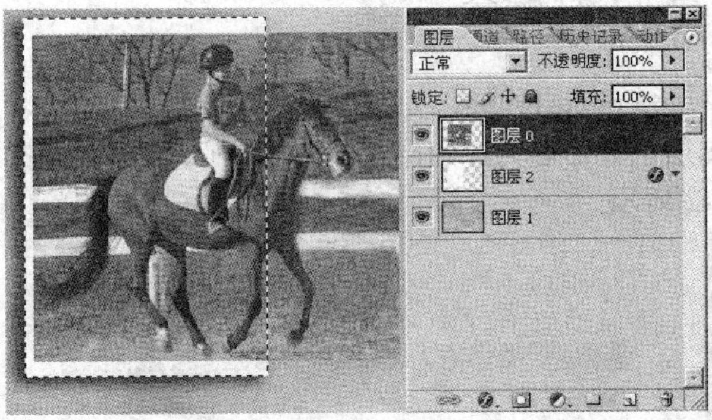

图 5-10-4

图 5-10-5

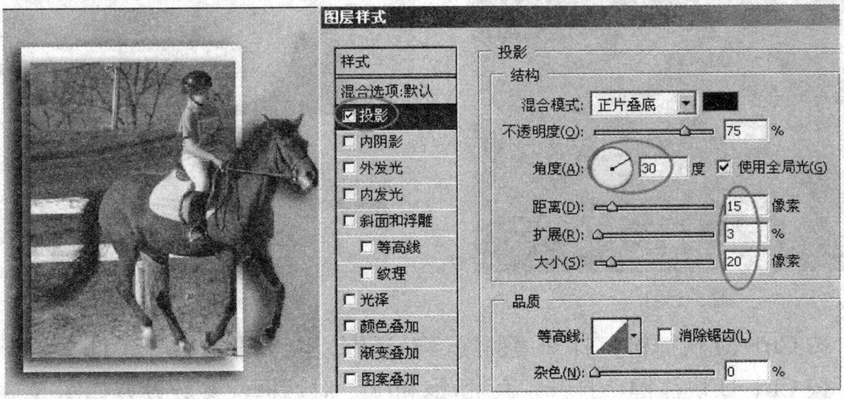

图 5-10-6

（10）输入白色文字“Ally Loves Juliet”，字体为“Monotype Corsiva”、大小为 20 点，添加阴影效果。最终效果如图 5-10-7 所示。

（11）将最终效果以 X5-10.psd 为文件名保存在考生文件夹中。

图 5-10-7

5.11　第 11 题解答

（1）打开素材文件 C:\2012PSCS5\Unit5\photo11.jpg，如图 5-11-1 所示。

（2）按 Ctrl+J 快捷键，复制到新图层中并命名为“图层 1”，按 Ctrl+L 快捷键，打开“色阶”对话框，参数设置如图 5-11-2 所示。

图 5-11-1

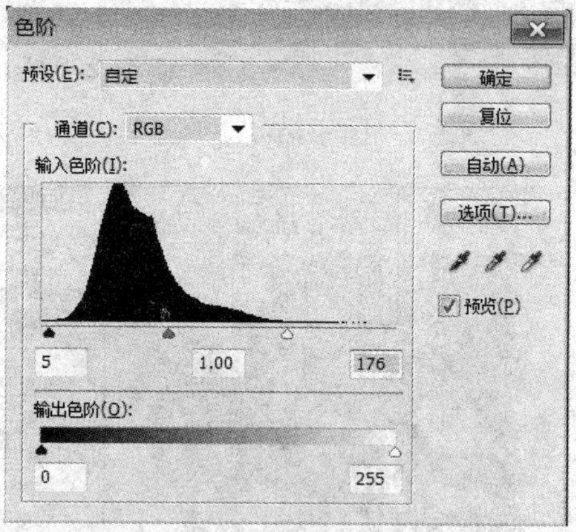

图 5-11-2

（3）按 Ctrl+M 快捷键，打开“曲线”对话框，参数设置如图 5-11-3 所示。

（4）按 Ctrl+U 快捷键，打开“色相/饱和度”对话框，参数设置如图 5-11-4 所示。

（5）执行后的效果如图 5-11-5 所示。

（6）执行“图像”→“调整”→“可选颜色”命令，打开其对话框，参数设置如图 5-11-6 所示。

（7）调整之后的最终效果如图 5-11-7 所示。

（8）将最终效果以 X5-11.psd 为文件名保存在考生文件夹中。

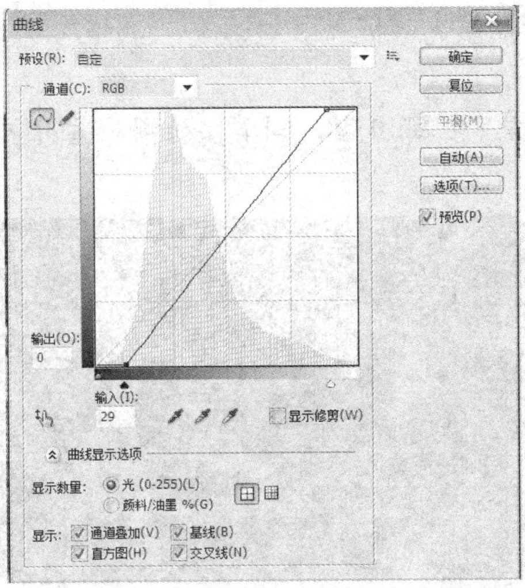

图 5-11-3

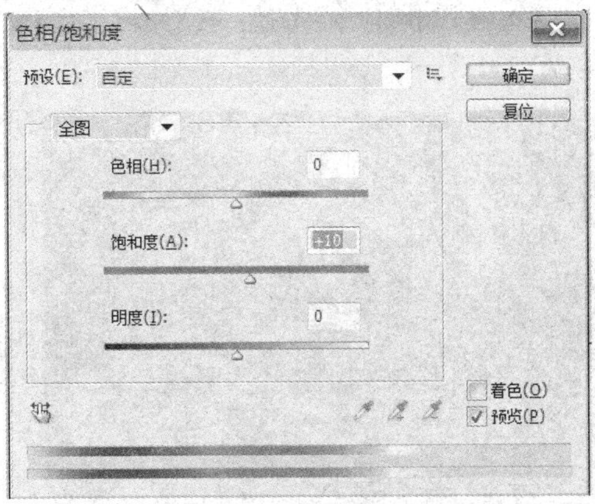

图 5-11-4

图 5-11-5

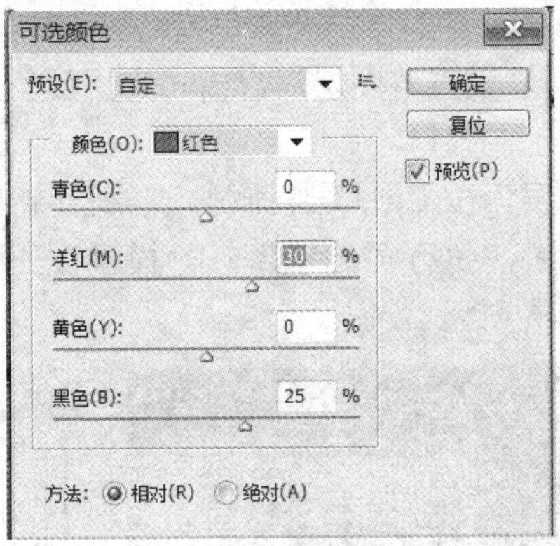

图 5-11-6

图 5-11-7

5.12 第 12 题解答

（1）打开素材文件 C:\2012PSCS5\Unit5\fine.jpg，如图 5-12-1 所示。

（2）在背景图层上，按 Ctrl+J 快捷键，复制到新的图层并命名为“图层 1”，建立如图 5-12-2 所示的选区。

图 5-12-1

图 5-12-2

（3）按 Ctrl+J 快捷键，复制到新的图层并命名为“折射 1”，执行“编辑”→“变换”→“垂直翻转”命令，效果如图 5-12-3 所示。

（4）在“折射 1”图层中，按 Ctrl+T 快捷键，按 Shift 键，向下移动到合适的位置，如图 5-12-4 所示。

图 5-12-3

图 5-12-4

（5）新建图层并命名为“图层 2”，填充颜色为#5a9cb2，载入“折射 1”图层选区，按图层面板下面的建立蒙版按钮。设置该图层混合模式为“颜色”，填充不透明度为 30%，如图 5-12-5 所示。

（6）单击“折射 1”图层，按 Ctrl+J 快捷键，复制到新图层并命名为“折射 2”，在图层面板中单击锁定透明像素，执行“滤镜”→“模糊”→“动感模糊”命令，打开其对话框，参数设置如图 5-12-6 所示。

图 5-12-5

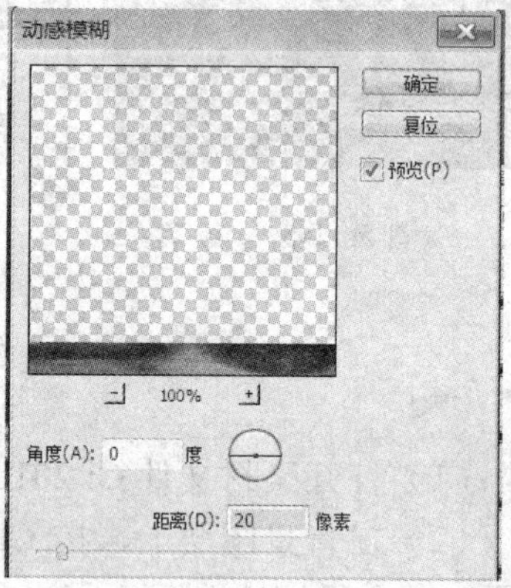

图 5-12-6

（7）按 Ctrl+F 快捷键，再执行一次该滤镜，效果如图 5-12-7 所示。

（8）在“折射 2”图层上添加图层蒙版，在图层蒙版上，添加从上到下黑色到白色的线性渐变，如图 5-12-8 所示。

（9）新建图层并命名为“渐变 1”，载入“图层 2”蒙版选区，在“渐变 1”图层上建立图层蒙版。在该图层上，选择渐变工具从前景色到透明色渐变。设置该图层的混合模式为“明度”，填充设置为 40%，如图 5-12-9 所示。

（10）稍加修饰，最终效果如图 5-12-10 所示。

（11）将最终效果以 X5-12.psd 为文件名保存在考生文件夹中。

图 5-12-7

图 5-12-8

图 5-12-9

图 5-12-10

5.13　第 13 题解答

（1）打开素材文件 C:\2012PSCS5\Unit5\face.jpg，如图 5-13-1 所示。

（2）新建图层并命名为“眼珠”，用椭圆工具将眼珠选中，在新图层填充蓝色，设置图层混合模式为“叠加”，形成蓝色眼珠，如图 5-13-2 所示。

（3）用钢笔工具将嘴唇选中，路径转为选区，如图 5-13-3 所示，执行“选择”→“修改”→“羽化”命令，羽化值设为 5。

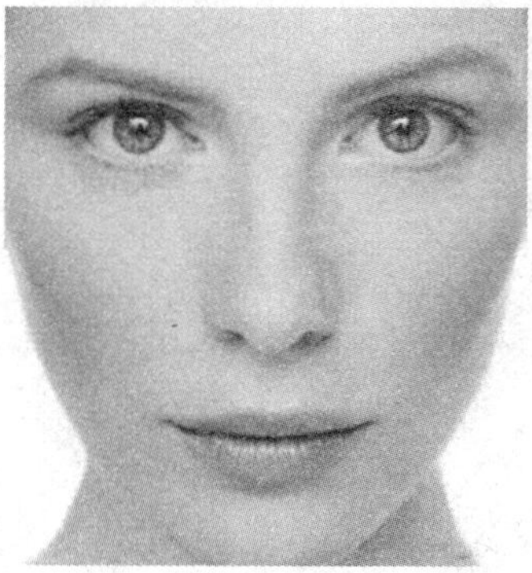

图 5-13-1

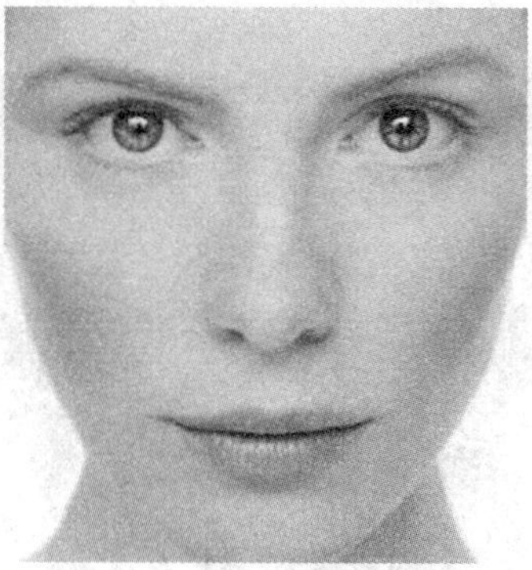

图 5-13-2

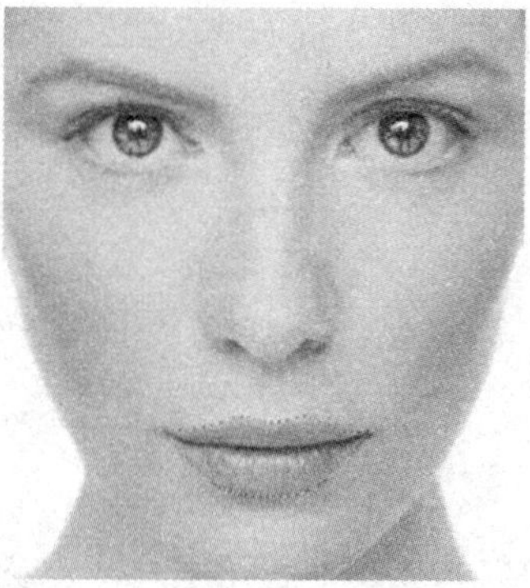

图 5-13-3

（4）新建图层并命名为“嘴唇”，填充为深红，设置该图层的混合模式为“正片叠底”，降低不透明度，如图 5-13-4 所示。

（5）创建眼部（不包含眼球区域）选区，如图 5-13-5 所示，新建图层并命名为“眼影”，填充粉红色，设置图层混合模式为“叠加”，形成粉红眼影。

（6）用画笔涂抹掉眼睛区域，效果如图 5-13-6 所示。

图 5-13-4

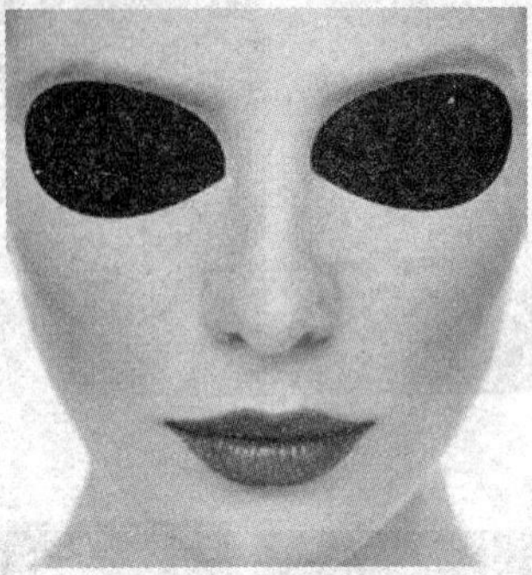

图 5-13-5

图 5-13-6

（7）可以改变眼影的颜色，按 Ctrl+J 快捷键，复制眼影图层，按 Ctrl+U 快捷键，用色相/饱和度修改颜色，效果如图 5-13-7 所示。

（8）新建图层并命名为“腮红”，建立选区，填充为红色并模糊处理，降低不透明度为 10%，形成脸部腮红，如图 5-13-8 所示。

图 5-13-7

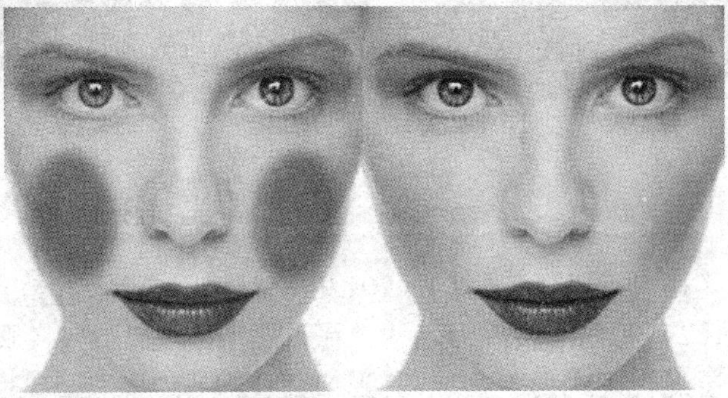

图 5-13-8

（9）人物彩妆的最终效果如图 5-13-9 所示。

图 5-13-9

（10）将最终效果以 X5-13.psd 为文件名保存在考生文件夹中。

5.14　第 14 题解答

(1) 打开素材文件 C:\2012PSCS5\Unit5\left.jpg 和 C:\2012PSCS5\Unit5\right. jpg，如图 5-14-1 所示。

图 5-14-1

（2）新建宽和高为 300×225 像素、RGB 模式的文件，将两张照片复制到该文件中，分别命名为“jess”和“rose”，如图 5-14-2 所示。

（3）单击图层“rose”，设置该图层不透明度为 50%，按 Ctrl + T 快捷键，缩小到使两者的头部大小相似，按 Enter 键即可。

（4）再次按 Ctrl+T 快捷键，旋转 rose 头部，倾斜到使两者的表情、方向相似，如图 5-14-3 所示。

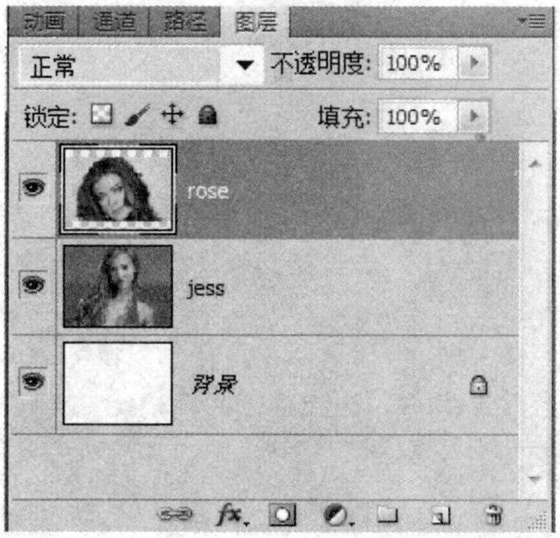

图 5-14-2

图 5-14-3

（5）用移动工具将两者头部完全相吻合，如图 5-14-4 所示。

图 5-14-4

（6）将不透明度恢复到 100%，用多边形套索工具将 rose 的脸选中，如图 5-14-5 所示。

（7）添加图层蒙版，效果如图 5-14-6 所示。

图 5-14-5

图 5-14-6

（8）选择画笔工具，设置前景色为黑色，在图层蒙版上，用大软刷涂画 rose 脸的边缘，效果如图 5-14-7 所示。

（9）用同样的方法，给“rose”图层换成“jess”图层的脸，效果如图 5-14-8 所示。

图 5-14-7

图 5-14-8

（10）将最终效果以 X5-14.psd 为文件名保存在考生文件夹中。

5.15　第 15 题解答

（1）打开素材文件 C:\2012PSCS5\Unit5\stage.jpg，载入背景图像 C:\2012PSCS5\Unit5\cloth.jpg，如图 5-15-1 所示。

（2）将 cloth.jpg 文件移到 stage.jpg 文件中，并命名该图层为“背景布”，执行“图层”→“图层蒙版”→“隐藏全部”命令，选择大一点的画笔，设置前景色为白色，在图层蒙版中涂画的人物，效果如图 5-15-2 所示。

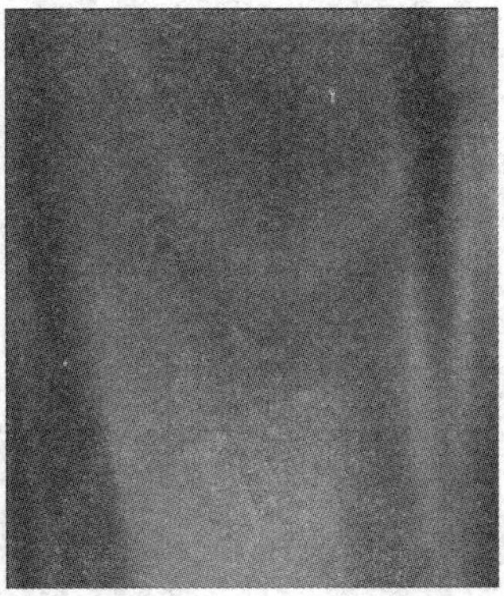

图 5-15-1　　图 5-15-2

（3）打开素材文件 C:\2012PSCS5\Unit5\skin1.jpg，如图 5-15-3 所示，用移动工具移到当前文件中，并命名为“皮肤”，执行“图层”→“图层蒙版”→“隐藏全部”命令，设置该图层混合模式为“颜色”，用画笔工具将人物皮肤区域涂抹为白色，效果如图 5-15-4 所示。

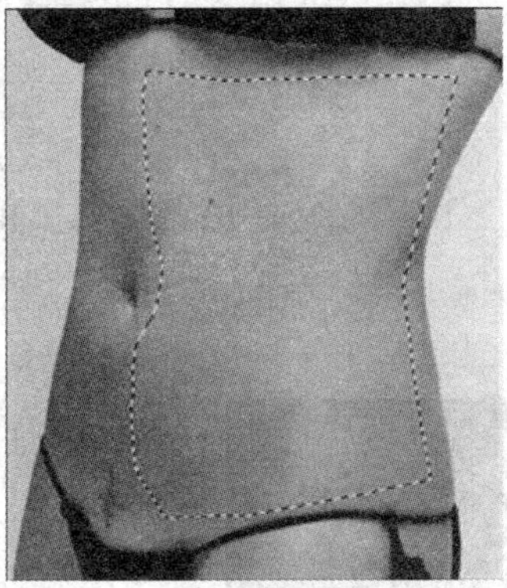

图 5-15-3　　图 5-15-4

（4）打开素材文件 C:\2012PSCS5\Unit5\dog.jpg，如图 5-15-5 所示，移到当前文件中，并命名图层为“头发”，用同样的方法为头发上色，如图 5-15-6 所示。

（5）完成这些之后，图层面板如图 5-15-7 所示。

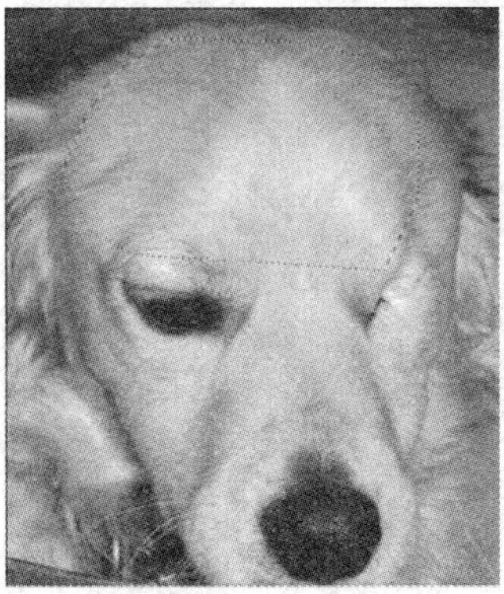

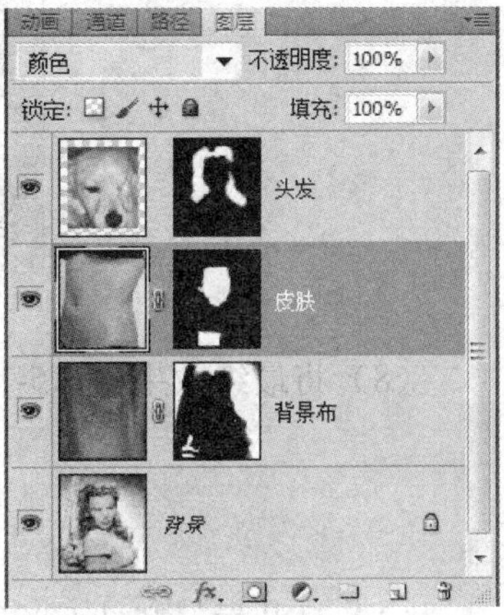

图 5-15-5　　图 5-15-6　　图 5-15-7

（6）同样方法分别将眼睛、嘴唇和衣服选中，放在不同的图层中，分别填充为眼睛蓝色、嘴唇红色和衣服粉色，设置图层混合模式为“颜色”，如图 5-15-8 所示。图层面板如图 5-15-9 所示。

图 5-15-8

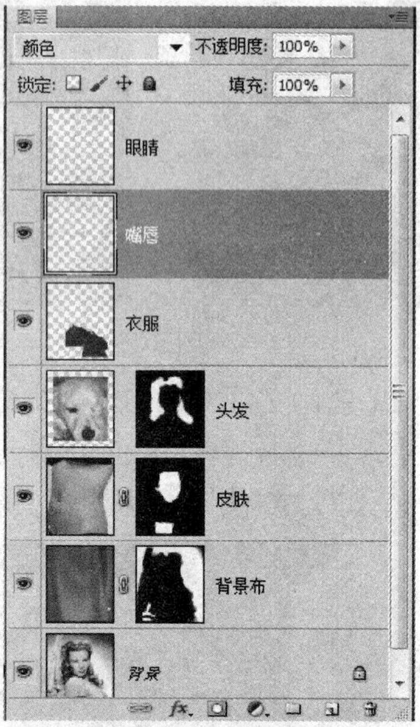

图 5-15-9

（7）最后的效果如图 5-15-10 所示。

图 5-15-10

（8）将最终效果以 X5-15.psd 为文件名保存在考生文件夹中。

5.16 第 16 题解答

（1）打开素材文件 C:\2012PSCS5\Unit5\origion.jpg。

（2）复制背景图层为“图层 1”，建立如图 5-16-1 所示的脸部皮肤选区，执行“滤镜”→“模糊”→“高斯模糊”命令，打开其对话框，参数设置如图 5-16-2 所示，效果如图 5-16-3 所示。设置“图层 1”的混合模式为“变亮”。

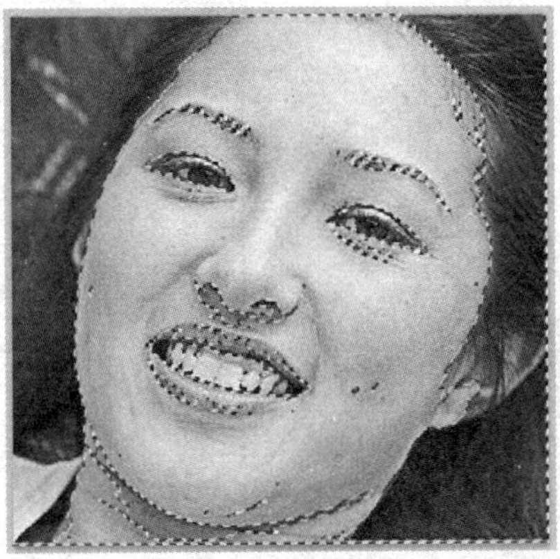

图 5-16-1

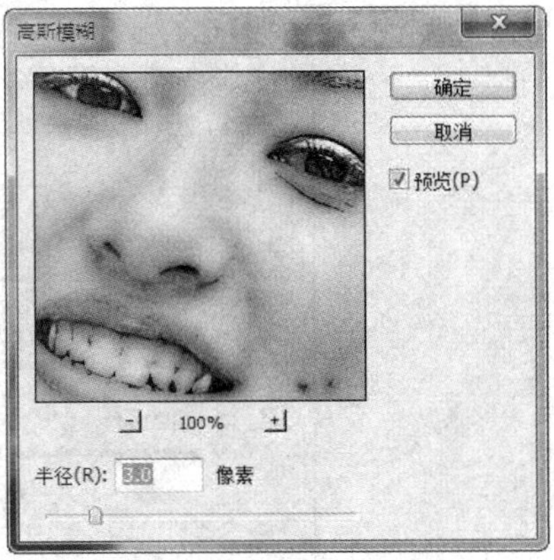

图 5-16-2

（3）使用仿制图章工具修除照片中的斑点和皱纹，最终效果如图 5-16-4 所示。

图 5-16-3

图 5-16-4

（4）将最终效果以 X5-16.psd 为文件名保存在考生文件夹中。

5.17　第 17 题解答

（1）打开素材文件 C:\2012PSCS5\Unit5\teeth.jpg，如图 5-17-1 所示。

（2）用魔棒选区工具或配合其他选择工具将牙齿选中，如图 5-17-2 所示。

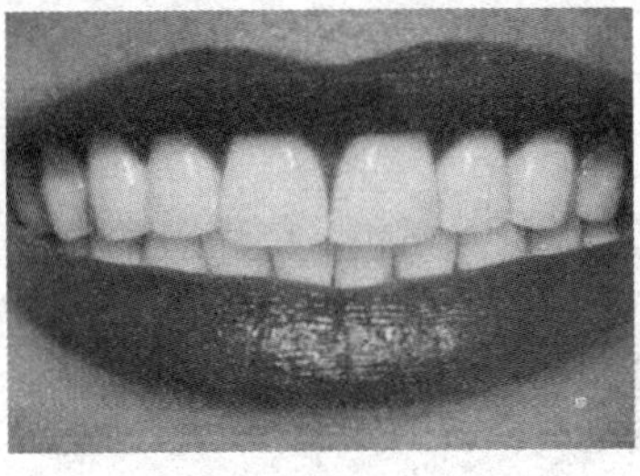

图 5-17-1

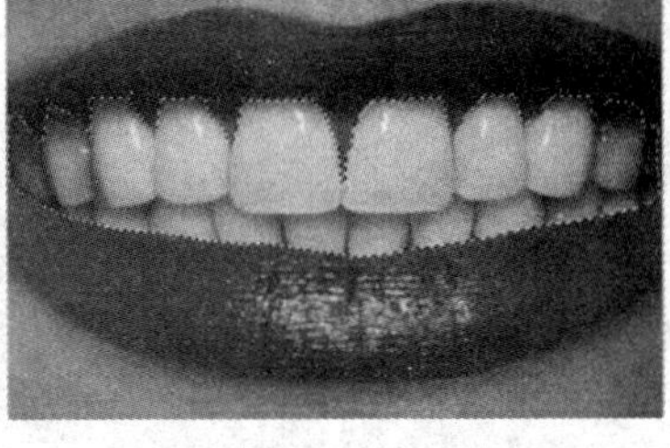

图 5-17-2

（3）执行“选择”→“修改”→“羽化”命令，打开其对话框，设置羽化值为 2，按 Ctrl+J 快捷键，复制到新图层。在图层面板中，执行“色相/饱和度”命令，打开其对话框，各项参数设置如图 5-17-3 所示。

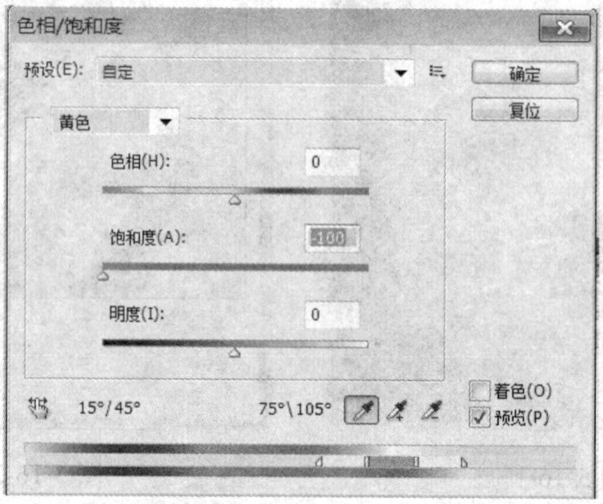

图 5-17-3

（4）对牙龈部分作润色处理，美白牙齿的修饰对比效果如图 5-17-4 所示。

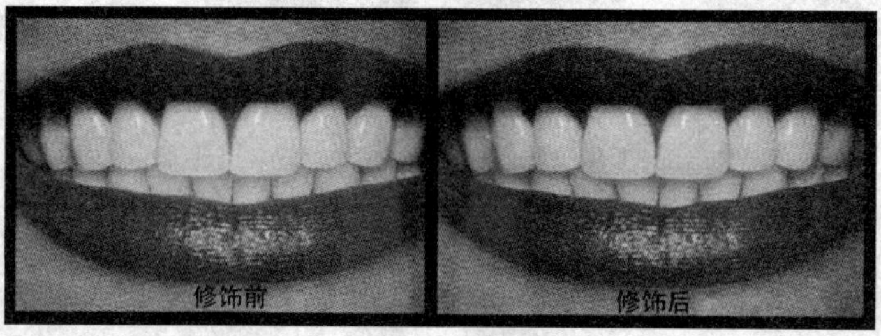

图 5-17-4

（5）将最终效果以 X5-17.psd 为文件名保存在考生文件夹中。

5.18 第 18 题解答

（1）打开素材文件 C:\2012PSCS5\Unit5\girl2.jpg，如图 5-18-1 所示。

（2）新建图层并命名为“眼珠”，创建眼珠选区并填色（#ff8532），如图 5-18-2 所示。

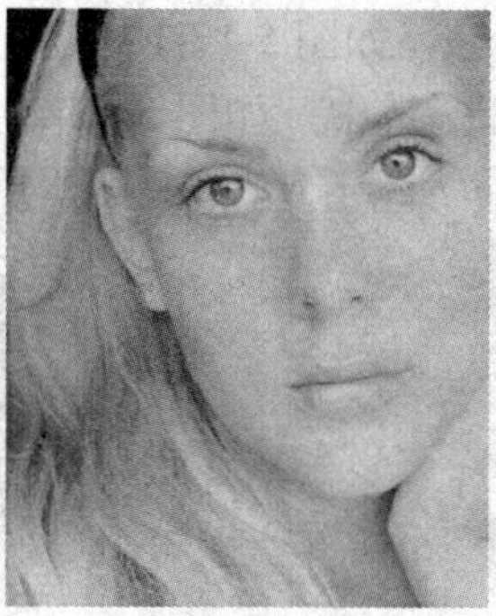

图 5-18-1

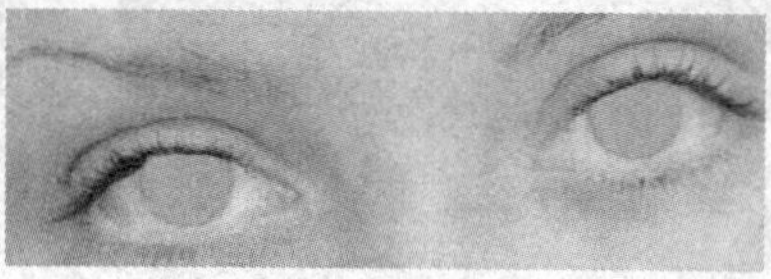

图 5-18-2

（3）执行“滤镜”→“模糊”→“高斯模糊”命令，打开其对话框，参数设置如图 5-18-3 所示。

（4）设置该图层混合模式为“柔光”，设置不透明度为 70%，效果如图 5-18-4 所示。

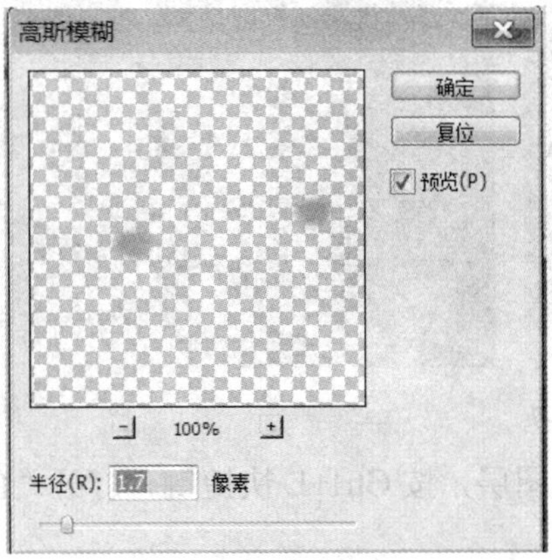

图 5-18-3

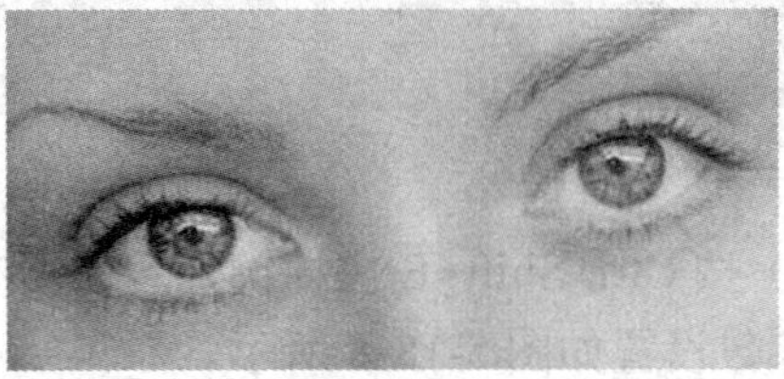

图 5-18-4

（5）新建图层并命名为“嘴唇”，用同样的方法创建嘴唇选区并填色（#cf005b），模糊处理并设置图层混合模式为“柔光”，设置不透明度为 70%，过程和效果如图 5-18-5 所示。

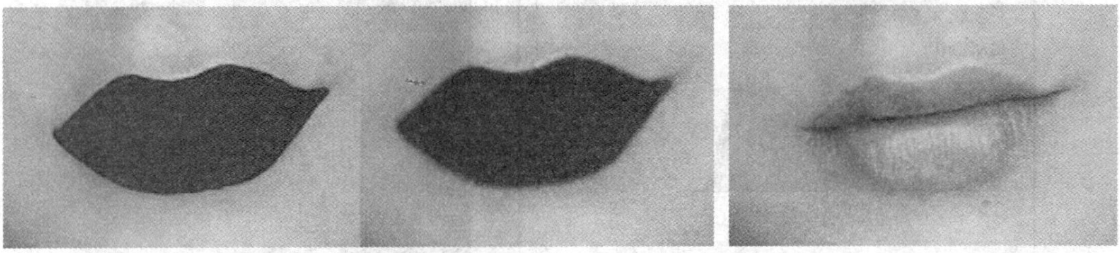

图 5-18-5

（6）新建图层并命名为“眼线”，创建眼线选区并填色（#7ca9af），模糊处理并设置图层混合模式为“颜色加深”，设置不透明度为 70%，过程和效果如图 5-18-6 所示。

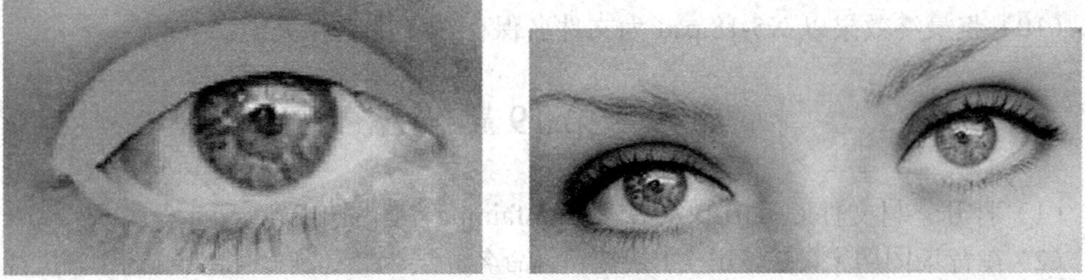

图 5-18-6

（7）新建图层并命名为“腮红”，创建腮红选区并填色（#ffb596），模糊处理并设置图层混合模式为“线性加深”，设置不透明度为 50%，过程和效果如图 5-18-7 所示。

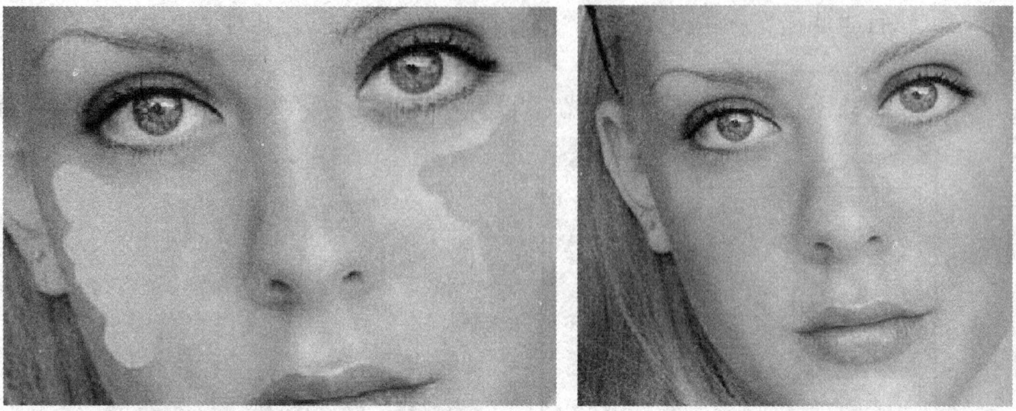

图 5-18-7

（8）按 Ctrl+Shift+E 快捷键，合并所有的图层，按 Ctrl+L 快捷键，打开“色阶”对话框，参数设置如图 5-18-8 所示。

（9）按 Ctrl+J 快捷键，复制背景图层，高斯模糊后设置图层混合模式为“柔光”，设置不透明度为 50%。最终效果如图 5-18-9 所示。

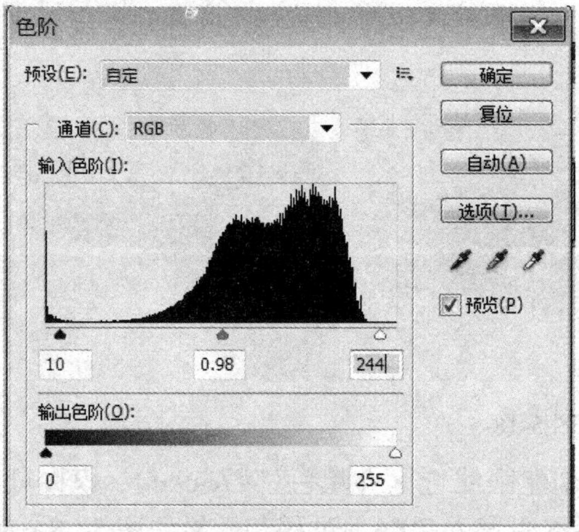

图 5-18-8

图 5-18-9

（10）将最终效果以 X5-18.psd 为文件名保存在考生文件夹中。

5.19 第 19 题解答

（1）打开素材文件 C:\2012PSCS5\Unit5\fair.jpg，如图 5-19-1 所示。

（2）在背景图层上，按 Ctrl + J 快捷键，命名此层为“复制”，将头发选中，执行“图像”→“计算”命令，打开其对话框，参数设置如图 5-19-2 所示。

（3）打开“通道”调板，有一个新的通道为“Alpha 1”，单击，按 Ctrl + L 快捷键，打开“色阶”对话框，设置如图 5-19-3 所示。

（4）使用画笔工具，在“Alpha 1”通道中涂画出头发的轮廓，效果如图 5-19-4 所示。

图 5-19-1

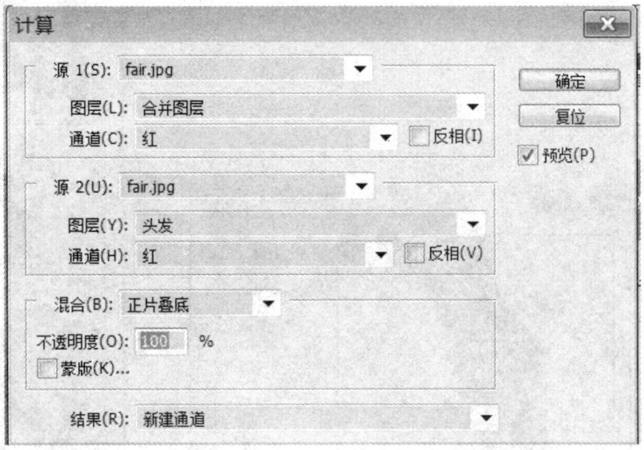

图 5-19-2

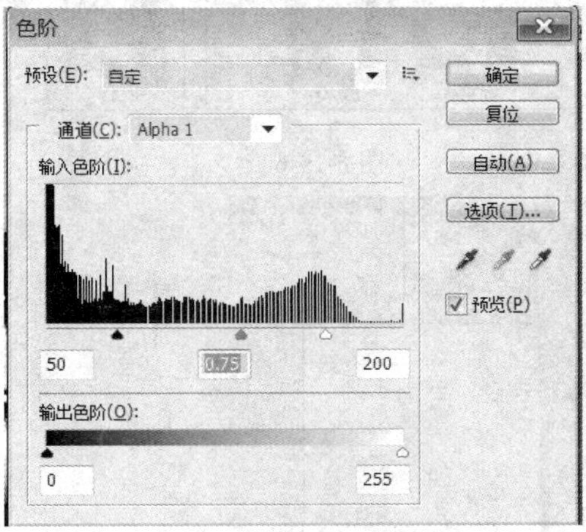

图 5-19-3

图 5-19-4

（5）在通道调板中，按住 Ctrl 键，单击“Alpha 1”通道，载入头发选区。单击“RGB”通道，返回到图层调板，单击“复制”图层，然后反选，按 Ctrl + J 快捷键，复制到一个新图层并命名为“头发”。

（6）在“头发”图层中，执行“滤镜”→“模糊”→“高斯模糊”命令，打开其对话框，参数设置如图 5-19-5 所示。

（7）执行“图像”→“调整”→“变化”命令，打开其对话框，如图 5-19-6 所示。

（8）选择“阴影”效果，单击两次加深黄色和较亮，选择“中间调”效果，单击两次加深黄色和较亮，选择“高光”效果，单击两次加深黄色和较亮。现在设置“头发”图层的混合模式为“滤色”，改变不透明度为 80%左右。

（9）创建调整图层，执行“图像”→“调整” →“曲线”命令，单击“确定”按钮，打开“曲线”对话框，参数设置如图 5-19-7 所示。

（10）设置该图层的混合模式为“亮光”，不透明度为 40%，染发技术效果如图 5-19-8 所示。

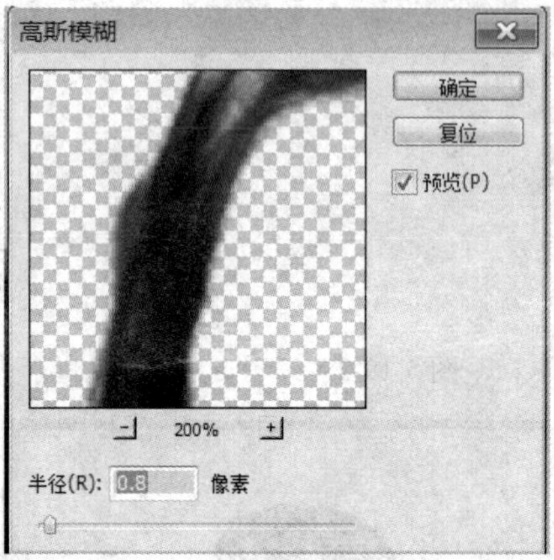

图 5-19-5

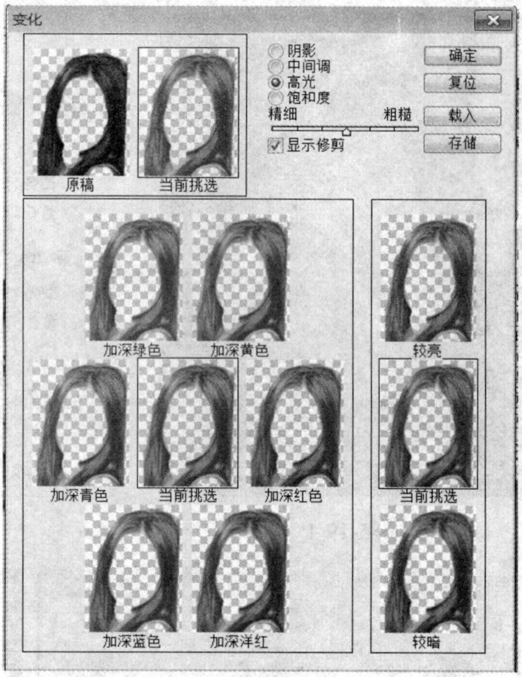

图 5-19-6

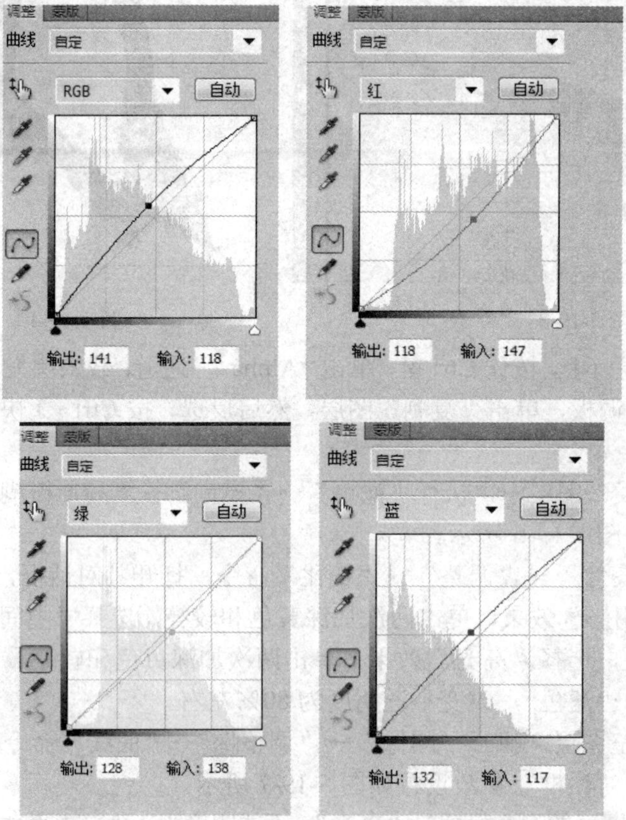

图 5-19-7

图 5-19-8

（11）将最终效果以 X5-19.psd 为文件名保存在考生文件夹中。

5.20 第 20 题解答

（1）打开素材文件 C:\2012PSCS5\Unit5\new.jpg 和 C:\2012PSCS5\Unit5\old.jpg，如图 5-20-1 所示。

图 5-20-1

（2）把 new.jpg 移入到 old.jpg 文件中，降低“new”图像的不透明度，选择“old”中的图像位置，然后反选，回到“new”图像图层，按 Delete 键，切除多余部分，如图 5-20-2 所示。

（3）切除的效果如图 5-20-3 所示。

（4）在“new”图层中，执行“图像”→“调整”→“去色”命令。再执行“滤镜”→“模糊”→“高斯模糊”命令，打开其对话框，参数设置如图 5-20-4 所示。

（5）设置该图层不透明度为 80%，执行“图像”→“调整”→“亮度/对比度”命令，打开其对话框，参数设置如图 5-20-5 所示。

图 5-20-2

图 5-20-3

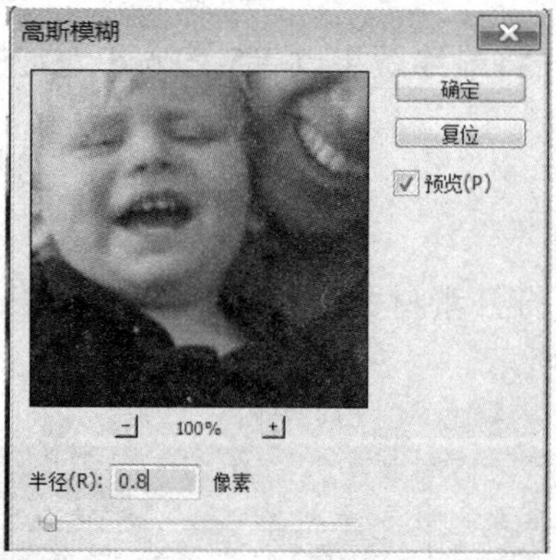

图 5-20-4

（6）制作旧照片的最终效果如图 5-20-6 所示。

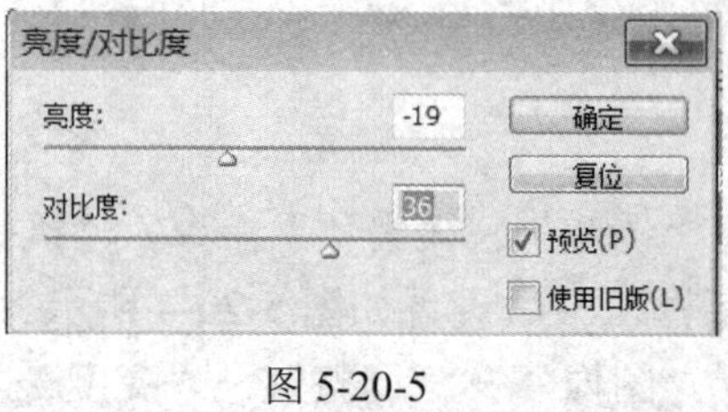

图 5-20-5

图 5-20-6

（7）将最终效果以 X5-20.psd 为文件名保存在考生文件夹中。

第六单元　网页元素

6.1　第 1 题解答

（1）新建一个宽高均为 400 像素、RGB 模式的文件。

（2）新建图层“Eyeball”。建立正圆选区，填充白色，双击图层“Eyeball”，打开图层样式面板，选择“内发光”和“外发光”效果（黑色至透明），参数设置如图 6-1-1 所示，效果如图 6-1-2 所示。

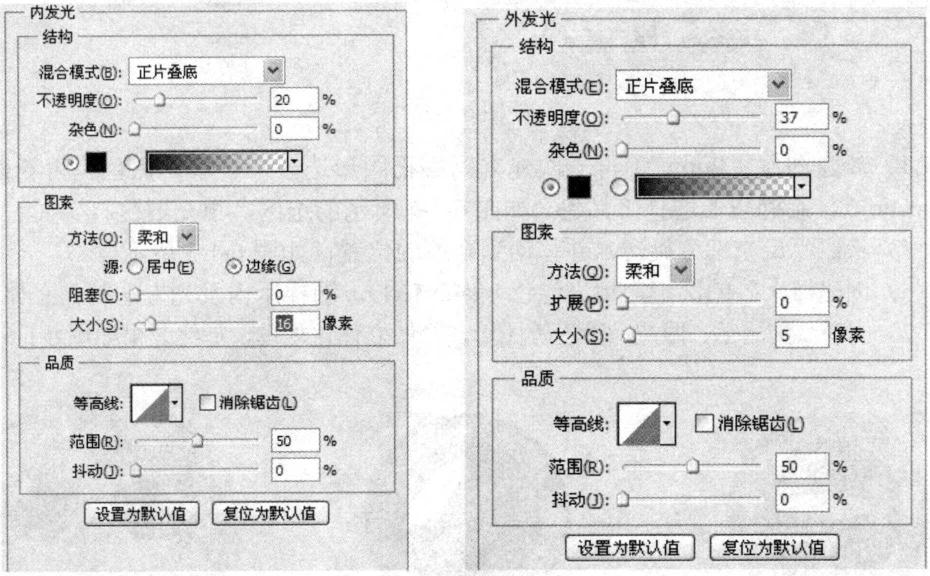

图 6-1-1

图 6-1-2

（3）新建图层“Eye”，在圆形内部建立同心正圆选区，并填充眼睛的颜色（#0089dc），添加图层“内发光”效果，参数设置和效果如图 6-1-3 所示。

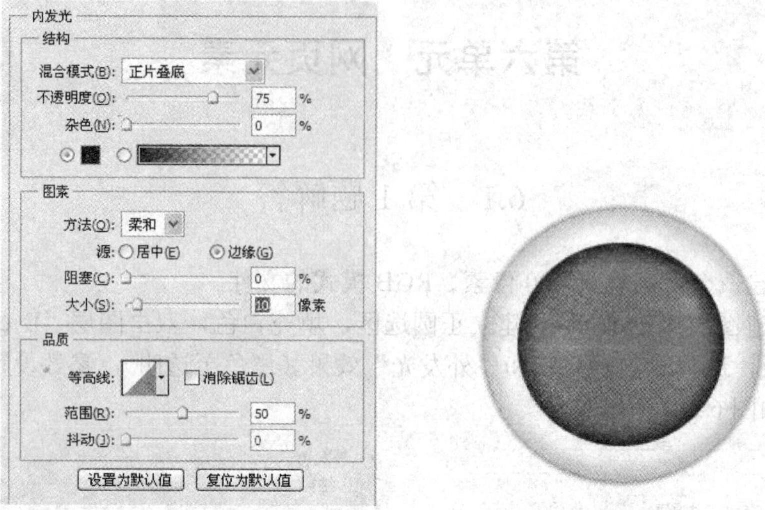

图 6-1-3

（4）新建图层“Pupil”，再一次建立同心正圆形选区，并填充黑色。再新建图层“Reflection”，用椭圆形选择工具建立如图 6-1-4 所示的选区，填充白色。

（5）将白色反光部分旋转，并移动到合适的位置，如图 6-1-5 所示。

（6）创建较大些的圆形，填充绿色（#4cb134），同样用内发光方法制作立体效果。

（7）同理绘制眉毛、眼皮、嘴巴等图形，并做立体化处理，最终效果如图 6-1-6 所示。

图 6-1-4

图 6-1-5

图 6-1-6

（8）将最终效果以 X6-1.psd 为文件名保存在考生文件夹中。

（9）执行“文件”→“存储为 Web 和设备所用格式”命令，打开“存储为 Web 和设备所用格式”对话框，单击“优化”选项卡，然后单击“存储”按钮，弹出“将优化结果存储为”对话框，在“格式”中选择“HTML 和图像”选项，以 X6-1.html 为文件名保存在考生文件夹中。

6.2　第 2 题解答

（1）新建一个宽高为 60×60 像素、RGB 模式的文件。

（2）新建“图层 1”，建立直径 45 的正圆选区。设置前景色为#4c1e54，背景色为

#dc76ec；使用线性渐变工具，按 Shift 键在选区内由上至下填充从前景色到背景色的渐变，如图 6-2-1 所示。

（3）取消选区，双击“图层 1”，打开图层样式面板，选择“投影”效果，设置参数：距离为 2，大小为 2，其他参数为默认值；再选择“内发光”效果，设置参数：混和模式为“正片叠底”，其他为默认值，效果如图 6-2-2 所示。

（4）新建“图层 2”，在正上方建立约为圆形四分之一的椭圆选区。设置前景色为白色，选择线性渐变工具，按 Shift 键由上到下填充前景色到透明的渐变色，效果如图 6-2-3 所示。

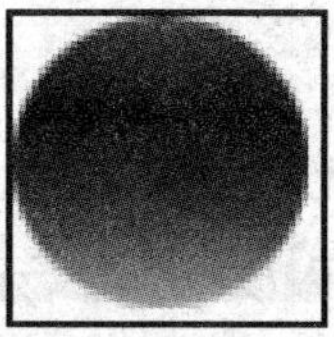
图 6-2-1

图 6-2-2

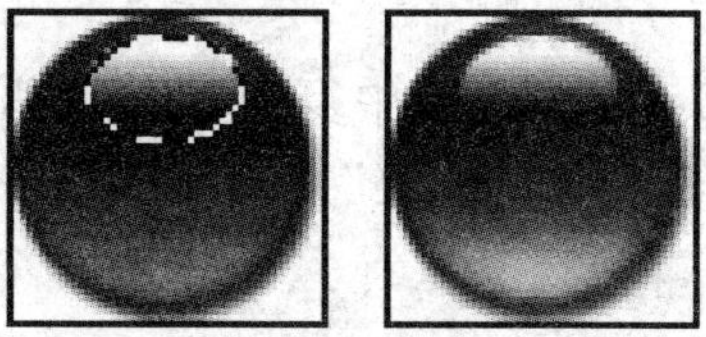
图 6-2-3

（5）为了让按钮更加美观，可以插入漂亮图标。打开素材文件 C:\2012PSCS5\Unit6\tools.jpg，选择去除背景再复制到按钮中，如图 6-2-4 所示。

（6）为了使插入的图标颜色与按钮色相融合，执行“图像”→“调整”→“色相与饱和度”命令进行调整。为了突出按钮的三维效果，把图标层的不透明度设置为 65%；调整物件图标的大小和位置；效果如图 6-2-5 所示。

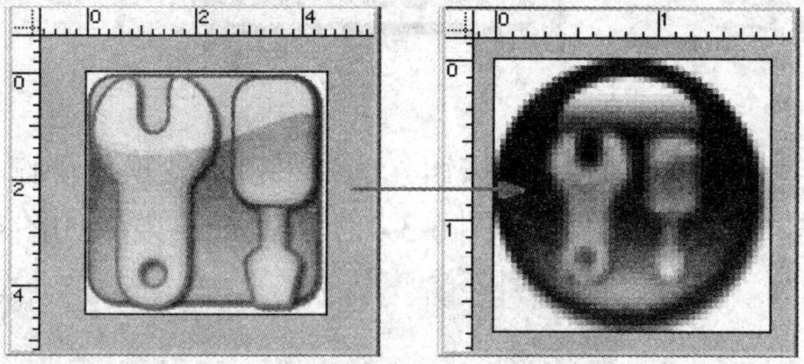
图 6-2-4

图 6-2-5

（7）将最终效果以 X6-2.psd 为文件名保存在考生文件夹中。

（8）执行“文件”→“存储为 Web 和设备所用格式”命令，打开“存储为 Web 和设备所用格式”对话框，单击“优化”选项卡，然后单击“存储”按钮，弹出“将优化结果存储为”对话框，在“格式”中选择“HTML 和图像”选项，以 X6-2.html 为文件名保存在考生文件夹中。

6.3　第 3 题解答

（1）新建一个宽高均为 250 像素、RGB 模式的文件。

（2）在图层面板中新建“图层 1”，填充红色（#fa0606），如图 6-3-1 所示。

（3）按 Alt+F9 快捷键，打开动作面板，单击动作面板下方的“创建新动作”按钮，创建名为“自动变换”的新动作，如图 6-3-2 所示。

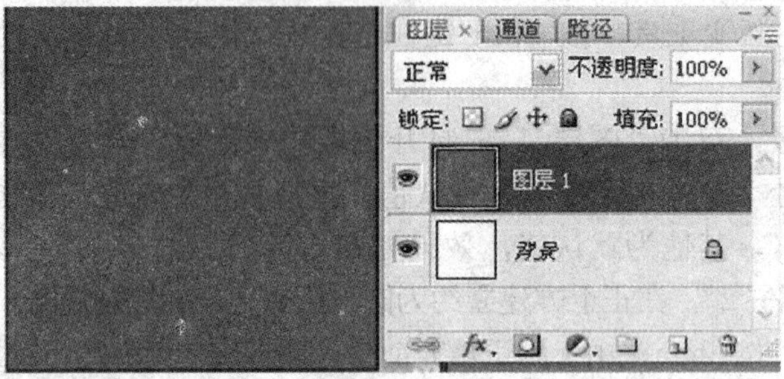

图 6-3-1

（4）在图层面板中复制“图层 1”，按 Ctrl+T 快捷键缩放图像，宽和高均缩小为 95%，旋转 5°，执行“图像”→“调整”→“色相/饱和度”命令，参数设置如图 6-3-3 所示。

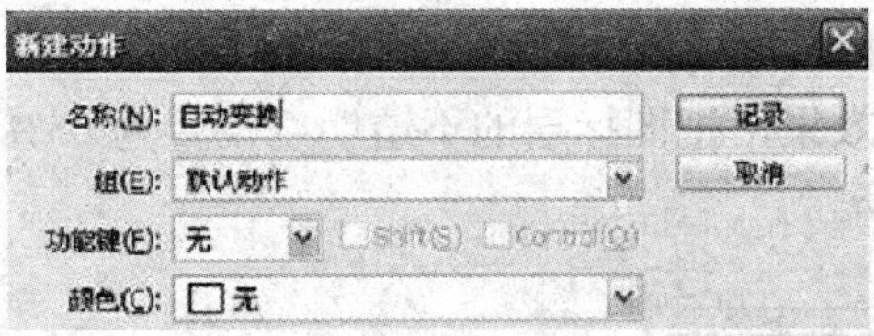

图 6-3-2

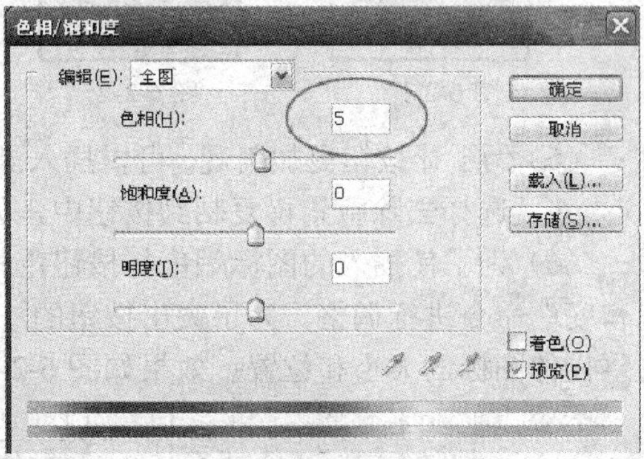

图 6-3-3

（5）单击动作面板下方的“停止播放/记录”按钮。选中“自动变换”动作，单击播放选定的动作按钮，多次播放动作（80 次左右），如图 6-3-4 所示，最终效果如图 6-3-5 所示。

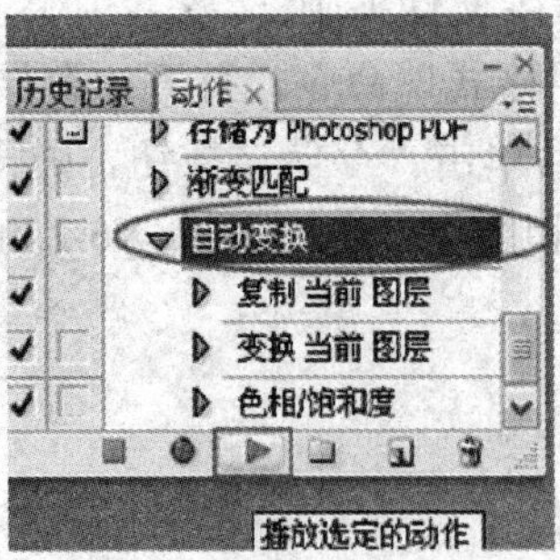

图 6-3-4

图 6-3-5

（6）将最终效果以 X6-3.psd 为文件名保存在考生文件夹中。

（7）执行“文件”→“存储为 Web 和设备所用格式”命令，打开“存储为 Web 和设备所用格式”对话框，在右侧选择“GIF”选项，然后单击“存储”按钮，在打开的“将优化结果存储为”对话框中，以 X6-3.gif 为文件名保存在考生文件夹下。

6.4　第 4 题解答

（1）打开素材文件 C:\2012PSCS5\Unit6\Italy.psd，各图层如图 6-4-1 所示。调整照片图层位置。

图 6-4-1

（2）打开“动画”面板，在第 1 帧中，隐藏“Photo1”图层以外的其他图层。插入第 2 帧，隐藏“Photo1”图层，显示“Photo2”图层；依次操作，最后插入第 5 帧，显示“Photo5”图层，效果如图 6-4-2 所示。

图 6-4-2

（3）在“动画”面板中，单击第 2 帧，再单击“过渡动画帧”按钮（ ），打开“过渡”对话框，如图 6-4-3 所示。

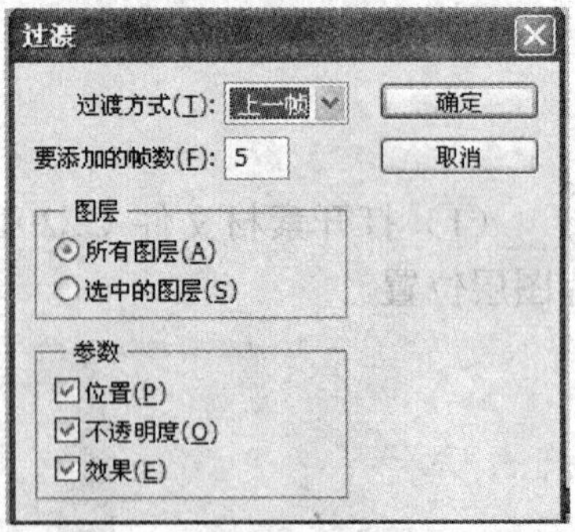

图 6-4-3

（4）在“动画”面板上可以看到，在第 1 帧和第 2 帧之间，增加了 5 个中间帧。增加的中间帧会使动画更加流畅。调整动画的延迟时间，将添加的 5 帧选中，单击时间下拉按钮，在其列表中选择“无延迟”选项，如图 6-4-4 所示。

（5）依照同样的方法，给其他 3 个帧添加过渡帧。

（6）设置完成，单击“动画”面板底部的“播放”按钮（▶），播放预览动画效果。

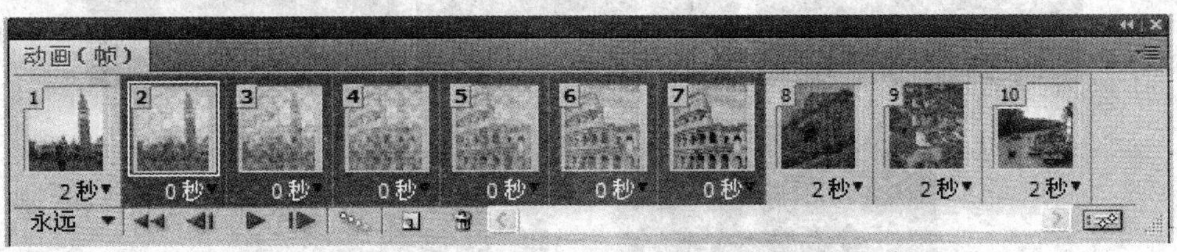

图 6-4-4

（7）添加半透明白色边框，在动画中保持不变。

（8）将最终效果以 X6-4.psd 为文件名保存在考生文件夹中。

（9）执行“文件”→“存储为 Web 和设备所用格式”命令，打开“存储为 Web 和设备所用格式”对话框，在右侧选择“GIF”选项，然后单击“存储”按钮，在打开的“将优化结果存储为”对话框中，以 X6-4.gif 为文件名保存在考生文件夹下。

6.5 第 5 题解答

（1）打开素材文件 C:\2012PSCS5\Unit6\photo.psd，各图层如图 6-5-1 所示。调整照片图层位置，如图 6-5-2 所示。

（2）分别对各个图层图像依照背景相框的大小，按 Ctrl+T 快捷键，调整其位置与大小，效果如图 6-5-3 所示。

图 6-5-1

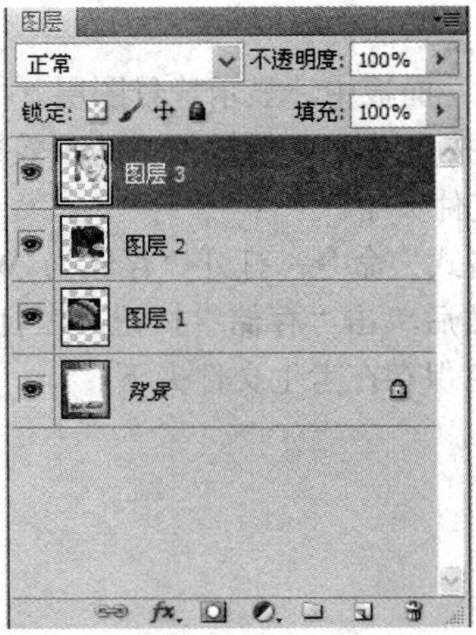

图 6-5-2

图 6-5-3

（3）打开“动画”面板，在第 1 帧中，显示“图层 1”，隐藏其他图层，依次操作，效果如图 6-5-4 所示。

（4）在“动画”面板中，单击第2帧，再单击“过渡动画帧”按钮（ ），打开“过渡”对话框，设置如图 6-5-5 所示。

图 6-5-4

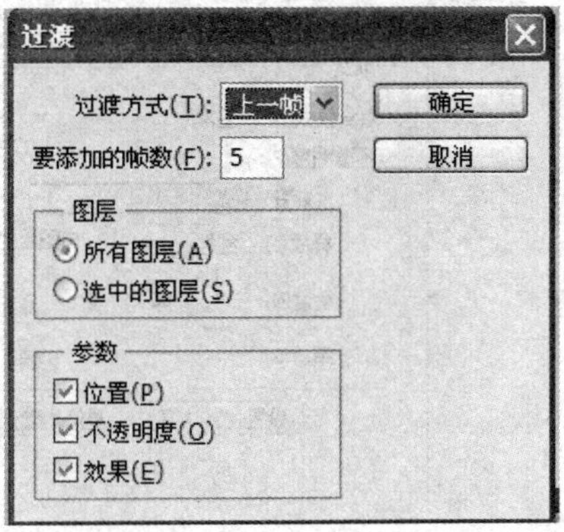

图 6-5-5

（5）在“动画”面板上可以看到，在第 1 帧和第 2 帧之间，增加了 5 个中间帧。增加的中间帧会使动画更加流畅。调整动画的延迟时间，将添加的 5 帧选中，单击时间下拉按钮，在其列表中选择“0.1 秒”选项，如图 6-5-6 所示。

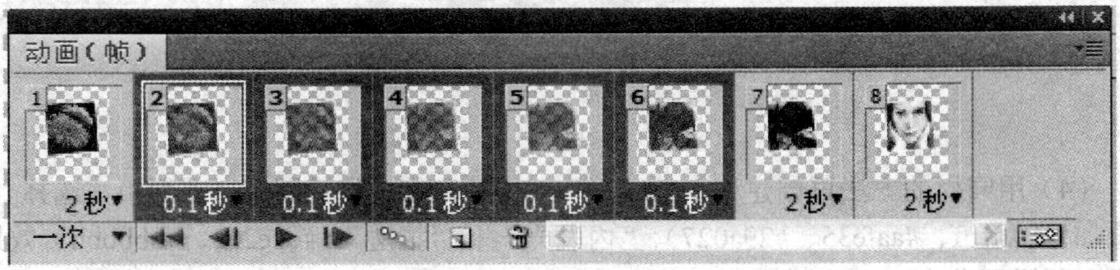

图 6-5-6

（6）依照同样的方法，添加另一个过渡帧，并调整延迟时间。

（7）在“动画”面板中，将全部帧选中，在“图层”面板中，显示背景图层。

（8）设置完成，单击“动画”面板底部的“播放”按钮（▶），播放预览动画效果。

（9）将最终效果以 X6-5.psd 为文件名保存在考生文件夹中。

（10）执行“文件”→“存储为 Web 和设备所用格式”命令，打开“存储为 Web 和设备所用格式”对话框，在右侧选择“GIF”选项，然后单击“存储”按钮，在打开的“将优化结果存储为”对话框中，以 X6-5.gif 为文件名保存在考生文件夹下。

6.6　第 6 题解答

（1）新建一个宽高均为 250 像素、RGB 模式的文件。

（2）设置前景色为黑色，用椭圆工具绘画圆形。

（3）双击该形状图层，打开图层样式面板，选择“渐变叠加”（#b7b7b9、#ededed）与“斜面和浮雕”效果，各项参数设置和应用效果如图 6-6-1 所示。

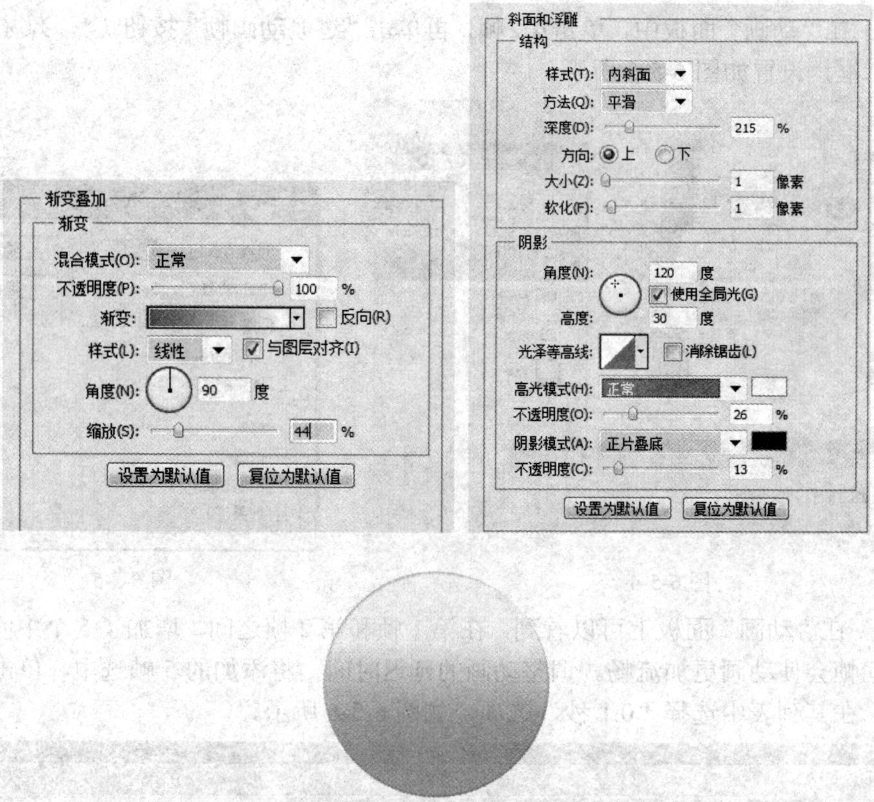

图 6-6-1

（4）用同样的方法再创建稍小的圆形，双击该形状，打开图层样式面板，选择“渐变叠加”（#ffffff、#aafe35、#29a027）、“内发光”和“描边”（#e2e2e2、#bbbbbb）效果，各项参数设置和应用效果如图 6-6-3 所示。

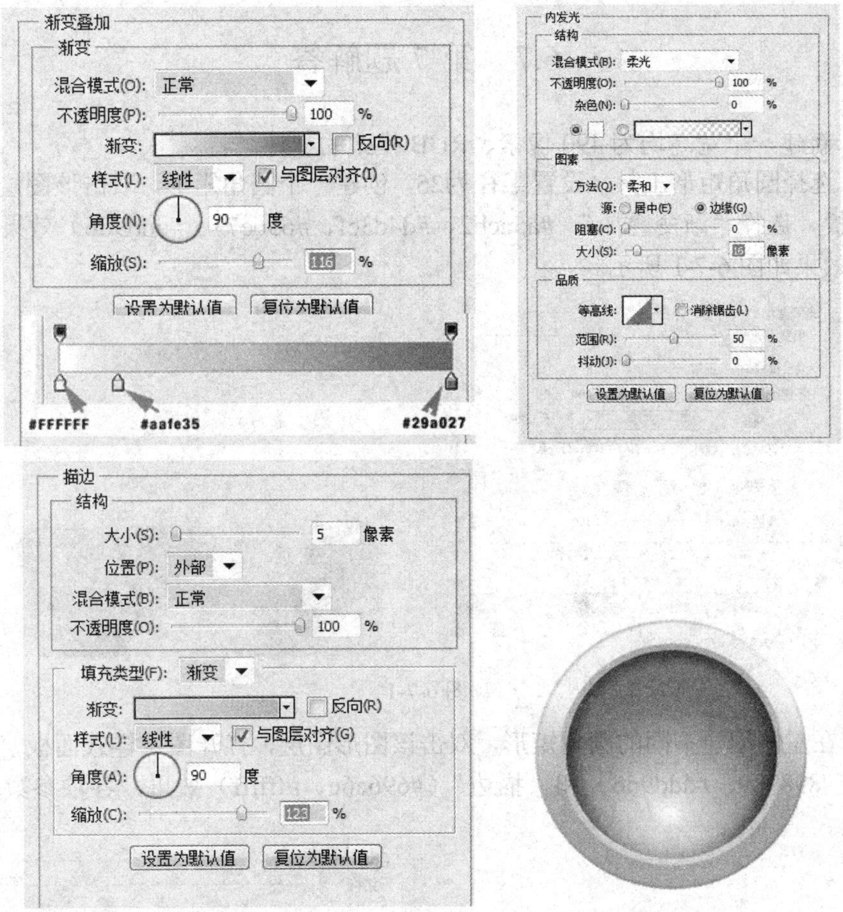

图 6-6-3

（5）新建图层，使用椭圆选框工具，在按钮上方建立选区，填充白色，载入第二个圆形选区，反选后删除，设置图层混合模式为“柔光”，不透明度为 80%，形成反光区域。用同样的方法制作两个红色和蓝色的按钮。最终效果如图 6-6-4 示。

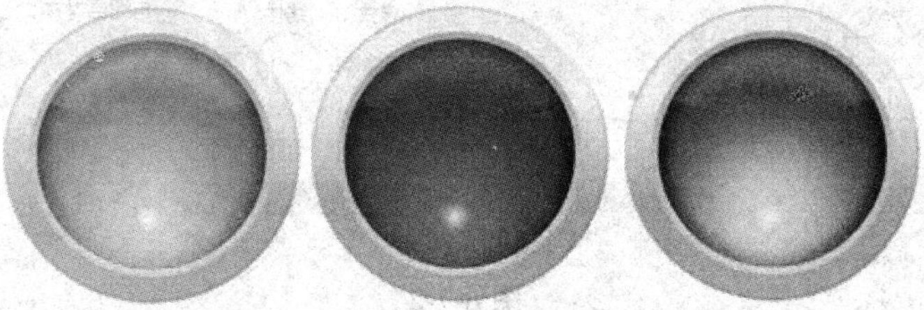

图 6-6-4

（6）将最终效果以 X6-6.psd 为文件名保存在考生文件夹中。

（7）执行“文件”→“存储为 Web 和设备所用格式”命令，打开“存储为 Web 和设备所用格式”对话框，单击“优化”选项卡，然后单击“存储”按钮，弹出“将优化结果存储为”对话框，在“格式”中选择“HTML 和图像”选项，以 X6-6.html 为文件名保存在考生文件夹中。

6.7 第 7 题解答

（1）新建一个宽高均为 490 像素、RGB 模式的文件。

（2）选择圆角矩形工具，设置半径为25，创建一个圆角矩形，双击该图层，打开图层样式面板，选择“渐变叠加”（#a5acb2、#d4d3cf、#656e73、#ddd9d6）效果，参数设置和应用效果如图 6-7-1 所示。

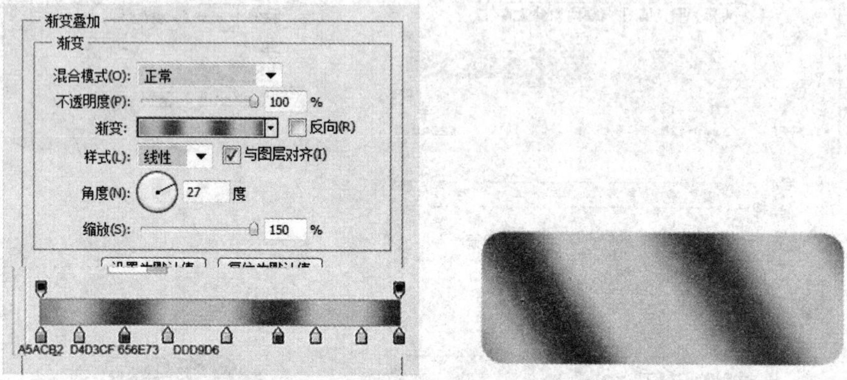

图 6-7-1

（3）在左侧创建不同的圆角矩形，双击该图形图层，打开图层样式面板，选择“渐变叠加”（#898989、#ddd9d6）和“描边”（#696a6e、#ffffff）效果，各项参数设置如图 6-7-2 所示。

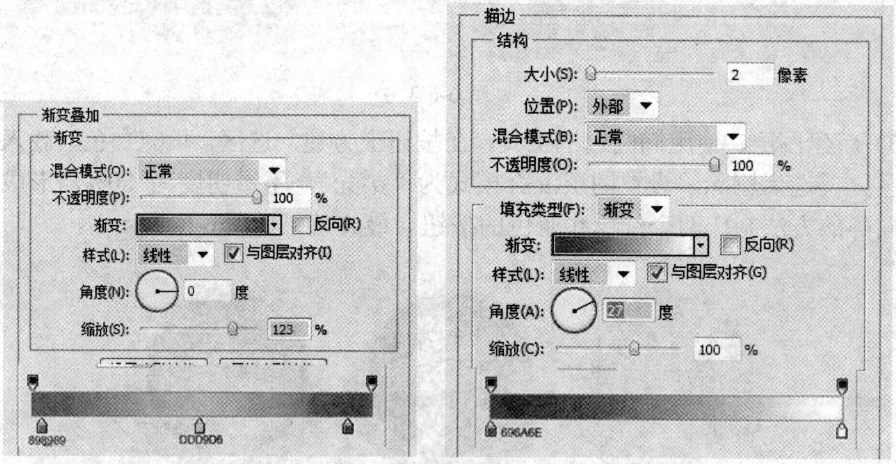

图 6-7-2

（4）应用效果如图 6-7-3 所示。

图 6-7-3

（5）在右侧创建圆角正方形，双击该图形图层，打开图层样式面板，选择“渐变叠加”（#ffd69e、#ffa12b、#f65e15）和“描边”（#933b2b）效果，各项参数设置如图 6-7-4 所示。

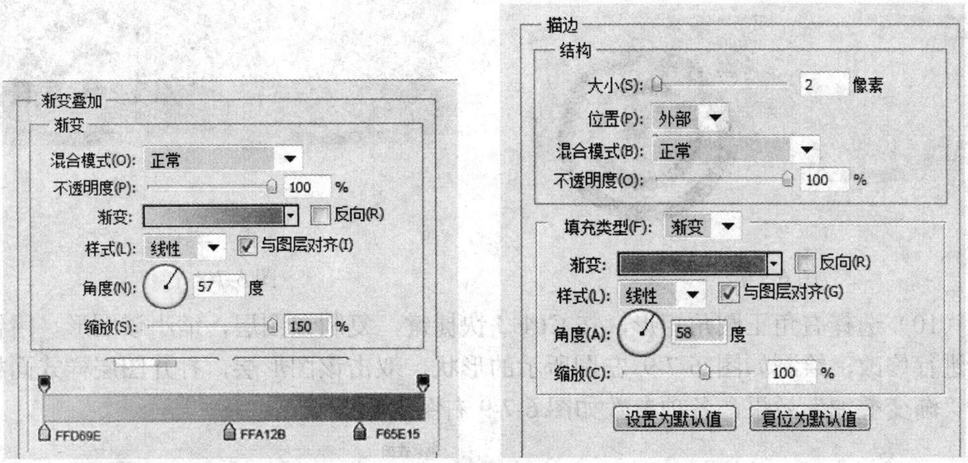

图 6-7-4

（6）应用图层样式的效果如图 6-7-5 所示。

图 6-7-5

（7）用椭圆工具绘制一个圆形，在该图形图层中，填充设置为 0，双击该图层，打开图层样式面板，选择“描边”效果，参数设置和应用效果如图 6-7-6 所示。

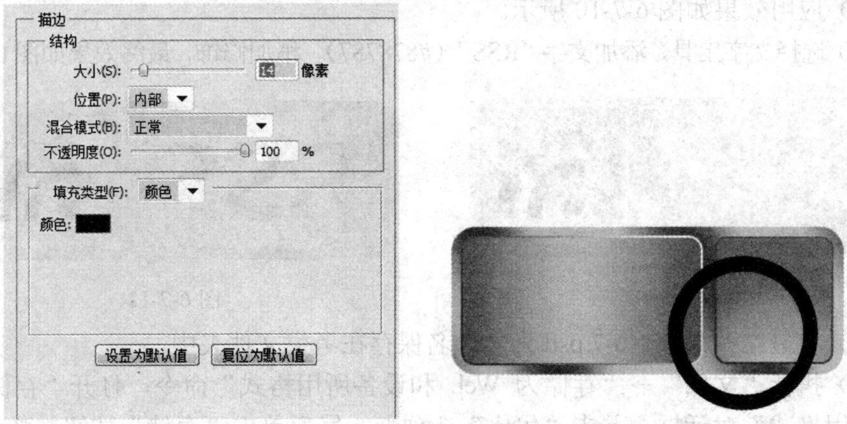

图 6-7-6

（8）复制该圆形图层，将圆形同一圆心缩小，再绘制一个小圆，效果如图 6-7-7 所示。

（9）将 3 个圆形图层合并，选择矩形选框工具，删除不需要的部分，如图 6-7-8 所示。

图 6-7-7

图 6-7-8

（10）选择右角正圆角矩形，按 Ctrl+J 快捷键，复制该图层，缩小该图形，用钢笔工具进行修改，绘制如图 6-7-9 左图所示的形状，双击该图形层，打开图层样式面板，选择“渐变叠加”效果，各项参数如图 6-7-9 右图所示。

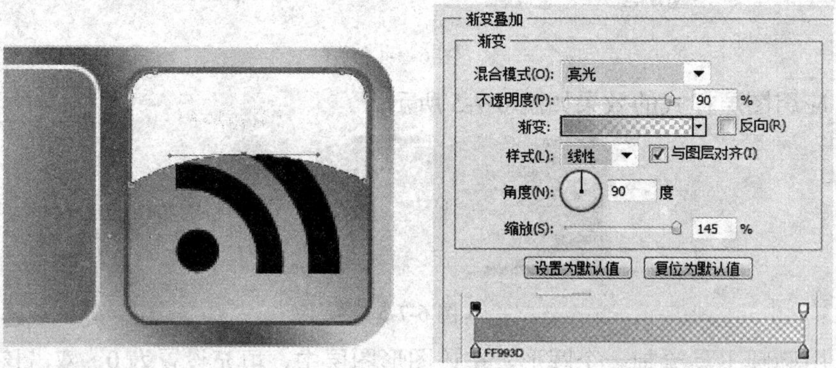

图 6-7-9

（11）应用效果如图 6-7-10 所示。

（12）选择文字工具，添加文字“RSS”（#878787），稍加修饰，最终效果如图 6-7-11 示。

图 6-7-10

图 6-7-11

（13）将最终效果以 X6-7.psd 为文件名保存在考生文件夹中。

（14）执行“文件”→“存储为 Web 和设备所用格式”命令，打开“存储为 Web 和设备所用格式”对话框，单击“优化”选项卡，然后单击“存储”按钮，弹出“将优化结果存储为”对话框，在“格式”中选择“HTML 和图像”选项，以 X6-7.html 为文件名保存在考生文件夹中。

6.8 第 8 题解答

（1）新建一个宽高均为 250 像素、RGB 模式的文件。

（2）新建“图层 1”，设置前景色为#82b2e0，背景颜色为#012b62。选择椭圆选框工具，按住 Shift 键，绘制一个圆，按 Ctrl+Backspace 快捷键填充背景色，选择渐变工具，选择前景色到透明的渐变类型，效果如图 6-8-1 所示。

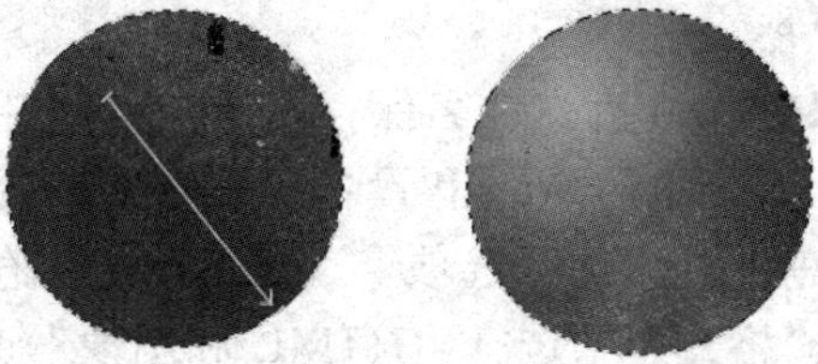

图 6-8-1

（3）新建“图层 2”，按 D 键重置前景色和背景色，使用椭圆选框工具，绘制一个圆形选区里面的渐变圆效果，如图 6-8-2 所示。

（4）执行“编辑”→“描边”命令，在其对话框中，大小输入 10 像素，内部描边，效果如图 6-8-3 所示。

（5）新建“图层3”，使用的多边形选框工具画出直线代表的 VW 标志，如图 6-8-4 所示。

图 6-8-2

图 6-8-3

图 6-8-4

（6）填充为白色，双击该图层，打开图层样式面板，选择“投影”、“内阴影”和“渐变叠加”（#8b8b8b、透明），各项参数设置如图 6-8-5、图 6-8-6 和图 6-8-7 所示，制作立体效果和光泽。最终效果如图 6-8-8 所示。

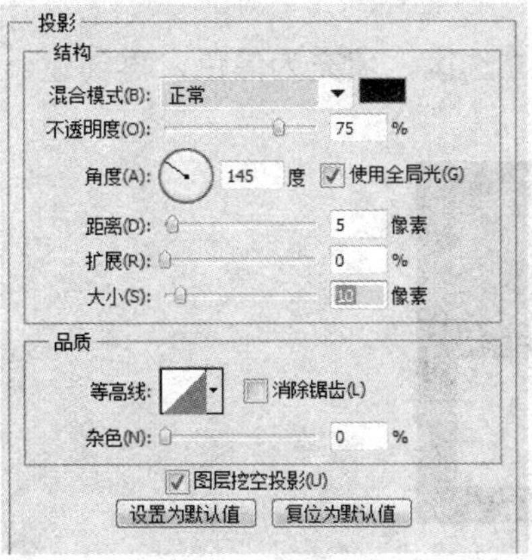

图 6-8-5

图 6-8-6

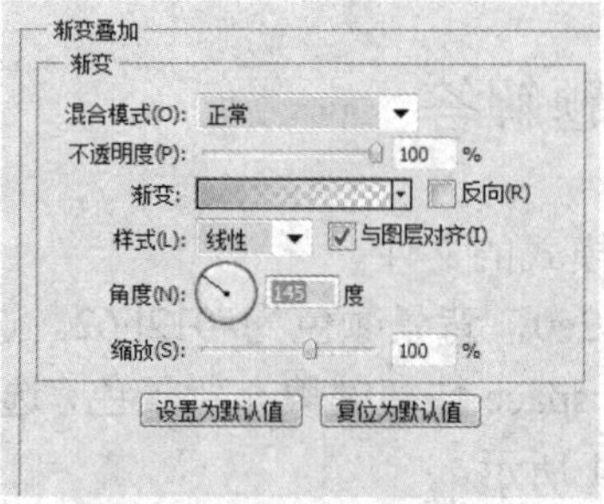

图 6-8-7

图 6-8-8

（7）将最终效果以 X6-8.psd 为文件名保存在考生文件夹中。

（8）执行“文件”→“存储为 Web 和设备所用格式”命令，打开“存储为 Web 和设备所用格式”对话框，单击“优化”选项卡，然后单击“存储”按钮，弹出“将优化结果存储为”对话框，在“格式”中选择“HTML 和图像”选项，以 X6-8.html 为文件名保存在考生文件夹中。

6.9　第 9 题解答

（1）新建一个宽高为 375×285 像素、RGB 模式的文件。

（2）新建“图层 1”，用矩形选框工具建立选区，填充为黑色。再创建选区，填充为绿色，用相同的方法，再创建 3 个选区，分别填充黄色、红色、蓝色，制作过程和效果如图 6-9-1 所示。

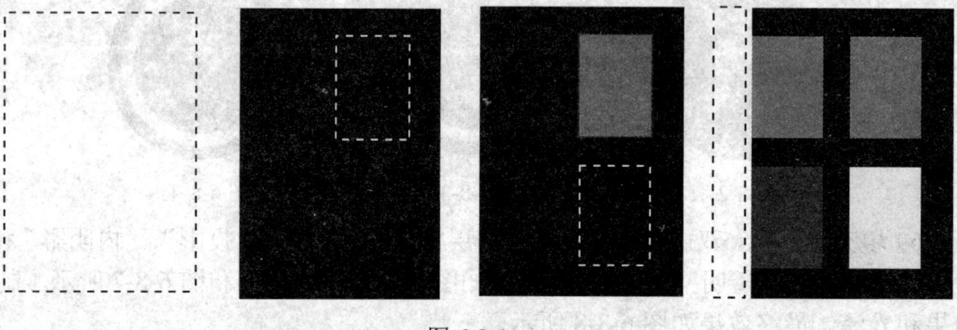

图 6-9-1

（3）新建“图层 2”，用矩形选框工具建立选区，填充为黑色，再创建一个小的选区，分别将矩形分割，效果如图 6-9-2 所示。

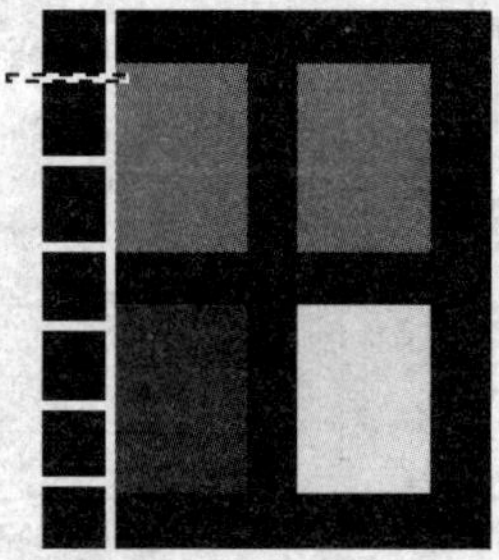

图 6-9-2

（4）按 Ctrl+E 快捷键，将两个图层合并成“图层 1”。分别载入如图 6-9-3 所示选区，填充不同颜色，效果如图 6-9-4 所示。

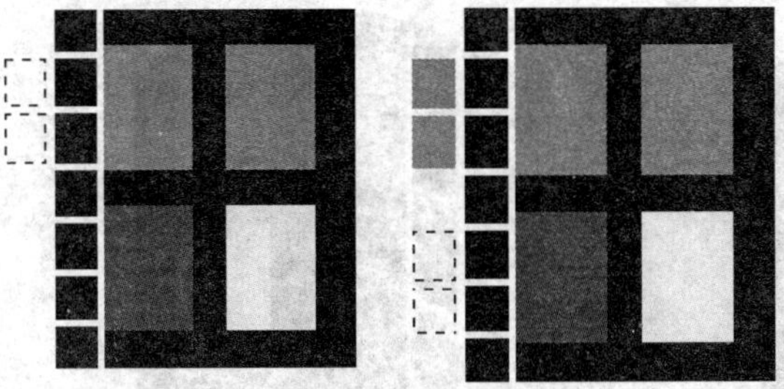

图 6-9-3

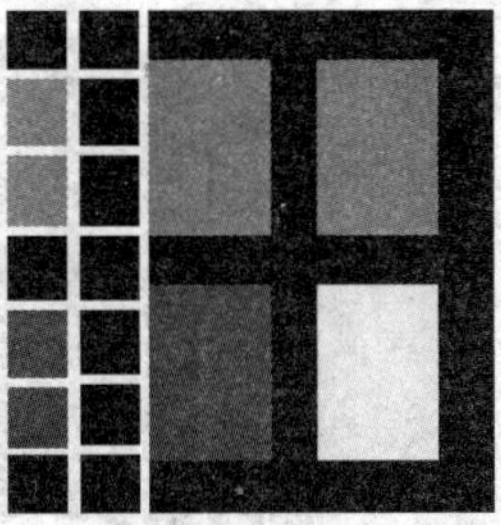

图 6-9-4

（5）执行“编辑”→“变换”→“变形”命令，参数设置和应用效果如图 6-9-5 所示。

图 6-9-5

（6）双击该图层，打开图层样式面板，选择“斜面和浮雕”效果，参数设置如图 6-9-6 所示。

（7）应用效果如图 6-9-7 所示，用矩形选框工具再创建选区。

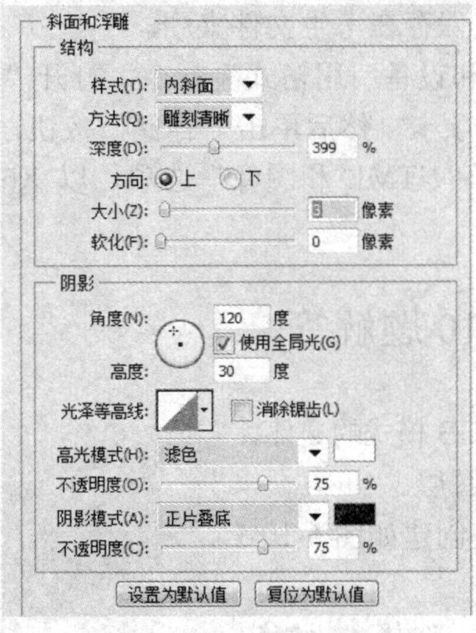

图 6-9-6

图 6-9-7

（8）按 Ctrl+J 快捷键，复制到新的图层并命名为“图层 2”，设置不透明度为 60%。

用移动工具调整到合适的位置，如图 6-9-8 所示。

（9）用矩形选框工具建立如图 6-9-9 所示的选区，按 Delete 键删除。

图 6-9-8

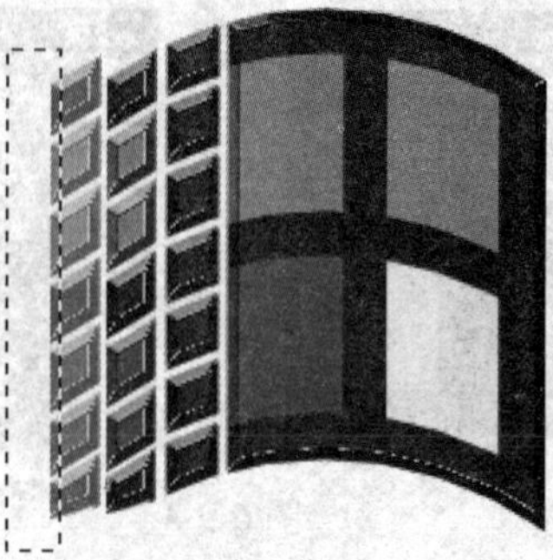

图 6-9-9

（10）用同样的方法建立其他选区，效果如图 6-9-10 所示。

（11）回到背景图层，填充渐变背景（#060001、#030382），最终效果如图 6-9-11 所示。

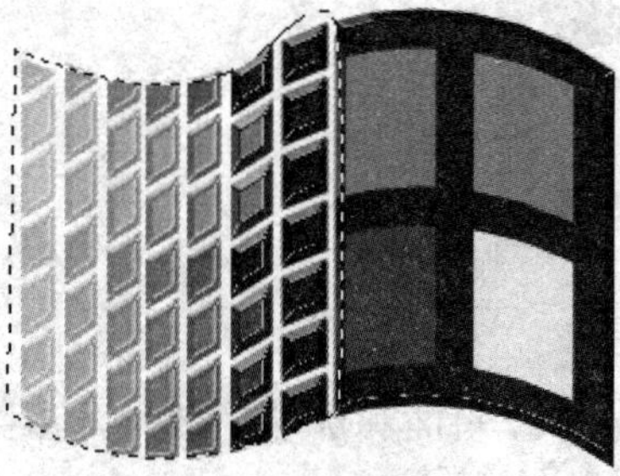

图 6-9-10

图 6-9-11

（12）将最终效果以 X6-9.psd 为文件名保存在考生文件夹中。

（13）执行“文件”→“存储为 Web 和设备所用格式”命令，打开“存储为 Web 和设备所用格式”对话框，单击“优化”选项卡，然后单击“存储”按钮，弹出“将优化结果存储为”对话框，在“格式”中选择“HTML 和图像”选项，以 X6-9.html 为文件名保存在考生文件夹中。

6.10　第 10 题解答

（1）新建一个宽高为 400×350 像素、RGB 模式的文件。

（2）设置前景色为#e6c0e6，填充背景图层。

（3）新建“图层 1”，用多边形套索工具创建如图 6-10-1 所示选区。

（4）双击该图层，打开图层样式面板，选择“投影”、“渐变叠加”（#ddf0ef、#a5d1d8）和“描边”（#81b5be）效

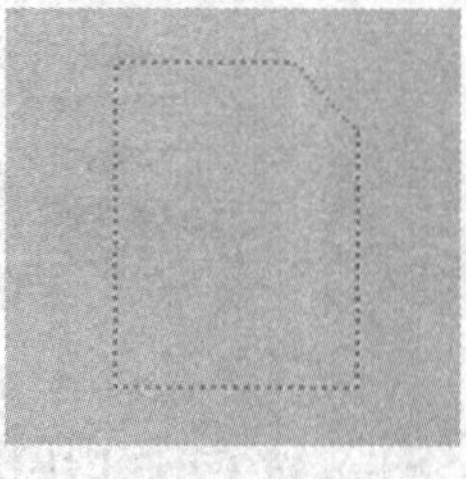

图 6-10-1

果，各项参数设置和应用效果如图 6-10-2 所示。

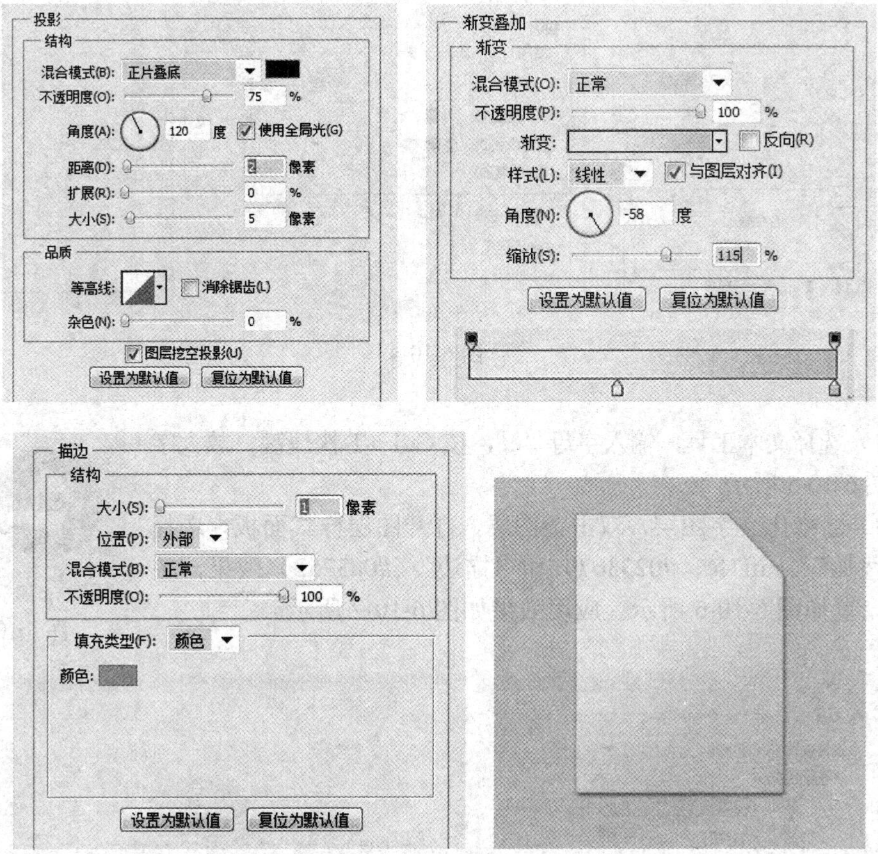

图 6-10-2

（5）新建“图层 2”，用多边形套索工具建立如图 6-10-3 所示选区。

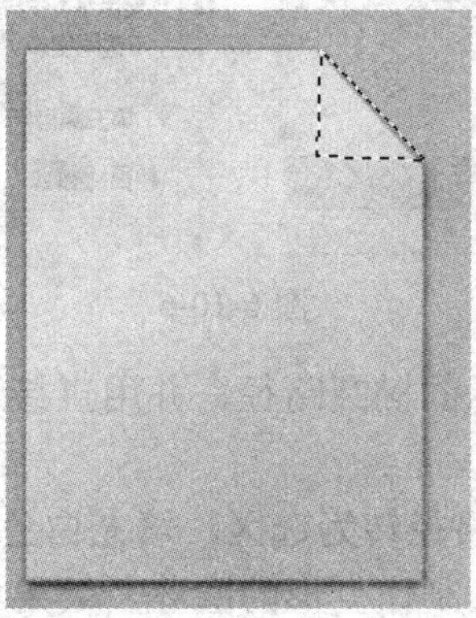

图 6-10-3

（6）为选区填充颜色（#a5b1b8），双击该图层，打开图层样式面板，选择“内发光”（#22bdcf）和“描边”（#84b7bf），各项参数设置和应用效果如图 6-10-4 所示。

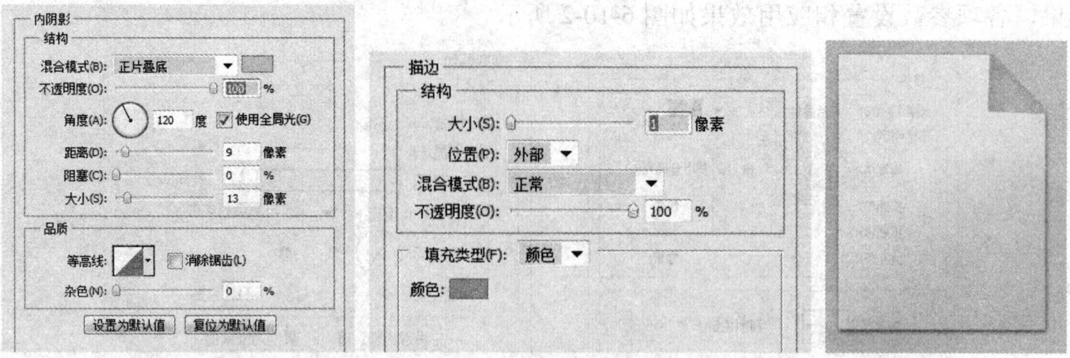

图 6-10-4

（7）选择文本工具，输入字母“e”，按 Ctrl + T 快捷键，放大字母，如图 6-10-5 所示。

图 6-10-5

（8）栅格化文字图层，双击该图层，打开图层样式面板，选择“渐变叠加”（#aff1fc、#0273b7）和“描边”（#0a3752）效果，各项参数设置如图 6-10-6 所示。应用效果如图 6-10-7 所示。

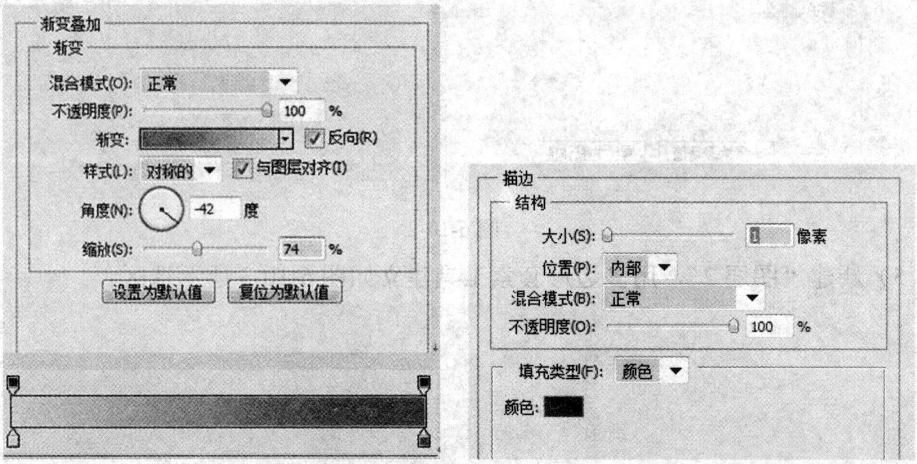

图 6-10-6

（9）创建如图 6-10-8 所示的椭圆路径，并用直接选择工具进行修改，如图 6-10-9 所示。

（10）新建“图层 3”，将路径转为选区，填充白色。

（11）利用图层错位关系，制作变形的圆环，效果如图 6-10-10 所示。

（12）将文字图层与“图层 3”合并，效果如图 6-10-11 所示。

（13）选择橡皮擦工具，删除某些重叠部分，如图 6-10-12 所示。

图 6-10-7

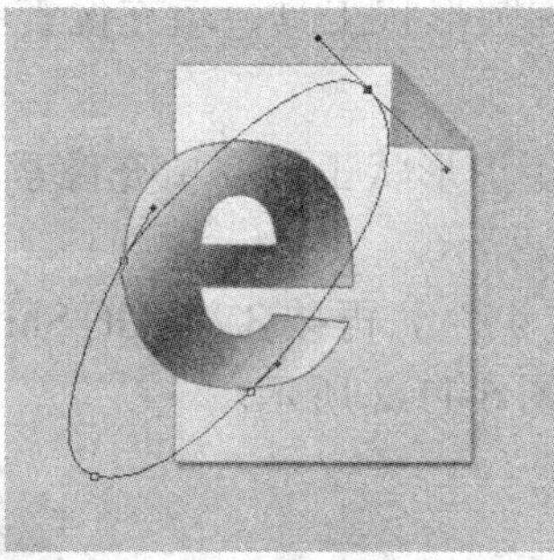
图 6-10-8

图 6-10-9

图 6-10-10

图 6-10-11

图 6-10-12

（14）用多边形套索工具建立如图 6-10-13 所示选区。

（15）按 Delete 键，最终效果如图 6-10-14 所示。

图 6-10-13

图 6-10-14

（16）将最终效果以 X6-10.psd 为文件名保存在考生文件夹中。

（17）执行"文件"→"存储为 Web 和设备所用格式"命令，打开"存储为 Web 和设备所用格式"对话框，单击"优化"选项卡，然后单击"存储"按钮，弹出"将优化结果存储为"对话框，在"格式"中选择"HTML 和图像"选项，以 X6-10.html 为文件名保存在考生文件夹中。

6.11　第 11 题解答

（1）新建一个宽高为 490×270 像素、RGB 模式的文件。

（2）新建“图层 1”，使用椭圆形状工具、填充像素状态，建立一个直径为 108 像素、褐色（#666666）的圆形。

（3）新建“图层 2”，使用矩形形状工具、填充像素状态，创建一个垂直矩形（宽高为 145×15 像素），如图 6-11-1 所示。

（4）按 Ctrl+T 快捷键，旋转 45°，再按 3 次 Alt+Shift+Ctrl+T 快捷键，产生继续旋转角度复制 3 个长方形，效果如图 6-11-2 所示。

图 6-11-1

图 6-11-2

（5）合并“图层 1”与“图层 2”为“图层 2”，双击“图层 2”，在图层样式面板中，选择“描边”（#cdcfff）效果，如图 6-11-3 所示。

（6）在图层面板上，右击“图层样式”符号（），选择“创建图层”选项，使描边效果形成一个单独图层，如图 6-11-4 所示。

图 6-11-3

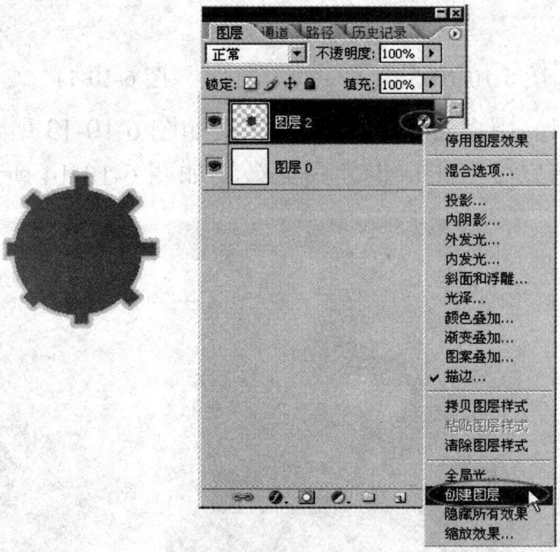

图 6-11-4

（7）按 Ctrl 键，单击“图层 2”（齿轮），图层缩略图载入其选区，删除其内部区域，并填充橙色（#efa84e），如图 6-11-5 所示。

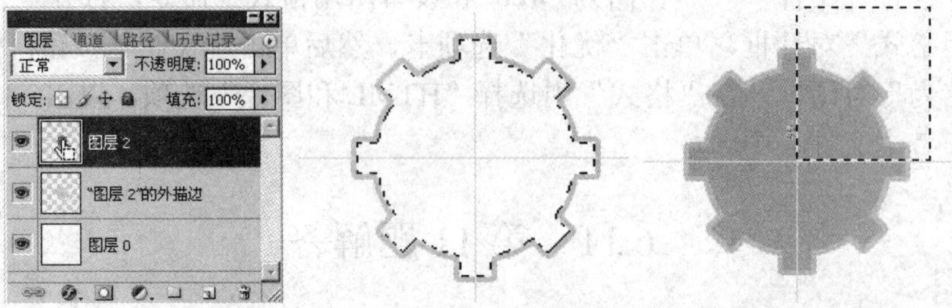

图 6-11-5

（8）在右上角创建矩形选区，按 Shift+Ctrl+I 快捷键将选区反转并删除，效果如图 6-11-6 所示。

（9）复制此“图层 2”为“图层 2 副本”，按 Ctrl+T 快捷键旋转 180°，成对角放置，如图 6-11-7 所示。

（10）将“图层 2 副本”填充为红色（#cc0001），将两个图层向外移动一些像素，如图 6-11-8 所示。

图 6-11-6

图 6-11-7

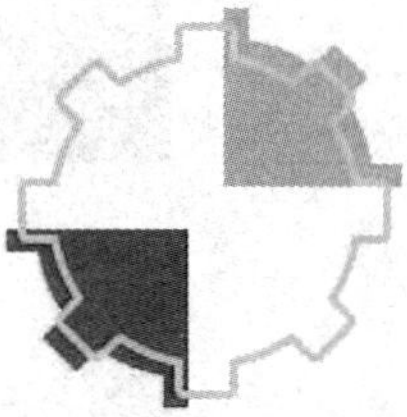

图 6-11-8

（11）输入字体为“Courier New”的文字“Mechanic Art”形成新图层，单击文字变形按钮，设定文字形状，如图 6-11-9 所示。

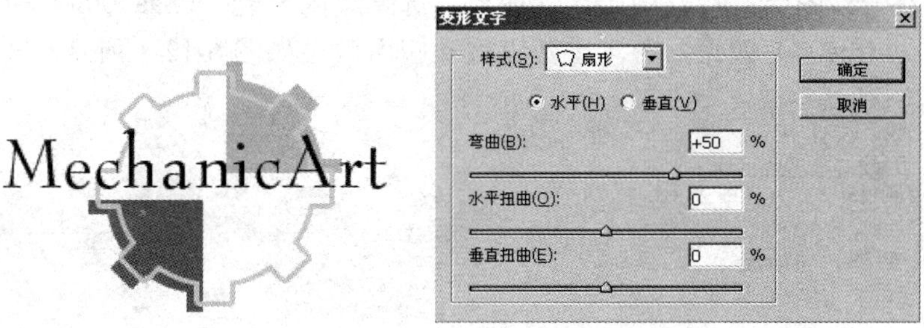

图 6-11-9

（12）顺时针旋转文字，并进行描边（#cdcfff）处理，效果如图 6-11-10 所示。

图 6-11-10

（13）使用颜色（#666666）填充背景层，最终效果如图 6-11-11 所示。

（14）将最终效果以 X6-11.psd 为文件名保存在考生文件夹中。

（15）执行“文件”→“存储为 Web 和设备所用格式”命令，打开“存储为 Web 和设备所用格式”对话框，单击“优化”选项卡，然后单击“存储”按钮，弹出“将优化结果存储为”对话框，在“格式”中选择“HTML 和图像”选项，以 X6-11.html 为文件名保存在考生文件夹中。

图 6-11-11

6.12　第 12 题解答

（1）新建一个宽高为 570×500 像素、RGB 模式的文件。

（2）用黑色填充背景图层。用椭圆工具绘制形状，并用直接选择工具进行修改。

（3）双击该图层，打开图层样式面板，选择“内发光”（#aa2003）和“渐变叠加”（#b10800、#ffbe04）效果，各项参数设置和应用效果如图 6-12-1 所示。

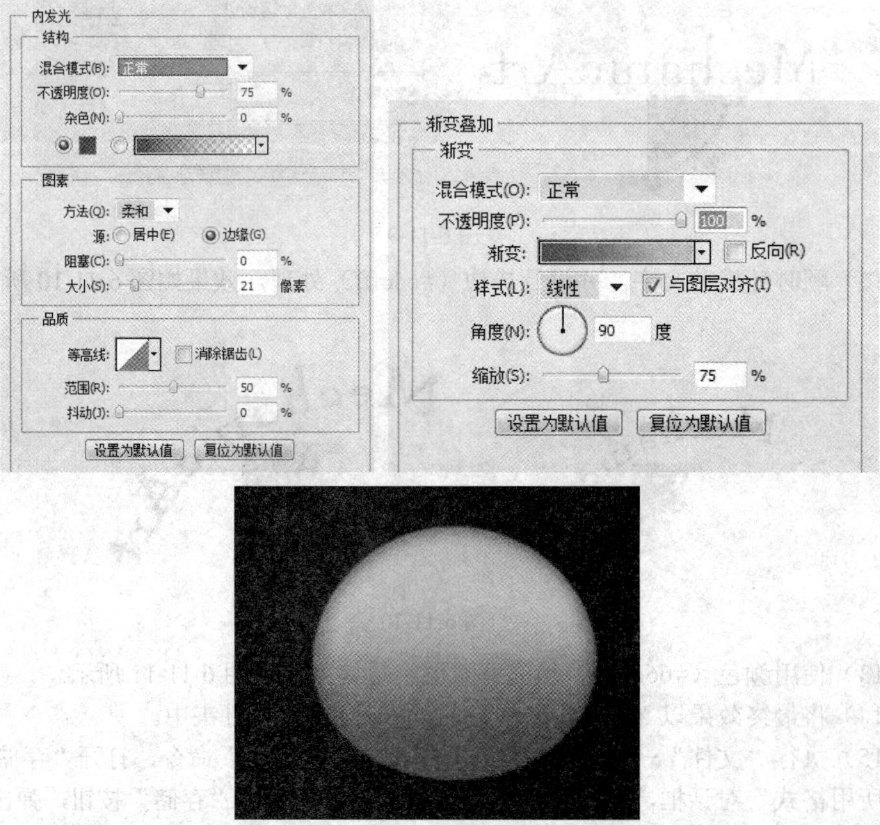

图 6-12-1

（4）复制该形状图层，按 Ctrl+T 快捷键，进行缩小，如图 6-12-2 所示。

（5）再复制形状、缩小、叠加形成南瓜形状（#fedf67），如图 6-12-3 所示。

（6）用椭圆工具创建一个椭圆，用来添加南瓜高光，如图 6-12-4 所示。

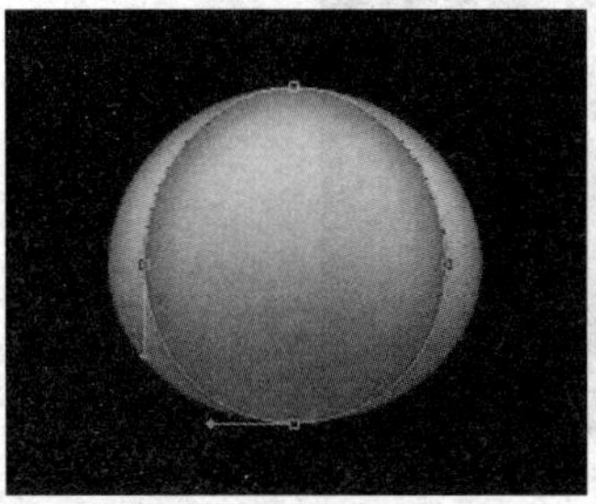

图 6-12-2

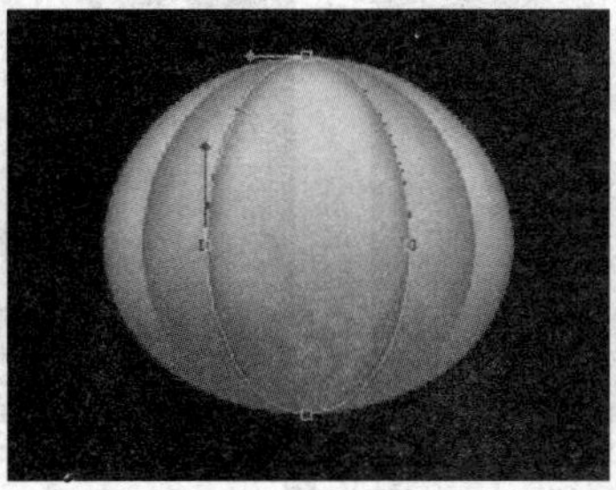

图 6-12-3

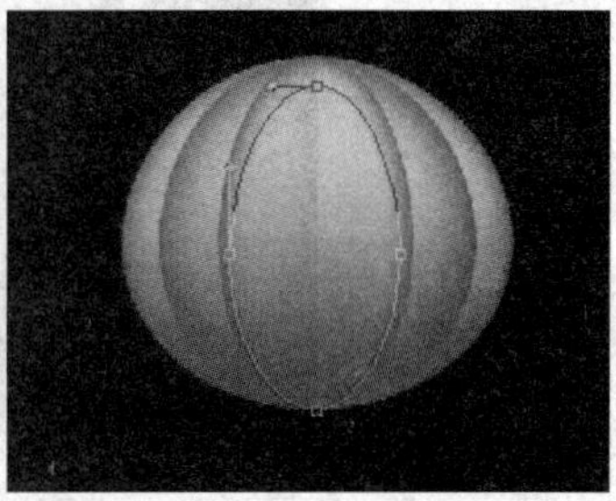

图 6-12-4

（7）设置该图层填充为 0%，双击该图层，打开图层样式面板，选择“渐变叠加”效果，参数设置和应用效果如图 6-12-5 所示。

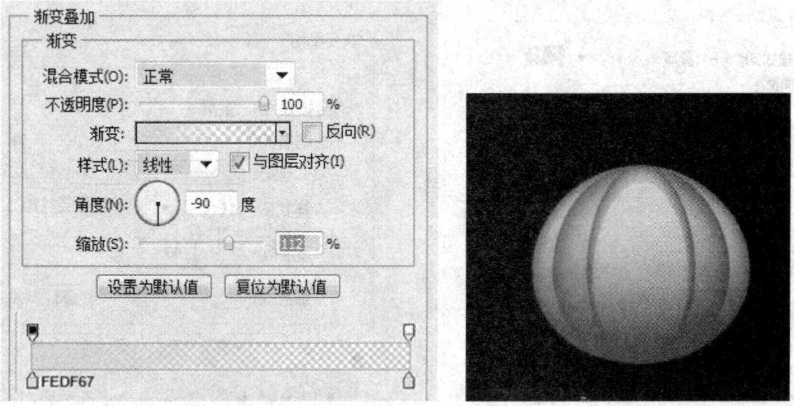

图 6-12-5

（8）选择自定义形状工具，在工具栏中选择“三角形”，绘制南瓜的两只眼睛，在图层样式中，选择“投影”（#ffbe00）效果，参数设置及应用效果如图 6-12-6 所示。

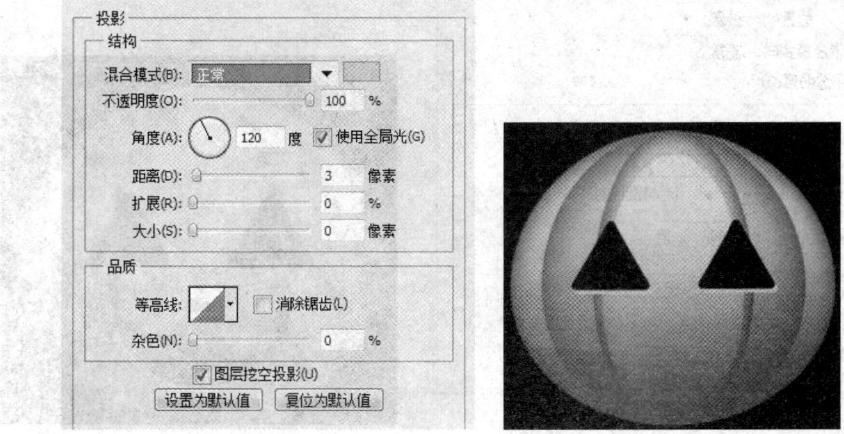

图 6-12-6

（9）用同样的方法绘制鼻子、嘴巴和牙齿，并进行投影（#ffbe00）处理，如图 6-12-7 所示。

图 6-12-7

（10）绘制一个椭圆形状，双击该图层，打开图层样式面板，选择“投影”、“渐变叠加”和“描边”效果，各项参数设置和应用效果如图 6-12-8 所示。

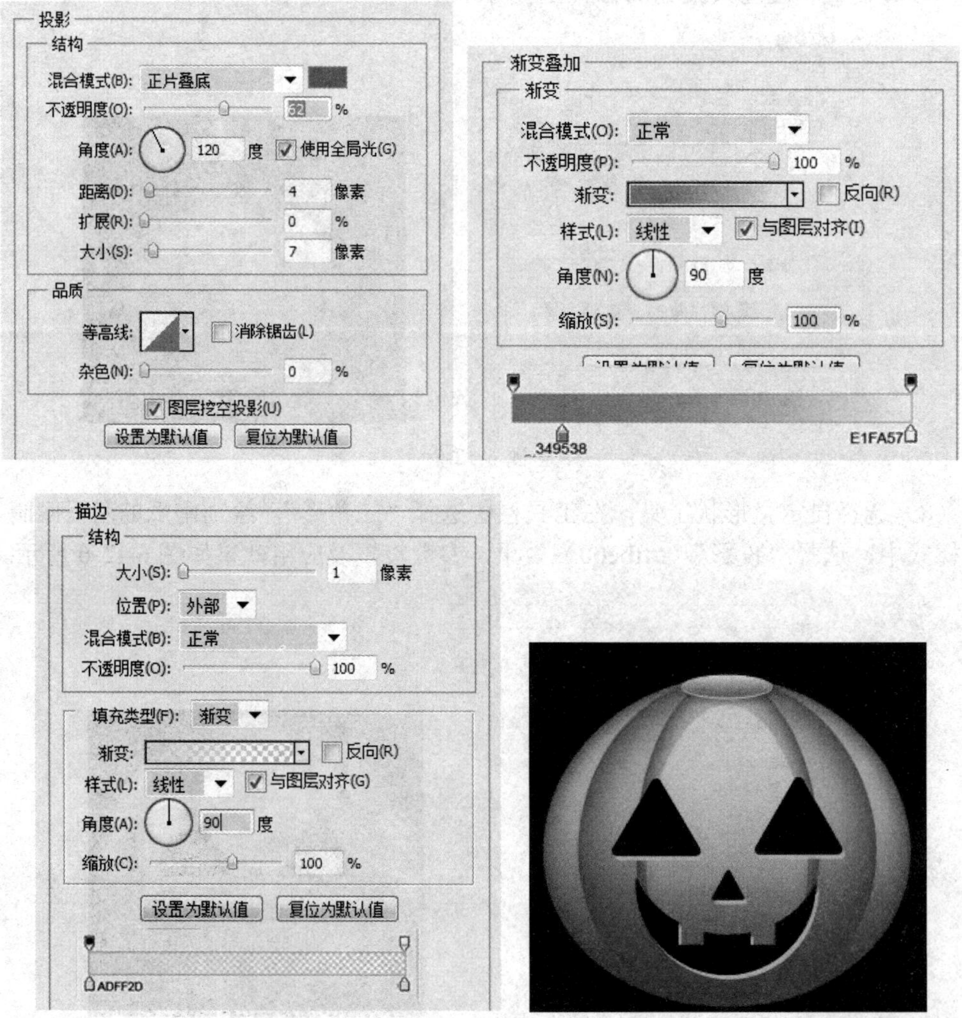

图 6-12-8

（11）用钢笔工具绘制南瓜柄形状，双击该图层，打开图层样式面板，选择“渐变叠加”效果，各项参数设置及应用效果如图 6-12-9 所示。

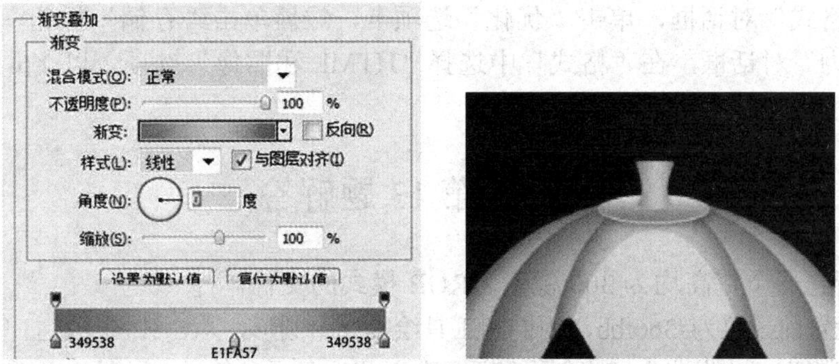

图 6-12-9

（12）再绘制一个椭圆形状，双击该图层，打开图层样式面板，选择“渐变叠加”效果，各项参数设置及应用效果如图 6-12-10 所示。

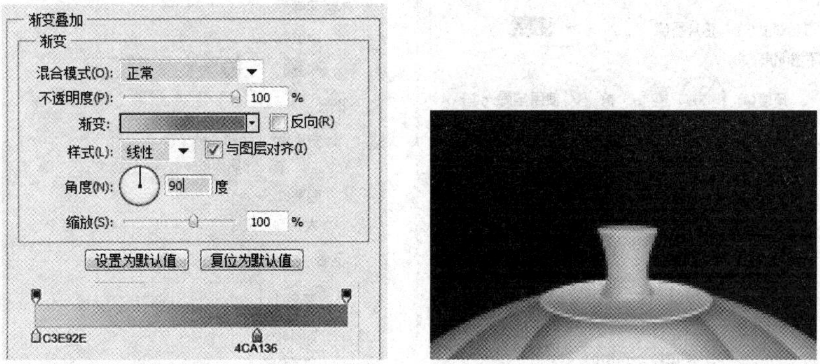

图 6-12-10

（13）南瓜效果如图 6-12-11 所示。

（14）合并除背景图层以外的图层，按 Ctrl+J 快捷键，复制图层，按 Ctrl+T 快捷键，右击，在弹出的快捷菜单中选择“垂直翻转”选项，效果如图 6-12-12 所示。

（15）添加图层蒙版，选择大一点软画笔，隐藏下面一部分，最终效果如图 6-12-13 所示。

图 6-12-11

图 6-12-12

图 6-12-13

（16）将最终效果以 X6-12.psd 为文件名保存在考生文件夹中。

（17）执行“文件”→“存储为 Web 和设备所用格式”命令，打开“存储为 Web 和设备所用格式”对话框，单击“优化”选项卡，然后单击“存储”按钮，弹出“将优化结果存储为”对话框，在“格式”中选择“HTML 和图像”选项，以 X6-12.html 为文件名保存在考生文件夹中。

6.13 第 13 题解答

（1）新建一个宽高均为 300 像素、RGB 模式的文件。

（2）设置前景色为#366fbb，用椭圆工具绘制一个圆形，双击该图层，打开图层样式面板，选择“投影”、“内发光”和“斜面和浮雕”效果，各项参数设置及效果如图 6-13-1 所示。

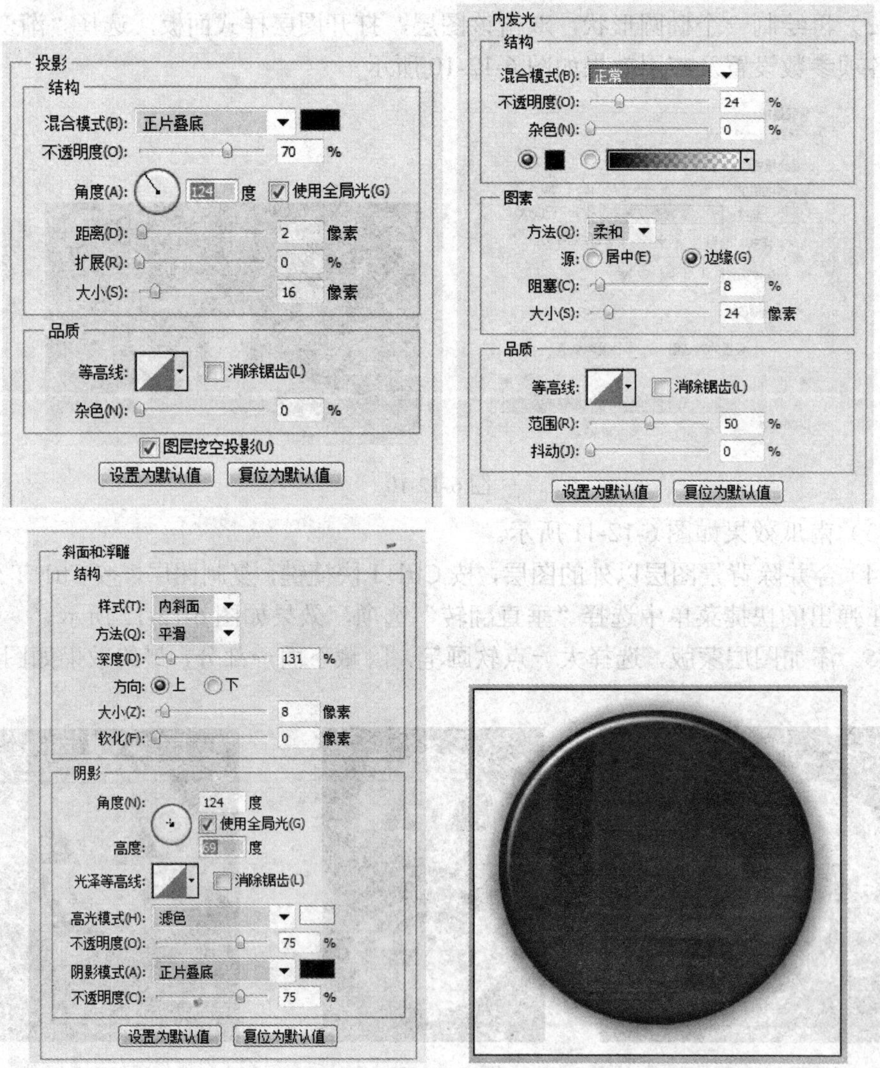

图 6-13-1

（3）新建“图层 1”，选择稍大一点软画笔，用白色涂抹出高光，效果如图 6-13-2 所示。

（4）设置前景色为#2a5897，用椭圆工具绘制眼睛，如图 6-13-3 所示。

（5）复制圆形图层，置于图层的顶部，填充颜色为白色，用直接选择工具进行调整修改，如图 6-13-4 所示，设置该图层的填充为 30%。

图 6-13-2

图 6-13-3

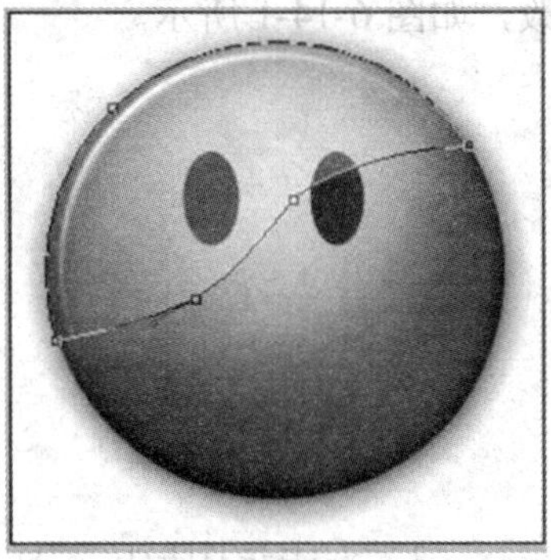

图 6-13-4

（6）设置前景色为#2a5897，用钢笔工具绘制嘴巴，双击该图层，打开图层样式面板，选择“斜面和浮雕”效果，各项参数设置及效果如图 6-13-5 所示。

（7）用钢笔工具绘制舌头形状，双击该图层，打开图层样式面板，选择“投影”、“描边”（#292828）、“内发光”（#7b0200）和“渐变叠加”（#cf1411、#fa9078、#d01412）效果，最终效果如图 6-13-6 所示。

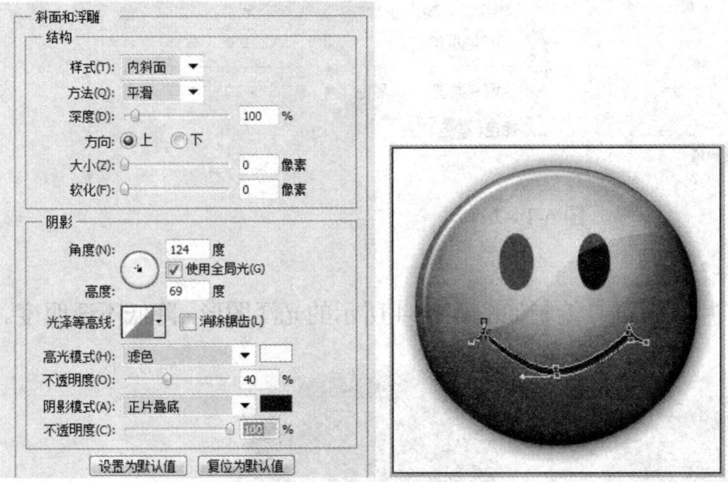

图 6-13-5

图 6-13-6

（8）将最终效果以 X6-13.psd 为文件名保存在考生文件夹中。

（9）执行“文件”→“存储为 Web 和设备所用格式”命令，打开“存储为 Web 和设备所用格式”对话框，单击“优化”选项卡，然后单击“存储”按钮，弹出“将优化结果存储为”对话框，在“格式”中选择“HTML 和图像”选项，以 X6-13.html 为文件名保存在考生文件夹中。

6.14　第 14 题解答

（1）新建一个宽高为 450×340 像素、RGB 模式的文件。

（2）设置前景色为#f27326，用椭圆工具绘制一个圆，然后用直接选择工具进行修改，如图 6-14-1 所示。

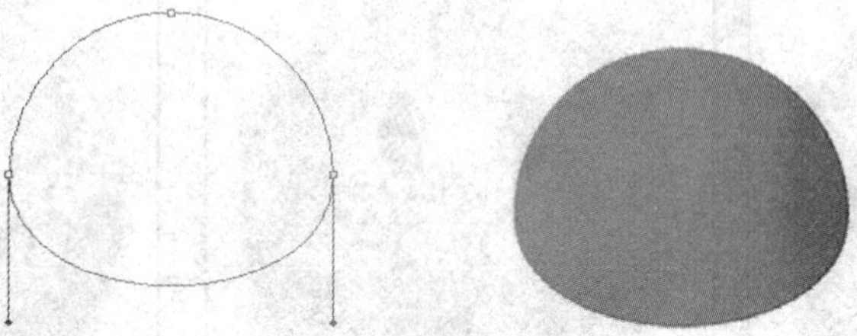

图 6-14-1

（3）双击该图形层，打开图层样式面板，选择“描边”（#de2c28）和“内阴影”效果，参数设置如图 6-14-2 所示。

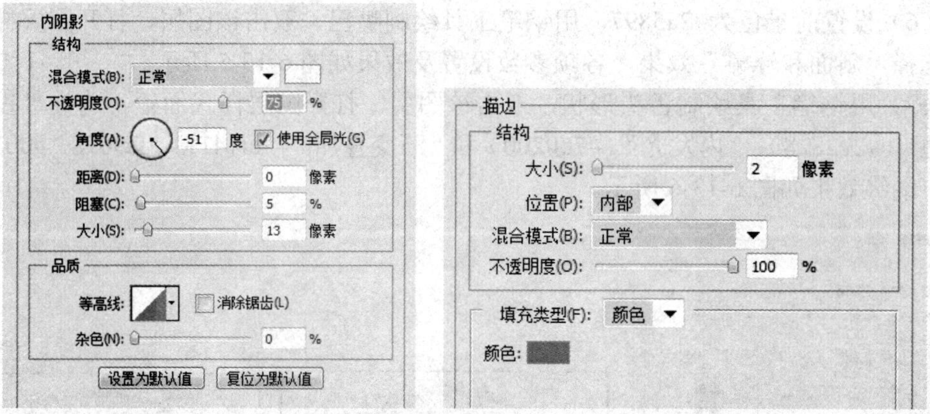

图 6-14-2

（4）应用效果如图 6-14-3 所示。

（5）设置前景色为白色，用钢笔工具绘制如图 6-14-4 所示的光泽图形，降低不透明度。

图 6-14-3

图 6-14-4

（6）用椭圆工具绘制椭圆，填充白色，降低不透明度，如图 6-14-5 所示。

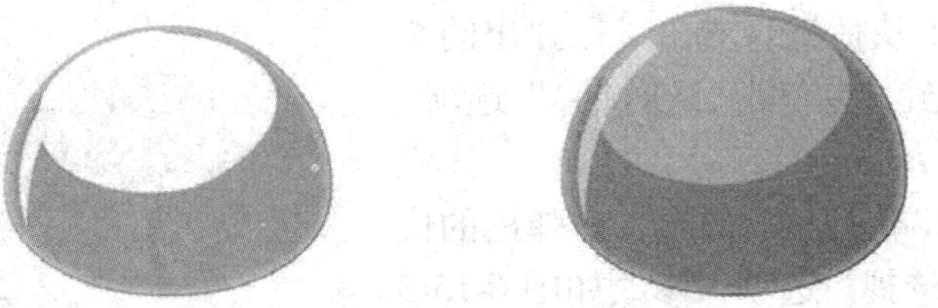

图 6-14-5

（7）设置前景色为黑色，用不同的画笔分别绘制眼睛、嘴巴，如图 6-14-6 所示。

（8）添加腮红（#b90b0a）、声波图形和投影。最终效果如图 6-14-7 所示。

图 6-14-6

图 6-14-7

（9）将最终效果以 X6-14.psd 为文件名保存在考生文件夹中。

（10）执行“文件”→“存储为 Web 和设备所用格式”命令，打开“存储为 Web 和设备所用格式”对话框，单击“优化”选项卡，然后单击“存储”按钮，弹出“将优化结果存储为”对话框，在“格式”中选择“HTML 和图像”选项，以 X6-14.html 为文件名保存在考生文件夹中。

6.15　第 15 题解答[i]

（1）新建一个宽高为 380×500 像素、RGB 模式的文件。

（2）设置前景色为灰色，使用自定义的形状工具，选择如图 6-15-1 左图所示的箭头，使用直接选择工具选择并拖拽底部的节点，效果如图 6-15-1 右图所示。

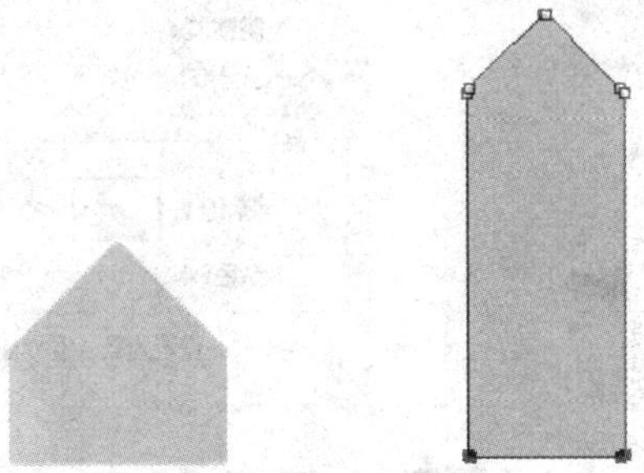

图 6-15-1

[i]本题的视频解答请访问高新考试教材服务网站（www.citt.org.cn）教材专区中的“图形图像处理模块网络服务”栏目。

（3）按 Ctrl+T 快捷键。右击，在弹出的快捷键菜单中选择“旋转 90 度（逆时针）”选项，效果如图 6-15-2 所示。

（4）按 Ctrl+ T 快捷键，右击，在弹出的快捷键菜单中选择“透视”选项，修改如图 6-15-3 所示。

图 6-15-2

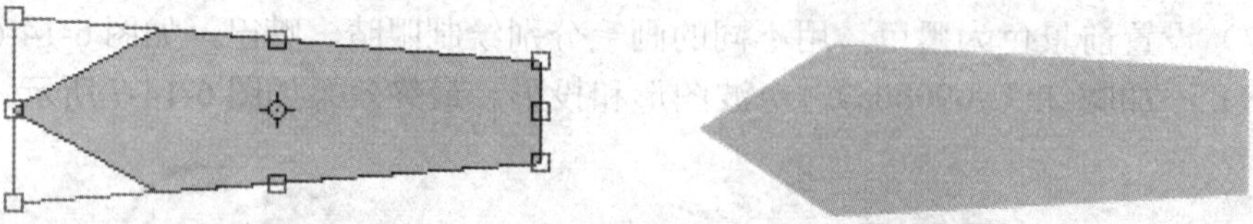

图 6-15-3

（5）双击该图层，打开图层样式面板，选择“内阴影”、“斜面和浮雕”、“渐变叠加”（#87d2a9、#059361）和“描边”（#cccccc、白色）效果，各项参数设置和应用效果如图 6-15-4 所示。

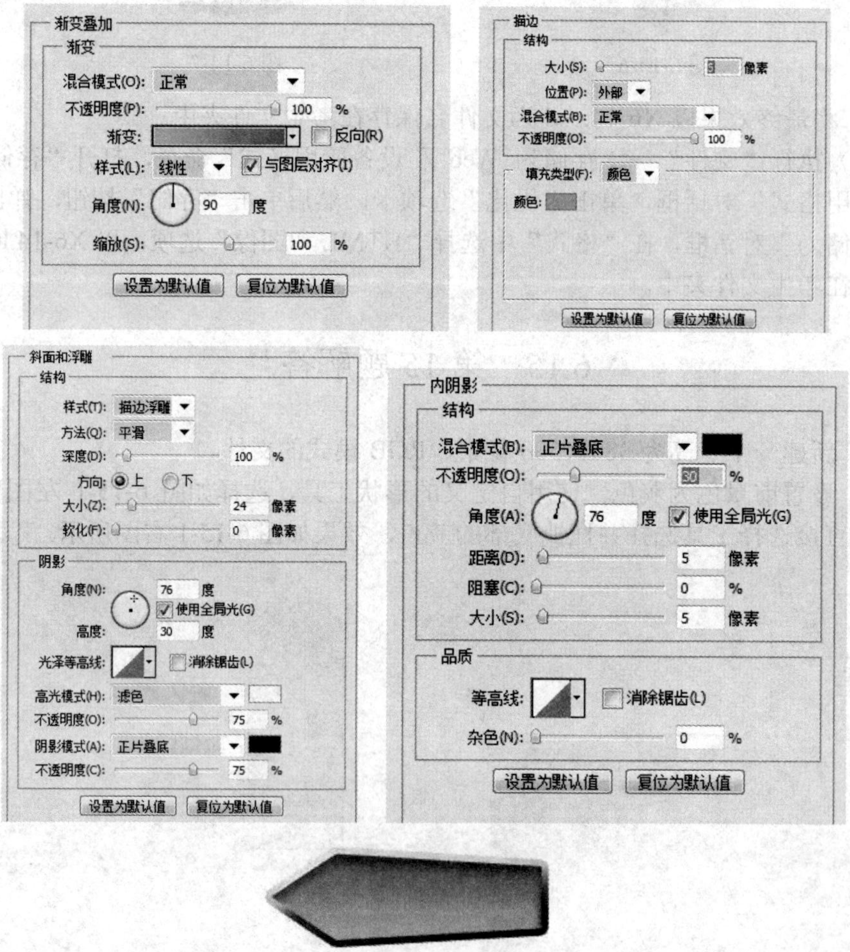

图 6-15-4

（6）复制该图形层 3 次，分别按 Ctrl + T 快捷键进行调整，如图 6-15-5 所示。

图 6-15-5

（7）使用圆角矩形工具创建一个圆角矩形。双击该图形层，打开图层样式面板，选择“渐变叠加”（#676767、#ededed、#737373）和“描边”（#525252）效果，参数设置如图 6-15-6 所示。形成不锈钢柱，如图 6-15-7 所示。

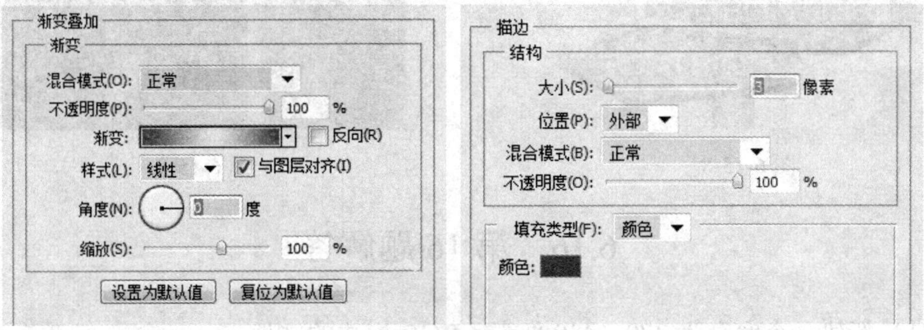

图 6-15-6

图 6-15-7

（8）添加文字（字体不限），如图 6-15-8 所示。添加背景图像（C:\2012PSCS5\Unit6\bridge.jpg），最终效果如图 6-15-9 所示。

（9）将最终效果以 X6-15.psd 为文件名保存在考生文件夹中。

（10）执行“文件”→“存储为 Web 和设备所用格式”命令，打开“存储为 Web

和设备所用格式”对话框，单击“优化”选项卡，然后单击“存储”按钮，弹出“将优化结果存储为”对话框，在“格式”中选择“HTML 和图像”选项，以 X6-15.html 为文件名保存在考生文件夹中。

图 6-15-8

图 6-15-9

6.16　第 16 题解答

（1）新建一个宽高为 370×430 像素、RGB 模式的文件。

（2）填充背景图层为黑色，前景色设置为白色，选择自定义形状工具，选择“装饰 8（）”创建图形，按 Ctrl+T 快捷键，右击，在弹出的快捷菜单中选择“变形”选项，在属性栏中选择“鱼形”变形处理，如图 6-16-1 所示。

图 6-16-1

（3）复制该图形层，按 Ctrl+T 快捷键，右击，在弹出的快捷菜单中选择“水平翻转”选项，并将翻转图形移动到图层右侧，如图 6-16-2 所示。

图 6-16-2

（4）用圆角矩形工具创建一个圆角矩形，设置半径为 25，如图 6-16-3 所示。

图 6-16-3

（5）用直线工具绘画一条线，如图 6-16-4 所示。

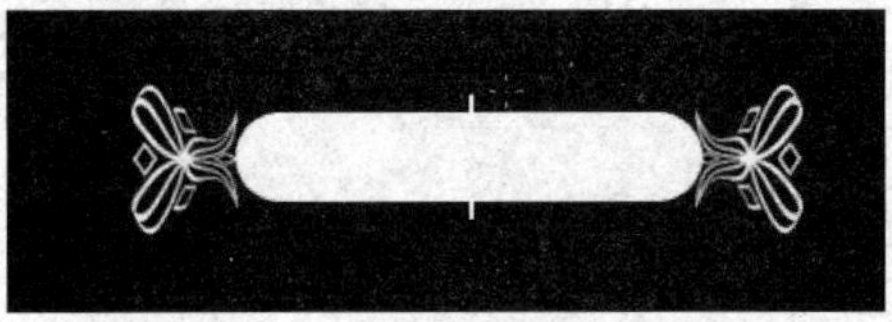

图 6-16-4

（6）选择除背景图层以外的所有图层，按 Ctrl+E 快捷键，合并图层为“图层 1”，复制该图层 4 次，效果如图 6-16-5 所示。

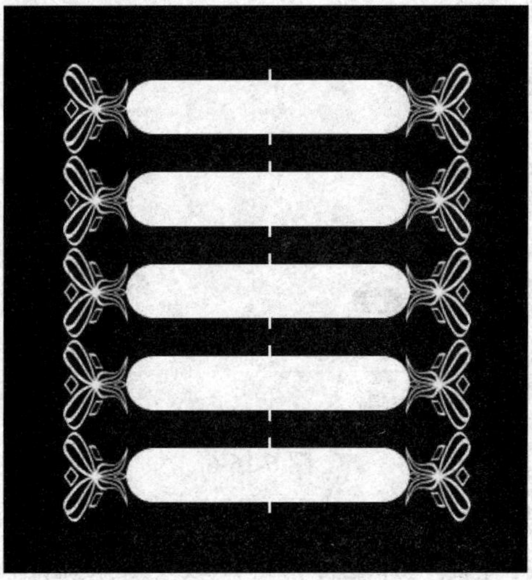

图 6-16-5

（7）选择除背景图层以外的图层，按 Ctrl+E 快捷键，合并图层。双击该图层，打开图层样式面板，选择“内发光”、“外发光”、“斜面和浮雕”和“颜色叠加”（# fd0002）效果，参数设置如图 6-16-6 所示，应用效果如图 6-16-7 所示。

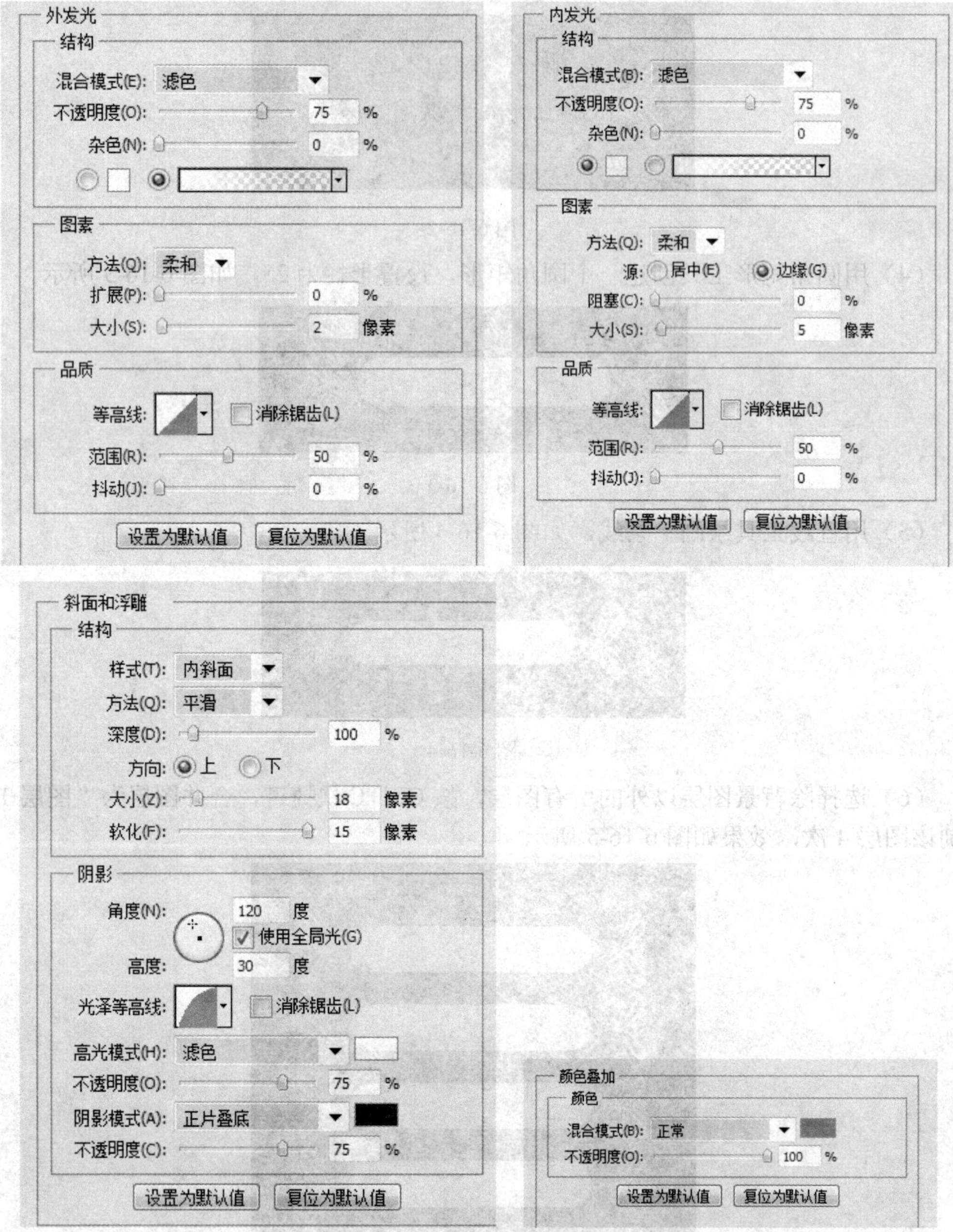

图 6-16-6

（8）对装饰图案分别描边（#d4bb98、#fd0002），重叠图案形成内红外黄的效果。

（9）添加文字（字体不限）并进行修饰，最终效果如图 6-16-8 所示。

（10）将最终效果以 X6-16.psd 为文件名保存在考生文件夹中。

（11）执行“文件”→“存储为 Web 和设备所用格式”命令，打开“存储为 Web 和设备所用格式”对话框，单击“优化”选项卡，然后单击“存储”按钮，弹出“将优化结果存储为”对话框，在“格式”中选择“HTML 和图像”选项，以 X6-16.html 为文件名保存在考生文件夹中。

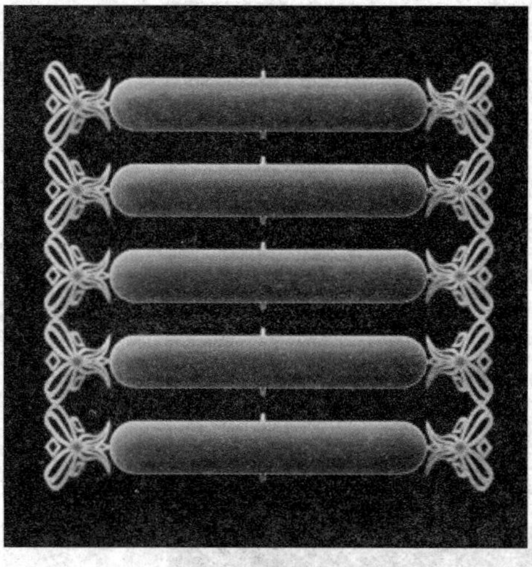

图 6-16-7

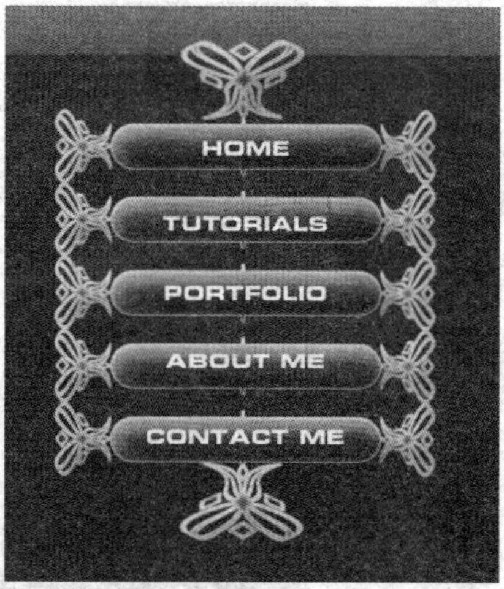

图 6-16-8

6.17　第 17 题解答

（1）打开素材文件 C:\2012PSCS5\Unit6\flower.psd，如图 6-17-1 所示。

图 6-17-1

（2）选择第 5 帧，单击复制帧按钮（），复制第 5 帧为第 6 帧，如图 6-17-2 所示。

图 6-17-2

（3）在第 6 帧，拖拽“花”图层向上生长，如图 6-17-3 所示，关闭“水滴中部”图层显示。

图 6-17-3

（4）同样的方法复制第 6 帧和第 7 帧，如图 6-17-4 所示，继续拖拽“花”图层生长，关闭“水滴”图层显示。

图 6-17-4

（5）调整动画的延迟时间，在动画调板菜单中，执行“选择全部帧”命令，在“动画”调板中，单击图像下的“选择延迟时间”按钮（0秒），设定 0.7 秒延迟时间。

（6）单击播放动画按钮（▶），播放预览动画效果，如图 6-17-5 所示。如果需要可在第 6 帧与第 7 帧之间增加过渡帧。

图 6-17-5

（7）将最终效果以 X6-17.psd 为文件名保存在考生文件夹中。

（8）执行“文件”→“存储为 Web 和设备所用格式”命令，打开“存储为 Web 和设备所用格式”对话框，在右侧选择“GIF”选项，然后单击“存储”按钮，在打开的“将优化结果存储为”对话框中，以 X6-17.gif 为文件名保存在考生文件夹下。

6.18　第 18 题解答

（1）打开素材文件 C:\2012PSCS5\Unit6\curve.jpg，选择红色曲线，在选区右击，在弹出的快捷菜单中选择“通过剪切的图层”选项，建立新图层“curve”，修复背景图层的挖空曲线区域，如图 6-18-1 所示。

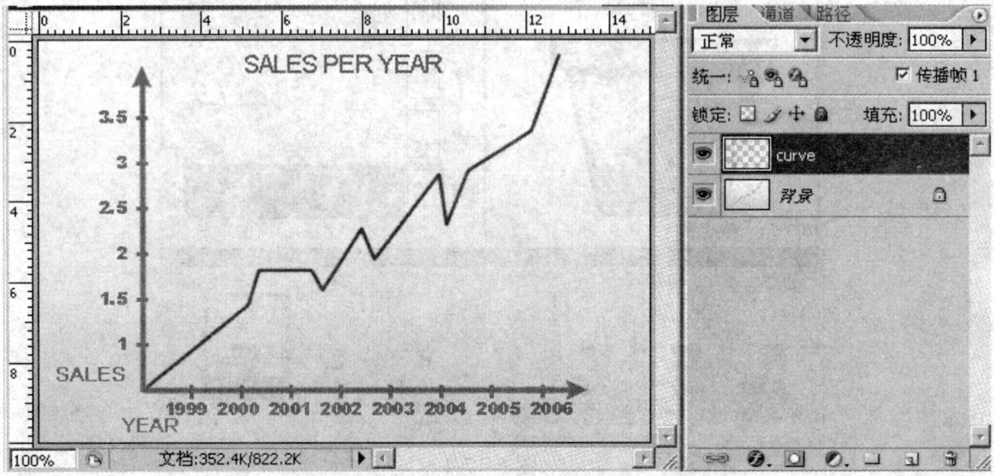

图 6-18-1

（2）添加“curve”图层蒙版遮盖曲线，保持坐标轴和文字显示，如图 6-18-2 所示建立蒙版遮盖曲线，取消图层蒙版链接。

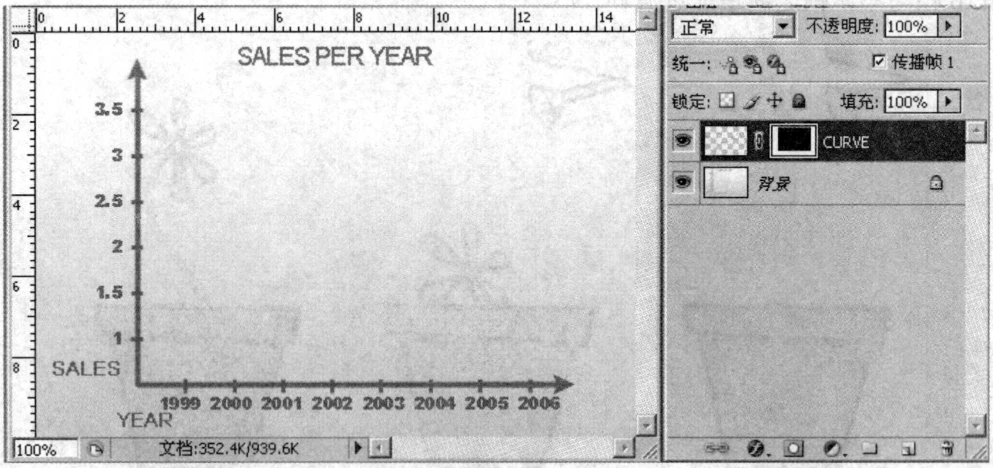

图 6-18-2

（3）打开“动画”调板，单击“复制当前帧”按钮（ ），创建第 2 帧，在“图层”调板中，用移动工具将图层蒙版水平向右拖拽，直到曲线完全显示，如图 6-18-3 所示。

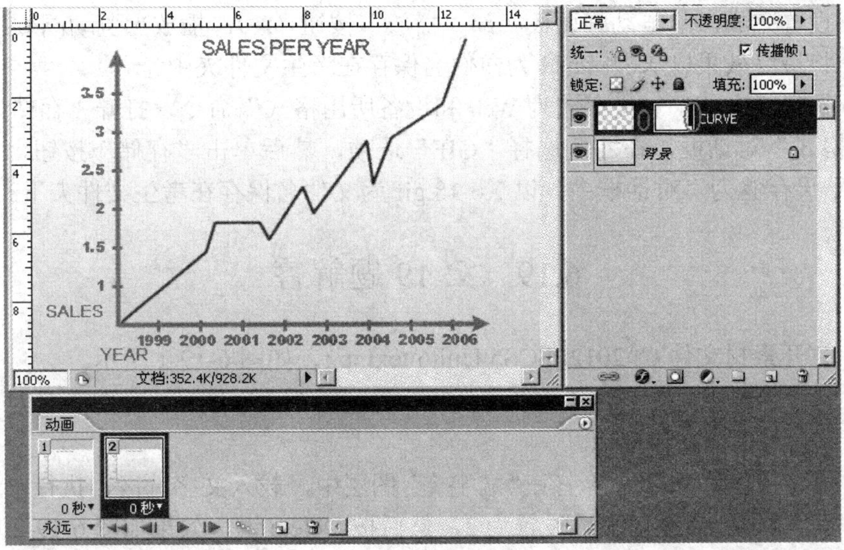

图 6-18-3

（4）在“动画”调板底部单击“动画帧过渡”按钮（ ），出现“过渡”对话框，设置如图 6-18-4 所示。

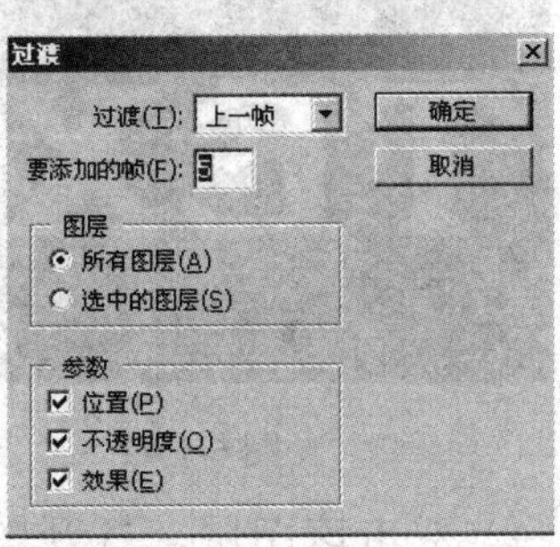

图 6-18-4

（5）在“动画”调板上可以看到，在第 1 帧和最后一帧之间，增加了 5 个中间帧。增加的中间帧会使动画更加流畅。如果是在网络播放的动画，要用尽可能少的帧数以降低网络负荷。图 6-18-5 所示为第 4 帧的效果。

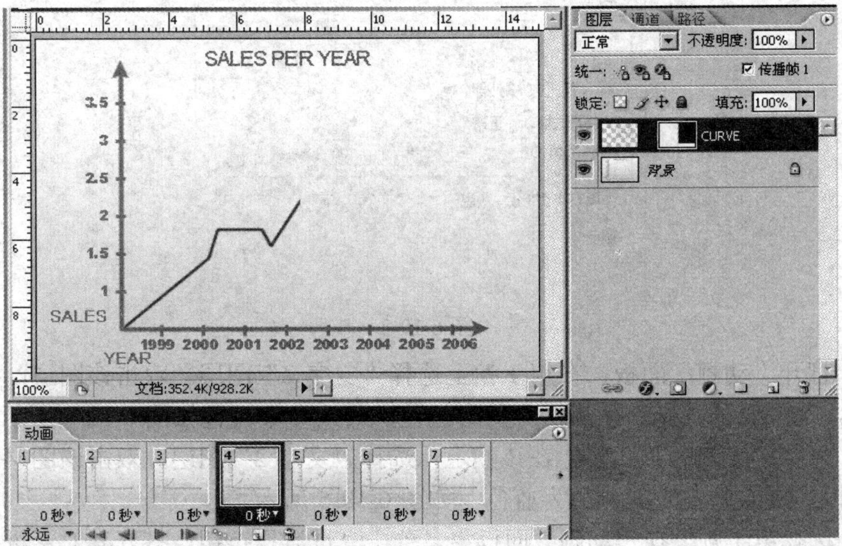

图 6-18-5

（6）调整动画的延迟时间，在动画调板菜单中，选择“选择全部帧”选项，在“动画”调板中，单击图像下的“选择延迟时间”按钮（0秒），设定 0.7 秒延迟时间。

（7）设置完成，单击动画调板底部“播放”按钮（▶），播放预览动画效果。

（8）将最终效果以 X6-18.psd 为文件名保存在考生文件夹中。

（9）执行“文件”→“存储为 Web 和设备所用格式”命令，打开“存储为 Web 和设备所用格式”对话框，在右侧选择“GIF”选项，然后单击“存储”按钮，在打开的“将优化结果存储为”对话框中，以 X6-18.gif 为文件名保存在考生文件夹下。

6.19　第 19 题解答

（1）打开素材文件 C:\2012PSCS5\Unit6\text.jpg，如图 6-19-1 所示。

（2）将文字选中，按 Ctrl+J 快捷键两次，复制两个文字图层，分别命名为“文字 1”与“文字 2”。背景填充为黑色。

（3）隐藏“文字 1”图层，在“文字 2”图层中，载入文字选区，执行“选择”→“修改”→“收缩”命令，参数设置为 2，然后按 Delete 键，效果如图 6-19-2 所示。

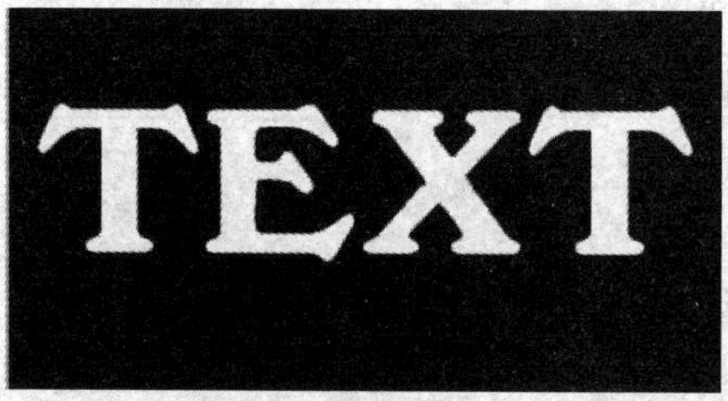

图 6-19-1

图 6-19-2

（4）双击该图层，打开图层样式面板，选择“描边”效果，如图 6-19-3 所示。

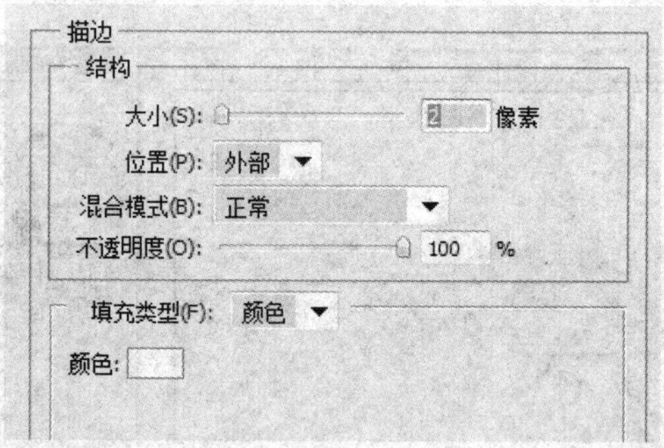

图 6-19-3

（5）打开“动画”面板，在第 1 帧上选择“文字 2”图层。双击该图层，打开图层样式面板，选择“外发光”效果，颜色为红色，其余参数设置如图 6-19-4 所示。

（6）复制第 1 帧为第 2 帧。在该帧上，选择“文字 2”图层，双击该图层，打开图层样式面板，更改外发光的颜色为蓝色，如图 6-19-5 所示。

（7）选择第 1 帧。在“动画”面板中，单击“过渡”按钮。打开其对话框，参数设置和应用效果如图 6-19-6 所示。

（8）调整动画的延迟时间，在动画调板菜单中，选择“选择全部帧”选项，在动画调板中，单击图像下的“选择延迟时间”按钮（0秒▾），设定 0.7 秒延迟时间。

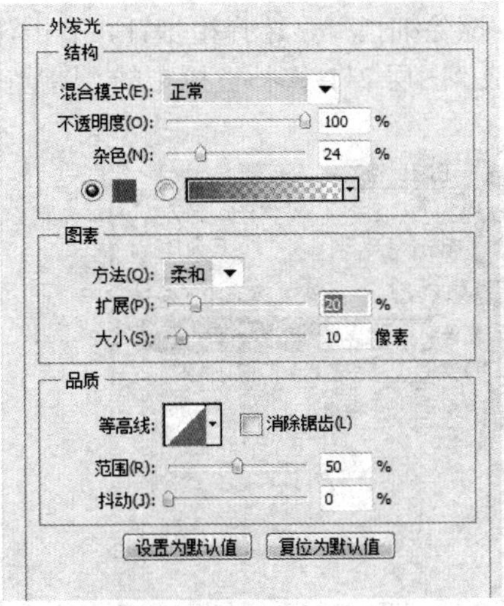

图 6-19-4

图 6-19-5

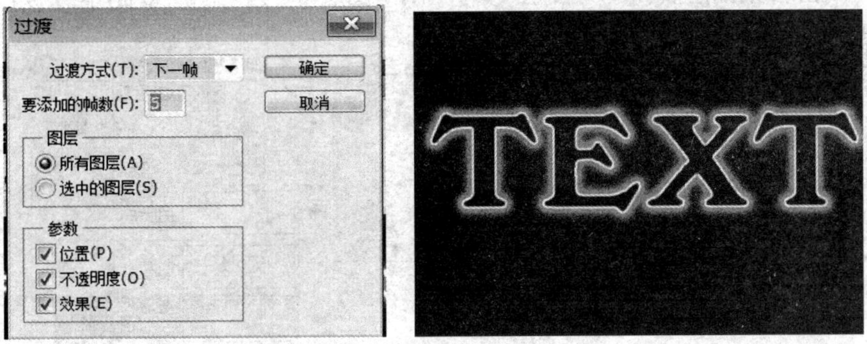

图 6-19-6

（9）设置完成，单击动画调板底部的“播放”按钮（▶），播放预览动画效果。

（10）将最终效果以 X6-19.psd 为文件名保存在考生文件夹中。

（11）执行“文件”→“存储为 Web 和设备所用格式”命令，打开“存储为 Web 和设备所用格式”对话框，在右侧选择“GIF”选项，然后单击“存储”按钮，在打开的“将优化结果存储为”对话框中，以 X6-19.gif 为文件名保存在考生文件夹下。

6.20 第 20 题解答

（1）打开素材文件 C:\2012PSCS5\Unit6\cloud.jpg 和 C:\2012PSCS5\Unit6\clock.jpg，如图 6-20-1 所示，裁剪白云图像灰色边缘。

（2）使用魔棒工具，建立背景选区，反选选中钟表，如图 6-20-2 所示。

图 6-20-1

图 6-20-2

（3）将钟表移入白云图像中，形成“图层1”，擦除细指针，选择粗指针，右击，在弹出的快捷菜单中选择“通过剪切的图层”选项形成“图层 2”，修补被挖空的“图层 1”，如图 6-20-3 所示。

图 6-20-3

（4）双击背景图层转换为“图层 0”，复制“图层 0”为“图层 0 副本”，如图 6-20-4 所示。

图 6-20-4

（5）移动“图层 0 副本”至“图层 0”末尾，使其首尾相接，如图 6-20-5 所示。

（6）复制第 1 帧为第 2 帧，将“图层 0”水平向左移至视窗外，再移动“图层 0 副本”也由右向左移至与“图层 0”尾部相接，如图 6-20-6 所示。

图 6-20-5

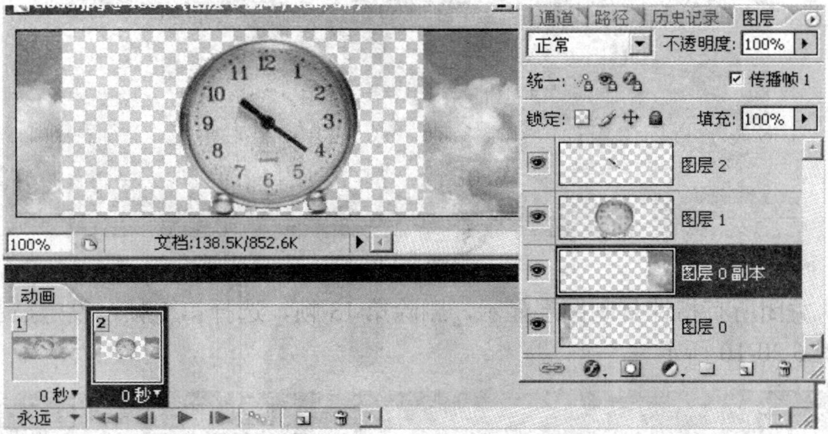

图 6-20-6

（7）单击“过渡”按钮，插入过渡 11 帧，如图 6-20-7 所示，单击动画调板底部的“播放”按钮（▶），播放预览动画效果，云层水平向左移动。

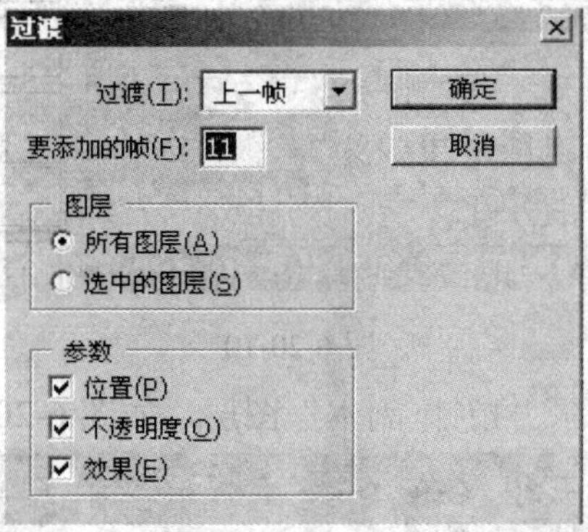

图 6-20-7

（8）选择“图层 2”更名为“指针”，按 Ctrl+T 快捷键自由变换指针，将中心点移至“表轴中心”，如图 6-20-8 所示，设置旋转 60 度。

图 6-20-8

（9）按住 Alt+Shift+Ctrl 快捷键，再按 T 键 4 次，复制 4 个指针，如图 6-20-9 所示。

图 6-20-9

（10）关闭所有指针复制图层显示，删除第 13 帧，选择第 1 帧，设定显示“指针”图层，如图 6-20-10 所示。

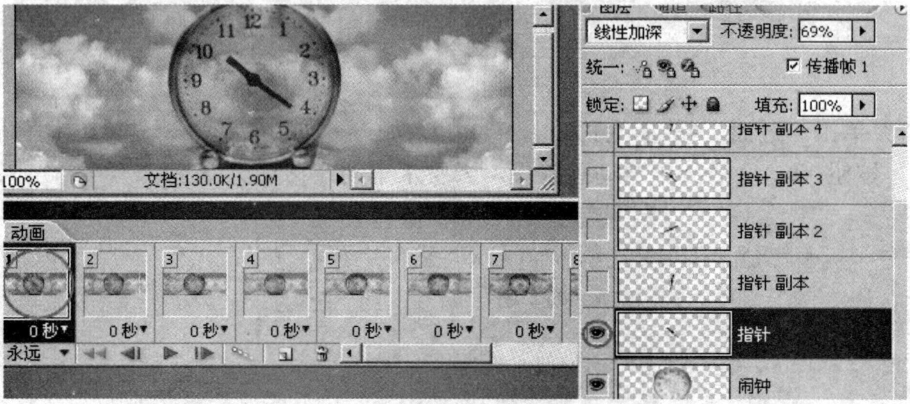

图 6-20-10

（11）选择第 2 帧，显示“指针 副本”图层，如图 6-20-11 所示。

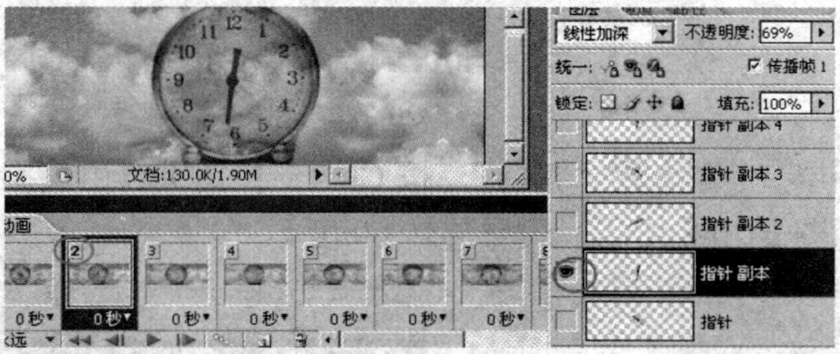

图 6-20-11

（12）依照以上步骤，在不同的帧显示不同的图层上的指针，如图 6-20-12 所示。

（13）在第 7～12 帧中，再次将“指针、指针 副本、指针 副本 2～5”图层显示，使指针在 1～12 帧中旋转两次。

（14）调整动画的延迟时间，在动画调板菜单中，选择“选择全部帧”选项，在动画调板中，单击图像下的“选择延迟时间”按钮，设定 0.4 秒延迟时间。

（15）设置完成，单击动画调板底部的“播放”按钮，播放预览动画效果，如图 6-20-13 所示。

（16）将最终效果以 X6-20.psd 为文件名保存在考生文件夹中。

（17）执行“文件”→“存储为 Web 和设备所用格式”命令，打开“存储为 Web

和设备所用格式”对话框，在右侧选择“GIF”选项，然后单击“存储”按钮，在打开的“将优化结果存储为”对话框中，以 X6-20.gif 为文件名保存在考生文件夹下。

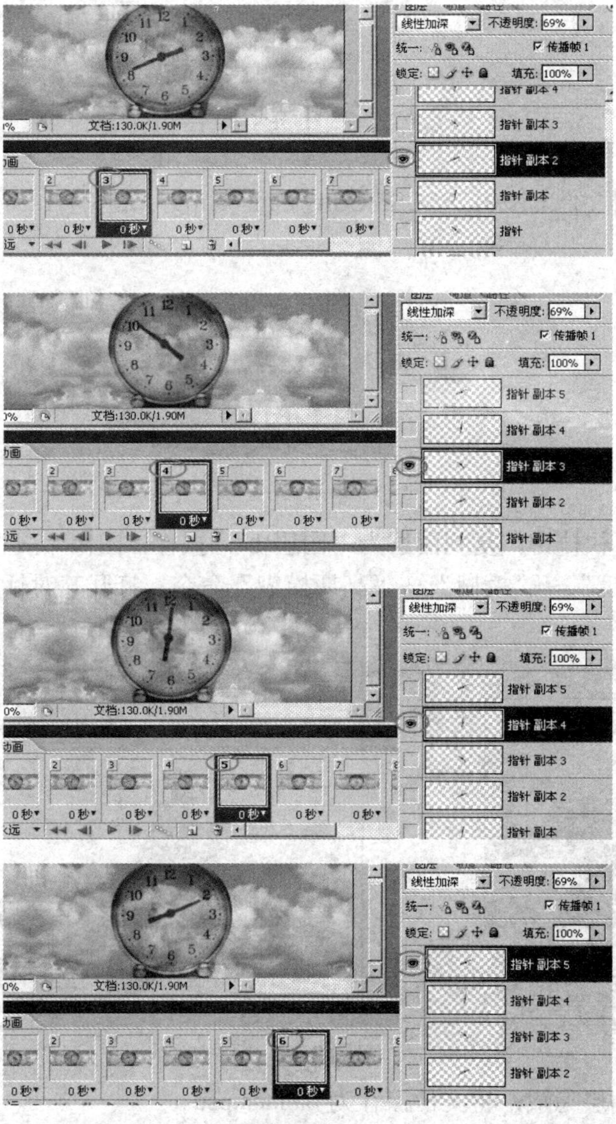

图 6-20-12

图 6-20-13

第七单元　特效创意

7.1　第 1 题解答

（1）打开素材文件 C:\2012PSCS5\Unit7\banana.jpg，如图 7-1-1 所示。

图 7-1-1

（2）按 Ctrl+J 快捷键，复制图层为“图层 1”，执行“图像”→“调整”→“去色”命令，再执行“滤镜”→“模糊”→“高斯模糊”命令，打开其对话框，参数设置和效果如图 7-1-2 所示。

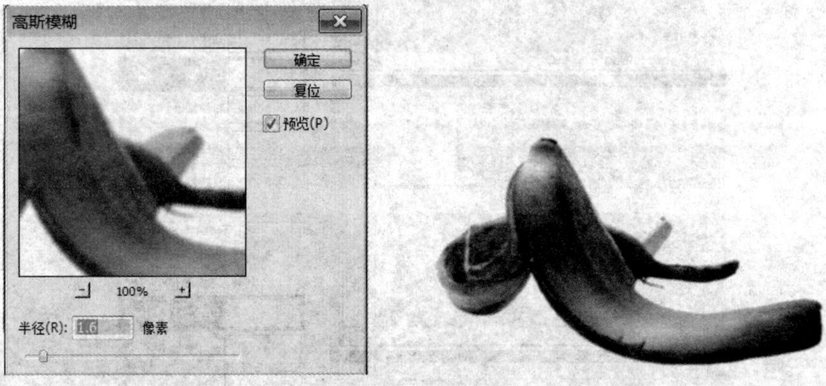

图 7-1-2

（3）将背景图层隐藏，将文件保存为 banana.psd。

（4）载入 C:\2012PSCS5\Unit7\texture.jpg 图形，如图 7-1-3 所示。

（5）将该图像移到香蕉文件中，并命名为“图层 2”，在“图层 2”中，执行“滤镜”→“扭曲”→“置换”命令，打开如图 7-1-4 所示的对话框，单击“确定”按钮，打开保存的 banana.psd 文件。

（6）按 Ctrl 键，单击“图层 1”，载入香蕉选区，按 Ctrl+Shift+I 快捷键反选，然后按 Delete 键，显示背景图层，效果如图 7-1-5 所示。

（7）设置该图层的混合模式为“叠加”，使用加深与减淡工具涂抹明暗区域产生光感和立体效果，最终效果如图 7-1-6 所示。

（8）将最终效果以 X7-1.psd 为文件名保存在考生文件夹中。

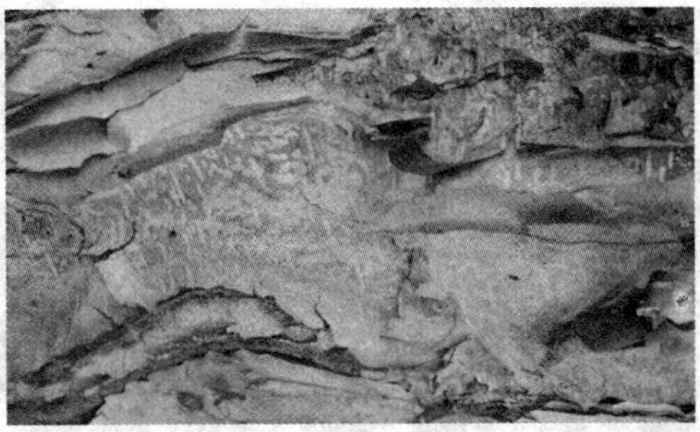

图 7-1-3

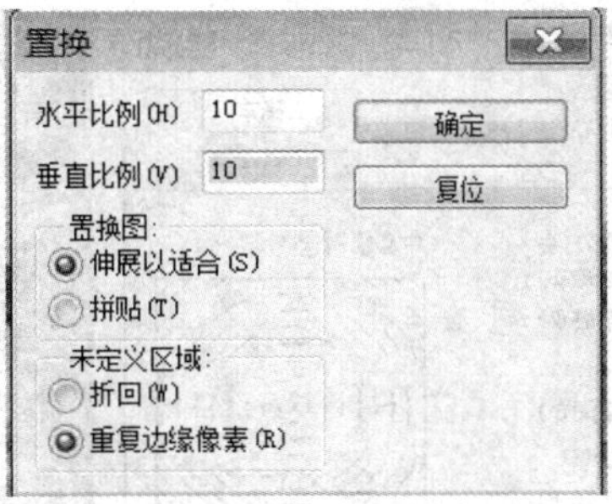

图 7-1-4

图 7-1-5

图 7-1-6

7.2　第 2 题解答

（1）打开素材文件 C:\2012PSCS5\Unit7\animal.jpg，如图 7-2-1 所示。

（2）按 Ctrl+J 快捷键，复制背景图层为“图层 1”，隐藏背景图层，将图中的头部选中，然后删除，如图 7-2-2 所示。

图 7-2-1

图 7-2-2

（3）执行“滤镜”→“模糊”→“径向模糊”命令，打开其对话框，参数设置如图 7-2-3 所示。

（4）确保两个图层都可见，新建“图层 2”，用直线工具绘制放射线路径，然后再路径描边，效果如图 7-2-4 所示。

（5）设置直线图层的混合模式为“叠加”，不透明度设置为 30%，最终效果如图 7-2-5 所示。

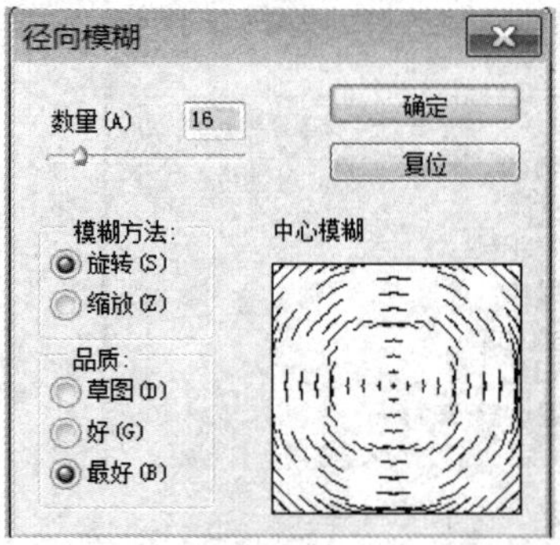

图 7-2-3

图 7-2-4

图 7-2-5

（6）将最终效果以 X7-2.psd 为文件名保存在考生文件夹中。

7.3　第 3 题解答

（1）新建一个宽高为 530×260 像素、RGB 模式的文件。

（2）填充背景为黑色，设置前景色为#87681e，执行“滤镜”→“渲染”→“云彩”命令。

（3）执行“滤镜”→“画笔描边”→“喷色描边”命令，打开其对话框，参数设置如图 7-3-1 所示。

（4）执行“滤镜”→“杂色”→“添加杂色”命令，打开其对话框，参数设置如图 7-3-2 所示。

（5）执行“滤镜”→“画笔描边”→“喷溅”命令，打开其对话框，参数设置如图 7-3-3 所示。

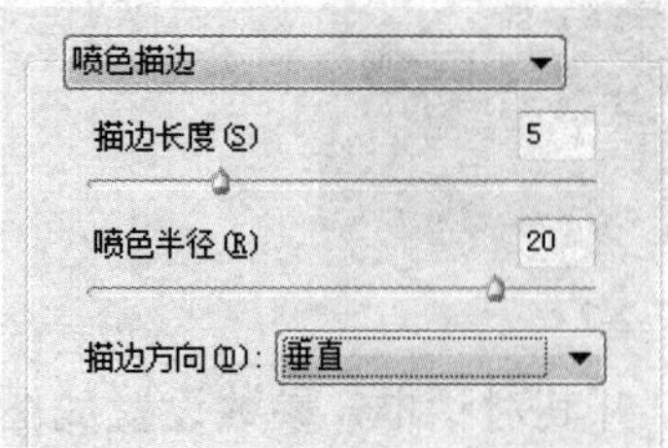

图 7-3-1

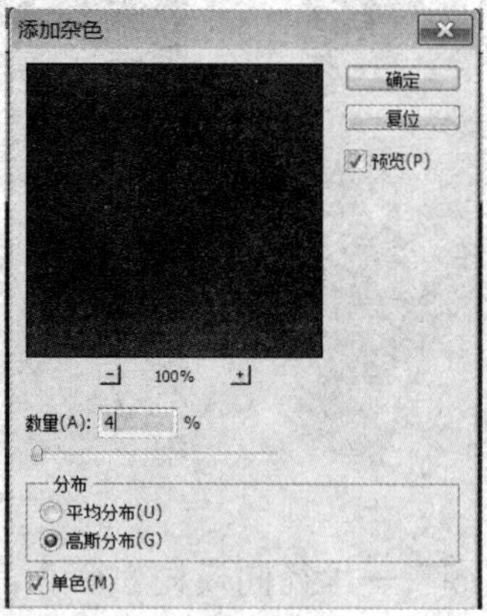

图 7-3-2

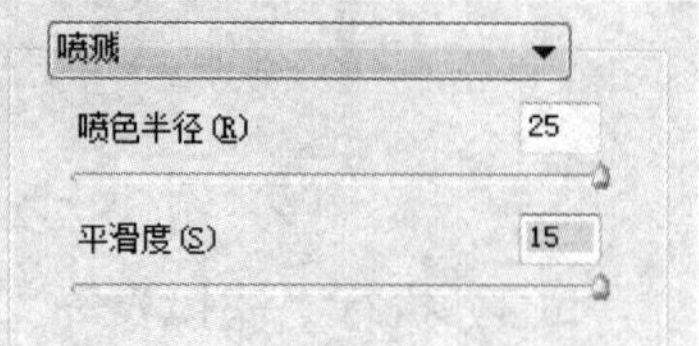

图 7-3-3

（6）执行“滤镜”→“锐化”→“USM 锐化”命令，打开其对话框，参数设置和应用效果如图 7-3-4 所示。

（7）选择自定义形状工具中的“花 6”， 创建白色花的形状图层，如图 7-3-5 所示。

（8）双击该图层，打开图层样式面板，选择“投影”和“内阴影”效果，各项参数设置如图 7-3-6 所示。

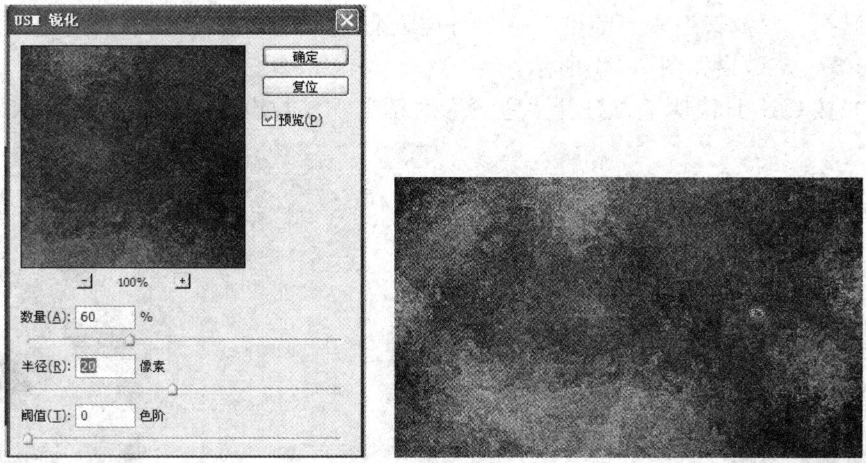

图 7-3-4

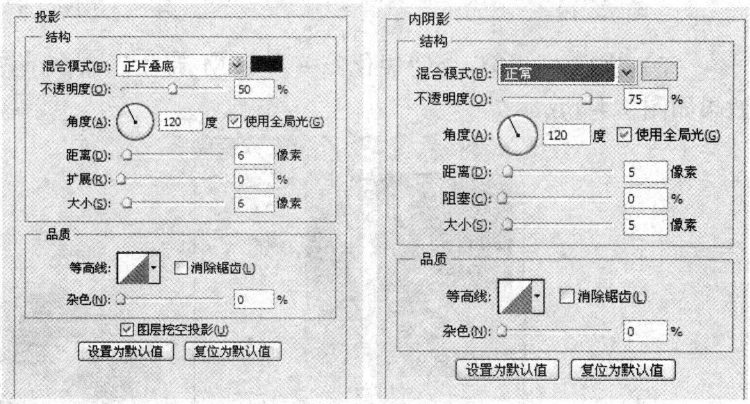

图 7-3-5　　　　图 7-3-6

（9）设置图层的混合模式为“叠加”，效果如图 7-3-7 所示。

（10）复制花的图层，移动到合适的位置，最终效果如图 7-3-8 所示。

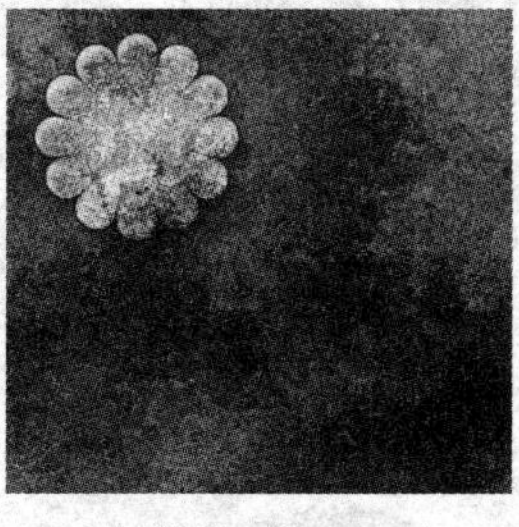

图 7-3-7　　　　图 7-3-8

（11）将最终效果以 X7-3.psd 为文件名保存在考生文件夹中。

7.4　第 4 题解答

（1）新建一个宽高均为 500 像素、RGB 模式的文件。

（2）新建“图层 1”，用椭圆工具创建圆形选区，填充黑色。

（3）执行“滤镜”→“渲染”→“分层云彩”命令，按 Ctrl+F 快捷键，重复几次分层云彩滤镜，效果如图 7-4-1 所示。

（4）按 Ctrl+L 快捷键，打开“色阶”对话框，参数设置和效果如图 7-4-2 所示。

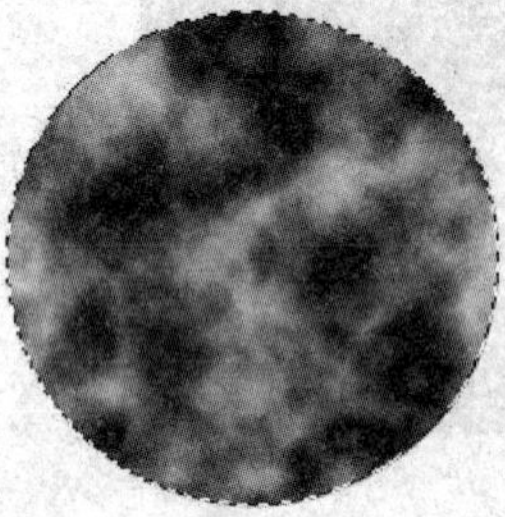

图 7-4-1

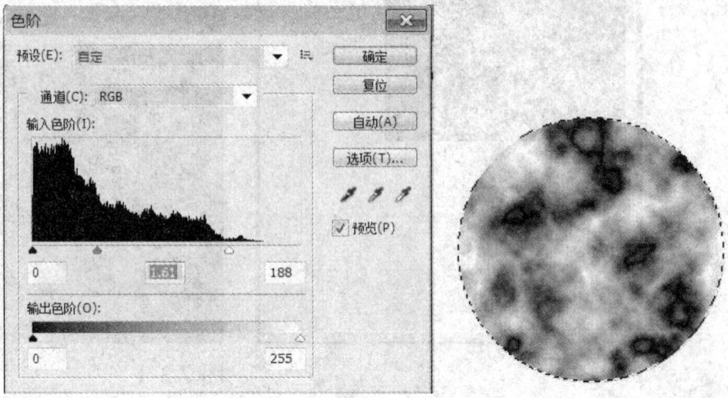

图 7-4-2

（5）执行“滤镜”→“锐化”→“USM 锐化”命令，打开其对话框，参数设置和效果如图 7-4-3 所示。

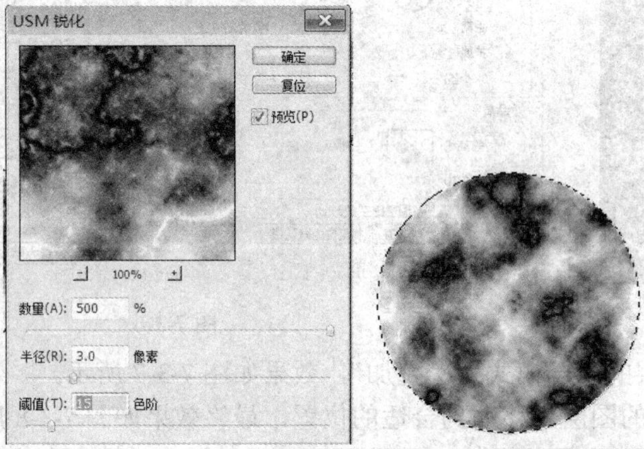

图 7-4-3

（6）执行“滤镜”→“扭曲”→“球面化”命令，打开其对话框，参数设置如图 7-4-4 所示。再执行一次球面化，参数设置为 50%。效果如图 7-4-5 所示。

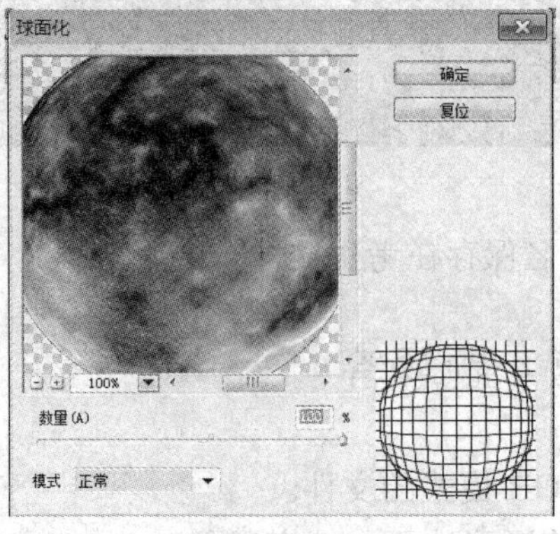

图 7-4-4

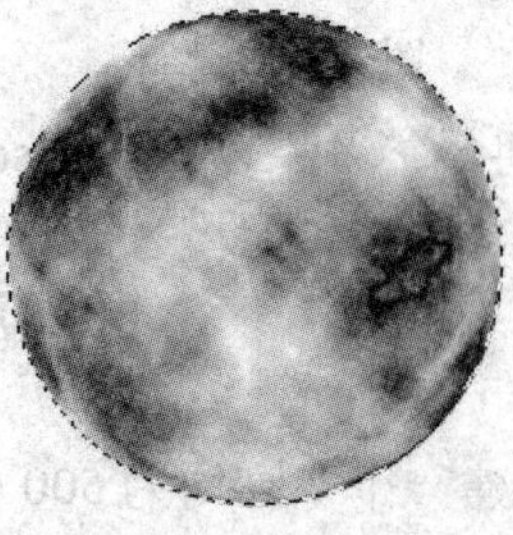

图 7-4-5

（7）按 Ctrl+B 快捷键，打开“色彩平衡”对话框，如图 7-4-6 所示。选择色调平衡的阴影：+100、0、-100；中间调：+100、0、-100；高光：+70、0、-15，效果如图 7-4-7 所示。

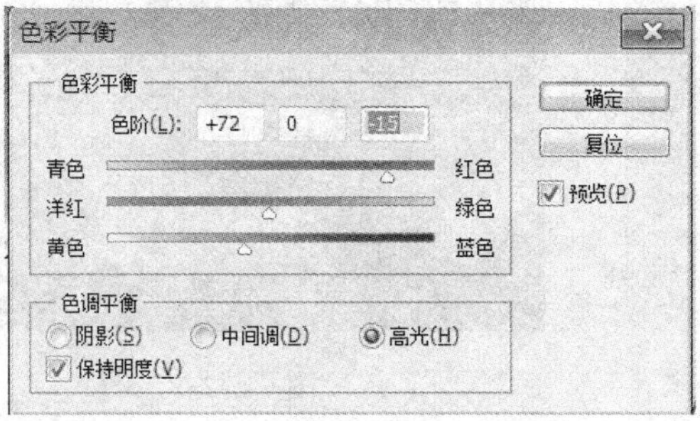

图 7-4-6

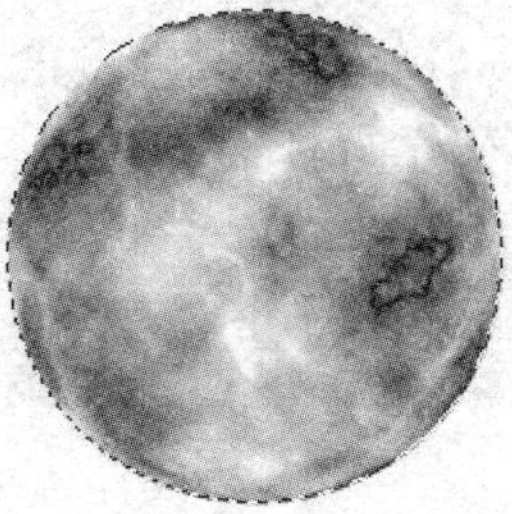

图 7-4-7

（8）再次执行“滤镜”→“锐化”→“USM 锐化”命令，打开其对话框，数量设置为 300，其他为默认，效果如图 7-4-8 所示。

（9）选择背景图层，执行“滤镜”→“杂色”→“添加杂色”命令，并设置其图层混合模式为“叠加”。为球体图层上添加“外发光”效果，最终效果如图 7-4-9 所示。

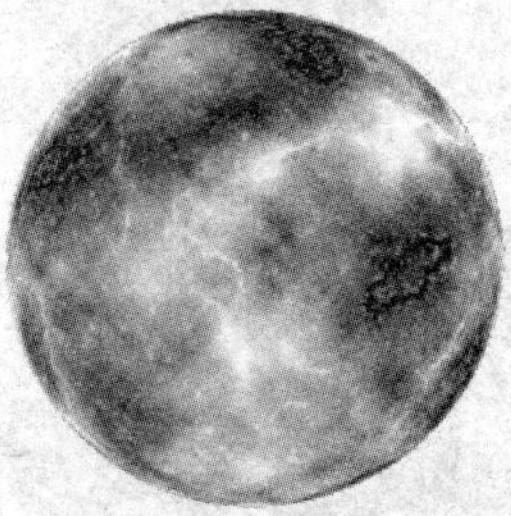

图 7-4-8

图 7-4-9

（10）将最终效果以 X7-4.psd 为文件名保存在考生文件夹中。

7.5 第 5 题解答

（1）新建一个宽高为 400×300 像素、RGB 模式的文件。

（2）新建“图层 1”，背景填充为白色，先执行“滤镜”→“渲染”→“云彩”命令，再执行“滤镜”→“渲染”→“分层云彩”命令，效果如图 7-5-1 所示。

（3）按 Ctrl+F 快捷键，重复几次分层云彩滤镜，效果如图 7-5-2 所示。

（4）选择画笔工具，用柔边画笔擦除上半部分成黑色，效果如图 7-5-3 所示。

（5）执行“滤镜”→“液化”命令。打开其对话框，选择向前变形工具，将图 7-5-4 所示的上半部分变形。

（6）执行“图像”→“调整”→“渐变映射”命令，打开其对话框，设置渐变映射（#010101、#f65700、#fefe06、#fdfdfd），如图 7-5-5 所示。最终效果如图 7-5-6 所示。

图 7-5-1

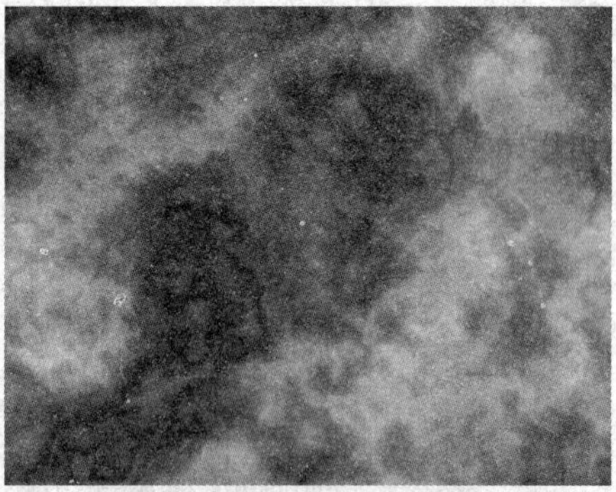

图 7-5-2

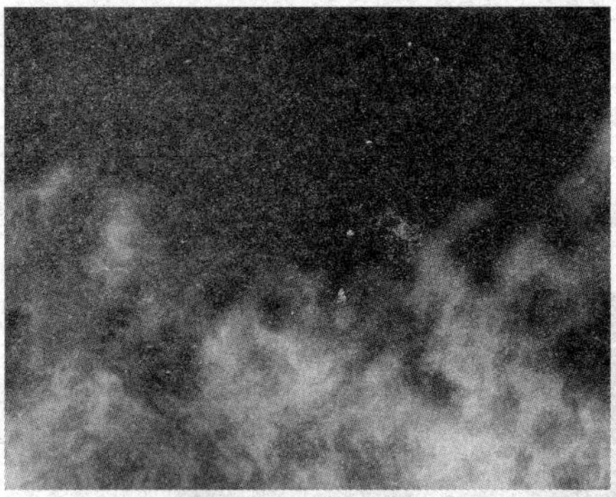

图 7-5-3

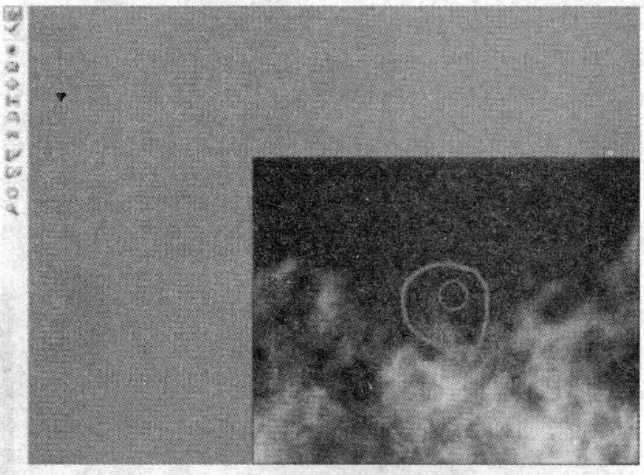

图 7-5-4

图 7-5-5

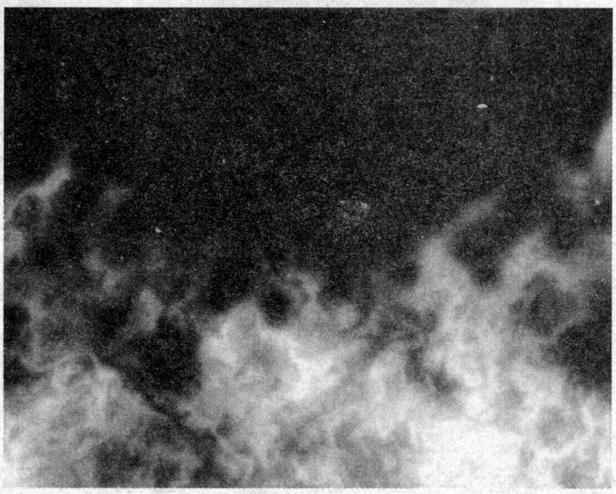

图 7-5-6

（7）将最终效果以 X7-5.psd 为文件名保存在考生文件夹中。

7.6　第 6 题解答

（1）打开素材文件 C:\2012PSCS5\Unit7\apple.jpg，如图 7-6-1 所示。

（2）按 Ctrl+J 快捷键，复制苹果图层，用魔棒工具建立选区，按 Ctrl+Shift+I 快捷键反选，然后按 Delete 键删除，如图 7-6-2 所示。

图 7-6-1

图 7-6-2

（3）执行“滤镜”→“模糊”→“高斯模糊”命令，打开其对话框，参数设置如图 7-6-3 所示。

（4）执行“滤镜”→“艺术效果”→“塑料包装”命令，打开其对话框，参数设置如图 7-6-4 所示。

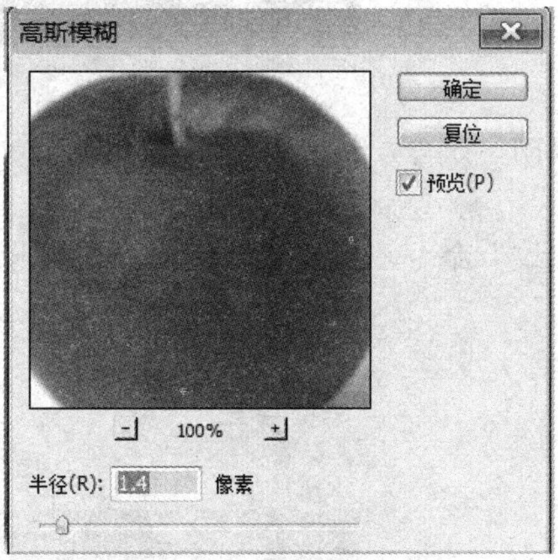

图 7-6-3

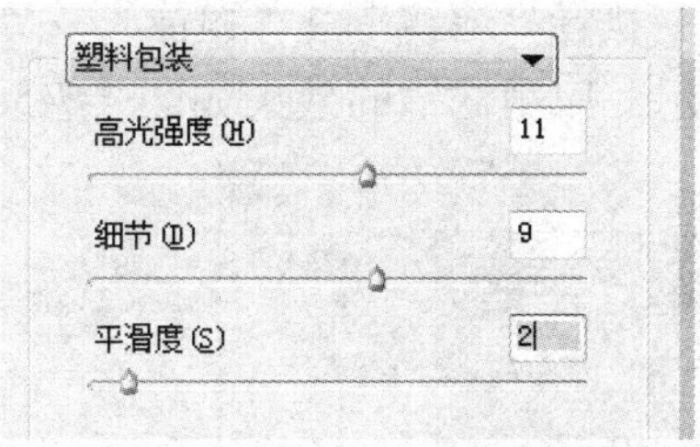

图 7-6-4

（5）苹果腐烂的最终效果如图 7-6-5 所示。

图 7-6-5

（6）将最终效果以 X7-6.psd 为文件名保存在考生文件夹中。

7.7　第 7 题解答

（1）新建一个宽高均为 400 像素、RGB 模式的文件。

（2）设置前/背景色为默认。新建“图层 1”，执行“滤镜”→“渲染”→“云彩”命令，执行云彩滤镜的效果如图 7-7-1 所示。

（3）执行“滤镜”→“纹理”→“纹理化”命令，打开其对话框，参数设置和效果如图 7-7-2 所示。

图 7-7-1

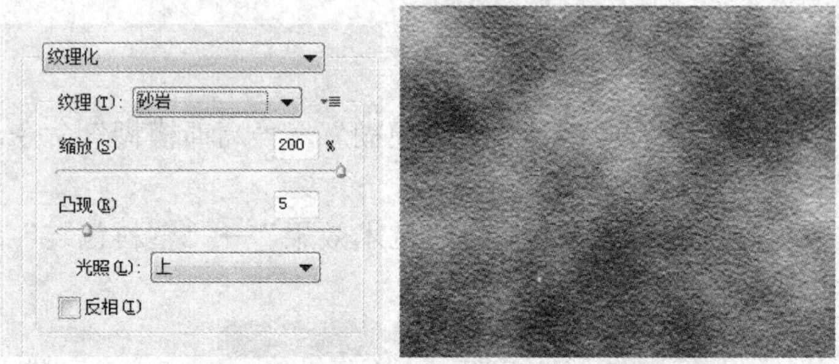

图 7-7-2

（4）执行“滤镜”→“模糊”→“动感模糊”命令，打开其对话框，参数设置如图 7-7-3 所示。

（5）执行“滤镜”→“扭曲”→“海洋波纹”命令，打开其对话框，参数设置如图 7-7-4 所示。应用滤镜的效果如图 7-7-5 所示。

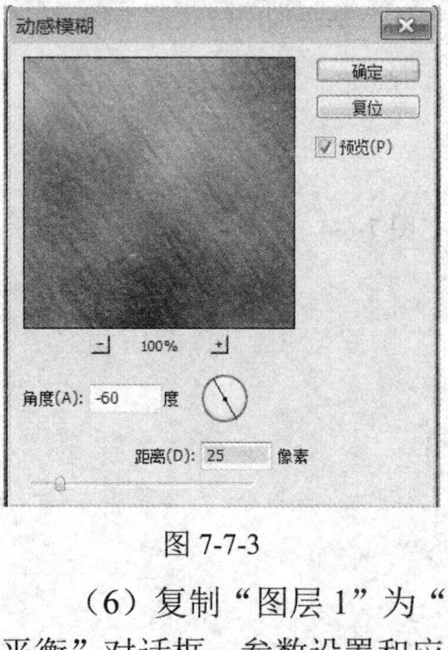

图 7-7-3

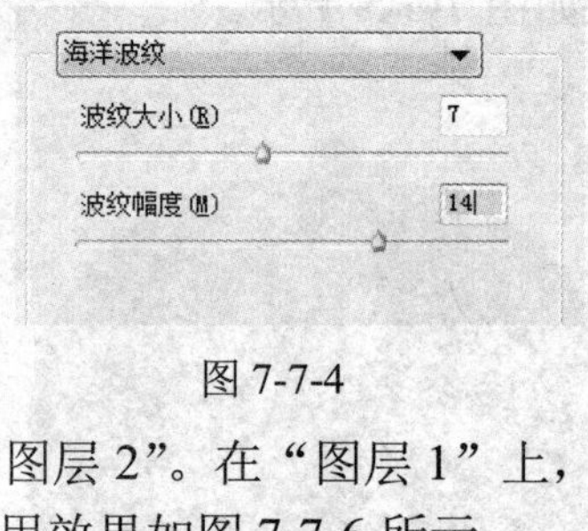

图 7-7-4

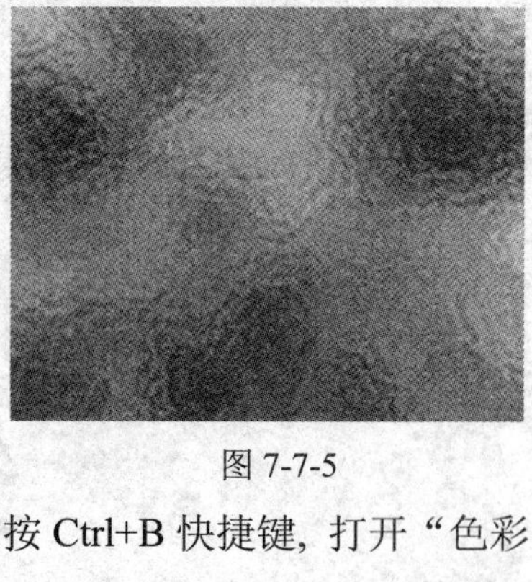

图 7-7-5

（6）复制“图层 1”为“图层 2”。在“图层 1”上，按 Ctrl+B 快捷键，打开“色彩平衡”对话框，参数设置和应用效果如图 7-7-6 所示。

（7）在“图层 2”上，按 Ctrl+T 快捷键，缩放到合适的位置，如图 7-7-7 所示。

（8）在内部创建矩形选区，然后按 Delete 键删除，如图 7-7-8 所示。

（9）按 Ctrl+U 快捷键，打开“色相/饱和度”对话框，参数设置和应用效果如图 7-7-9 所示。

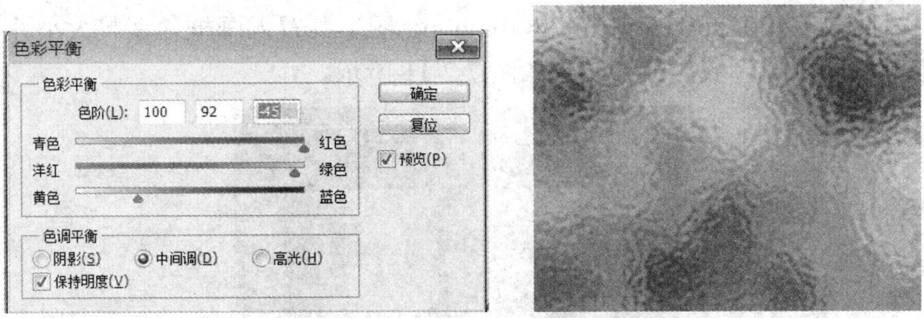

图 7-7-6

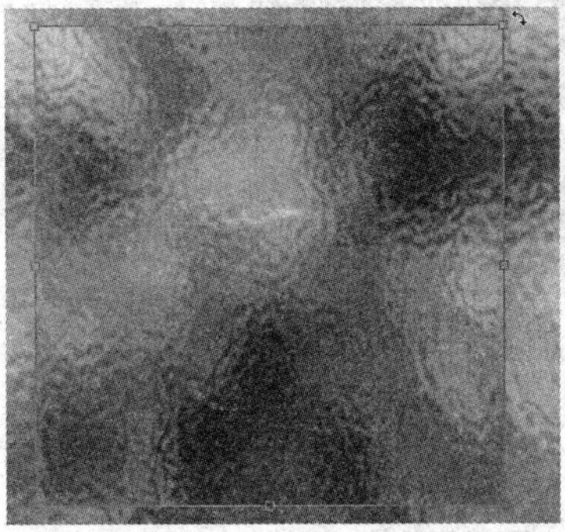

图 7-7-7

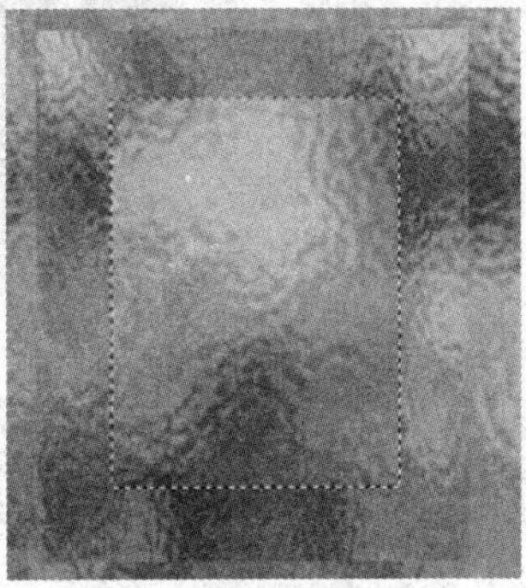

图 7-7-8

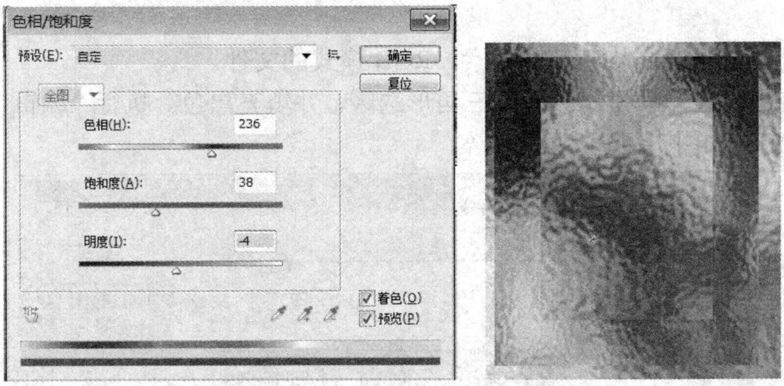

图 7-7-9

（10）双击该图层，打开图层样式面板，选择“描边”效果，各项参数设置和应用效果如图 7-7-10 所示。

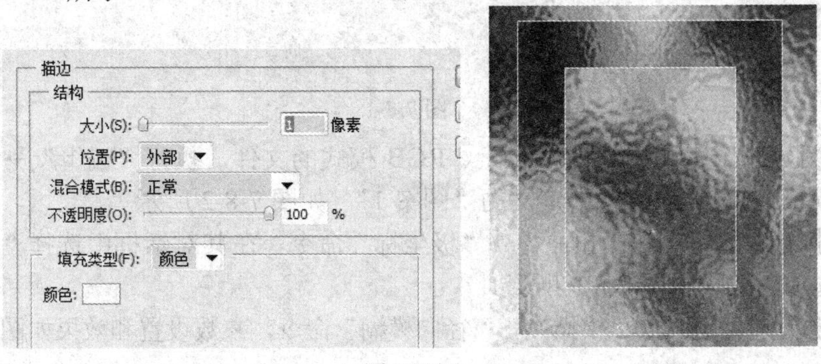

图 7-7-10

（11）载入 C:\2012PSCS5\Unit7\webbig.jpg 图形并置入画框，调整大小并使用减淡和加深工具擦涂明暗区域，最终效果如图 7-7-11 所示。

图 7-7-11

（12）将最终效果以 X7-7.psd 为文件名保存在考生文件夹中。

7.8　第 8 题解答

（1）新建一个宽高均为 500 像素、RGB 模式的文件。

（2）使用多边形套索工具绘制三角形选区，并填充黑色。执行“编辑”→“定义图案”命令，定义如图 7-8-1 所示的图案。

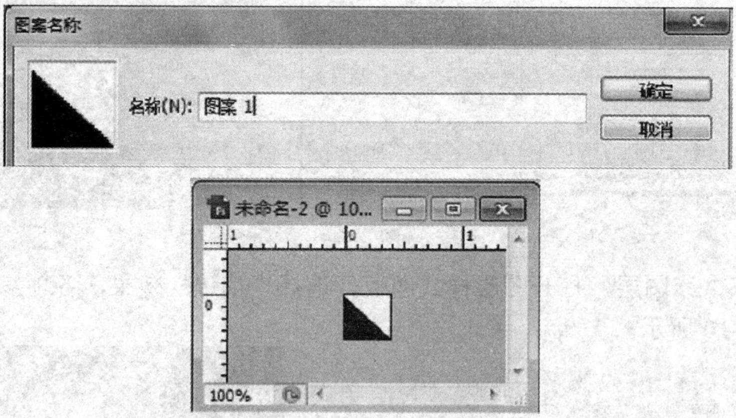

图 7-8-1

（3）新建一个宽高均为 300 像素、RGB 模式的文件。执行“编辑”→“填充”命令，为背景填充在步骤（1）中定义的“图案 1”，如图 7-8-2 所示。

（4）执行“滤镜”→“扭曲”→“极坐标”命令，在其对话框中选择“平面坐标到极坐标”选项，效果如图 7-8-3 所示。

（5）执行“滤镜”→“模糊”→“径向模糊”命令，参数设置和效果如图 7-8-4 所示。

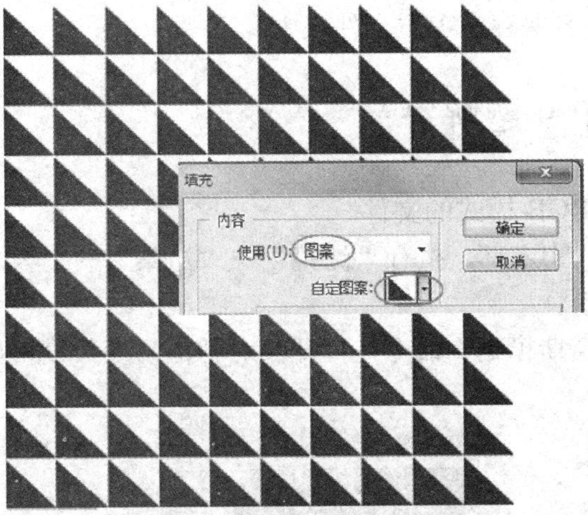

图 7-8-2

图 7-8-3

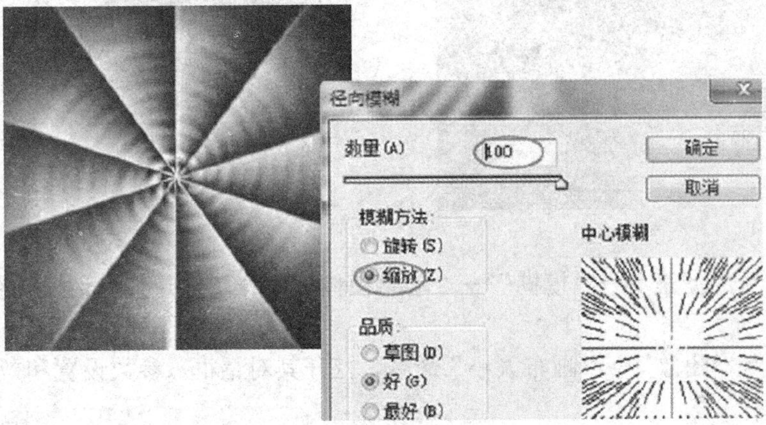

图 7-8-4

（6）执行“图像”→“调整”→“色相/饱和度”命令，勾选 “着色”复选框，参数设置和最终效果如图 7-8-5 所示。

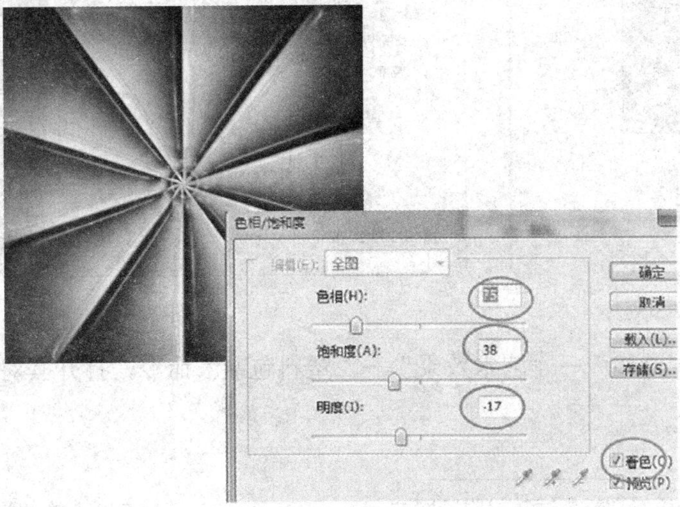

图 7-8-5

（7）将最终结果以 X7-8.psd 为文件名保存在考生文件夹中。

7.9 第 9 题解答[i]

（1）新建一个宽高均为 500 像素、RGB 模式的文件。

（2）设置前/背景色为默认。新建“图层 1”，执行“滤镜”→“渲染”→“云彩”命令，滤镜应用效果如图 7-9-1 所示。

（3）执行“滤镜”→“模糊”→“高斯模糊”命令，打开其对话框，参数设置如图 7-9-2 所示。

图 7-9-1

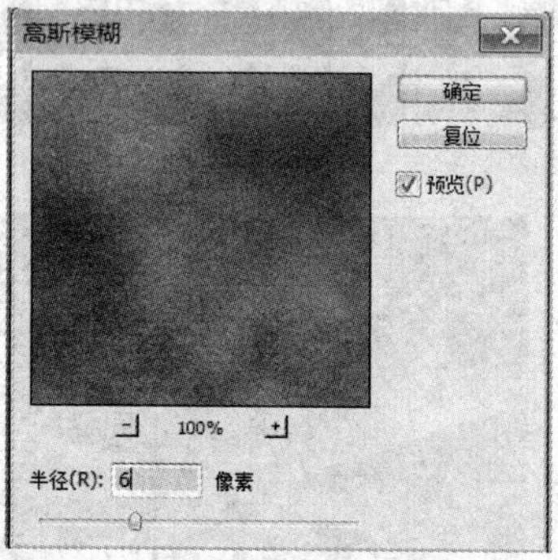

图 7-9-2

（4）执行“滤镜”→“模糊”→“动感模糊”命令，打开其对话框，参数设置如图 7-9-3 所示。

（5）执行“图像”→“画布大小”命令，打开其对话框，参数设置和效果如图 7-9-4 所示。

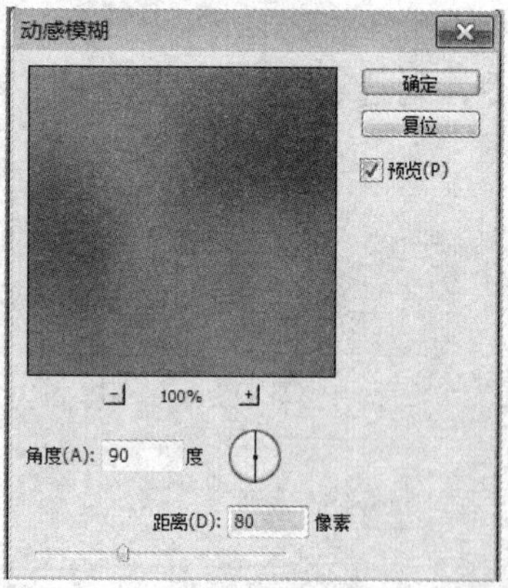

图 7-9-3

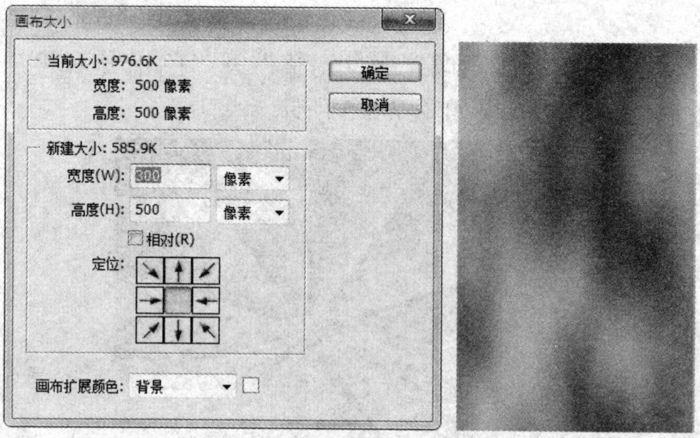

图 7-9-4

（6）执行“滤镜”→“艺术效果”→“塑料包装”命令，打开其对话框，参数设置如图 7-9-5 所示。

[i] 本题的视频解答请访问高新考试教材服务网站（www.citt.org.cn）教材专区中的“图形图像处理模块网络服务”栏目。

（7）执行“滤镜”→“素描”→“铬黄”命令，打开其对话框，参数设置和应用效果如图 7-9-6 所示。

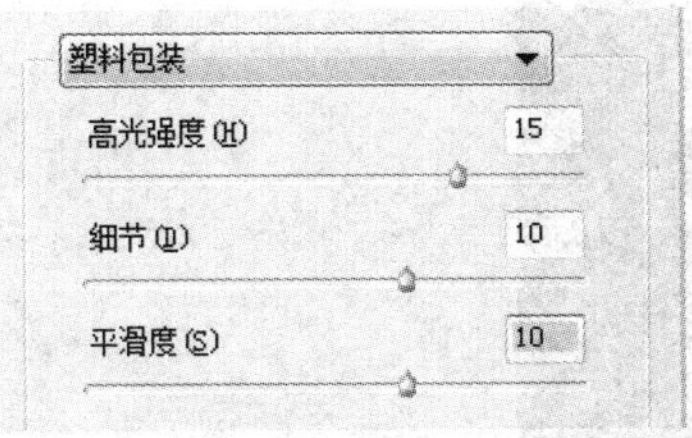

图 7-9-5

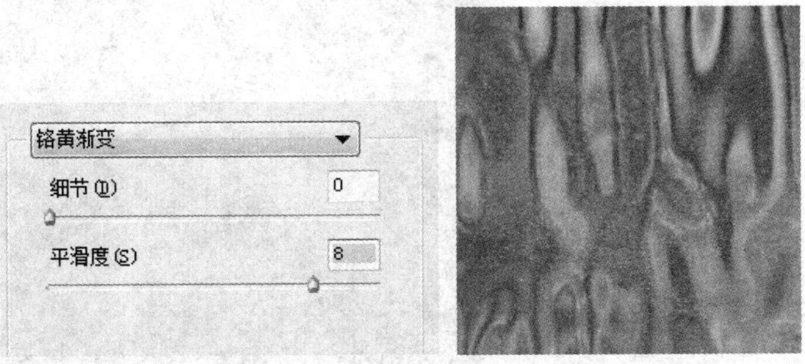

图 7-9-6

（8）执行“编辑”→“渐隐铬黄”命令，打开对话框，参数设置及应用效果如图 7-9-7 所示。

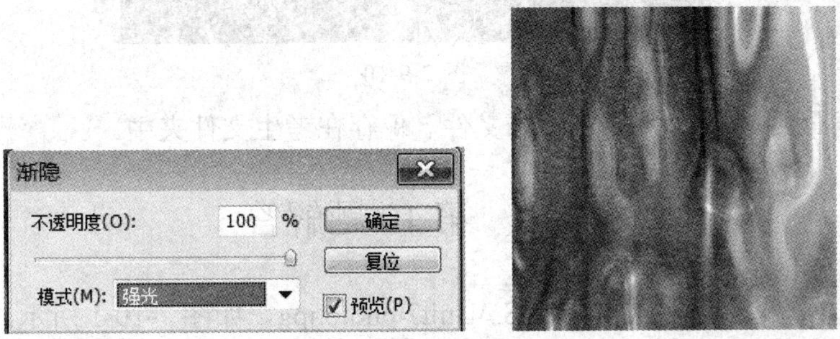

图 7-9-7

（9）执行“图像”→“画布大小”命令，打开其对话框，其他参数保持不变，高度设置为 800，效果如图 7-9-8 所示。

（10）按 Ctrl+T 快捷键，右击，在弹出的快捷菜单中选择“变形”选项，调整各个节点，效果如图 7-9-9 所示。

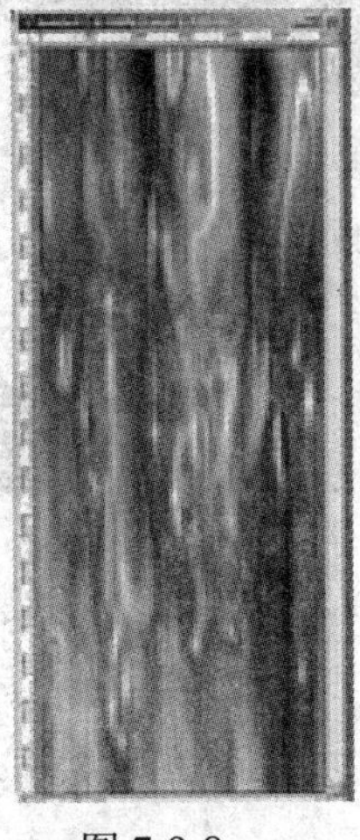

图 7-9-8

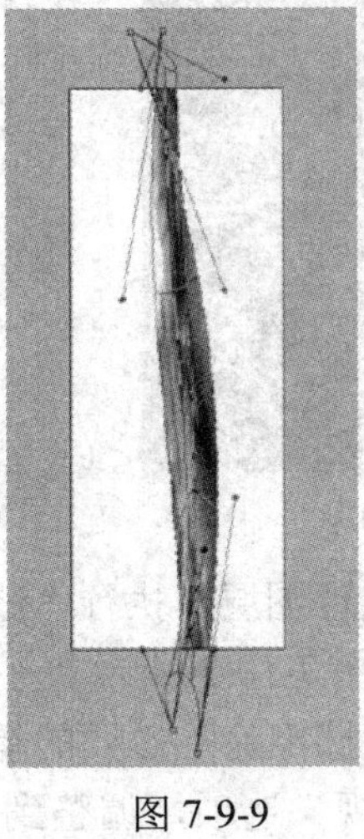

图 7-9-9

（11）载入 C:\2012PSCS5\Unit7\waterontap.jpg，将其移动到图像中，设置图层混合模式为“强光”，最终效果如图 7-9-10 所示。

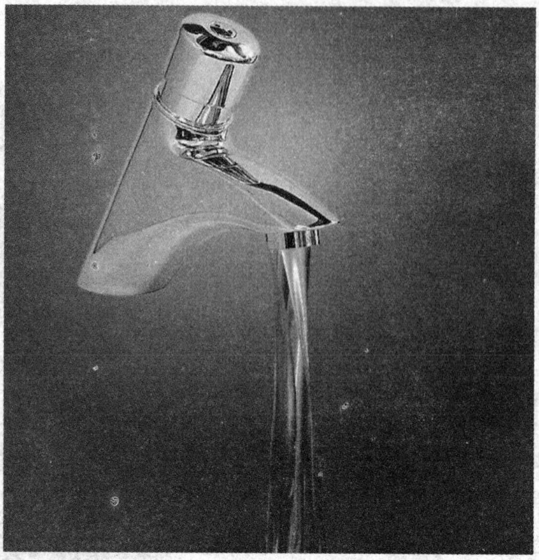

图 7-9-10

（12）将最终效果以 X7-9.psd 为文件名保存在考生文件夹中。

7.10 第 10 题解答

（1）打开素材文件 C:\2012PSCS5\Unit7\photo.jpg，如图 7-10-1 所示。

（2）载入 C:\2012PSCS5\Unit7\paper.jpg，如图 7-10-2 所示，用移动工具移到人像图层上方，并隐藏该图层。

图 7-10-1

图 7-10-2

（3）选择人像图层，执行“滤镜”→“素描”→“影印”命令，打开其对话框，参数设置和效果如图 7-10-3 所示。

（4）用橡皮擦擦除不必要的笔触和斑点，效果如图 7-10-4 所示。按 Ctrl+T 快捷键，右击并选择“透视”选项，调整到合适的位置。

（5）显示并选择稿纸图层，设置该图层混合模式为“正片叠底”，然后进行高斯模糊处理，最终效果如图 7-10-5 所示。

图 7-10-3

图 7-10-4

图 7-10-5

（6）将最终效果以 X7-10.psd 为文件名保存在考生文件夹中。

7.11　第 11 题解答

（1）新建一个宽高均为 300 像素、RGB 模式的文件。

（2）执行“滤镜”→“渲染”→“分层云彩”命令，再执行“图像”→“调整”→“色阶”命令，如图 7-11-1 所示。

（3）执行“滤镜”→“画笔描边”→“成角的线条”命令，如图 7-11-2 所示。

（4）执行“图像”→“调整”→“色相/饱和度”命令，勾选“着色”复选框，如图 7-11-3 所示。最终效果如图 7-11-4 所示。

（5）将最终结果以 X7-11.psd 为文件名保存在考生文件夹中。

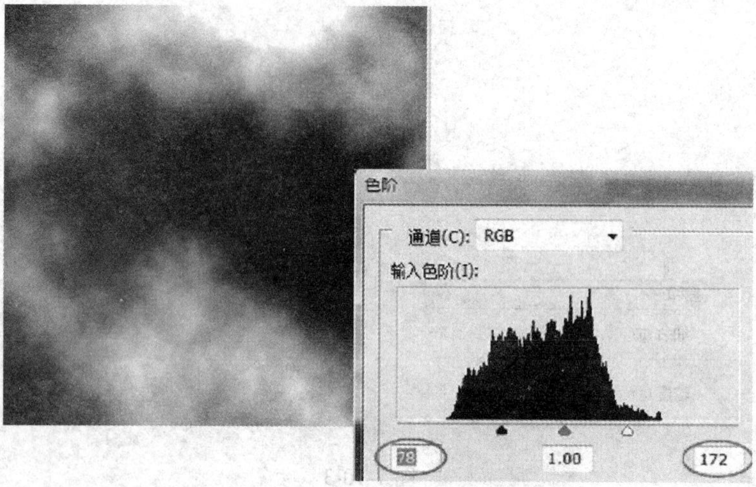

图 7-11-1

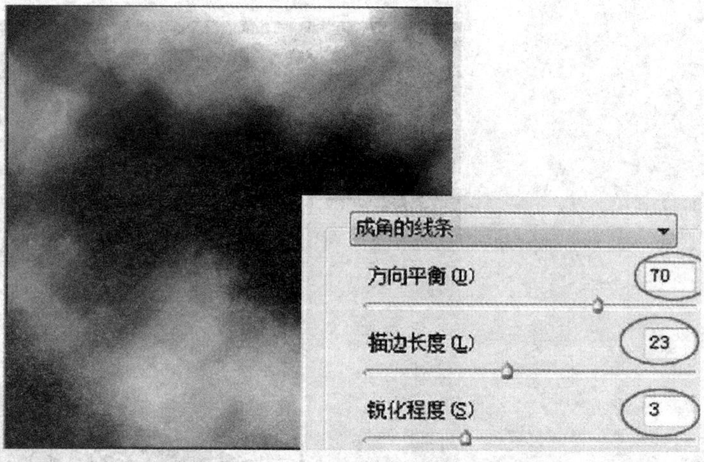

图 7-11-2

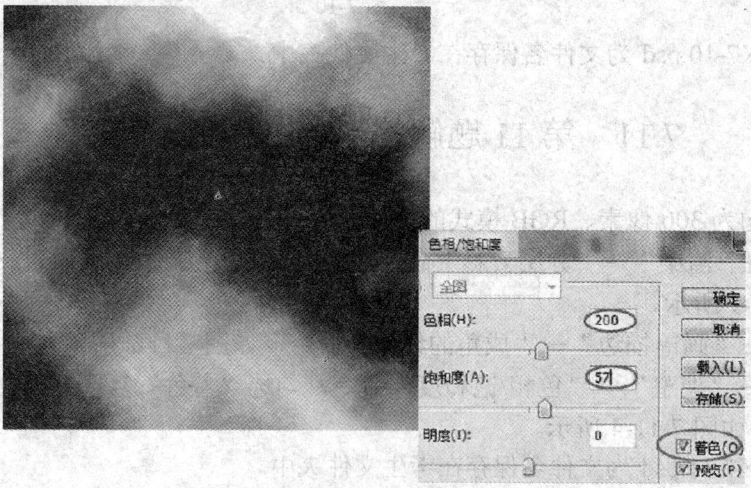

图 7-11-3

图 7-11-4

7.12　第 12 题解答

（1）新建一个宽高均为 300 像素、RGB 模式的文件。填充咖啡色（#772801）背景，设置前景色为白色。

（2）执行“滤镜”→“渲染”→“纤维”命令，参数设置及效果如图 7-12-1 所示。

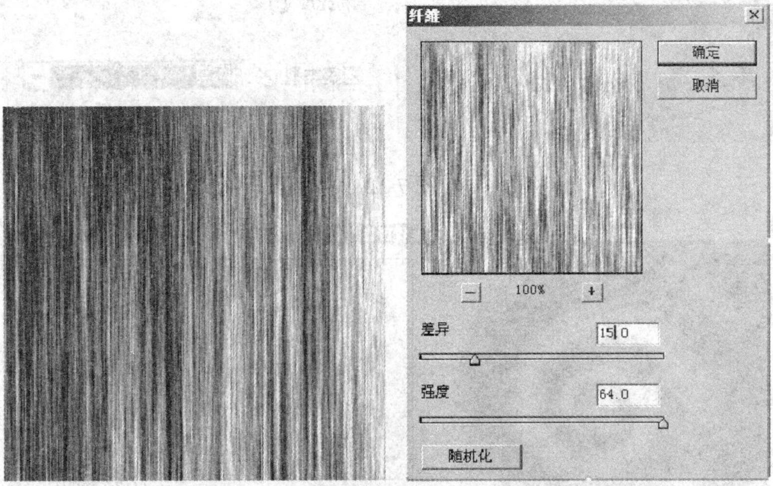

图 7-12-1

（3）执行“滤镜”→“模糊”→“径向模糊”命令，参数设置及效果如图 7-12-2 所示。

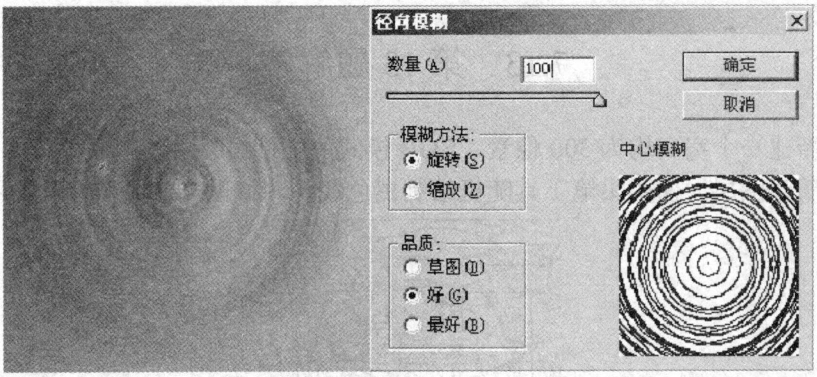

图 7-12-2

（4）复制背景图层为“图层 1”，执行“滤镜”→“素描”→“半调图案”命令，参数设置和效果如图 7-12-3 所示，设置图层混合模式为“颜色加深”。

（5）复制“图层 1”为“图层 2”，执行“滤镜”→“扭曲”→“旋转扭曲”命令，参数设置和效果如图 7-12-4 所示。

（6）将最终效果以 X7-12.psd 为文件名保存在考生文件夹中。

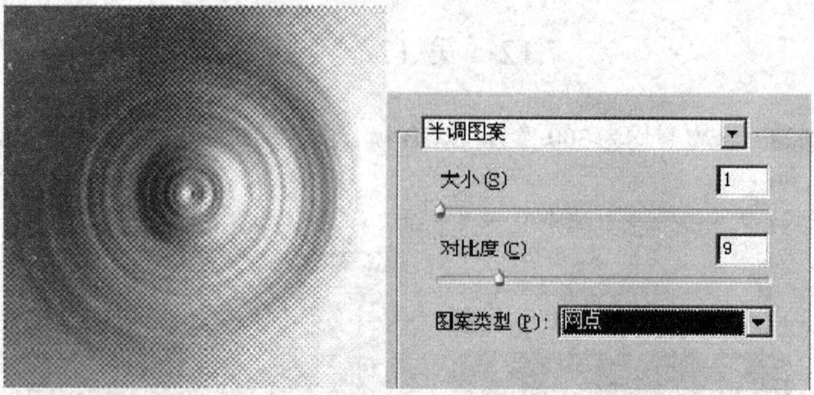

图 7-12-3

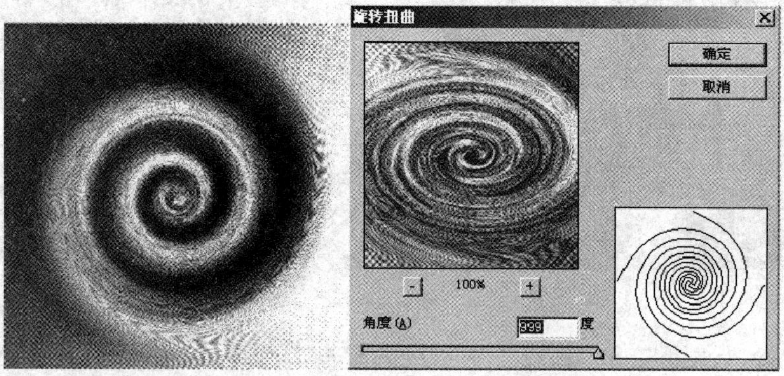

图 7-12-4

7.13　第 13 题解答

（1）新建一个宽高均为 300 像素、RGB 模式的文件。

（2）新建图层，使用铅笔工具随机绘制黑色线条，如图 7-13-1 所示。

图 7-13-1

（3）执行“滤镜”→“模糊”→“动感模糊”命令，复制图层并旋转 90 度，如图 7-13-2 所示。

（4）合并除背景层外的图层，执行“图像”→“调整”→“色相/饱和度”命令，勾选“着色”复选框，最终效果如图 7-13-3 所示。

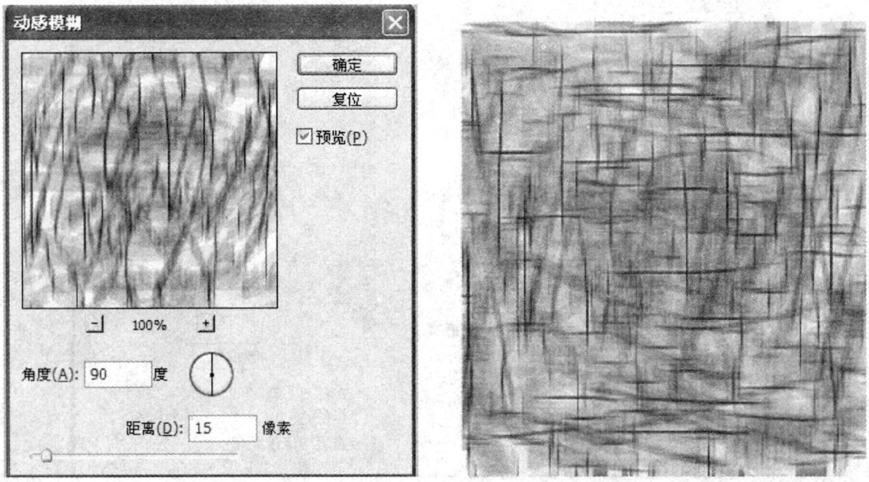

图 7-13-2

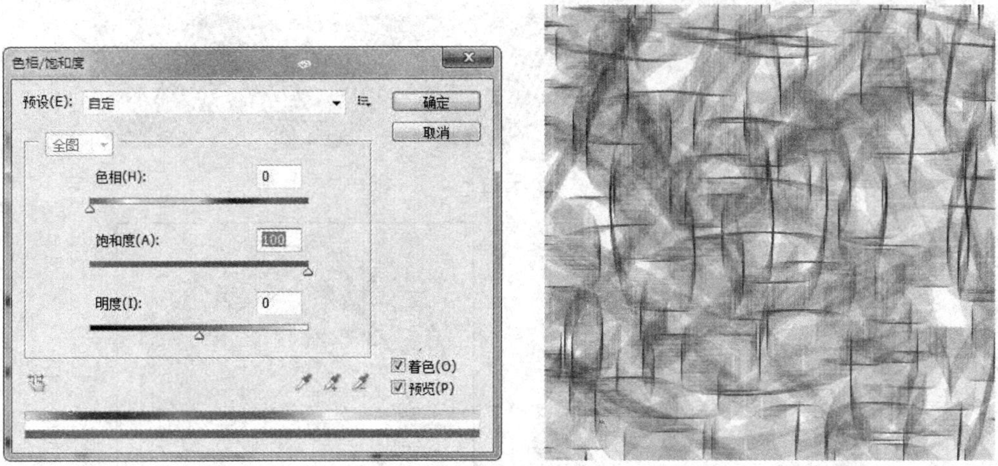

图 7-13-3

（5）将最终效果以 X7-13.psd 为文件名保存在考生文件夹中。

7.14　第 14 题解答

（1）新建一个宽高均为 300 像素、RGB 模式的文件。

（2）新建“图层 1”，使用铅笔工具绘制一条红色直线，执行“滤镜”→“扭曲”→“波浪”命令，打开其对话框，参数设置如图 7-14-1 所示。

（3）复制并移动 7 次波浪线，合并所有复制的图层为“图层 1”，如图 7-14-2 所示。复制并移动波浪线。

（4）执行“滤镜”→“扭曲”→“极坐标”命令，复制图层并垂直翻转，最终效果如图 7-14-3 所示。

（5）将最终效果以 X7-14.psd 为文件名保存在考生文件夹中。

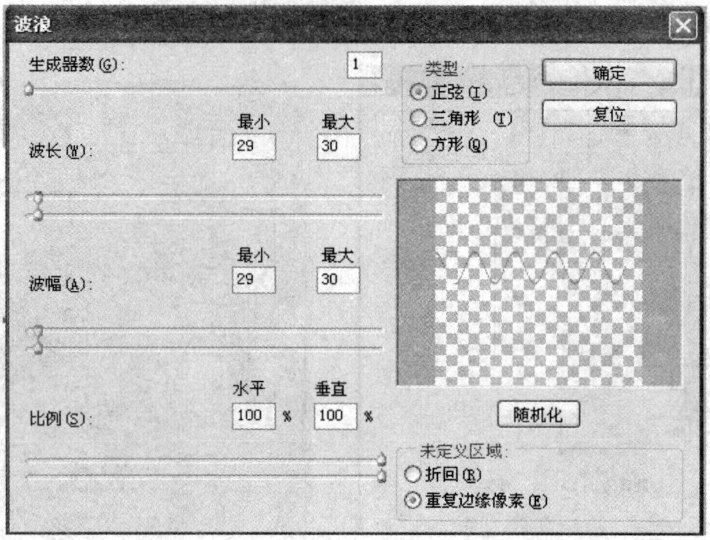

图 7-14-1

图 7-14-2

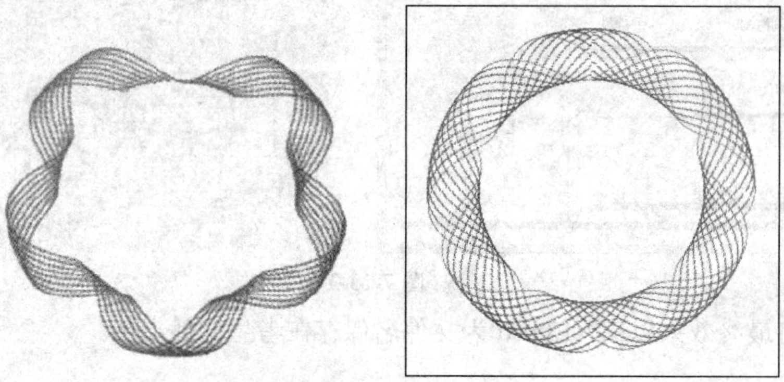

图 7-14-3

7.15　第 15 题解答

（1）新建一个宽高为 300×280 像素、RGB 模式的文件，背景填充为黑色。

（2）新建图层，使用椭圆选框工具绘制一个直径为 200 像素的圆形选区，使用渐变工具添加由白色至紫色（#5e6c99）的径向渐变，工具栏设置如图 7-15-1 所示，效果如图 7-15-2 所示。

图 7-15-1

图 7-15-2

（3）执行“滤镜”→“风格化”→“凸出”命令，如图 7-15-3 所示。

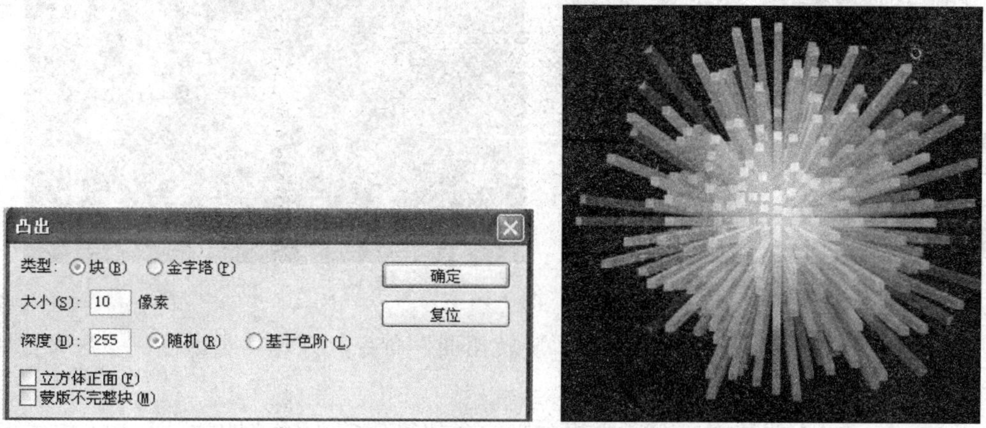

图 7-15-3

（4）执行“图像”→“调整”→“色相/饱和度”命令，参数设置和最终效果如图 7-15-4 所示。

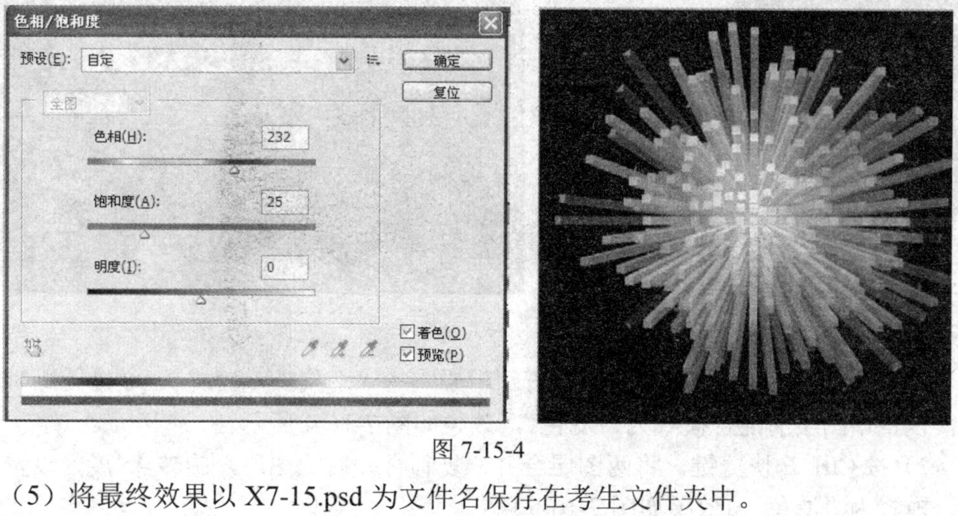

图 7-15-4

（5）将最终效果以 X7-15.psd 为文件名保存在考生文件夹中。

7.16　第 16 题解答

（1）新建一个宽高为 450×300 像素、RGB 模式的文件。

（2）设置前/背景色为默认。背景图层填充为黑色，按 Ctrl+J 快捷键，复制图层为“图层 1”。

（3）执行“滤镜”→“渲染”→“镜头光晕”命令，打开其对话框，参数设置和效果如图 7-16-1 所示。

图 7-16-1

（4）执行“滤镜”→“扭曲”→“旋转扭曲”命令，打开其对话框，参数设置如图 7-16-2 所示。

（5）按 Ctrl+T 快捷键，对图形进行缩小，效果如图 7-16-3 所示。

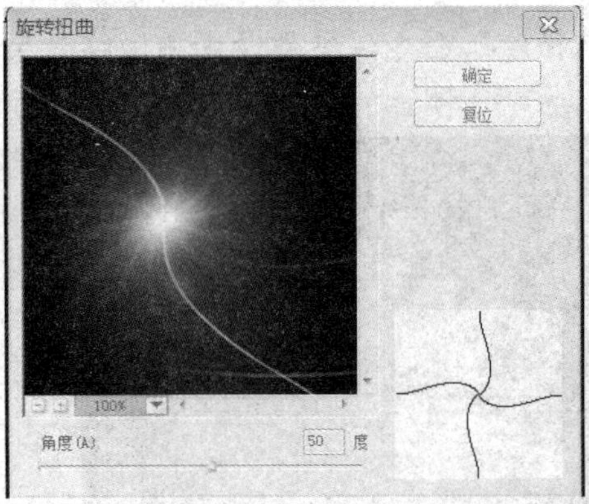

图 7-16-2

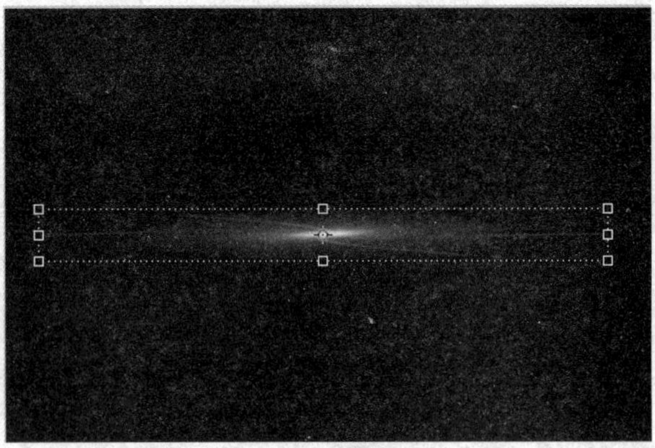

图 7-16-3

（6）复制该图层为“图层 2”，执行“编辑”→“变换”→“旋转 90 度（顺时针）”命令，设置该图层的混合模式为“滤色”，效果如图 7-16-4 所示。

（7）按 Ctrl+E 快捷键，将两图层合并，复制合并后的图层，旋转 45 度，设置图层的混合模式为“滤色”，效果如图 7-16-5 所示。

图 7-16-4

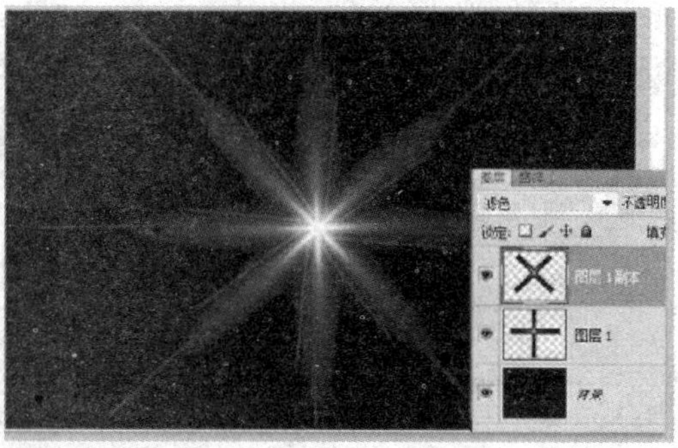

图 7-16-5

（8）按 Ctrl+E 快捷键，合并两图层，执行“滤镜”→“扭曲”→“旋转扭曲”命令，打开其对话框，参数设置与上次执行相同，效果如图 7-16-6 所示。

（9）复制该图层，再次执行旋转扭曲，角度设置-100，设置图层的混合模式为“滤色”，效果如图 7-16-7 所示。

图 7-16-6

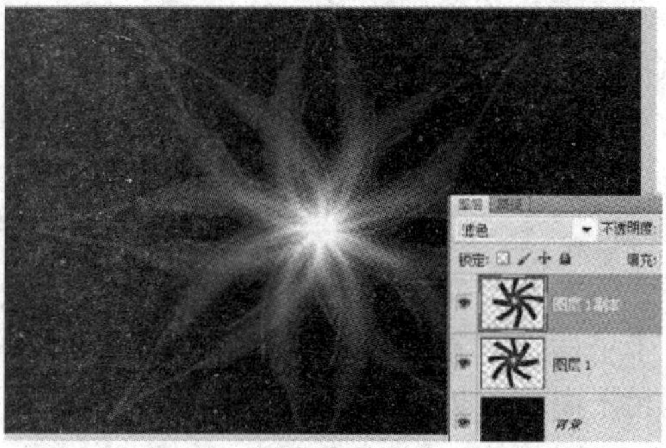

图 7-16-7

（10）合并这两个图层，执行“滤镜”→“艺术效果”→“塑料包装”命令，打开其对话框，参数设置和效果如图 7-16-8 所示。

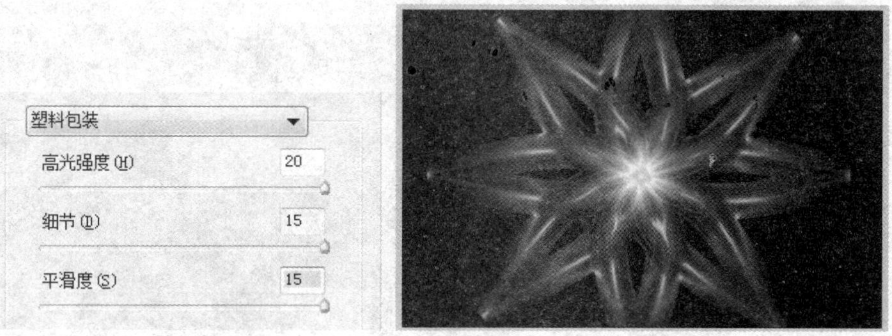

图 7-16-8

（11）按 Ctrl+U 快捷键，打开“色相/饱和度”对话框，参数设置和最后数字花的效果如图 7-16-9 所示。

（12）将最终效果以 X7-16.psd 为文件名保存在考生文件夹中。

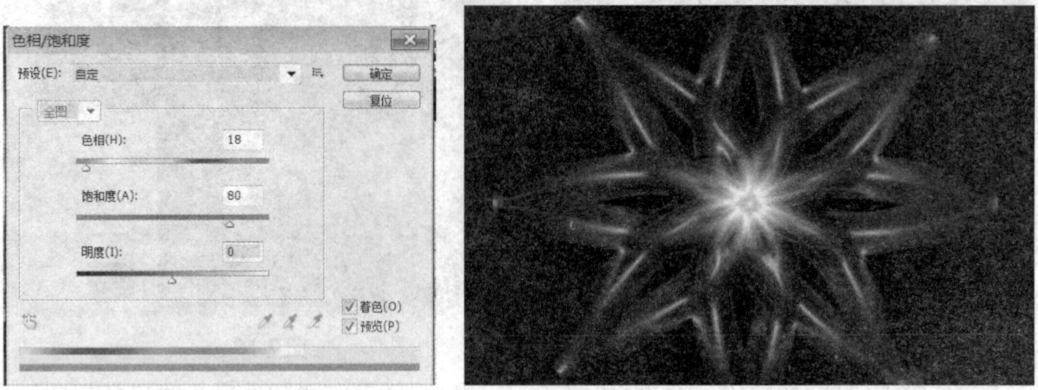

图 7-16-9

7.17　第 17 题解答

（1）打开素材文件 C:\2012PSCS5\Unit7\orgia.jpg，如图 7-17-1 所示，按 Ctrl+J 快捷键，复制背景图层，命名为“场景”。

（2）执行“滤镜”→“消失点”命令，打开其对话框，选择创建平面工具，创建一个平面，以天花板和图片为参照物，用编辑平面工具扩展平面，如图 7-17-2 所示。

（3）使用相同方法，也可以在另一面墙上添加一个平面，单击一个平面的两侧，添加一个垂直的平面，如图 7-17-3 所示。

图 7-17-1

图 7-17-2

图 7-17-3

（4）选择图章工具，按 Alt 键，单击需要复制的区域，松开鼠标，把墙上的图片擦除掉，如图 7-17-4 所示。

（5）为了使墙上画面修改的更完美，使用修复画笔工具，再次进行修复，如图 7-17-5 所示。

图 7-17-4

图 7-17-5

（6）用套索工具建立选区，执行“选择”→“修改”→“羽化”命令，羽化值为 6 像素。执行“滤镜”→“模糊”→“高斯模糊”命令，打开其对话框，参数设置半径为 30 像素，如图 7-17-6 所示。

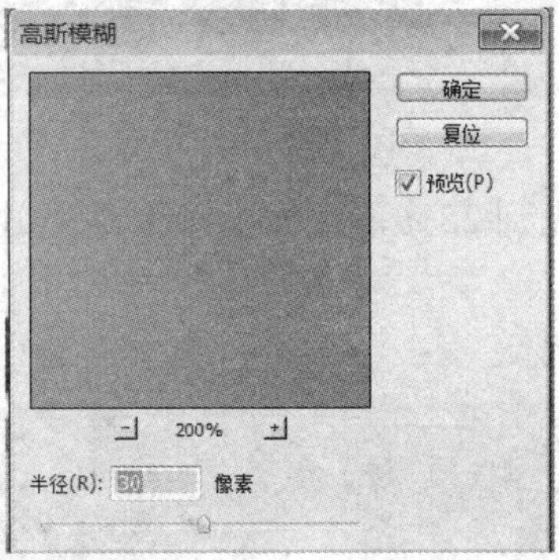

图 7-17-6

（7）置换添加新图像，载入 C:\2012PSCS5\Unit7\film.jpg 图形，如图 7-17-7 所示，添加照片到墙壁上，将背景墙上的照片置换掉。

在图像中，按 Ctrl+A 快捷键，然后按 Ctrl+C 快捷键，复制该图像。回到当前文件中，打开“滤镜”→“消失点”命令，打开其对话框，调整平面的大小，如图 7-17-8 所示，然后按 Ctrl+V 快捷键，粘贴到图像的平面内，可以把图像放在任何平面上。

图 7-17-7

图 7-17-8

（8）选择变换工具（T），将图像转换到平面的边界，使其完全重合，完成放置图像，效果如图 7-17-9 所示。

（9）添加照片的一个立体斜角厚度。选择钢笔工具，创建一个形状，用深色填充形状，如图 7-17-10 所示。

图 7-17-9

图 7-17-10

（10）选择减淡工具，设置一个大的软刷，曝光到 25%，涂抹出画面高光效果，如图 7-17-11 所示。

（11）添加阴影效果，最终效果如图 7-17-12 所示。

图 7-17-11

图 7-17-12

（12）将最终效果以 X7-17.psd 为文件名保存在考生文件夹中。

7.18 第 18 题解答

（1）新建一个宽高为 600×720 像素、RGB 模式的文件，背景填充为蓝色。

（2）打开素材文件 C:\2012PSCS5\Unit7\built.jpg，如图 7-18-1 所示。将图像移到新建文件中，选中图像中的天空区域并删除。

（3）按 Ctrl+E 快捷键合并两图层。执行“滤镜”→“消失点”命令，打开其对话框，选择创建平面工具，创建一个平面，依照窗口为参照物，如图 7-18-2 所示。

图 7-18-1

图 7-18-2

（4）再选择编辑平面工具，扩大这个平面，使其变宽变高，如图 7-18-3 所示。存储该平面。

图 7-18-3

（5）再次执行“滤镜”→“消失点”命令，打开其对话框，选择图章工具，按 Alt 键，取源点区域，如图 7-18-4 所示，移动到需要修复的位置右击。修复效果如图 7-18-5 所示。

图 7-18-4

图 7-18-5

（6）选择选框工具，建立一个选区，如图 7-18-6 所示。按 Alt 键单击并拖拽到复制的区域，如图 7-18-7 所示。

图 7-18-6

图 7-18-7

（7）选择图章工具，对楼宇、管道、天空与楼房之间的细节进行修补，如图 7-18-8 所示。

（8）用矩形选框工具建立选区，执行“图像”→“裁剪”命令，如图 7-18-9 所示。

图 7-18-8

图 7-18-9

（9）合并所有的图层，按 Ctrl+J 快捷键，复制图层，对复制的图层模糊处理，设置图层的混合模式为“叠加”，设置不透明度为 75%，最终效果如图 7-18-10 所示。

图 7-18-10

（10）将最终效果以 X7-18.psd 为文件名保存在考生文件夹中。

7.19　第 19 题解答

（1）新建一个宽高为 600×750 像素、RGB 模式的文件。

（2）背景图层填充为白色，执行“滤镜”→“纹理”→“纹理化”命令，打开其对话框，参数设置如图 7-19-1 所示。

（3）打开素材文件 C:\2012PSCS5\Unit7\webbig.jpg，如图 7-19-2 所示。移入到当前文档中。

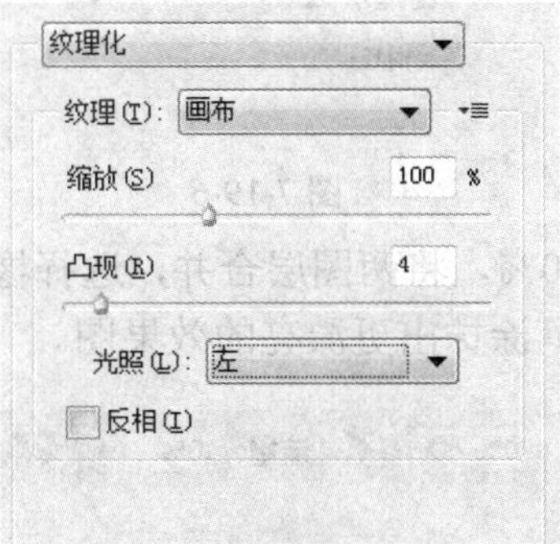

图 7-19-1

图 7-19-2

（4）命名图像层为“原图”，按 Ctrl+J 快捷键，复制图层，命名为“水彩画”，如图 7-19-3 所示。

（5）选择“水彩画”图层，按 Ctrl+U 快捷键，打开“色相/饱和度”命令，参数设置如图 7-19-4 所示。

图 7-19-3

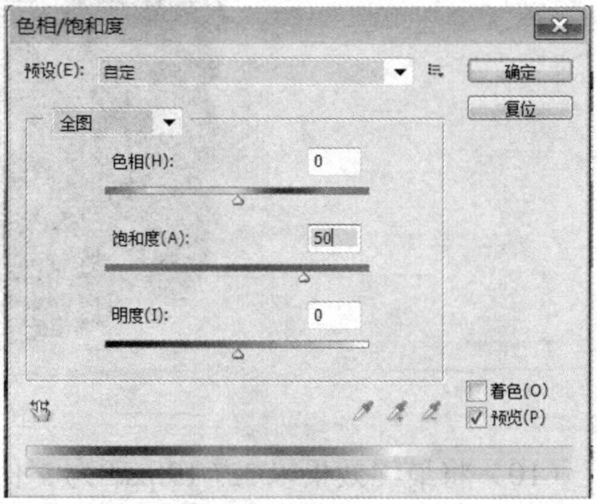

图 7-19-4

（6）执行“滤镜”→“画笔描边”→“阴影线”命令，打开其对话框，参数设置如图 7-19-5 所示。

（7）再执行“滤镜”→“纹理”→“纹理化”命令。打开其对话框，参数设置如图 7-19-6 所示。

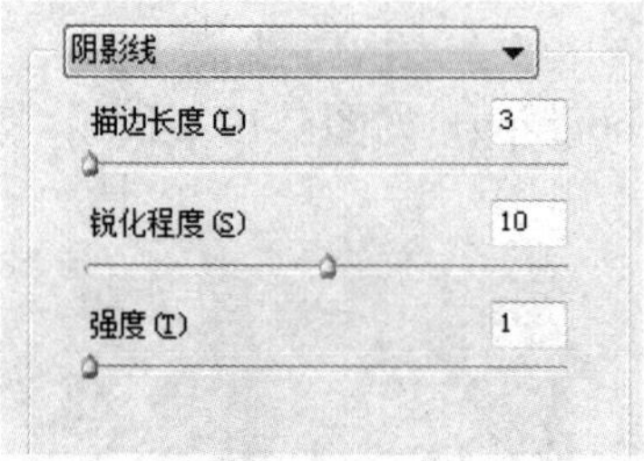

图 7-19-5

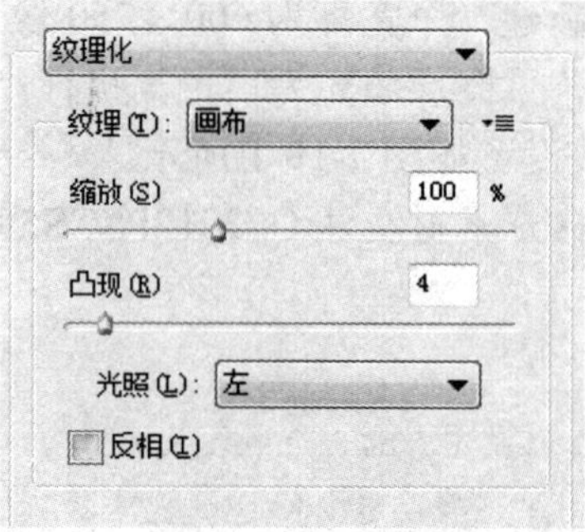

图 7-19-6

（8）设置“水彩画”图层的不透明度为 80%，将两图层合并，选择橡皮擦工具，在工具栏设置如图 7-19-7 所示，使用大木炭画笔涂抹出更漂亮的效果图。

图 7-19-7

（9）按 Ctrl+J 快捷键，复制图层并命名为“水彩 2”，不透明度设置为 80%，设置图层混合模式为“亮度”，合并图层，最终效果如图 7-19-8 所示。

图 7-19-8

（10）将最终效果以 X7-19.psd 为文件名保存在考生文件夹中。

7.20　第 20 题解答

（1）打开素材文件 C:\2012PSCS5\Unit7\vitta.jpg。使用魔棒工具单击图形外面的白色区域，执行“选择”→“反向”命令，选择如图 7-20-1 所示的图形。

（2）执行“图层”→“新建”→“通过剪切的图层”命令，新建“图层 1”，复制“图层 1”，选择“图层 1 副本”为当前图层，载入圆形图案选区，执行“滤镜”→“扭曲”→“旋转扭曲”命令，旋转角度为 250 度。使用同样方法，对“图层 1”进行“旋转扭曲”，旋转角度为-250 度，如图 7-20-2 所示。

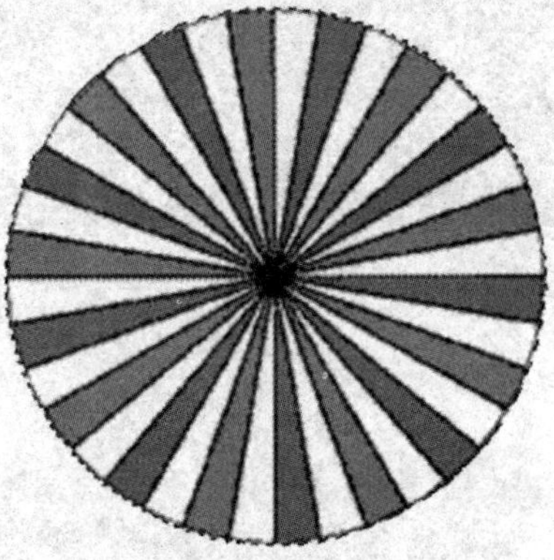

图 7-20-1

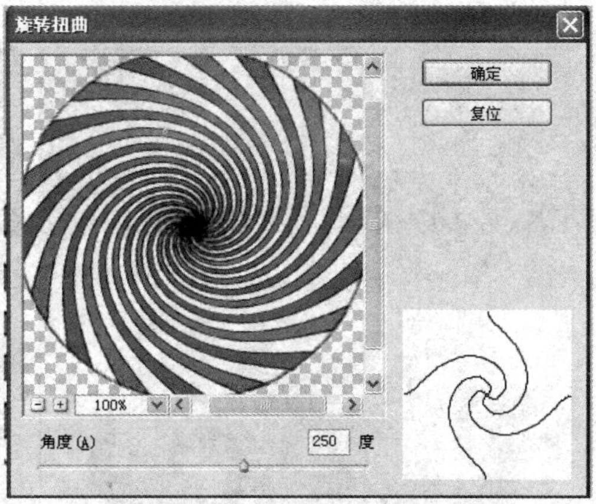

图 7-20-2

（3）设置图层混合模式为“正片叠底”，不透明度为 50%，如图 7-20-3 所示。

（4）最终效果如图 7-20-4 所示。

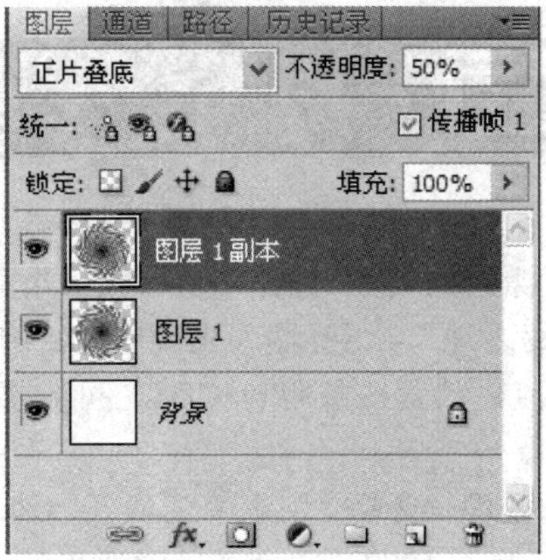

图 7-20-3

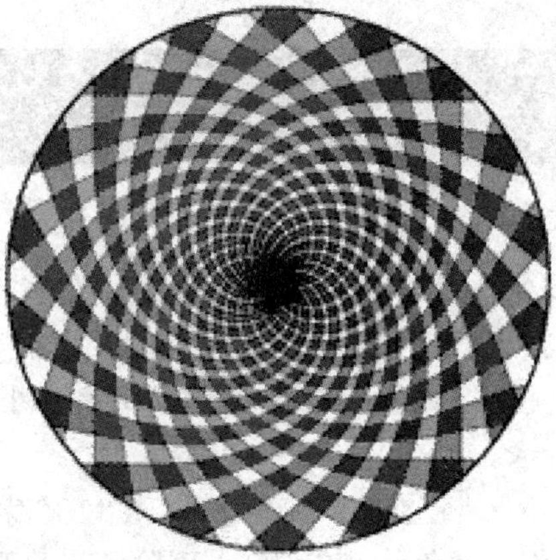

图 7-20-4

（5）将最终效果以 X7-20.psd 为文件名保存在考生文件夹中。

第八单元　海报包装

8.1　第 1 题解答

（1）打开素材文件 C:\2012PSCS5\Unit8\island.jpg，如图8-1-1 所示。载入 C:\2012PSCS5\Unit8\nomber.jpg 与 C:\2012PSCS5\Unit8\CD.jpg 图形，添加条码与光盘图形，如图 8-1-2 所示。

图 8-1-1

图 8-1-2

（2）添加本期刊主要内容提示文字，输入“漂浮的岛屿 神秘的百慕大三角 奇妙的自然之旅 探访西部原貌 楼兰之迷 中国十大神秘之地”，还要输入光盘提示“赠送 CD 包含”文字，设置为白色黑体，文字大小为 14 点，放置在条码与 CD 之间区域，如图 8-1-3 所示。

（3）依照山石 1/2 高度，输入“10”字符变形处理，或者使用钢笔工具直接勾画“10”形状，填充灰色（#7f7f7f）；再输入“月刊 2009 始于 1972”文字，设置为灰色、黑体，参照图 8-1-4 调整文字大小。

图 8-1-3

图 8-1-4

（4）在主画面左上方位置，使用椭圆工具绘制圆形，填充红色（#b30125）背景，黑色描边 1 个像素处理，如图 8-1-5 所示，输入文字“赠送 光盘包含 50 幅高清图像 20 个摄像技巧”，设置为白色，放置在红色圆形之上。

图 8-1-5

（5）在画布的最上方，输入期刊名称“探索”，如图 8-1-6 所示，设置为白色、黑体，执行“图层”→“图层样式”→“描边”处理，设置描边颜色为#a5c1cd。

（6）在画布的上方，输入期刊本期主题文字“奇妙的自然”，设置颜色为#a5c1cd，执行“图层”→“图层样式”→“描边”处理，设置描边颜色为白色，如图 8-1-7 所示。最终效果如图 8-1-8 所示。

图 8-1-6

图 8-1-7

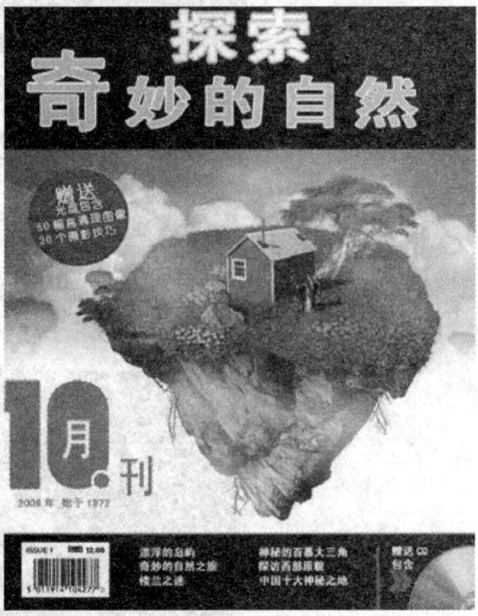

图 8-1-8

（7）将最终效果以 X8-1.psd 为文件名保存在考生文件夹中。

8.2　第 2 题解答

（1）新建一个宽高为 1417×709 像素、RGB 模式的文件。如图 8-2-1 所示设置分区参考线，左（封底）、中（书脊）、右（封面）部分分别填充颜色为#3d514a、#455e56、#5d7d73。

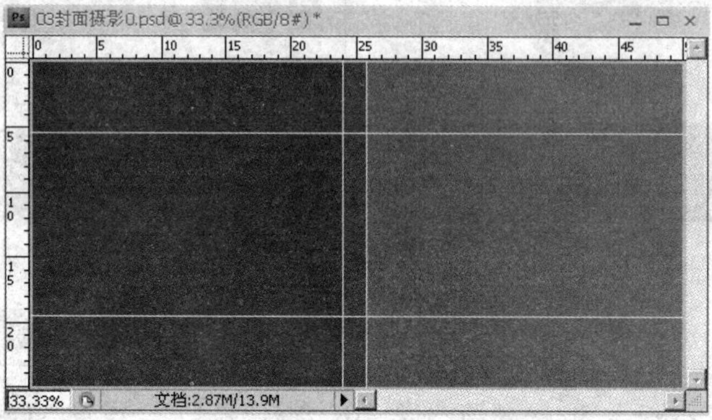

图 8-2-1

（2）载入 C:\2012PSCS5\Unit8\point.psd 中的多个幻灯片，放置在左侧（封底），调整位置及角度，效果如图 8-2-2 所示。

图 8-2-2

（3）载入 C:\2012PSCS5\Unit8\flower.jpg 主摄影图像，放置在右侧（封面），调整其位置及大小，如图 8-2-3 所示。

图 8-2-3

（4）新建图层，选择画笔工具，分别在左侧（封底）上部与右侧（封面）底部，使用柔边画笔绘制两条粗细不同的白色线条，添加“动态模糊”滤镜处理，如图 8-2-4 所示。

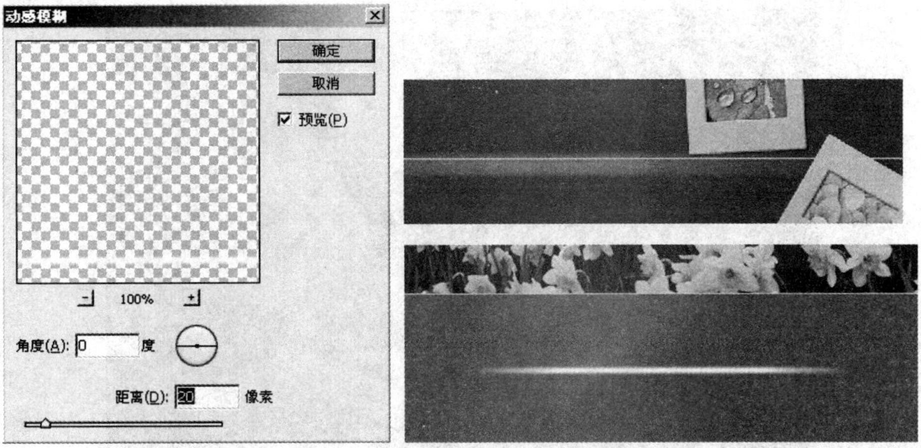

图 8-2-4

（5）参照图 8-2-5，在右侧（封面）输入白色文字“摄影扎记”、“广角天地 透过镜头看世界”和“摄影家出版社”。

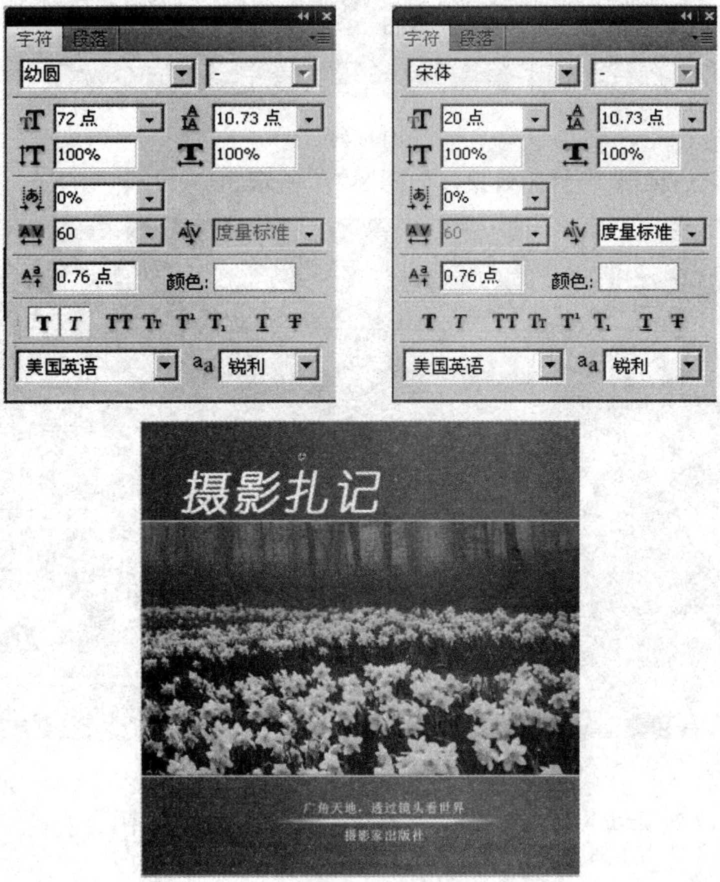

图 8-2-5

（6）在中部书脊处，使用同样方法输入书名、出版社名称，文字颜色为白色；在封底添加白色文字（字体不限），效果如图 8-2-6 所示。

图 8-2-6

（7）最终的摄影杂志封面效果，如图 8-2-7 所示。

图 8-2-7

（8）将最终效果以 X8-2.psd 为文件名保存在考生文件夹中。

8.3　第 3 题解答

（1）新建一个宽高为 800×300 像素、RGB 模式的文件。

（2）选择矩形工具，依背景创建一个矩形图形，双击矩形图层，打开图层样式面板，选择“渐变叠加”效果，参数设置如图 8-3-1 所示。

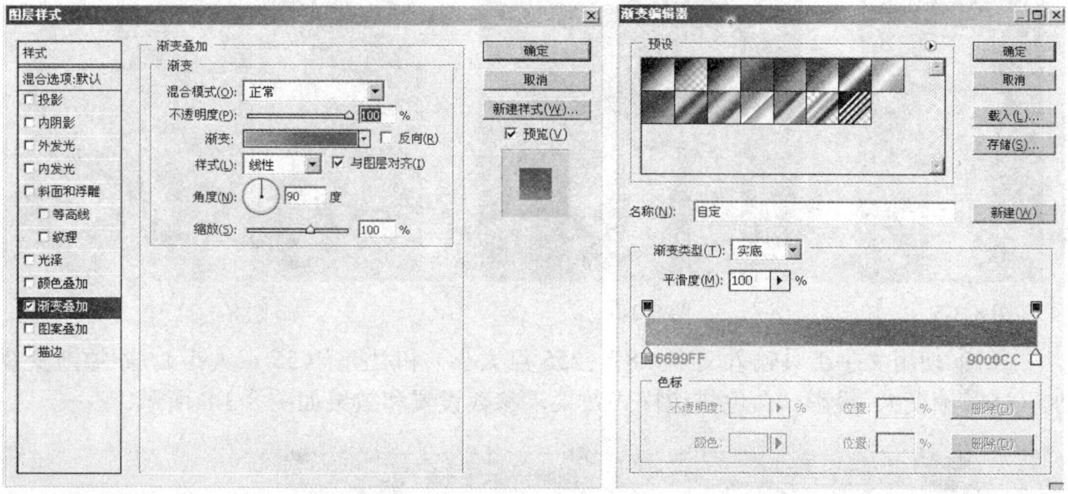

图 8-3-1

（3）载入并放置 C:\2012PSCS5\Unit8\ball.psd、ball1.psd 和 ball2.psd 图形，如图 8-3-2 所示。

（4）选择自定形状工具中的“雪花 1”形状，设置图层填充为 50%，绘制如图 8-3-3 所示的雪花效果。

图 8-3-2

图 8-3-3

（5）绘制多个“雪花”，效果如图 8-3-4 所示。

图 8-3-4

（6）载入 C:\2012PSCS5\Unit8\candle.jpg 蜡烛图形，如图 8-3-5 所示。

（7）复制“大蜡烛”图层为“小蜡烛”。执行“编辑”→“自由变换”命令进行缩小，效果如图 8-3-6 所示。

（8）载入 C:\2012PSCS5\Unit8\berry.jpg 图形，如图 8-3-7 所示，掩映蜡烛位置。

图 8-3-5

图 8-3-6

图 8-3-7

（9）使用文字工具输入文字“8”（255 点大小）和“折”（55 点大小），添加渐变叠加（铬黄渐变）、投影、白色描边样式效果，参数设置和效果如图 8-3-8 所示。

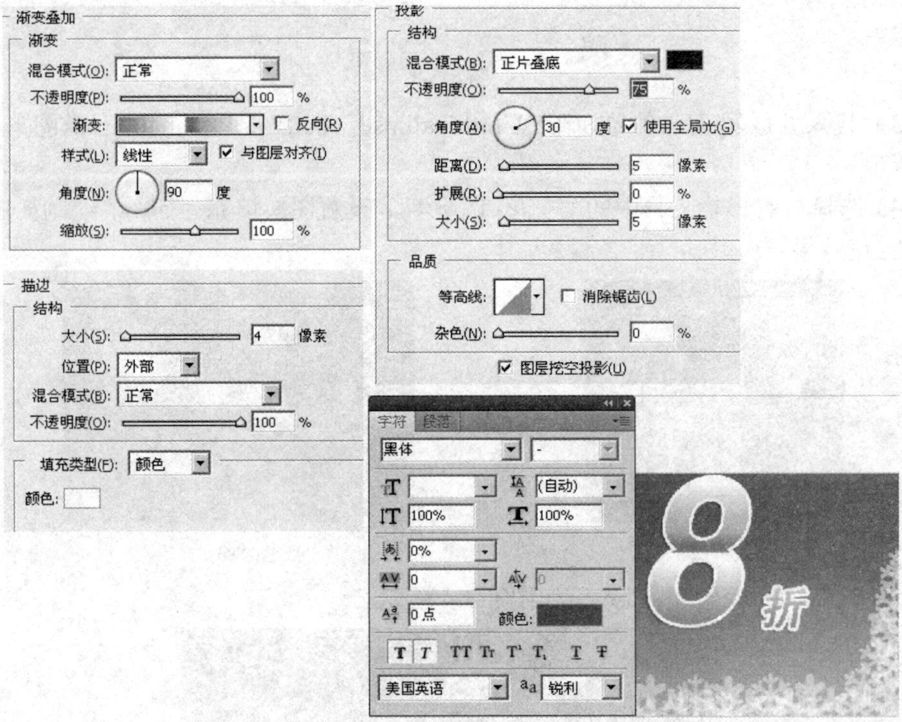

图 8-3-8

（10）输入文字“圣诞狂欢平安夜美食节”和“时间：12 月 23 日—26 日 地点：东方美食城”，参数设置和效果如图 8-3-9 所示。

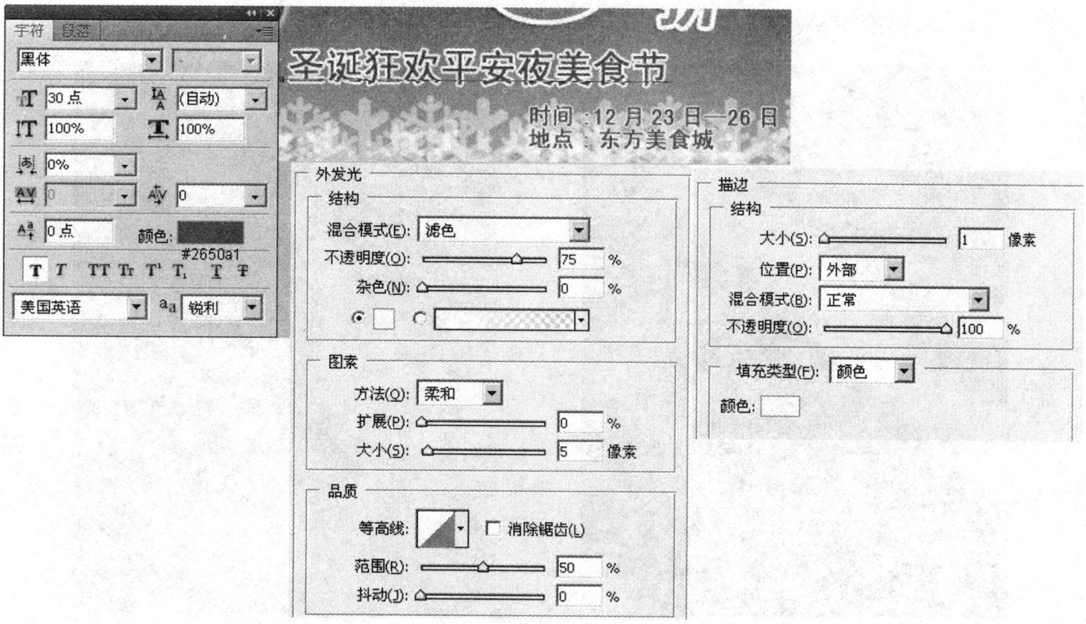

图 8-3-9

（11）最终的圣诞海报促销效果如图 8-3-10 所示。

图 8-3-10

（12）将最终效果以 X8-3.psd 为文件名保存在考生文件夹中。

8.4　第 4 题解答

（1）新建一个宽高为 500×650 像素、RGB 模式的文件，前景色设置为#ceed12，背景色为#186600，径向渐变填充。

（2）新建一个图层，选择渐变工具，设置渐变类型为从黑到白，图层混合模式为“柔光”，不透明度为 20%，参数设置和多次渐变效果如图 8-4-1 所示，然后合并图层。

（3）打开素材文件 C:\2012PSCS5\Unit8\Bottle.jpg，载入新制作的文件中。

（4）用魔棒工具将瓶子图形的白色背景去除，并调整其位置，如图 8-4-2 所示。

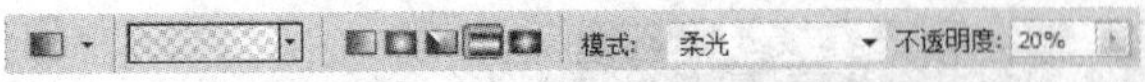

图 8-4-1

图 8-4-2

（5）保持瓶子选区，新建一个图层，用黑色画笔沿着瓶子的边缘绘画，如图 8-4-3 左图所示。然后设置图层混合模式为“柔光”，再稍加修饰，阴影效果如图 8-4-3 右图所示。

图 8-4-3

（6）载入 C:\2012PSCS5\Unit8\Leaf1.jpg 和 Leaf2.jpg 图形，调整叶子的形状和大小，置于不同的图层，移入到新文件中，效果如图 8-4-4 所示。

（7）载入 C:\2012PSCS5\Unit8\Splash.jpg 图形，选择大海白色水花部分，执行“选择”→“色彩范围”命令，打开其对话框，参数设置如图 8-4-5 所示。

图 8-4-4

图 8-4-5

（8）选择并复制该区域，如图 8-4-6 所示。

（9）粘贴到新文件中，执行“滤镜”→“锐化”→“锐化边缘”命令，效果如图 8-4-7 所示。

图 8-4-6

图 8-4-7

（10）选择椭圆工具，属性栏设置如图 8-4-8 所示，创建一个椭圆路径，如图 8-4-9 所示。设置画笔大小为 3 像素，新建一个图层，右击路径，在弹出的快捷菜单中选择“描边路径”选项。

图 8-4-8

图 8-4-9

（11）双击该图层，打开图层样式画板，选择“外发光”和“颜色叠加”效果，设置颜色为黄色（#fff700），如图 8-4-10 所示。

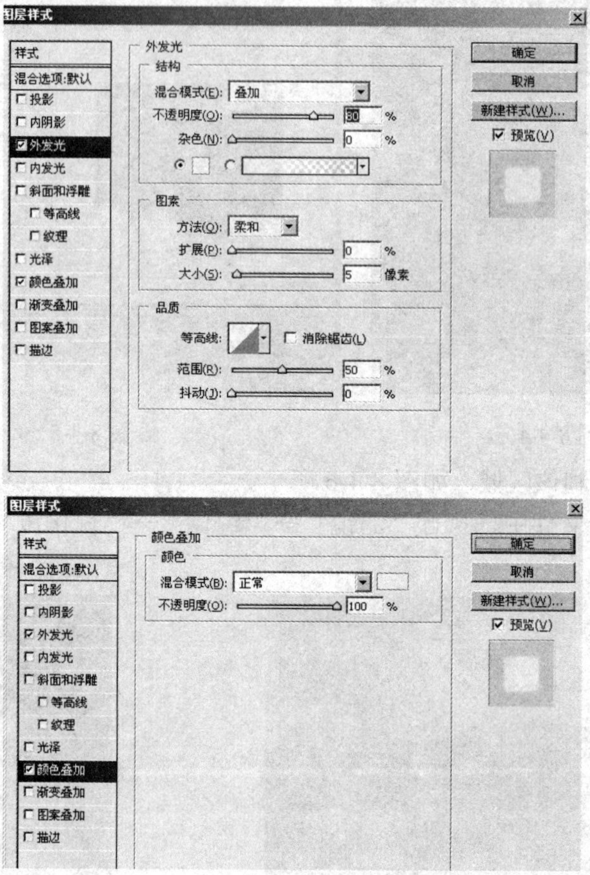

图 8-4-10

（12）将该图层复制两次，变换调整大小，效果如图 8-4-11 所示。

（13）使用钢笔工具绘制几条曲线，用与椭圆相同的图层样式，注意图层排列顺序。也使用画笔描边，效果如图 8-4-12 所示。

图 8-4-11

图 8-4-12

（14）在瓶子图层下方新建一个图层，选择画笔工具，打开画笔面板，设置画笔如图 8-4-13 所示。

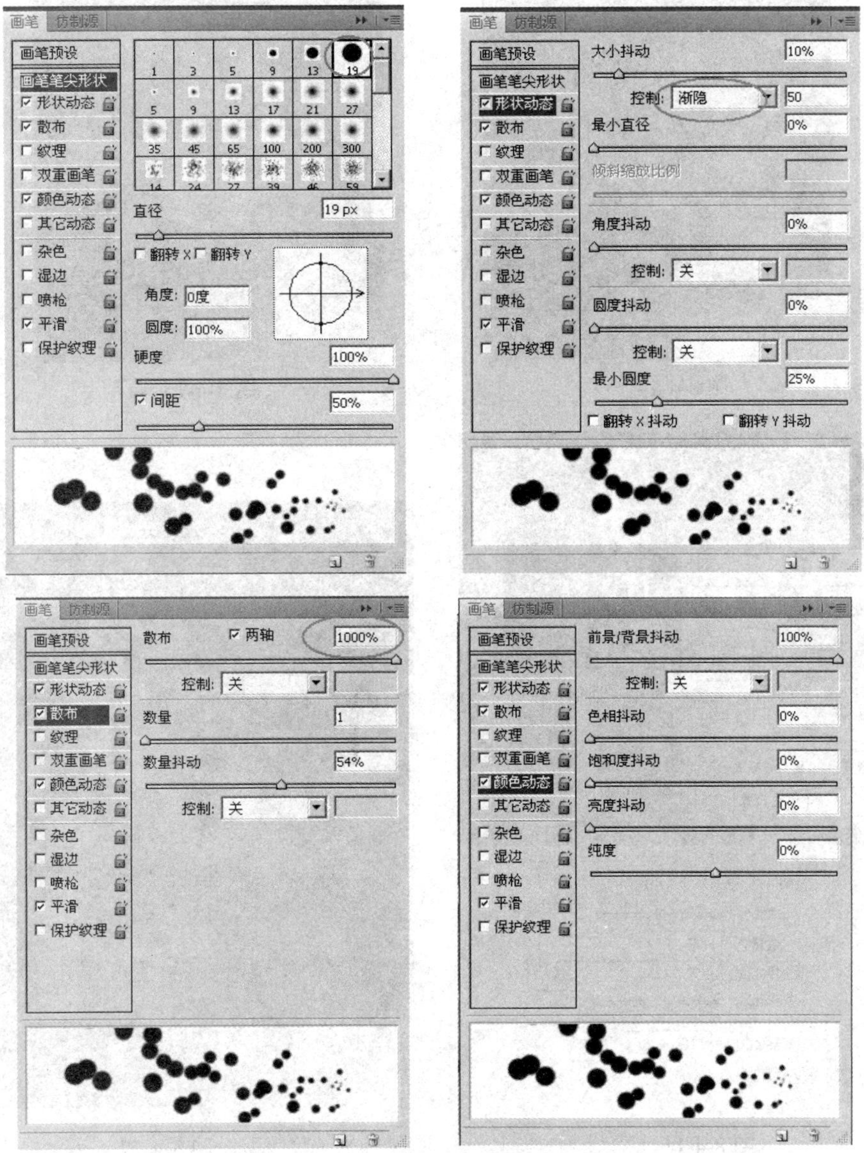

图 8-4-13

（15）使用画笔工具在新建图层上绘画，并设置图层的混合模式为“叠加”，效果如图 8-4-14 所示。

（16）用相同的方法，再绘制小一点的圆，并降低不透明度，效果如图 8-4-15 所示。

（17）输入“冰动心动”文字（72 点大小）；输入“享受心情释放”和“清爽清凉清新绽放”文字（36 点大小），均设置为白色，绿色（#46b67e）描边，效果如图 8-4-16 所示。

（18）啤酒广告招贴的最终效果如图 8-4-17 所示。

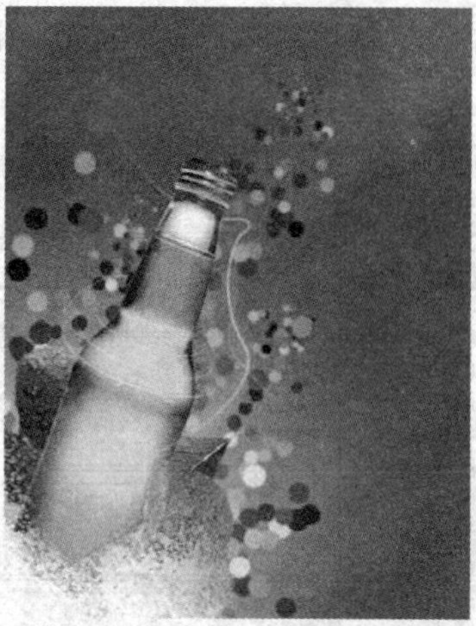

图 8-4-14

图 8-4-15

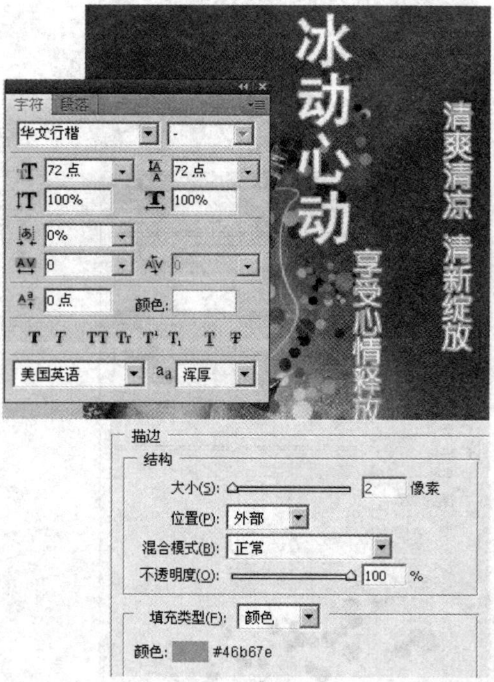

图 8-4-16

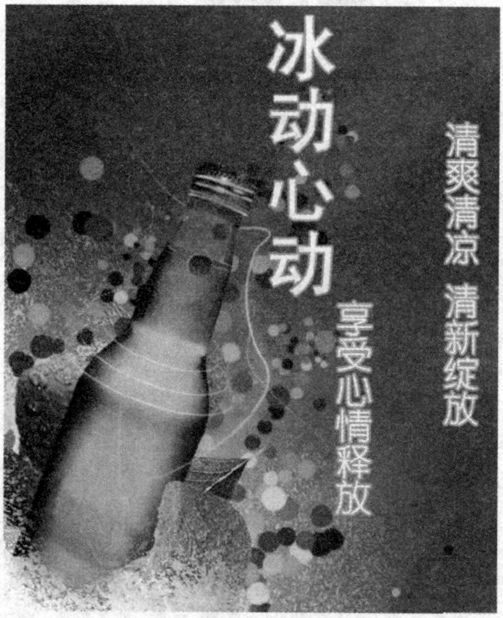

图 8-4-17

（19）将最终效果以 X8-4.psd 为文件名保存在考生文件夹中。

8.5　第 5 题解答 [i]

（1）新建一个宽高为 1280×1024 像素、RGB 模式的文件，用矩形工具在页面底部建立一个矩形，并填充黑色。

[i]本题的视频解答请访问高新考试教材服务网站（www.citt.org.cn）教材专区中的“图形图像处理模块网络服务”栏目。

（2）打开素材文件 C:\2012PSCS5\Unit8\car.jpg，选择图像背景并删除，如图 8-5-1 所示。

（3）将去除背景的小汽车图形移入新文件中，效果如图 8-5-2 所示。

图 8-5-1

图 8-5-2

（4）打开素材文件 C:\2012PSCS5\Unit8\city.jpg，删除图中除楼宇部分以外的图像，如图 8-5-3 所示。

图 8-5-3

（5）将去除背景的楼宇图形移入新文件中，调整其位置，如图 8-5-4 所示。

（6）在该图层的面板中，单击底部“创建新的填充或调整图层”按钮，执行“图层”→“新建调整图层”→“曲线”命令，打开“曲线”对话框，调整参数如图 8-5-5 所示。

图 8-5-4

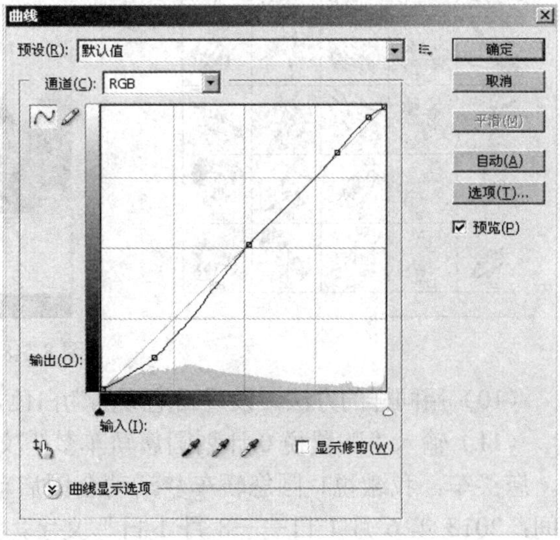

图 8-5-5

（7）执行“图像”→“调整”→“色相/饱和度”命令，参数设置如图 8-5-6 所示。

（8）新建一个图层，用黑色柔边画笔绘画，然后降低图层的不透明度为 10%，用同样方法制作城市楼宇的阴影，效果如图 8-5-7 所示。

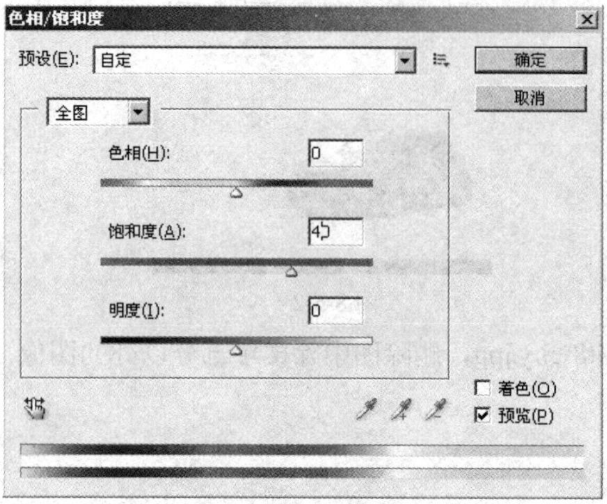

图 8-5-6

图 8-5-7

（9）选择画笔工具，在画笔面板中，单击右上角的按钮，执行“载入画笔”命令，载入 C:\2012PSCS5\Unit8\splatter.abr 画笔，在楼宇图层下方新建一个图层，设置画笔颜色为#dfdfdf，选择一种画笔绘画楼宇背景，如图 8-5-8 所示。

图 8-5-8

（10）用同样的方法，设置画笔颜色为白色，绘制汽车的杂边，效果如图 8-5-9 所示。

（11）输入“购置税 0 计划圆您轿车梦”文字，设置 60 点大小；输入“响应国家政策，您买车，我缴税！圆您轿车梦活动全国启动！”文字，设置 30 点大小；输入“活动时间：2013 年 6 月 1 日——8 月 1 日”文字，设置 24 点大小；均为黑体，如图 8-5-10 所示。

图 8-5-9

图 8-5-10

（12）为文字添加投影和外发光（#ffffbe）图层样式，如图 8-5-11 所示。

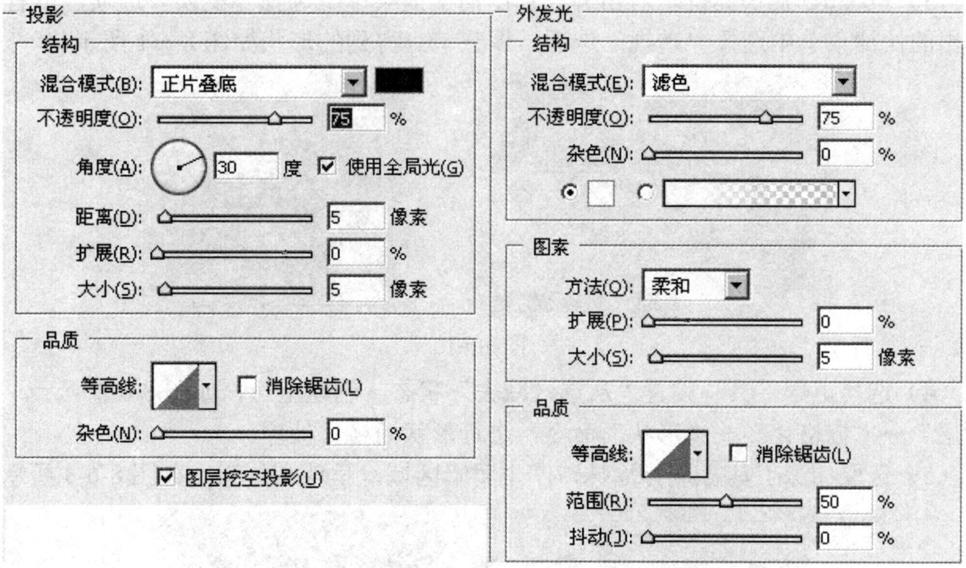

图 8-5-11

（13）最终的汽车广告海报招贴效果，如图 8-5-12 所示。

（14）将最终效果以 X8-5.psd 为文件名保存在考生文件夹中。

图 8-5-12

8.6　第 6 题解答

（1）新建一个宽高为 360×330 像素、RGB 模式的文件。

（2）设置前景色为#55b942，创建一个新的圆角矩形形状。

（3）按 Ctrl+T 快捷键，右击并在弹出的快捷菜单中选择“变换”选项，再右击并在弹出的快捷菜单中选择“透视”选项，调整节点得到的形状如图 8-6-1 所示。

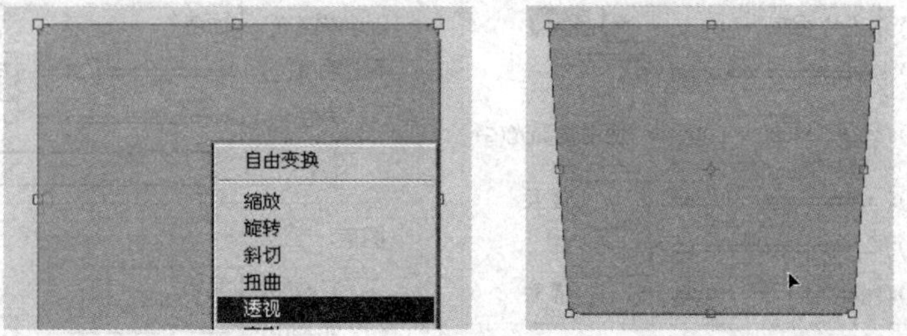

图 8-6-1

（4）选择矩形工具，设置“从选区减去”状态，创建矩形，如图 8-6-2 所示，执行“图层”→“栅格化”→“形状”命令，进行形状栅格化处理。

（5）选取加深工具进行涂抹，产生明暗区域，呈现立体感，如图 8-6-3 所示。

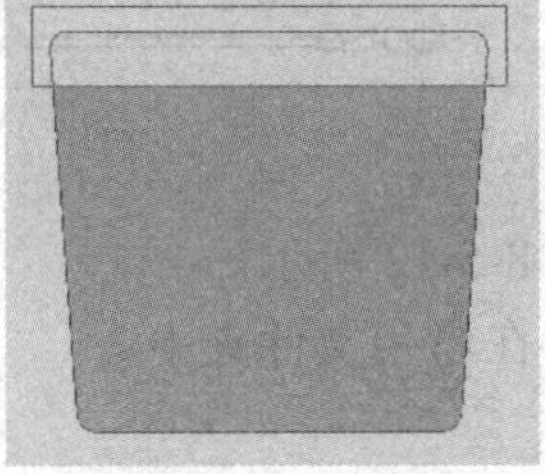

图 8-6-2

图 8-6-3

（6）双击图层，打开图层描边样式，应用设置描边颜色为#8c8e8c，参数设置和效果如图 8-6-4 所示。

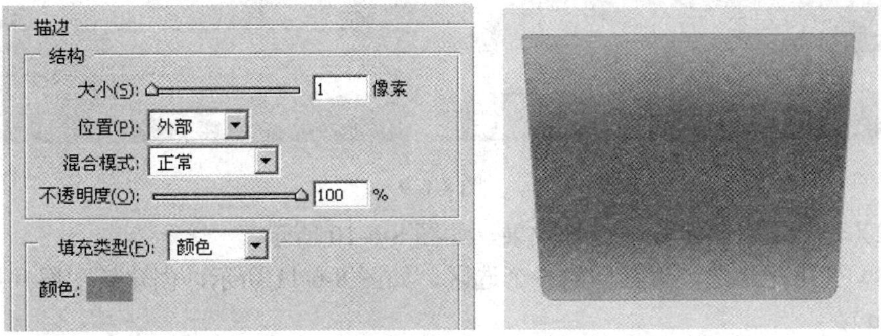

图 8-6-4

（7）使用多边形套索工具创建一个新选区，创建新图层并填充颜色#4c6b32，效果如图 8-6-5 所示。

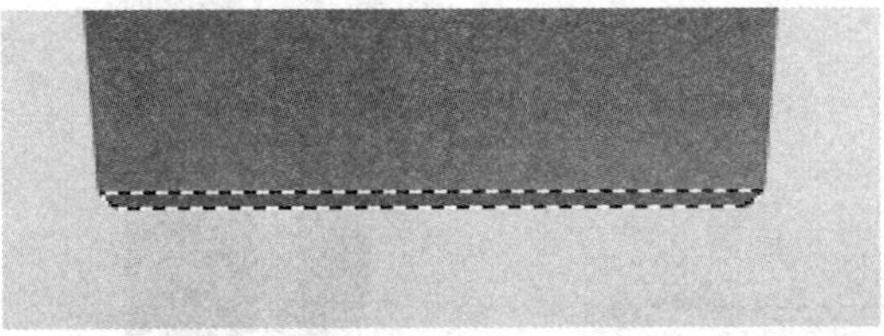

图 8-6-5

（8）使用矩形选框工具，创建一个选区，创建新层并填充颜色（#ecd0b5）。选择减淡工具，涂抹出高光效果，如图 8-6-6 所示。

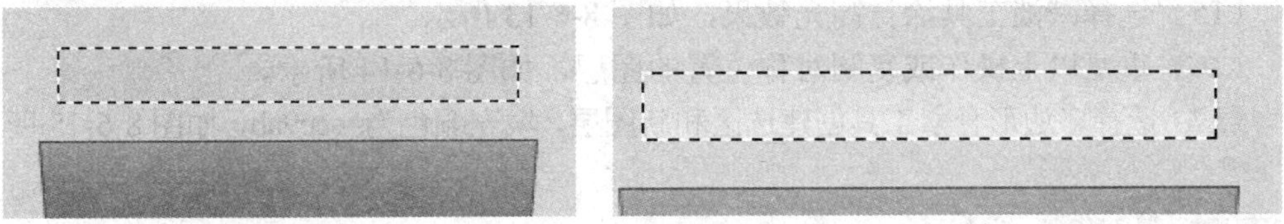

图 8-6-6

（9）选择多边形套索工具，创建如图 8-6-7 左图所示的选区。创建新图层并填充颜色（#efbb8c）。使用相同方式在另一侧创建相同的多边形图层，如图 8-6-7 右图所示。

图 8-6-7

（10）选择自由形状工具的三角形状，如图 8-6-8 所示，建立两个形状，颜色为#685b3b。

图 8-6-8

（11）使用矩形选框工具创建一个选区，如图 8-6-9

所示，创建新图层填充颜色为#ecd0b5。

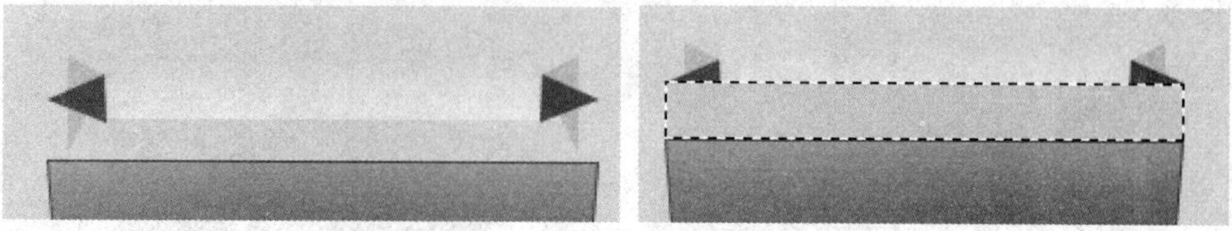

图 8-6-9

（12）选择减淡工具涂抹高光效果，如图 8-6-10 所示。

（13）使用矩形选框工具创建一个选区，如图 8-6-11 所示，创建新图层并填充颜色（#ecc9ab）。

（14）选择加深工具进行涂抹，产生明暗区域，呈现立体感，如图 8-6-12 所示。

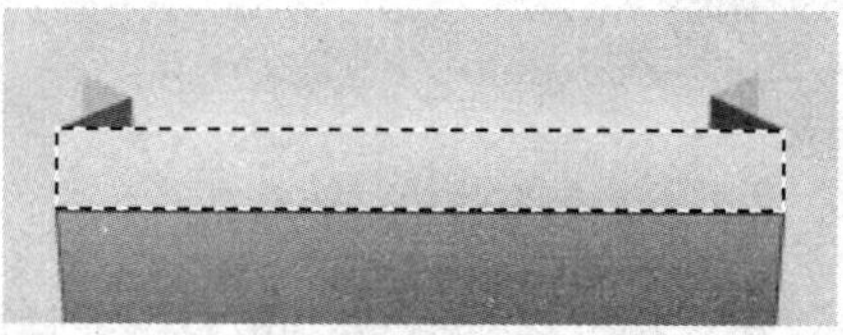

图 8-6-10

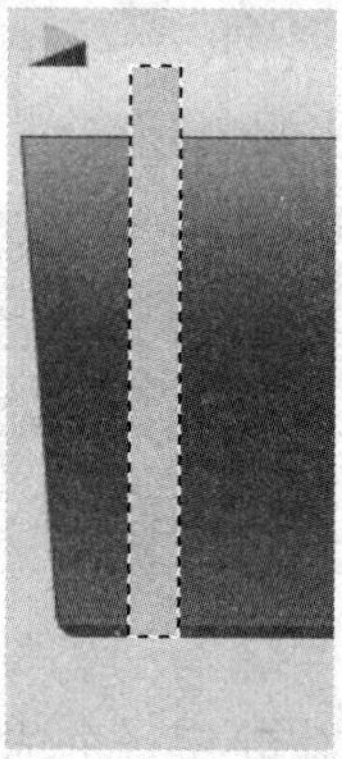

图 8-6-11

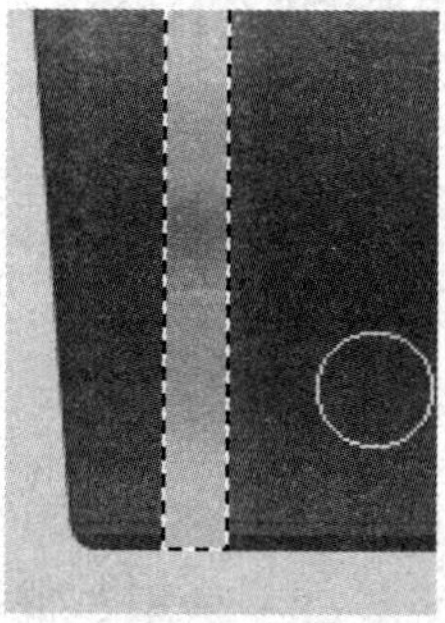

图 8-6-12

（15）选择减淡工具涂抹高光效果，如图 8-6-13 所示。

（16）重复以上操作或复制对称位置的图层，如图 8-6-14 所示。

（17）选择多边形套索工具创建选区和新图层，填充颜色为#ecc9ab，如图 8-6-15 所示。

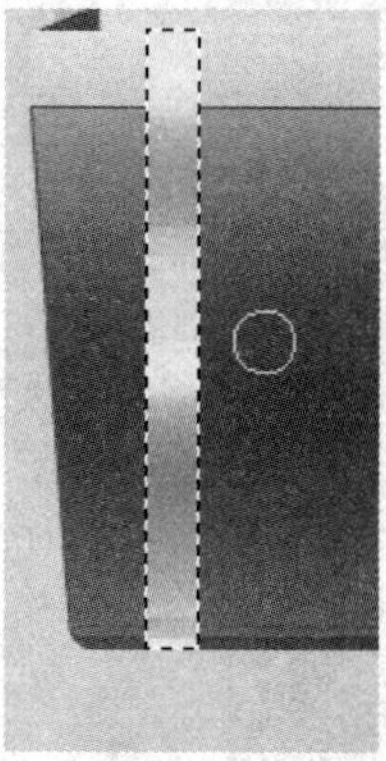

图 8-6-13

图 8-6-14

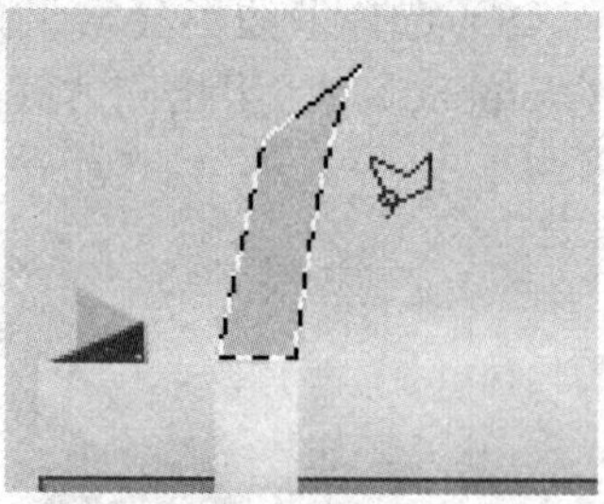

图 8-6-15

（18）选择减淡工具涂抹高光效果，如图 8-6-16 所示，复制对称位置图层。

（19）选择多边形套索工具，创建如图 8-6-17 所示的选区。创建新图层并填充颜色（#d2b394）。复制对称位置图层，效果如图 8-6-18 所示。

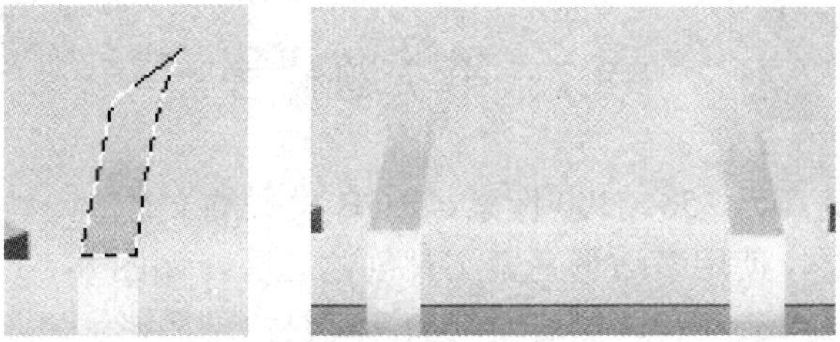

图 8-6-16

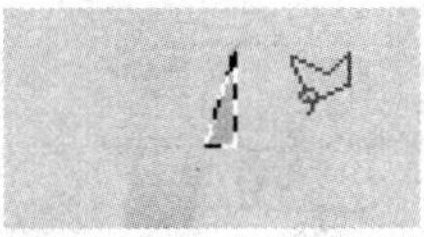

图 8-6-17

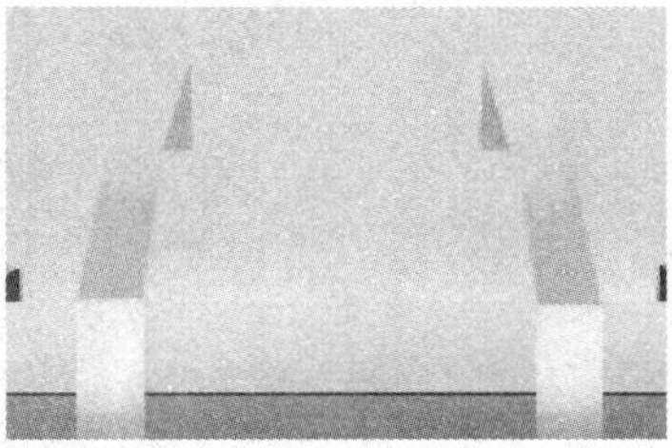

图 8-6-18

（20）选择多边形套索工具，创建如图 8-6-19 所示的选区。创建新图层并填充颜色（#d2b394），效果如图 8-6-20 所示。

（21）合并所有图层并进行分组处理，最终效果如图 8-6-21 所示。

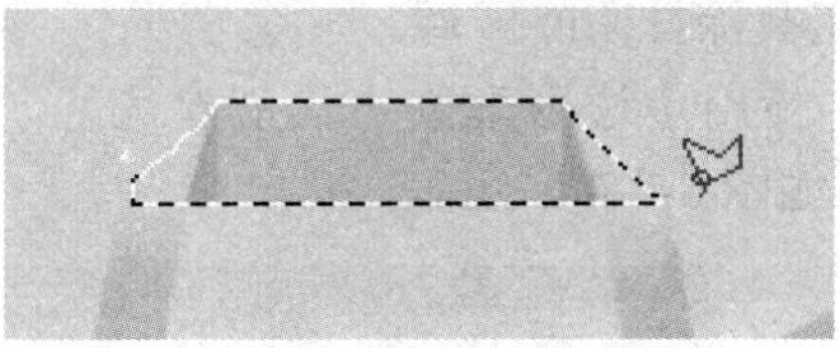

图 8-6-19

图 8-6-20

图 8-6-21

（22）将最终效果以 X8-6.psd 为文件名保存在考生文件夹中。

8.7　第 7 题解答

（1）新建一个宽高为 350×300 像素、RGB 模式的文件。

（2）创建新图层，使用多边形套索工具创建选区，如图 8-7-1 所示。

（3）填充选区（#e6b681），然后使用加深工具涂抹阴影。

（4）为图层添加描边样式，颜色为#6d3c3c，参数设置如图 8-7-2 所示。

图 8-7-1

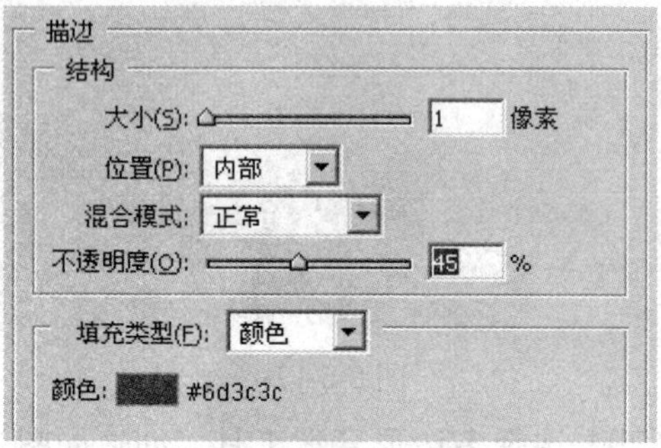

图 8-7-2

（5）创建新图层，使用多边形套索工具创建选区，如图 8-7-3 所示。

（6）填充选区（#e6b681），使用加深工具涂抹阴暗区域。

（7）使用相同的方法，创建新图层，使用多边形套索工具创建选区，填充选区（#e6b681），使用加深工具涂抹阴暗区域，如图 8-7-4 所示。

图 8-7-3

图 8-7-4

（8）使用相同的方法为图层添加描边样式，颜色为#6d3c3c。

（9）设置 1 个像素的铅笔工具，创建新图层，使用钢笔工具勾边线，然后右击，在弹出的快捷菜单中选择“描边路径”选项，形成包装箱的边线，如图 8-7-5 所示。

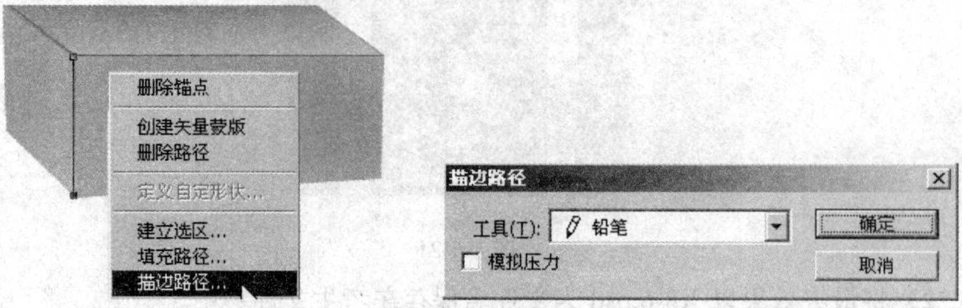

图 8-7-5

（10）使用相同的方法，选择钢笔工具勾线，右击，在弹出的快捷菜单中选择“描边路径”选项，如图 8-7-6 所示。

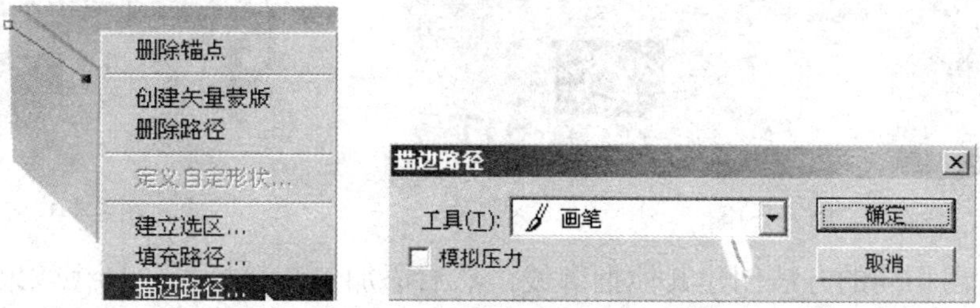

图 8-7-6

（11）多绘制几个线条，如图 8-7-7 所示。

（12）创建新图层，使用多边形套索工具创建新选区，如图 8-7-8 所示。

（13）填充颜色（#000000），使用椭圆选框工具创建一个圆形，如图 8-7-9 所示。

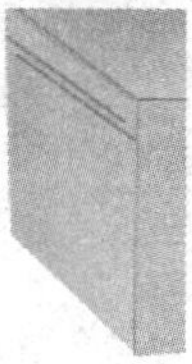
图 8-7-7

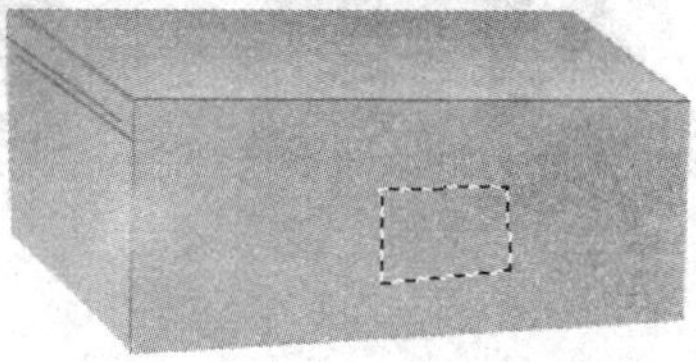
图 8-7-8

图 8-7-9

（14）按 Delete 键删除，使用相同的方法，再使用椭圆选框工具创建一个小圆形，然后按 Delete 键删除，如图 8-7-10 所示。

（15）使用相同方法，再做几次，效果如图 8-7-11 所示。复制图层，按 Ctrl+T 快捷键进行自由透视变形。

（16）使用椭圆选框工具，再创建圆形选区，然后填充颜色（#000000），如图 8-7-12 所示。

图 8-7-10

图 8-7-11

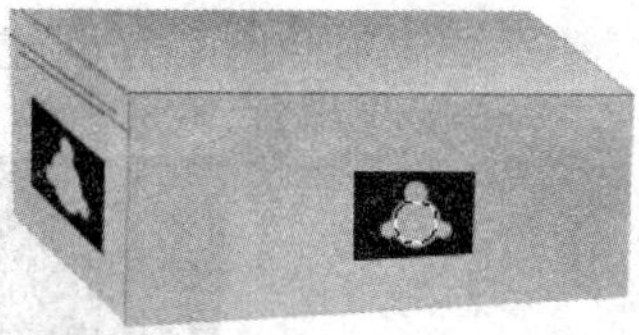
图 8-7-12

（17）创建新图层，设置 3 像素的笔刷，然后使用钢笔工具勾画方框，右击，在弹出的快捷菜单中选择“描边路径”选项，选择画笔描边状态，如图 8-7-13 所示。再使用相同方法绘制其余格子。

（18）选择文字工具[T]，创建设计文字，如图 8-7-14 所示。

（19）设置 2 像素的笔刷，创建新图层，使用钢笔工具创建如图 8-7-15 所示的形状，右击，在弹出的快捷菜单中选择“描边路径”选项，使用画笔描边形成捆绑线。

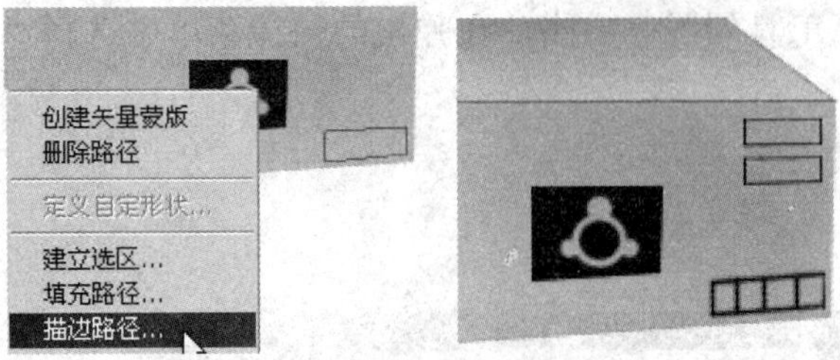

图 8-7-13

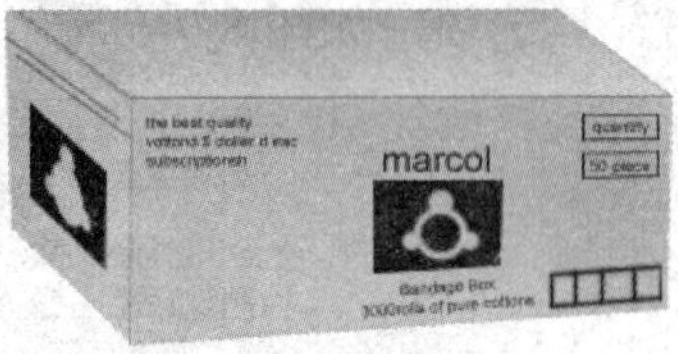

图 8-7-14

（20）用相同的方法创建其他捆绑线，然后添加包装箱投影。最终效果如图 8-7-16 所示。

图 8-7-15

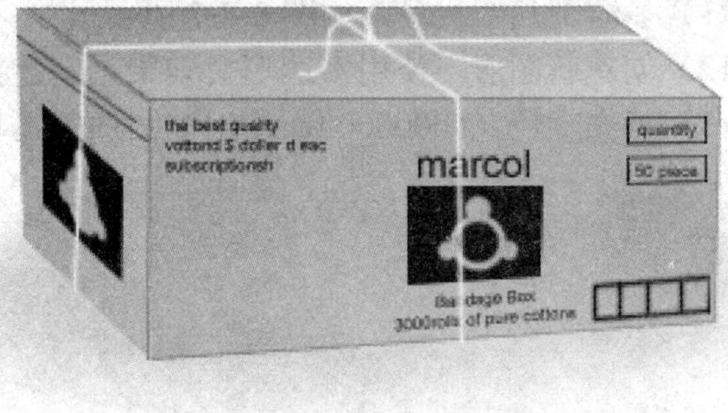

图 8-7-16

（21）将最终效果以 X8-7.psd 为文件名保存在考生文件夹中。

8.8　第 8 题解答

（1）新建一个宽高为 380×480 像素、RGB 模式的文件。

（2）选择矩形工具创建一个矩形。执行“编辑”→“变换路径”→“透视”命令，拖拽节点进行变换，如图 8-8-1 所示。

（3）使用椭圆工具创建一个椭圆，如图 8-8-2 所示。

图 8-8-1

图 8-8-2

（4）选择这两个图层，并按 Ctrl+E 快捷键合并图层，添加的图层样式和效果如图 8-8-3 所示。

所示。

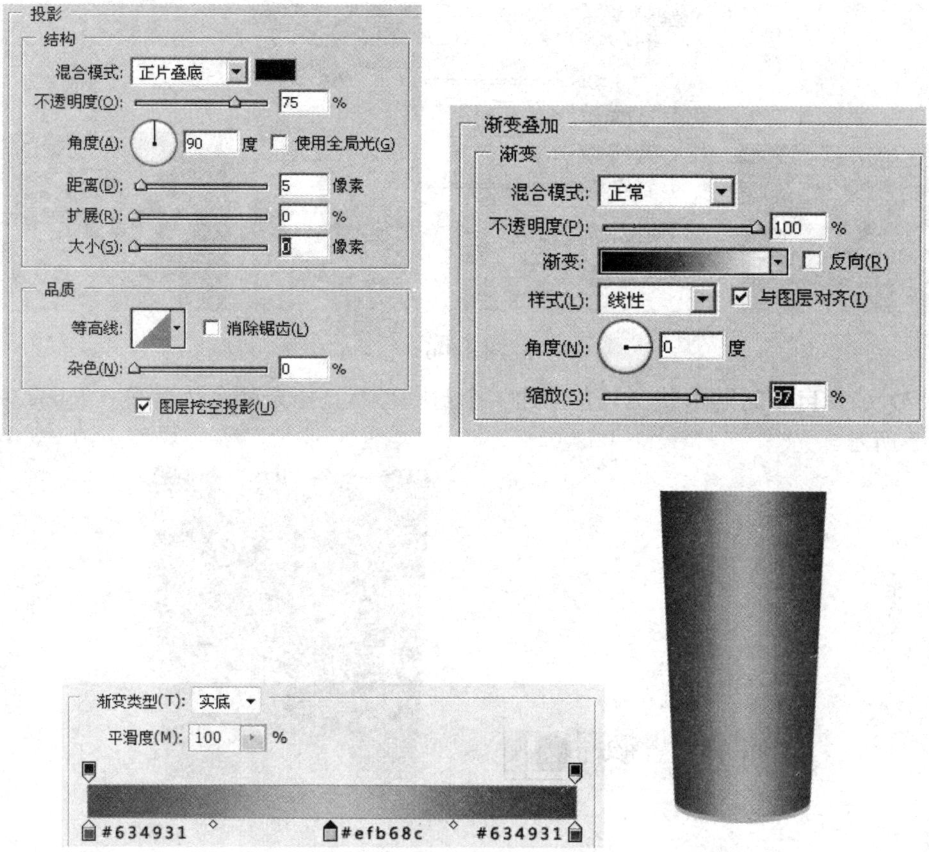

图 8-8-3

（5）打开素材文件 C:\2012PSCS5\Unit8\cup.psd，如图 8-8-4 所示。分别将图形移动到新建的文档中，移动杯盖到合适的位置，如图 8-8-5 所示。

图 8-8-4

图 8-8-5

（6）选择文字图层，添加描边（#6b3c29）图层样式，参数设置和效果如图 8-8-6 所示。

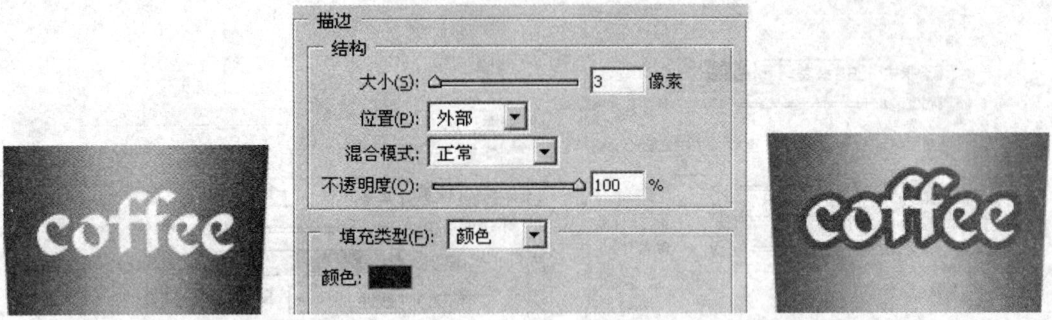

图 8-8-6

（7）选择自定封贴形状工具，创建一个封贴形状，指定颜色为棕色（#6b3c29），如图 8-8-7 所示。

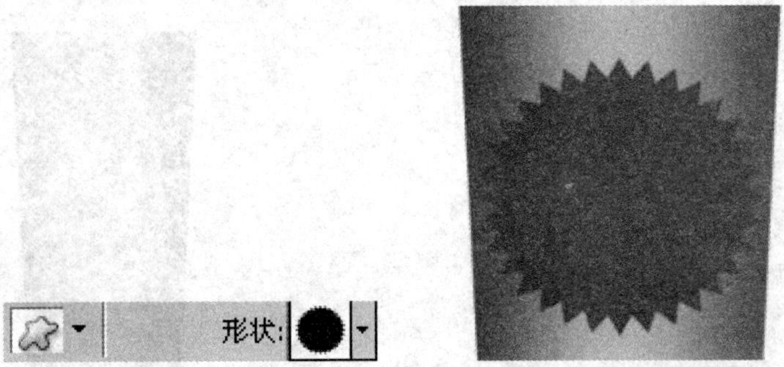

图 8-8-7

（8）为封贴添加描边（#fe0000），如图 8-8-8 所示。

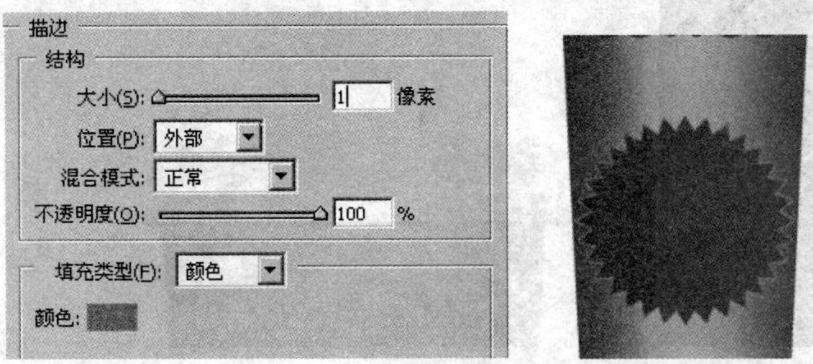

图 8-8-8

图 8-8-9

（9）移动咖啡杯图形的图层位置。制作倒影，最终效果如图 8-8-9 所示。

（10）将最终效果以 X8-8.psd 为文件名保存在考生文件夹中。

8.9　第 9 题解答

（1）新建一个宽高均为 500 像素、RGB 模式的文件。

（2）填充任意颜色背景，然后使用椭圆选框工具创建选区，如图 8-9-1 所示。

（3）创建新图层，然后填充任意颜色，再选择图层样式的“外发光”效果，其设置如图 8-9-2 所示。

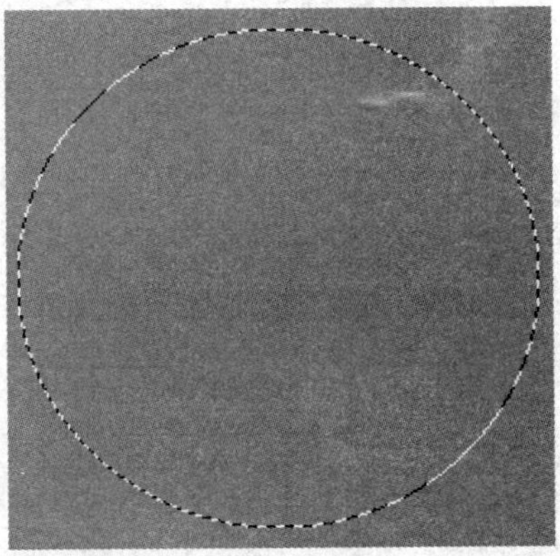

图 8-9-1

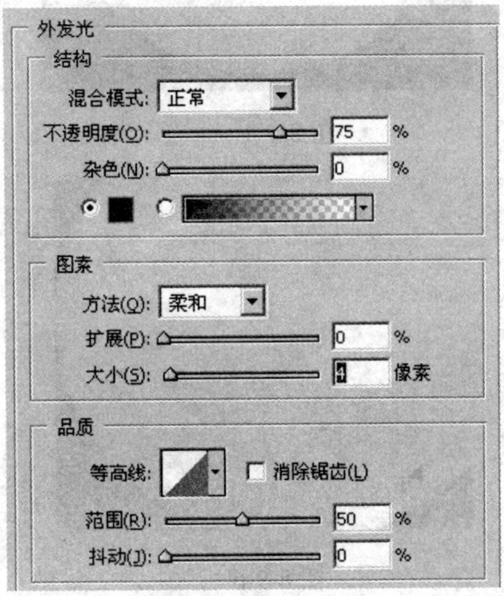

图 8-9-2

（4）打开图层样式面板，选择“渐变叠加”效果，其设置如图 8-9-3 所示。

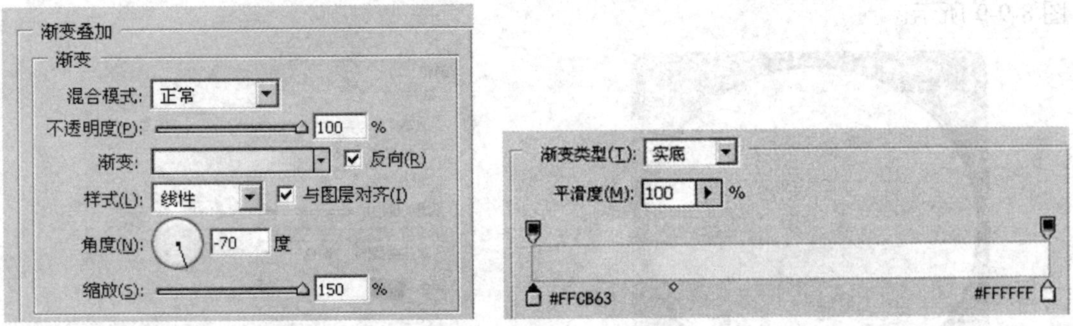

图 8-9-3

（5）使用钢笔工具绘制曲线，如图 8-9-4 所示。

（6）使用画笔对路径进行描边，效果如图 8-9-5 所示。

（7）按 Ctrl+J 快捷键复制图层，然后使用移动工具分离曲线，再按 Ctrl+Alt+Shift+T 快捷键自动复制移动曲线，如图 8-9-6 所示。

（8）按 Ctrl+E 快捷键合并所有复制图层，然后调整图层不透明度为 43%，如图 8-9-7 所示。

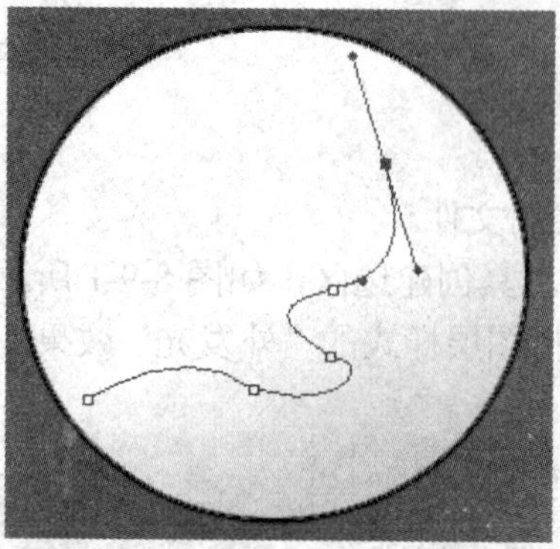

图 8-9-4

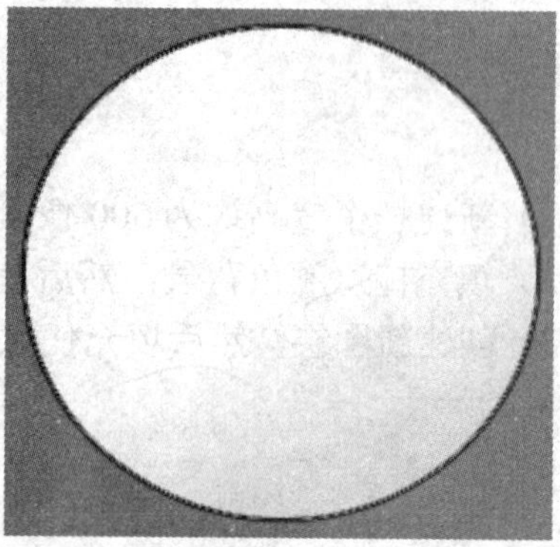

图 8-9-5

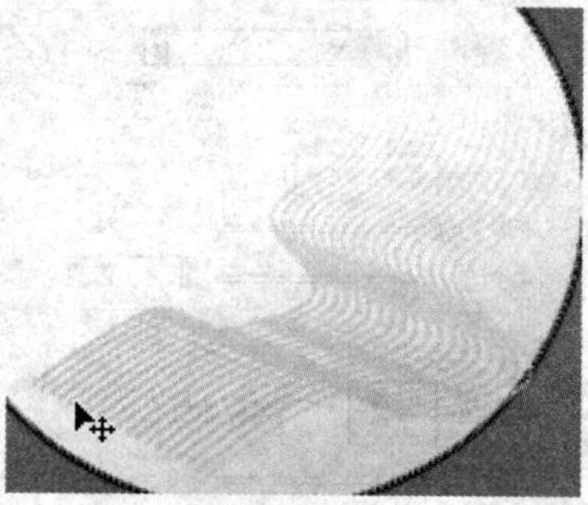

图 8-9-6

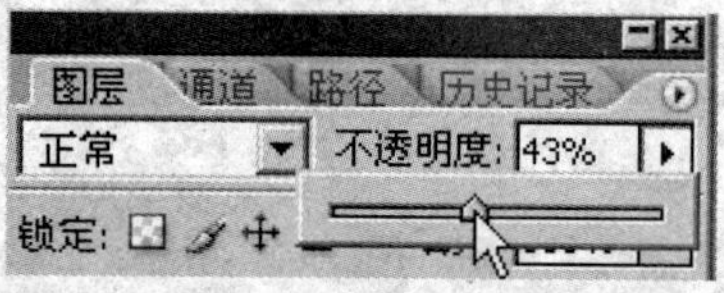

图 8-9-7

（9）创建新图层，使用椭圆选框工具在中心处创建圆形选区，如图 8-9-8 所示。

（10）填充选区（#fffffa），然后在图层样式面板中，选择“描边”效果，其设置如图 8-9-9 所示。

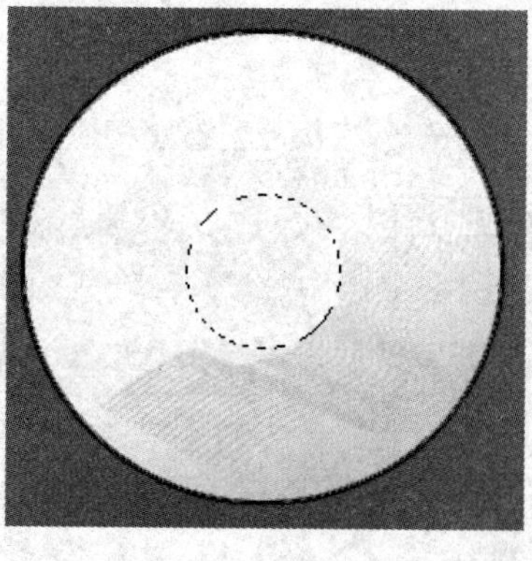

图 8-9-8

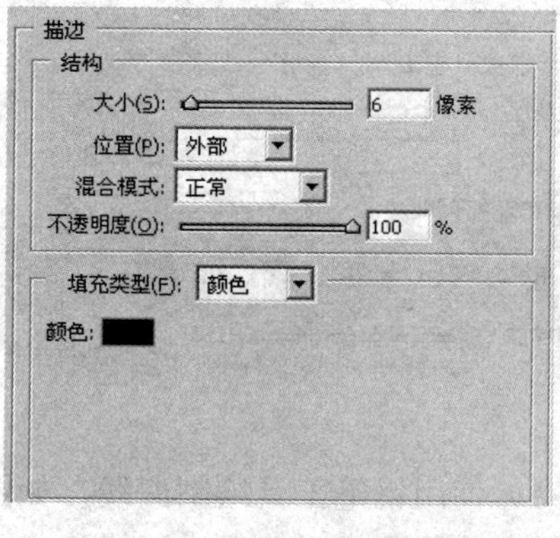

图 8-9-9

（11）创建新图层，使用椭圆工具创建较小的同心圆形，右击，在弹出的快捷菜单中执行“描边路径”命令，如图 8-9-10 左图所示；使用画笔方式描边路径，如图 8-9-10 右图所示。

（12）继续创建小同心圆形，使用画笔方式对路径进行描边，如图 8-9-11 所示。

（13）创建新图层，使用椭圆选框工具创建最小的同心圆形选区，填充颜色为 #898989，如图 8-9-12 所示。

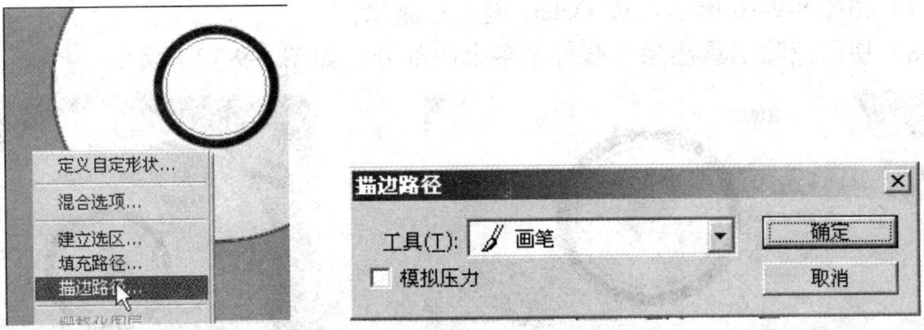

图 8-9-10

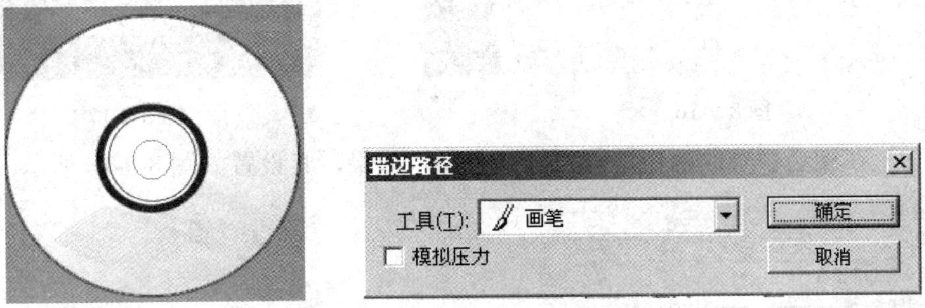

图 8-9-11

（14）选择横排文字工具T输入设定的文本，如图 8-9-13 所示。

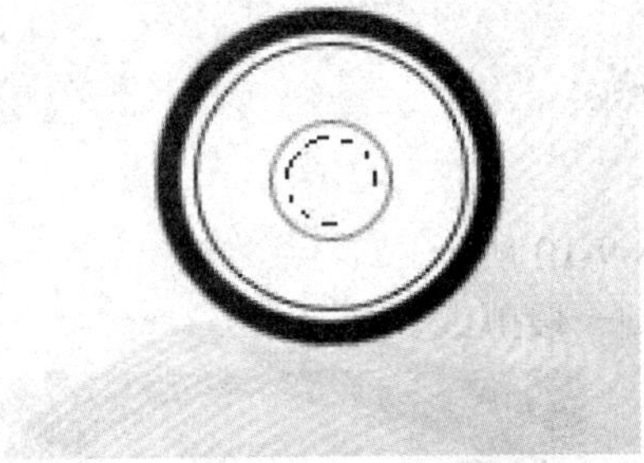

图 8-9-12

图 8-9-13

（15）创建新图层，使用椭圆选框工具创建大圆形选区，如图 8-9-14 所示。

（16）填充任意颜色后，执行“选择”→“修改”→“收缩”命令，参照图 8-9-15 设置参数。

图 8-9-14

图 8-9-15

（17）如图 8-9-16 所示，按 Delete 键进行删除。

（18）使用擦除工具擦除一些外部多余的部分，如图 8-9-17 所示。

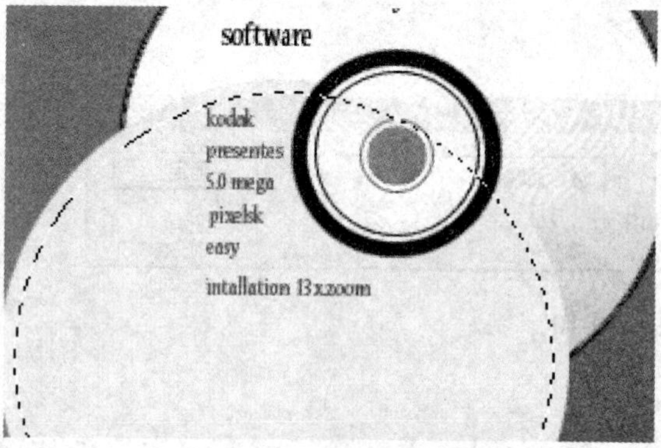

图 8-9-16

图 8-9-17

（19）在图层样式面板中选择“渐变叠加”效果，其设置如图 8-9-18 所示。

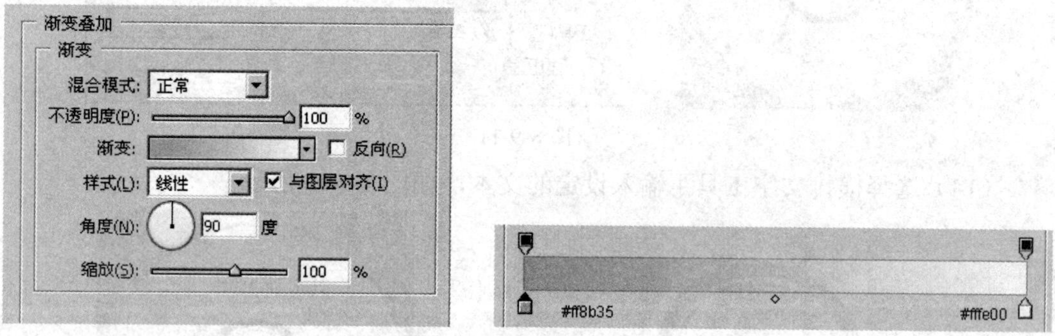

图 8-9-18

（20）再选择“描边”效果，其设置如图 8-9-19 所示。

（21）如图 8-9-20 所示，选择、移动、复制一段弧线。

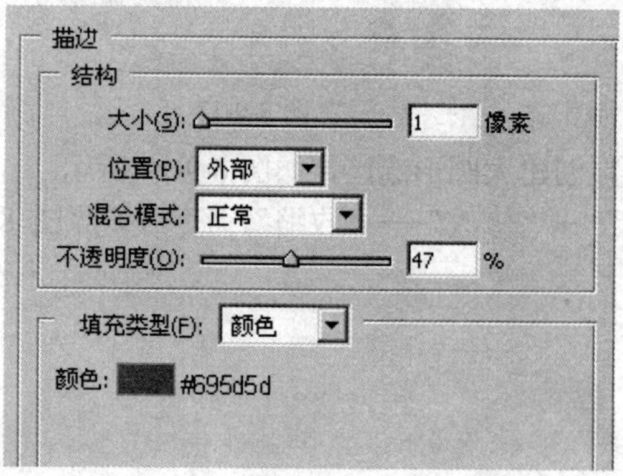

图 8-9-19

图 8-9-20

（22）最终效果如图 8-9-21 所示。

图 8-9-21

（23）将最终效果以 X8-9.psd 为文件名保存在考生文件夹中。

8.10 第 10 题解答

（1）新建一个宽高为 800×1000 像素、RGB 模式的文件，背景颜色为#939192。

（2）新建一个图层，填充颜色为#f9faff。再新建一个图层，使用多边形套索工具创建如图8-10-1 所示选区，使用颜色（#34a543）填充选区，调整图层的不透明度为 8%，效果如图 8-10-2 所示。

（3）打开素材文件 C:\2012PSCS5\Unit8\seaside.jpg，使用移动工具将其移动到新的文件中，位置与大小的调整如图 8-10-3 所示。

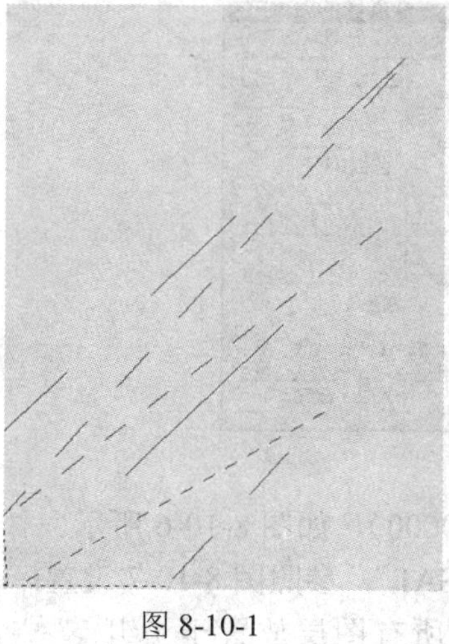
图 8-10-1

图 8-10-2

图 8-10-3

（4）用文字工具输入文字“CALENDER 2009”，设置字体后，放置于图像左侧，如图 8-10-4 所示。

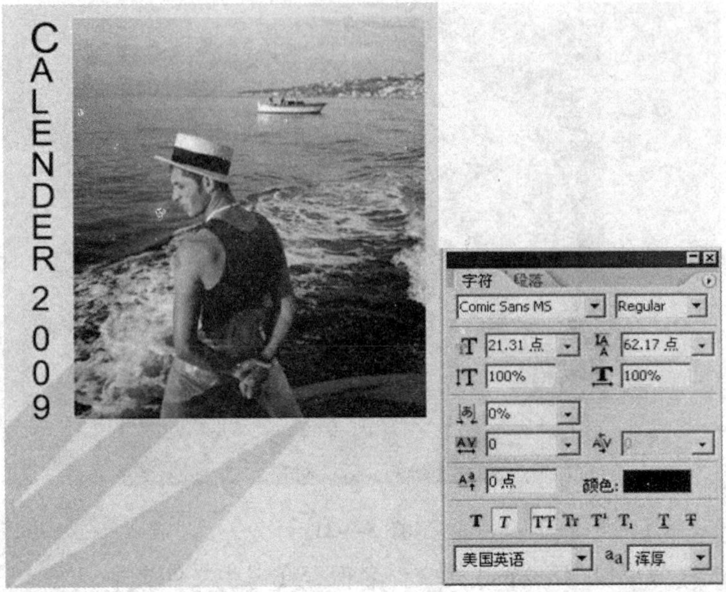

图 8-10-4

（5）使用文字工具输入数字“1 2 3 4 5 6 7 8 9 10…30 31”，字体设置和排列如图 8-10-5 所示，两端为周日和周六，将其设置为红色（#fb0606），其他为黑色。

图 8-10-5

（6）使用文字工具输入字符“11”，设置为红色（#ff0000），如图 8-10-6 所示。

（7）输入英文缩写“SUN MON TUE WED THU FRI SAT”，参照图 8-10-7 设置。

（8）在图层面板新建“组 1”，将除背景图层以外的所有图层放置于“组 1”中，放置后的图层面板如图 8-10-8 所示。

图 8-10-6

图 8-10-7

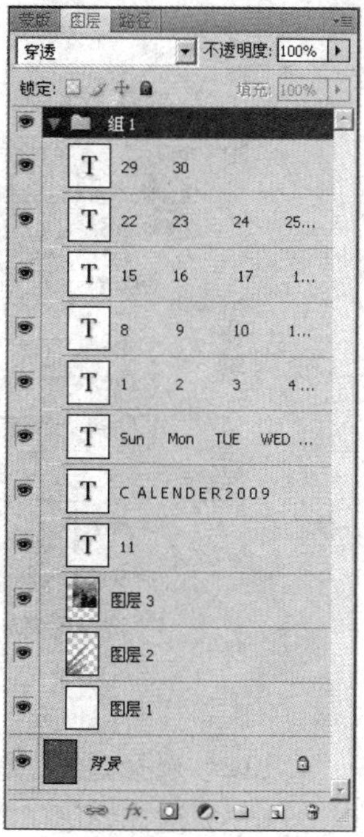

图 8-10-8

（9）在图层面板中的“组 1”中，右击，在弹出的快捷菜单中选择“复制组”选项，弹出“复制组”对话框，复制“组 1”为“组 2”，如图 8-10-9 所示。

（10）选择“组 2”，右击，在弹出的快捷菜单中执行“转换为智能对象”命令。按 Ctrl+T 快捷键，右击，在弹出的快捷菜单中选择“变形”选项，调整日历页形状，如图 8-10-10 所示。

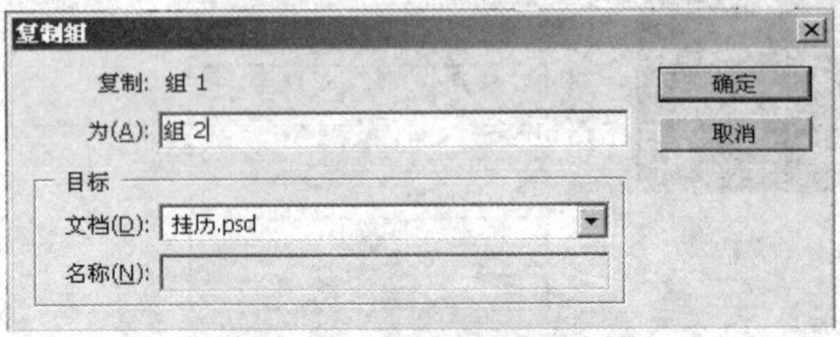

图 8-10-9

图 8-10-10

（11）双击“组 2”图层，打开图层样式面板，选择“投影”效果，其设置和效果如图 8-10-11 所示。

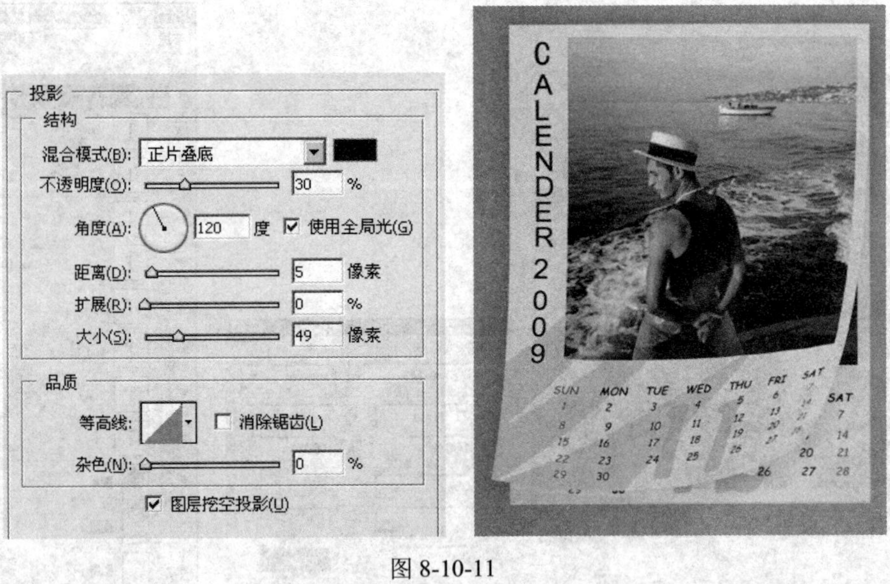

图 8-10-11

（12）选择画笔工具，在画笔面板中进行设置，如图 8-10-12 所示。

（13）选择钢笔工具，创建一条直线路径 1，再新建一个图层，选择路径选择工具，右击，在弹出的快捷菜单中选择“描边路径”选项，如图 8-10-13 所示。

（14）打开“描边”对话框，选择画笔工具，路径描边的效果如图 8-10-14 所示。

（15）用钢笔工具创建如图 8-10-15 所示的路径 2，然后同样新建一个图层，用白色前景色画笔描边，效果如图 8-10-16 所示。

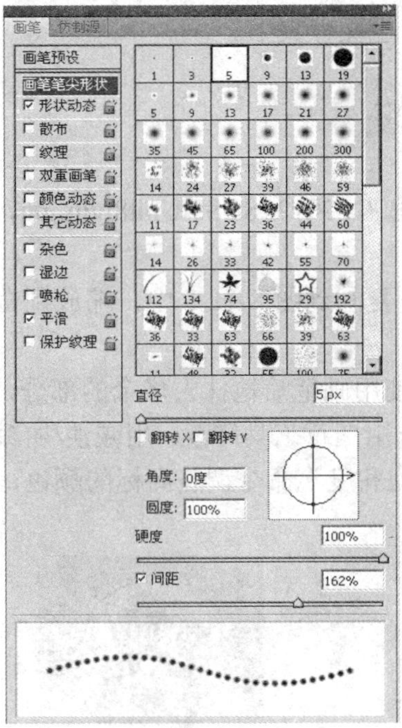

图 8-10-12

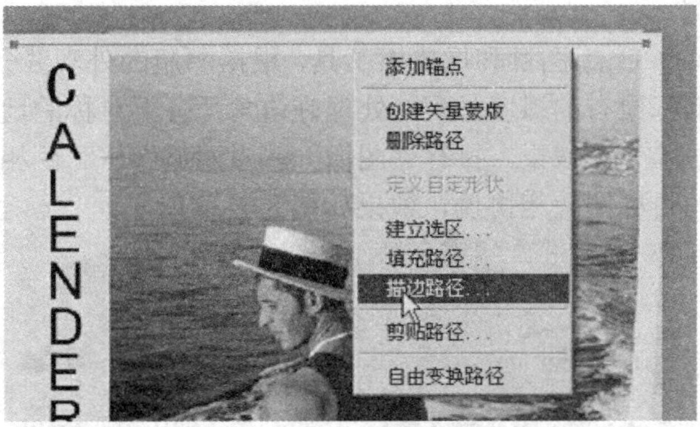

图 8-10-13

图 8-10-14

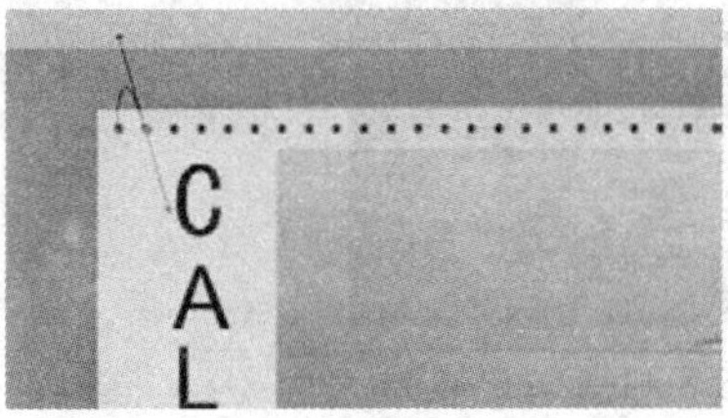

图 8-10-15

（16）复制该图层与路径 1 所描边孔洞对应，挂历的最终效果如图 8-10-17 所示。

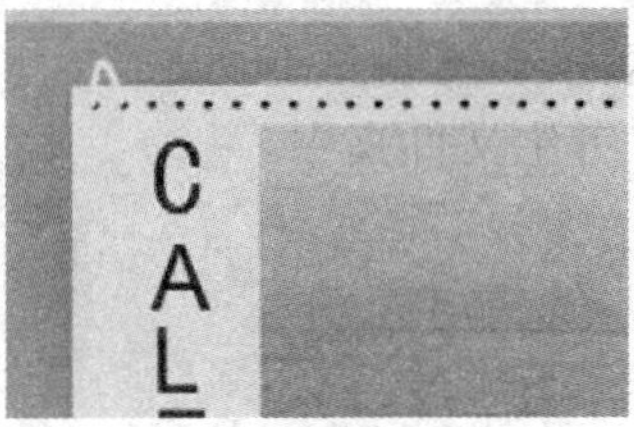

图 8-10-16

图 8-10-17

（17）将最终效果以 X8-10.psd 为文件名保存在考生文件夹中。

8.11　第 11 题解答

（1）打开素材文件 C:\2012PSCS5\Unit8\wine.jpg 和 C:\2012PSCS5\Unit8\gin.jpg，如图 8-11-1 和图 8-11-2 所示。

（2）在图 8-11-2 中，用钢笔工具勾画商标路径，复制到图 8-11-1 中，缩放到合适比例。

（3）用图章和橡皮擦工具，根据酒瓶的外观线条使用画笔喷枪抹去多余的部分，消除商标原有的弧度外观，处理好边角；有不对称的地方用图章工具修改，用减淡/加深工具抹除光影效果。执行“图像”→“调整”→“色相/饱和度”命令调整商标的颜色，使之与目标图片相协调，效果如图 8-11-3 所示。

图 8-11-1

图 8-11-2

图 8-11-3

（4）仔细观察图片，会发现在边缘处有一些小小的变形，这些变形在放大后会出现明显的锯齿，可以执行“编辑”→“变换”→“扭曲”命令来消除，如图 8-11-4 所示。

（5）商标有点低，与高高细细的瓶子不相称；使用自由变换工具将高度扩大到 120%，由于白色的商标完全遮盖了瓶身下部，看起来瓶子好像被截成了两段，所以将商标图片宽度缩小到 97%，露出一点侧边缘，这样看起来商标和瓶身就成为一体了，如图 8-11-5 所示，使用 3D 功能圆柱立体化处理。

（6）为了使商标看起来更加真实，可以增加一些和酒瓶相同的明暗光线。新建图层，载入商标层的选区；选择渐变工具，编辑渐变类型，设置渐变中心的不透明度为 100%，渐变两端的颜色可以用吸管吸取瓶身两侧较深的颜色，将两端的不透明中性点都靠近端点，按 Shift 键，在选区内添加渐变色。

（7）将图层不透明度降为 54%，最终的贴图效果如图 8-11-6 所示。

（8）将最终效果以 X8-11.psd 为文件名保存在考生文件夹中。

图 8-11-4

图 8-11-5

图 8-11-6

8.12　第 12 题解答

（1）打开素材文件 C:\2012PSCS5\Unit8\sky.jpg、tower.psd、car.psd、people.psd、house.jpg 和 plant.psd，如图 8-12-1 所示。

图 8-12-1

（2）在房屋图像素材 house.jpg 中，使用魔棒工具选中房屋后的白色区域，把背景层转换为“图层 0”，按 Delete 键删除白色区域，取消选区，如图 8-12-2 所示。

（3）使用移动工具把 sky.jpg 中的天空图像拖入房屋图像中，生成“图层 1”，调整图层顺序，使“图层 0”处于“图层 1”上方，调整天空位置，如图 8-12-3 所示。

（4）在 tower.psd 文件的图层面板中选中图层“Layer 5 copy 5”，使用移动工具将其拖放到房屋图像中，生成“Layer 5 copy 5”图层，如图 8-12-4 所示。

（5）使用矩形选框工具分别框选假石和路灯图像，执行“图层”→“新建”→“通过剪切的图层”命令，把这两部分分别剪切到新的图层，按 Ctrl+T 快捷键进行缩放，然后把假石、路灯及树枝图像移动到合适位置，如图 8-12-5 所示。

图 8-12-2

图 8-12-3

图 8-12-4

图 8-12-5

（6）在 tower.psd 文件的图层面板中选中“图层 1”（塔楼图像），使用移动工具将其拖放到房屋图像中，按 Ctrl+T 快捷键缩放大小后移动到合适位置，注意图像间的遮挡关系，调整图层顺序，如图 8-12-6 所示。

图 8-12-6

（7）依照步骤（4）和（5）的操作方法，把 plant.psd 中的灌木移入房屋图像并移到合适位置，如图 8-12-7 所示。

（8）在 people.psd 文件的图层面板中选择人物所在图层，使用移动工具把人物拖入房屋图像中，调整大小后移动到适当位置，如图 8-12-8 所示。

图 8-12-7

图 8-12-8

（9）依照步骤（8）的操作方法，把 car.psd 中的小汽车移入房屋图像，如图 8-12-9 所示。

（10）在图层面板中选择房子所在图层，按 Ctrl+J 快捷键复制到新的图层。选中新图层，使用矩形选框工具选中多余区域，按 Delete 键删除，把房子缩小后放在大房子后形成联排房屋的效果，最终效果如图 8-12-10 所示。

图 8-12-9

图 8-12-10

（11）将最终效果以 X8-12.psd 为文件名保存在考生文件夹中。

8.13　第 13 题解答

（1）新建一个宽高为 380×460 像素、RGB 模式的文件。

（2）新建“图层 1”，使用圆角矩形工具绘制圆角矩形路径并转换为选区，填充颜色（#f01f86），使用多边形套索工具绘制如图 8-13-1 所示的选区，然后删除选区内图形。

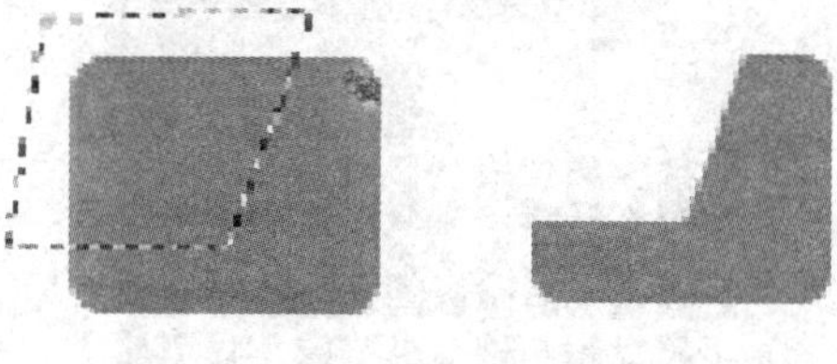

图 8-13-1

（3）复制图 8-13-1 右图所示图形，并进行相应移动排列，如图 8-13-2 所示。

（4）新建图层，使用圆角矩形工具绘制圆角矩形路径并转换为选区，填充由颜色（#f01f86）到白色的渐变。使用多边形套索工具绘制相应选区，删除选区图形，效果如图 8-13-3 所示。

（5）新建图层，分别绘制矩形和圆形选区，填充颜色（#fdb9c7），组合成如图 8-13-4 所示的图形。

（6）新建图层，使用自定义形状工具分别绘制地球仪、螺旋和半圆图形，如图 8-13-5 所示。

（7）使用文字工具，分别设置相应的字体和大小，并输入文字，最终效果如图 8-13-6 所示。

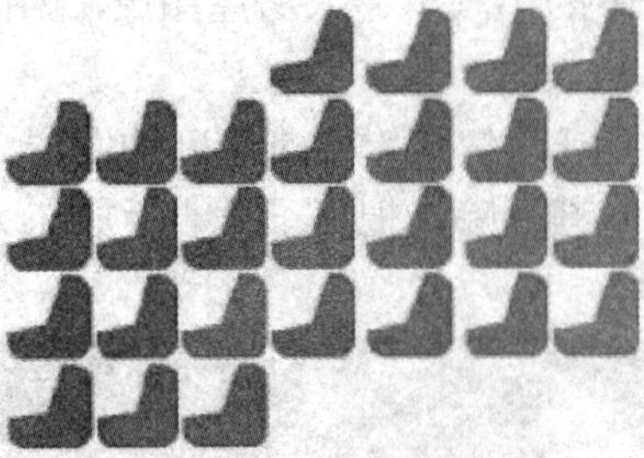

图 8-13-2

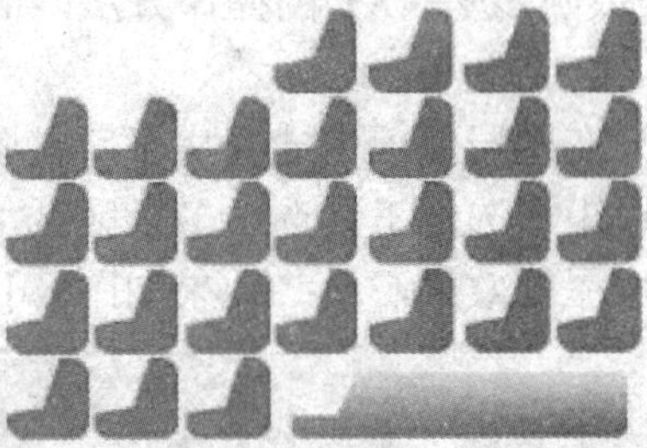

图 8-13-3

图 8-13-4

图 8-13-5

图 8-13-6

（8）将最终效果以 X8-13.psd 为文件名保存在考生文件夹中。

8.14　第 14 题解答

（1）新建一个宽高为 380×500 像素、RGB 模式的文件，背景填充黑色。

（2）使用文字工具在要求的位置输入相应字体和字号的文字，颜色均为白色，如图 8-14-1 所示。

（3）新建图层，使用画笔工具绘制 2 条白色直线，执行“滤镜”→“模糊”→“动感模糊”命令，如图 8-14-2 所示。

图 8-14-1

图 8-14-2

（4）载入 C:\2012PSCS5\Unit8\cover.jpg 图形到当前文件，移动到背景层上方，放大到整个背景大小，调整其不透明度为 20%，再分别复制 4 个图层，并进行缩放、移动和调整色相/饱和度，色相为 60，最终效果如图 8-14-3 所示。

图 8-14-3

（5）将最终效果以 X8-14.psd 为文件名保存在考生文件夹中。

8.15　第 15 题解答

（1）新建“图层 1”，填充淡黄色，用钢笔工具绘制路径如图 8-15-1 所示，将路径转为选区；填充渐变（#d3c09f、#fcfbf4），卷页效果如图 8-15-2 所示。

（2）使用魔棒工具，选取白色区域，按 Delete 键删除为透明。

（3）新建“图层 2”，把“图层 2”放在“图层 1”下面，使用钢笔工具勾画如图 8-15-3 所示路径。

（4）确认在“图层 2”上，把路径转成选区，用黑色填充选区。取消选择；执行“滤镜”→“模糊”→“高斯模糊”命令，半径为 2 像素，将图层不透明度降低为 47%，如图 8-15-4 所示。

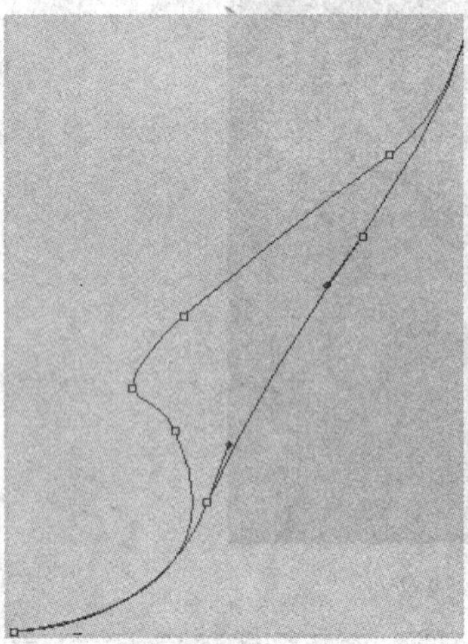

图 8-15-1

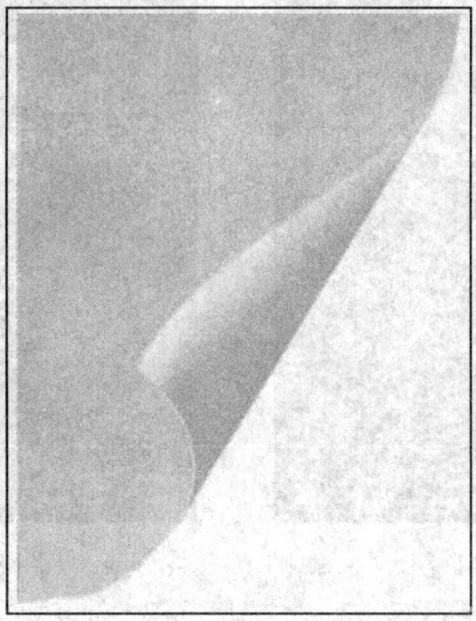

图 8-15-2

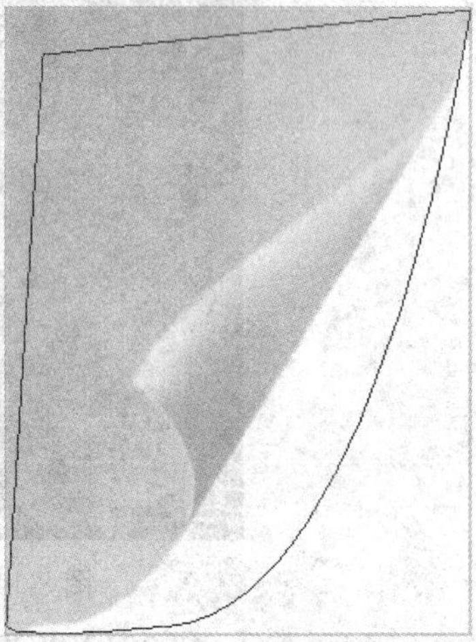

图 8-15-3

（5）在“图层 1”上，使用钢笔工具勾画如图 8-15-5 所示区域，把路径转成选区，复制为“图层 3”。

（6）载入 C:\2012PSCS5\Unit8\picture.jpg 图形，如图 8-15-6 所示，全选复制。

图 8-15-4

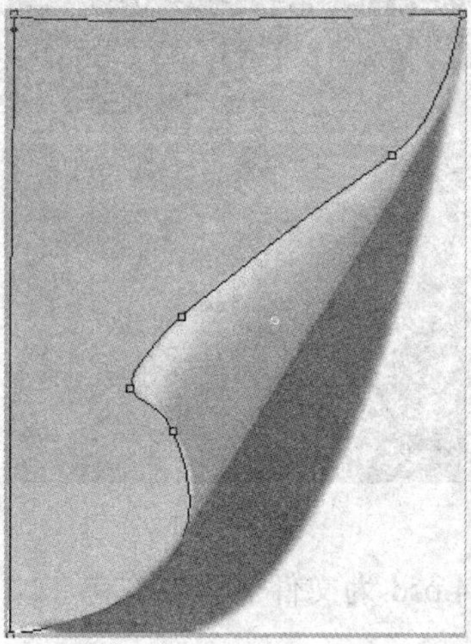

图 8-15-5

图 8-15-6

（7）在“图层 3”上，执行“编辑”→“粘贴”命令，自动产生“图层 4”；按 Alt 键，将光标指向“图层 3”和“图层 4”之间，出现编组图标，将“图层 3”和“图层 4”编组；执行“编辑”→“自动变换”命令，对图层进行变形处理，使它看起来有被风卷起的样子（尤其是图上的文字），效果如图 8-15-7 所示。

（8）制作如图 8-15-8 所示的大理石纹理背景；全选复制。

（9）在背景图层上，执行“编辑”→“粘贴”命令，最终效果如图 8-15-9 所示。

图 8-15-7

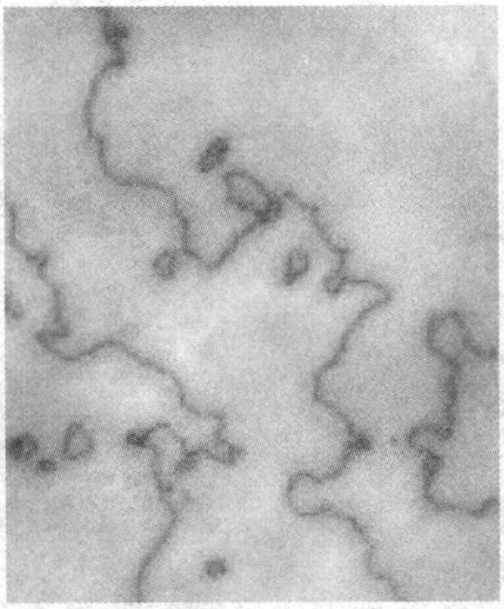

图 8-15-8

图 8-15-9

（10）将最终效果以 X8-15.psd 为文件名保存在考生文件夹中。

8.16　第 16 题解答

（1）新建一个宽高为 650×450 像素、RGB 模式的文件。

（2）载入 C:\2012PSCS5\Unit8\car1.jpg 图形，如图 8-16-1 所示。创建汽车图层，在汽车图层，执行“图像”→“调整”→“色相/饱和度”命令，设置色相为-55、饱和度为 30、明度为 0。执行“图像”→“调整”→“色阶”命令，设置为 0、0.85、255，效果如图 8-16-2 所示。

图 8-16-1

图 8-16-2

（3）载入 C:\2012PSCS5\Unit8\resource.psd 文件，隐藏其他图层，显示脸部图形，并使用矩形选框工具选取，执行“编辑”→“定义图案”命令，定义图案，如图 8-16-3 所示。

（4）创建新图层，填充白色的定义图案，如图 8-16-4 所示。

（5）执行“编辑”→“变换”→“变形”命令，在汽车前部转移调整操控柄，参照图 8-16-5 进行图案位置调整。

（6）用同样方法在车侧填充并变形定义图案，如图 8-16-6 所示。使用柔软的橡皮擦工具，大小为 150 像素和不透明度 50%，淡化其边界使其融入汽车。

图 8-16-3

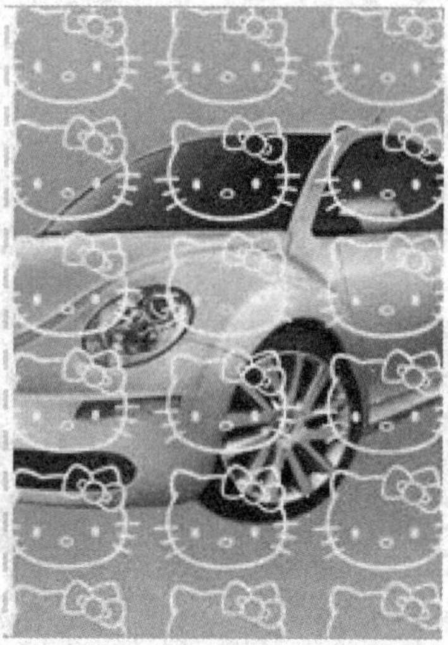

图 8-16-4

图 8-16-5

图 8-16-6

（7）删除汽车发动机盖上的填充图案，复制源文件的 Hello Kitty 标志到此处。执行“编辑”→“变换”→“扭曲”命令，调整标志形状。使用柔软的橡皮擦工具，大小为 100 像素，不透明度为 50%，擦除淡出标志的左侧，如图 8-16-7 所示。

（8）在汽车图层下面，创建一个新图层，使用软画笔工具，颜色为#000000，不透明度为 80%，涂抹汽车阴影，效果如图 8-16-8 所示。

图 8-16-7

图 8-16-8

（9）绘制放射线（#ff9dce、#ff58a0），添加自定义形状的白色星形和心形，设置透明度为50%，最终效果如图8-16-9所示。

图 8-16-9

（10）将最终效果以X8-16.psd为文件名保存在考生文件夹中。

8.17　第17题解答

（1）打开素材文件C:\2012PSCS5\Unit8\Easter-gifts.psd，并打开标尺设置参考线。

（2）依照参考线，绘制直线路径，如图8-17-1所示。

图 8-17-1

（3）选择2像素的硬边画笔，设置间隔为200%，在路径上右击，从弹出的快捷菜单中选择“描边路径”选项，描边方式选择画笔，形成拼版图折叠线。

（4）依据分割线，使用变换命令分块组合，可形成包装盒形状，最终效果如图8-17-3所示。

图 8-17-3

（5）将最终效果以 X8-17.psd 为文件名保存在考生文件夹中。

8.18　第 18 题解答

（1）打开素材文件 C:\2012PSCS5\Unit8\backgroud.jpg，载入 C:\2012PSCS5\Unit8\violin.jpg 小提琴图形，如图 8-18-1 所示，将其放置到 backgroud.jpg 图像的中心，作为背景。

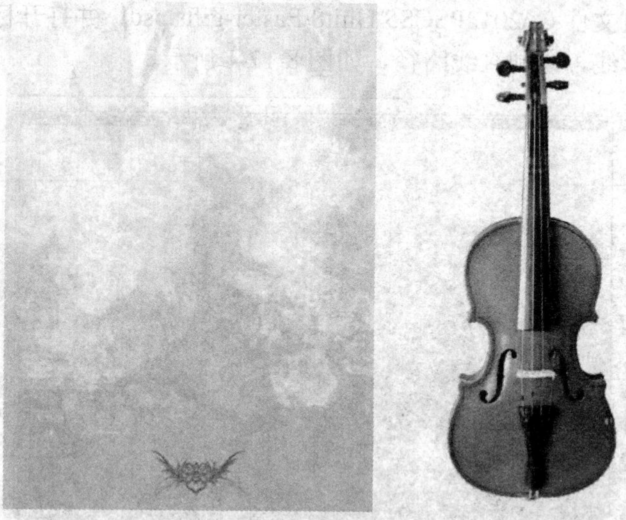

图 8-18-1

（2）打开素材文件 C:\2012PSCS5\Unit8\floral.jpg，如图 8-18-2 所示，调整大小，放置于小提琴的中部和上部背后位置。

（3）载入 C:\2012PSCS5\Unit8\leaf.jpg 树叶图形，如图 8-18-3 所示，放置在 floral.jpg 图层之下，复制 3 组，缩放并对称放置于小提琴的两侧。

（4）打开素材文件 C:\2012PSCS5\Unit8\rose.jpg 玫瑰花图像，如图 8-18-4 所示，调整大小，放置于小提琴的底部最上一层。

图 8-18-2

图 8-18-3

图 8-18-4

（5）调整各个元素所在整幅图像的比例和位置，达到美观效果，最终制作的小提琴海报效果如图 8-18-5 所示。

图 8-18-5

（6）将最终效果以 X8-18.psd 为文件名保存在考生文件夹中。

8.19　第 19 题解答

（1）打开素材文件 C:\2012PSCS5\Unit8\music.jpg，如图 8-19-1 所示。

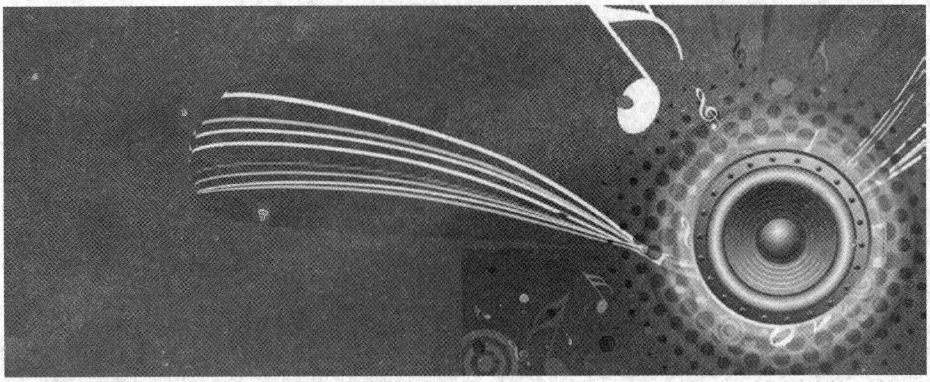

图 8-19-1

（2）打开素材文件 C:\2012PSCS5\Unit8\dance.psd，分别选择人物并填充为白色，移入音乐图像中，效果如图 8-19-2 所示。

图 8-19-2

（3）输入黄色（#f4ec02）文字“CBD 仲夏夜 音乐时尚广场”，参数设置和效果如图 8-19-3 所示。

（4）输入白色文字“演绎 CBD 时尚与格调 时间：6—8 月 地点：CBD 体育文化广场”，参数设置和效果如图 8-19-4 所示。

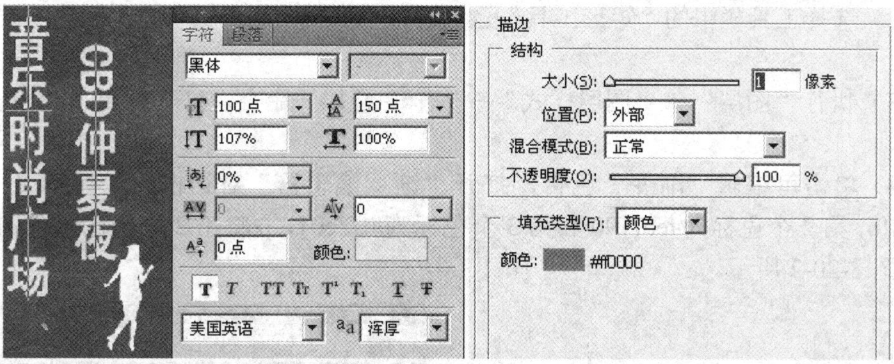

图 8-19-3

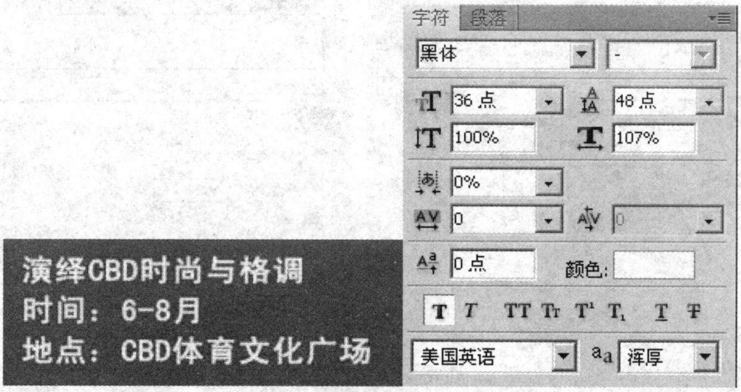

图 8-19-4

（5）最终的音乐广场海报效果如图 8-19-5 所示。

图 8-19-5

（6）将最终效果以 X8-19.psd 为文件名保存在考生文件夹中。

8.20　第 20 题解答

（1）新建一个宽高为 1280×1024 像素、RGB 模式的文件。

（2）选择工具栏中的“矩形工具”，设置“形状图层”状态，创建主要背景图层范围。

（3）执行“图层”→“图层样式”→“渐变叠加”命令，打开如图 8-20-1 所示的对话框。

（4）单击可编辑“渐变”色带，打开“渐变编辑器”对话框，设置第 1 个色标为#fdfdf6，第 2 个色标为#e6f190 和第 3 个色标为#ff7e01，并将第 2 个色标位置调至 33%处，如图 8-20-2 所示。

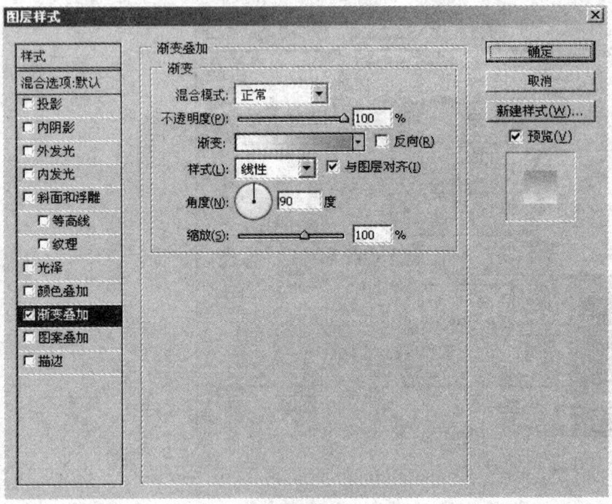

图 8-20-1

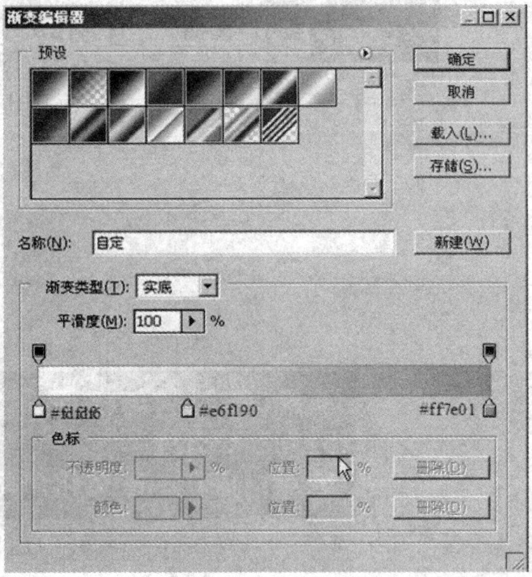

图 8-20-2

（5）渐变叠加效果和图层面板如图 8-20-3 所示。

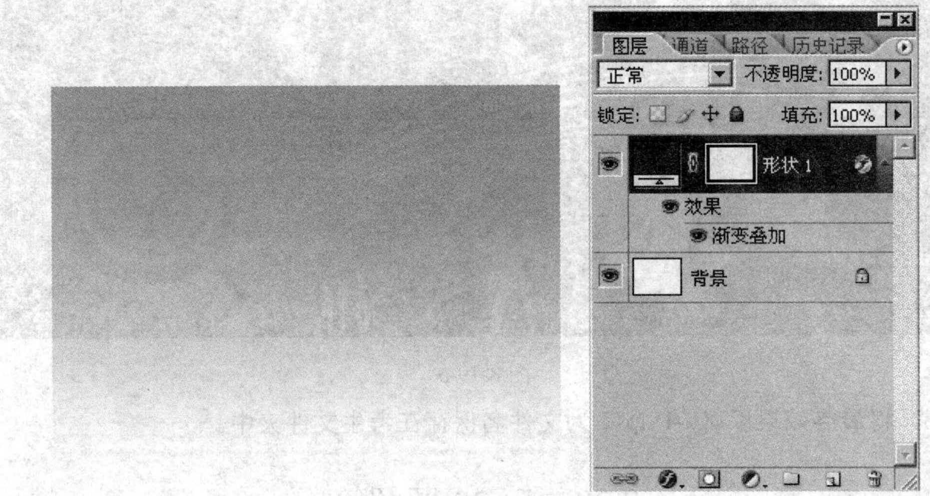

图 8-20-3

（6）选择工具栏中的椭圆工具，设置形状图层状态，绘制一个小正圆形，调整图层面板的“填充”选项为 0%。

（7）执行“图层”→“图层样式”→“描边”命令，打开图层样式面板，选择“描边”效果，设置大小为 2，颜色为白色，如图 8-20-4 所示。

（8）小圆形描边效果如图 8-20-5 所示。

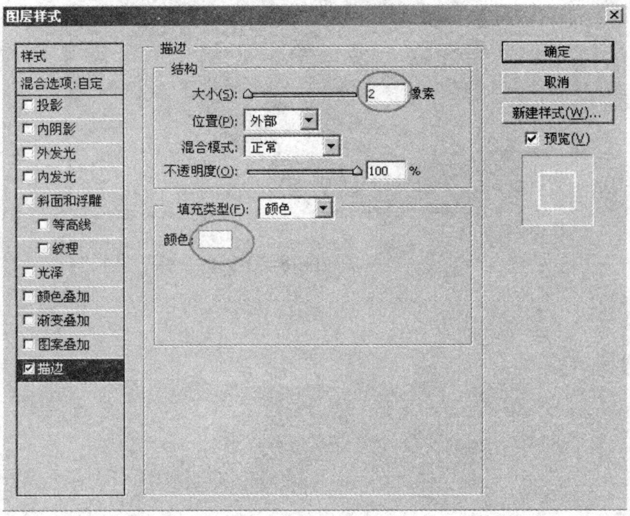

图 8-20-4

图 8-20-5

（9）复制 30 个小圆形，并使用“自由变换”命令，调整小圆形的大小位置，效果如图 8-20-6 所示。

（10）设置前景色为#ff7e02，在工具栏中选择“钢笔工具”，绘制如图 8-20-7 所示的彩条形状作为修饰图案的一部分。

图 8-20-6

图 8-20-7

（11）设置前景色为#ff9b39，继续使用“钢笔工具”绘制第 2 个彩条形状，如图 8-20-8 所示。

（12）设置前景色为#ffb772，继续使用“钢笔工具”绘制第 3 个彩条形状，如图 8-20-9 所示。

（13）彩条效果如图 8-20-10 所示。

（14）选择自定形状工具，从形状列表中选择“蝴蝶”图案，设置颜色为#f6550f，如图 8-20-11 所示。

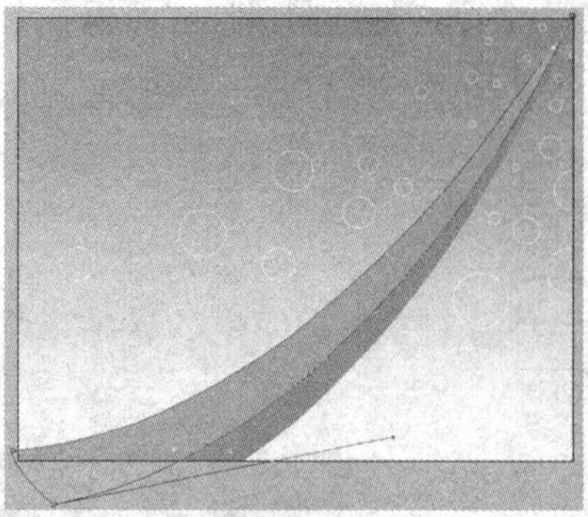

图 8-20-8

图 8-20-9

图 8-20-10

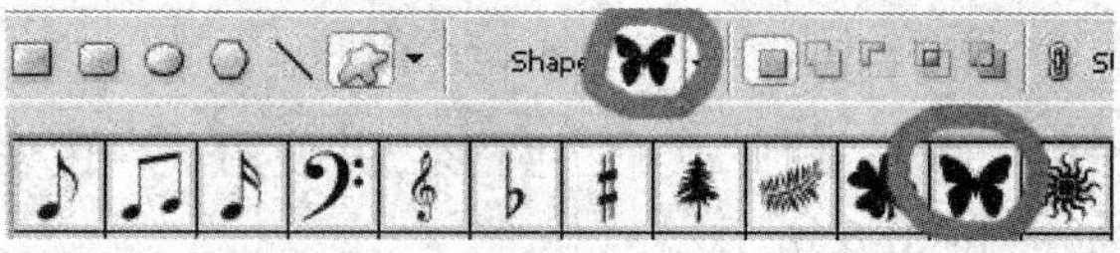

图 8-20-11

（15）绘制蝴蝶图案，并执行“编辑”→“自由变换”命令，调整其大小与位置，效果如图 8-20-12 所示。

图 8-20-12

（16）复制 60 个蝴蝶图案，执行“自由变换”命令，调整大小、角度和位置，效果如图 8-20-13 所示。

（17）再创建或复制 36 个蝴蝶图案，设置颜色为#f9d39a，调整大小、角度和位置，效果如图 8-20-14 所示。

（18）创建或复制 57 个蝴蝶图案，设置颜色为#f4a440，并使用相同变换操作，效果如图 8-20-15 所示。

（19）使用相同的方法，创建 39 个蝴蝶图案，设置颜色为#de7219，效果如图 8-20-16 所示。

图 8-20-13

图 8-20-14

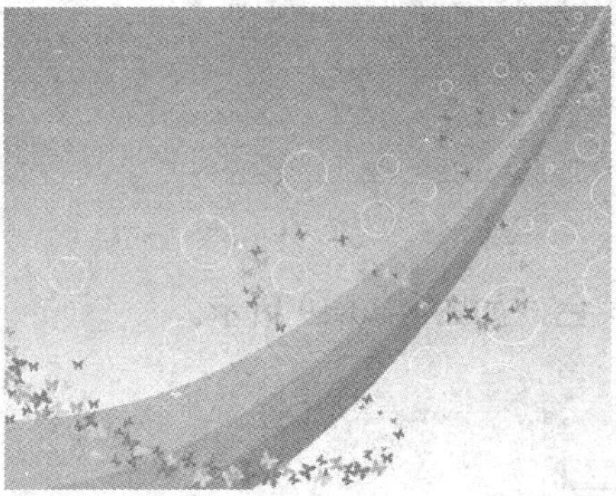
图 8-20-15

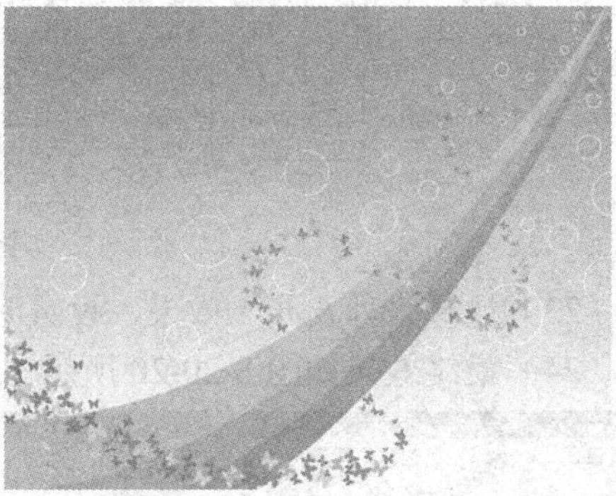
图 8-20-16

（20）再创建或复制 15 个蝴蝶图案，颜色为#f1ca73，自由变换改变其大小与位置，如图 8-20-17 所示。

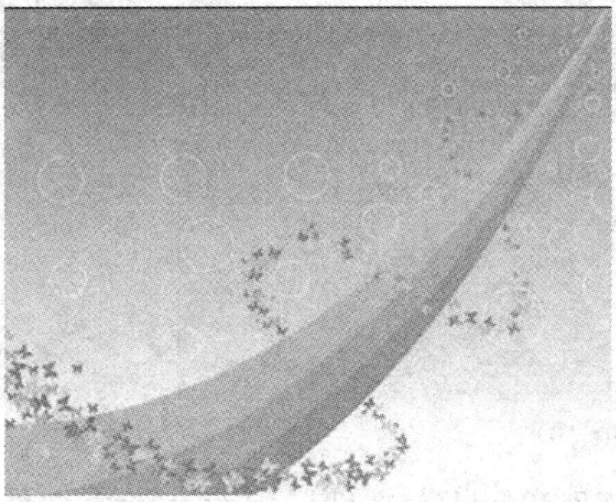
图 8-20-17

（21）选择横排文字工具**T**，输入下列文本：

- 文本“相聚新天地 分享时尚优品”为白色、72 点大小、黑体；
- 文本“新天地 VIP 炫彩 10 周年庆”为黑色、48 点大小、黑体；

● 文本“活动时间：8 月”为白色、36 点大小、黑体。

（22）执行“图层”→“图层样式”→“投影”命令，打开如图 8-20-18 所示的对话框，设置颜色为黑色。

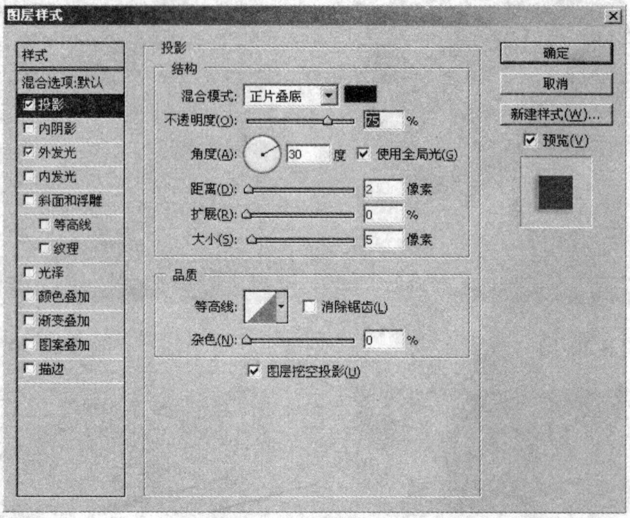

图 8-20-18

（23）选择“外发光”效果，设置颜色为黄色，如图 8-20-19 所示。

（24）最终效果如图 8-20-20 所示。

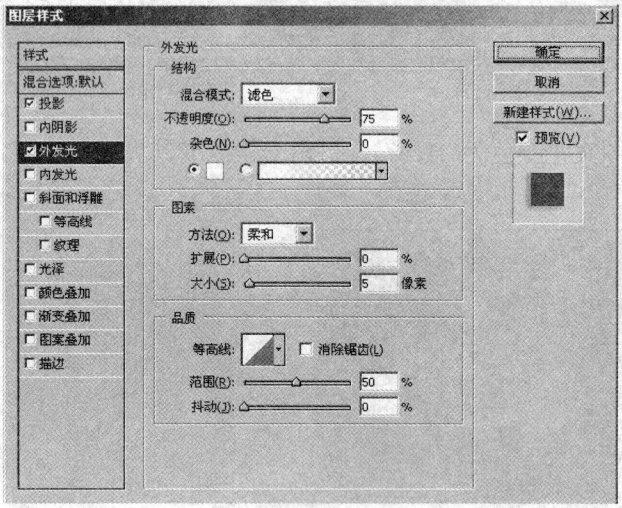

图 8-20-19

图 8-20-20

（25）将最终效果以 X8-20.psd 为文件名保存在考生文件夹中。